Carolin Denise Rutzmoser
Handlungsfreiheit und moralische Verantwortung

Quellen und Studien zur Philosophie

Herausgegeben von
Dominik Perler und Michael Quante

Band 152

Carolin Denise Rutzmoser

Handlungsfreiheit und moralische Verantwortung

Über Helen Stewards Libertarismus als Voraussetzung tugendethischer Charakterbildung

DE GRUYTER

ISBN 978-3-11-221531-9
e-ISBN (PDF) 978-3-11-123473-1
e-ISBN (EPUB) 978-3-11-123495-3
ISSN 0344-8142

Library of Congress Control Number: 2023938948

Bibliografische Information der Deutschen Nationalbibliothek
Die Deutsche Nationalbibliothek verzeichnet diese Publikation in der Deutschen Nationalbibliografie; detaillierte bibliografische Daten sind im Internet über http://dnb.dnb.de abrufbar.

© 2025 Walter de Gruyter GmbH, Berlin/Boston
Dieser Band ist text- und seitenidentisch mit der 2023 erschienenen gebundenen Ausgabe.
Druck und Bindung: CPI books GmbH, Leck

www.degruyter.com

Vorwort und Dank

Das Buch *Handlungsfreiheit und moralische Verantwortung. Über Helen Stewards Libertarismus als Voraussetzung tugendethischer Charakterbildung* ist die leicht überarbeitete Fassung meiner an der Hochschule für Philosophie in München eingereichten Dissertation. In diesem Buch werden freie Handlungen als Prozesse verstanden, durch die Personen ihren Charakter formen können. Ebenso wie Handlungen Prozesse sind, findet auch die Bildung des Charakters und die Entwicklung moralischer Verantwortung in einem Prozess statt, in dem Vorbilder eine wesentliche Rolle spielen. Ein solcher, den Charakter verändernder Prozess mit wertvollen Lehrern, Vorbildern und Wegbegleitern war für mich die Zeit als Doktorandin an der Hochschule für Philosophie. Daher möchte ich mich an dieser Stelle bedanken – für das Eröffnen von Möglichkeiten, das Vertrauen und die Unterstützung, die guten Ratschläge und die Kritik in den richtigen Momenten:

Mein erster Dank gilt der Hanns-Seidel-Stiftung, die meine Arbeit durch ein Stipendium aus Mitteln des Bundesministeriums für Bildung und Forschung im Rahmen des interdisziplinären Graduiertenkollegs *Ethik, Kultur und Bildung für das 21. Jahrhundert* gefördert und damit dieses Werk erst möglich gemacht hat. Aus dem Graduiertenkolleg ist der Sammelband[1] *Menschsein in einer technisierten Welt* hervorgegangen. Für die Zusammenarbeit und den wertvollen Austausch möchte ich mich bei allen im Kolleg Beteiligten bedanken – ganz besonders bei meinen beiden Mitherausgeberinnen Dr. Anna Puzio und Eva-Maria Endres. Ich habe viel von Euch gelernt.

Am meisten habe ich jedoch von meinem Doktorvater, Prof. Dr. Godehard Brüntrup SJ, gelernt, dem hier mein größter Dank gilt – vor allem für die Chance, meine Gedanken in einem interdisziplinären Umfeld entwickeln zu können. Denn die Arbeit ist im Rahmen und als Teil des durch den *Templeton Religion Trust* geförderten interdisziplinären Forschungsprojektes *Motivational and Volitional Processes of Human Integration: Philosophical and Psychological Approaches to Human Flourishing* in einer Kooperation mit den Psychologinnen und Psychologen der TU München entstanden. Für die vielen neuen Einblicke und das gemeinsame Denken möchte ich mich bei allen bedanken, die in diesem großartigen Projekt involviert waren.

---

[1] Aus dem Graduiertenkolleg ist der Sammelband *Menschsein in einer technisierten Welt* hervorgegangen, in dem mein Artikel *Können Maschinen handeln? Über den Unterschied zwischen menschlichen Handlungen und Maschinenhandeln aus libertarischer Perspektive* (Rutzmoser 2022) veröffentlicht wurde. Der Artikel basiert auf dieser Dissertation und Gedanken des Artikels finden sich auch in diesem Buch wieder.

Meine Kolleginnen und Kollegen an der Hochschule für Philosophie haben mir wiederholt in schwierigen Phasen den Rücken frei gehalten. Mein besonderer Dank geht hier an die Kolleginnen aus der Abteilung *Studium und Lehre*, die vor allem kurz vor meiner Verteidigung Aufgaben für mich übernommen und mir so eine optimale Vorbereitung ermöglicht haben. Insgesamt bin ich dankbar, an der Hochschule für Philosophie einen so positiven Ort gefunden zu haben, an dem ich so viele gute Erfahrungen machen durfte. Nicht alle, die mich geprägt und unterstützt haben, kann ich hier erwähnen – sie sind trotzdem aus tiefem Herzen angesprochen. Namentlich erwähnen möchte ich an dieser Stelle Dr. Ludwig Jaskolla und Ludwig Gierstl, die mir immer mit einem Rat und einem offenen Ohr zur Seite standen.

Mein letzter, aber nicht weniger wichtige Dank geht an mein persönliches Umfeld: an Familie und Freunde, die mich in allen Höhen und Tiefen dieser Zeit begleitet haben – danke für die Zuversicht und Treue und die vielen Stunden, in denen wir zusammen gelacht haben. Bedanken möchte ich mich auch bei einem besonderen Freund, der mir erst den Mut gegeben hat, dieses große Projekt zu beginnen – danke, dass du mit mir geträumt hast! Zuletzt: Aristoteles betrachtet das Staunen als den Beginn der Philosophie. Dieses Staunen haben mir meine Eltern durch ihre Überzeugungen und ihre Unterstützung ermöglicht. Ihr habt mir nicht nur beigebracht, was richtig und falsch ist, sondern ihr habt mir auch vorgelebt, was es bedeutet, eine *Haltung* zu haben. Damit werdet ihr immer meine ersten – und vielleicht wichtigsten – Vorbilder sein.

München, April 2023   Carolin Rutzmoser

Inhalt

Vorwort und Dank —— V

1 Einleitung —— 1

2 Drückt sich unser Selbst in unseren Handlungen aus? —— 5
2.1 Die Natur des Menschen und der Mensch als handelndes Wesen —— 6
2.2 Handlungsziele und Geschichte einer Handlung —— 18
2.3 Autorschaft über die eigene Lebensgeschichte und Charakterbildung —— 26
2.4 Gute Handlungen und gute Menschen —— 40
2.5 Neue Anfänge als Voraussetzung für freies Handeln —— 45

3 Die Inkompatibilität von freier Handlung und Determinismus —— 46
3.1 Sind unsere Handlungen determiniert? —— 46
3.2 Der Kompatibilismus —— 70
3.3 Inkompatibilismus und Indeterminismus —— 98

4 Libertarismus: Das Selbst drückt sich in unseren Handlungen aus und wird durch unser Handeln konstituiert —— 121
4.1 *Fresh Starts* und Details von Handlungen – Die libertarische Position von Helen Steward —— 121
4.2 Die Handlung als Prozess —— 180
4.3 Die Tätigkeit der Selbstkonstitution als andauernder Prozess —— 189
4.4 Integration und Freiheit – eine psychologische Perspektive —— 195

5 Libertarische Freiheit als Voraussetzung für Charakterbildung und moralisches Handeln —— 201
5.1 Wie können wir für die Details unserer Handlungen moralisch verantwortlich sein? —— 201
5.2 Charakterbildung als Prozess —— 265

6 Fazit —— 271

7 Literaturverzeichnis —— 274

Personenregister —— 279

Sachregister —— 281

1 Einleitung

Schon seit der Antike steht immer wieder die Handlungsfreiheit des Menschen im Fokus philosophischer Untersuchungen. Schon Aristoteles betrachtete Handeln und Tätigsein als wesentliche Merkmale eines menschlichen Lebens. Die Handlungen, die wir ausführen, und die Entscheidungen, die wir treffen, stehen dabei immer im Kontext unserer Lebensgeschichte und sind auch ein Resultat dessen, was uns im Leben begegnet ist. Nicht nur die Kultur, unsere Erziehung und unser unmittelbares Umfeld, sondern auch genetische Anlagen und körperliche Gegebenheiten beeinflussen daher unseren Charakter und unsere Entscheidungen. Ergebnisse einiger empirischer Wissenschaften (wie beispielsweise – aber nicht ausschließlich – Biologie, Psychologie und Neurowissenschaften) verleiten daher zu der Einschätzung, dass es vor allem unsere Prägung oder Prozesse in unserem Körper und Gehirn sind, die beeinflussen, wer wir sind und was wir wählen. Angestoßen von Ergebnissen der empirischen Forschung stellt sich damit auch die Frage nach der Willens- und Handlungsfreiheit neu. Kann der Mensch frei handeln, wenn seine Umwelt und seine körperlichen Anlagen seine Entscheidungen bestimmen? Und vor allem: ist die Handlungsfreiheit etwas spezifisch Menschliches oder ist sie auch in der nicht-menschlichen Natur zu verorten?

Harte Inkompatibilisten halten die Freiheit für eine Illusion und gehen von einer universal determinierten Welt aus. Haben sie Recht, können wir weder für unseren Charakter noch für unsere Taten wirklich verantwortlich sein. Entgegen dieser Auffassung gehen Kompatibilisten und Libertarier davon aus, dass Menschen Willens- und Handlungsfreiheit haben. Wenn die Libertarier Recht haben, können wir mit unseren Handlungen neue Anfänge machen und damit neue Kausalketten beginnen. Nur weil wir in der Lage sind, solche neuen Kausalketten in der Welt selbst auszulösen und weil wir deshalb bei einer Handlung nicht an eine einzige mögliche Handlungsalternative gebunden sind, kann man ihrer Meinung nach überhaupt davon sprechen, dass wir moralische Verantwortung für unsere Handlungen haben. Kompatibilisten sind dagegen der Meinung, dass wir nur für unsere Handlungen verantwortlich sein können, wenn diese ganz aus uns heraus kommen und sich unser Selbst in ihnen ausdrückt. Deshalb gehen sie davon aus, dass es immer nur eine mögliche Handlung für uns gibt, die uns, unseren Überzeugungen und Werten am meisten entspricht und die wir deshalb wählen werden. In diesen Handlungen drückt sich zwar unser Charakter aus, aber wir können *für* unseren Charakter nicht verantwortlich sein, wenn wir diesen nicht *durch* unsere Entscheidungen verändern können.

Im Folgenden wird daher untersucht, inwiefern sich unser Selbst und unser Charakter in unseren Handlungen ausdrücken und inwiefern wir durch unser

Handeln dieses Selbst beeinflussen können. Es wird argumentiert, dass wir nur moralisch für etwas verantwortlich sein können, wenn wir in manchen Momenten auch anders hätten handeln können und wenn wir durch unser Handeln unser Selbst und unseren Charakter beeinflussen und formen können. Es scheint diese moralische Verantwortung der Grund dafür zu sein, dass wir uns die Frage nach unserer Handlungsfreiheit stellen. Ob wir in unserem Handeln und Entscheiden frei sind, hat deshalb eine Bedeutung für uns, weil es die Voraussetzung dafür ist, dass wir für unsere Taten moralisch verantwortlich sein (oder gemacht werden) können. Doch im Folgenden wird dafür argumentiert werden, dass es einen wesentlichen Unterschied zwischen *Handlungsfreiheit* und *moralischer Verantwortung* gibt, der in der Debatte nicht immer herausgearbeitet oder eingehalten wurde. Während die *Handlungsfreiheit* metaphysische Fragen nach der Verursachung einer Handlung betrifft, geht es bei der *moralischen Verantwortung* um eine ethische Dimension (vgl. Doyle 2016, 251–252). Im Folgenden wird sich zeigen, dass Probleme in der Debatte um die Willens- und Handlungsfreiheit vor allem auch durch eine unterschiedliche Verwendung dieser Begriffe entstanden sind. So meinen Libertarier, wenn sie für alternative Möglichkeiten argumentieren, in der Regel, dass eine Handlung nur frei sein kann, wenn man auch etwas anderes hätte tun können. Argumentieren Kompatibilisten gegen die Notwendigkeit von alternativen Möglichkeiten, geht es ihnen meist aber darum, dass man moralisch auch für eine Tat verantwortlich sein kann, wenn man nichts anderes hätte tun können. Diesen Unterschied herauszuarbeiten und *Handlungsfreiheit* von *moralischer Verantwortung* zu unterscheiden, ist ein Ziel dieser Arbeit.

Dabei wird sich zeigen, dass *Handlungsfreiheit* nur in einem bestimmten libertarischen Sinn eine Voraussetzung von moralischer Verantwortung sein kann, da es beim Kompatibilismus und auch beim harten Inkompatibilismus keine *Handlungen* geben kann. Helen Steward, von der dieser Gedanke kommt, entwickelte eine neue libertarische Theorie, die den Kern dieser Arbeit ausmacht. Eine Handlung muss bei ihr in vielen Details, durch die wir neue Anfänge machen können, frei sein. Anders als viele andere Libertarier schreibt sie Handlung und Freiheit nicht nur Menschen zu, sondern verortet sie über ein graduelles Konzept auch in der nicht-menschlichen Natur, wodurch ihr Ansatz auch mit empirischen Erkenntnissen gut vereinbar ist. Sie beschäftigt sich in ihrem Konzept also mit der Handlungsfreiheit als metaphysische Basis für moralische Verantwortung. Jedoch betrachtet sie das damit in Verbindung stehende Konzept der moralischen Verantwortung nicht eingehender. Diese Ergänzung soll in dieser Arbeit gemacht werden. Da die *moralische Verantwortung* ethische Fragen nach richtigem Handeln und der Charakterentwicklung (und damit auch die Frage, inwiefern man den eigenen Charakter beeinflussen kann) betrifft, müssen meiner Meinung nach metaphysische und handlungstheoretische Überlegungen zur Handlungsfreiheit mit der

Ethik verbunden werden, wenn man ein umfassendes Bild davon erhalten möchte, wie Menschen in Übereinstimmung mit ihrem Selbst handeln und dieses Selbst beeinflussen können. Daher geht es im ersten Teil der Arbeit (Kapitel 2)[2] darum, wie sich das menschliche Selbst in Handlungen und Entscheidungen ausdrückt und inwiefern eine Person die Autorschaft (und damit auch Autonomie) für ihre Lebensgeschichte und Charakterentwicklung übernehmen kann. In diesem ersten Teil der Arbeit steht die Tugendethik im Fokus, für die die Charakterentwicklung zentral ist. Es wird sich zeigen, dass die Voraussetzung für tugendethische moralische Verantwortung und Charakterbildung die libertarische Freiheit ist.

Im zweiten Teil der Arbeit (Kapitel 3) werden daher die Voraussetzungen des Libertarismus und vor allem die Inkompatibilität von freier Handlung und Determinismus näher betrachtet werden. Hier wird ausführlich untersucht werden, warum Kompatibilismus und harter Inkompatibilismus falsch liegen und inwiefern der Indeterminismus Voraussetzung für freies Handeln sein kann. Es wird sich zeigen, dass der Determinismus mit freiem Handeln nicht kompatibel ist und daher der Libertarismus wahr sein muss, wenn es freie Handlungen gibt.

Im dritten Teil (Kapitel 4) wird anschließend der Libertarismus Helen Stewards als besonders überzeugende libertarische Theorie ausführlich analysiert und mit Ergebnissen der empirischen Wissenschaften verbunden. Es wird dafür argumentiert, dass Stewards Ansatz im Vergleich zu anderen libertarischen Theorien – nicht zuletzt, weil sie bei der Frage nach der Handlungsfreiheit dem Menschen keinen besonderen ontologischen Stellenwert einräumt – wesentliche Vorteile hat. Es wird sich allerdings zeigen, dass bei Stewards graduellem Konzept von Handlung eine entscheidende Frage noch unbeantwortet ist: Wo kommt die *moralische Verantwortung* ins Spiel? Taucht diese irgendwann mit wachsendem Komplexitätsgrad des Lebewesens und damit steigender Handlungsfreiheit auf, oder handelt es sich dabei um ein grundlegend anderes Konzept, das nicht einfach graduell mit der Handlungsfreiheit steigt?

Im vierten und letzten Teil der Arbeit (Kapitel 5) wird daher Stewards Ansatz um die Dimension der *moralischen Verantwortung* erweitert. Es wird dafür argumentiert werden, dass moralische Verantwortung nicht einfach mit dem Grad der Handlungsfreiheit steigt. Aufgrund bestimmter Voraussetzungen schreiben wir moralische Verantwortung Tieren nicht zu – es handelt sich scheinbar um ein nur auf den Menschen anwendbares Konzept, das wesentlich mit der Ethik (und der Frage nach richtigem und falschem Handeln) verbunden ist. Daher wird schließlich wieder ein Bogen zur eingangs untersuchten Tugendethik geschlagen, die nun

---

[2] Immer wenn im Folgenden vom zweiten, dritten, vierten und fünften Kapitel die Rede ist, sind damit die großen Kapitel und Teile der Arbeit gemeint.

wiederum auch als Voraussetzung für das Gelingen des betrachteten libertarischen Konzeptes angesehen werden kann. Durch den starken Fokus der Tugendethik auf dem Prozess einer Handlung und einer konkreten Person und Situation ergänzen sich Tugendethik und Stewards Handlungstheorie. Letztere kann die metaphysische Basis für die Tugendethik liefern, die dann wiederum die ethische und moralische Perspektive ergänzen kann. Denn wir können nur Akte der spontanen Selbstgestaltung durchführen und moralisch handeln, wenn wir metaphysisch frei sind. Unsere metaphysische Freiheit in Details kann aber auch nur eine Rolle für moralisches Handeln spielen, wenn es in der Ethik nicht nur um das *Ergebnis* einer Handlung geht.

2 Drückt sich unser Selbst in unseren Handlungen aus?

Nach Harry Frankfurt haben wir einen freien Willen, wenn sich unsere Wünsche unterschiedlicher Stufen nicht widersprechen, was unabhängig von der äußeren Situation und unabhängig davon ist, ob wir auch anders hätten handeln können (vgl. Guckes 2001, 14). Auch bei Peter Bieri kann man bei einer beabsichtigten Handlung nicht anders handeln, weil man nicht anders handeln will, und damit gibt es tatsächlich nur eine mögliche Handlung für die entsprechende Person, die sie immer wieder so ausführen würde (vgl. Bieri 2001, 48–49). Unfrei wären wir aus Sicht eines Kompatibilisten gerade dann, wenn wir gegen unser Urteil handeln würden. Wenn wir aber das wollen, was das eigene Urteil uns rät, *können* wir nicht anders, als diesem Urteil zu folgen, weil wir nicht gegen unser Urteil entscheiden *wollen* (vgl. Bieri 2001, 80–83). Unser Wille ist nach Bieri immer durch unsere Geschichte und durch all die Vorbedingungen unserer Handlung gebunden. Wäre der Wille völlig unbedingt und von allem unabhängig, was eine Person ausmacht, könnte man ihn nicht als frei und autonom betrachten (vgl. Bieri 2001, 230).[3] Während wir abwägen, haben wir dabei noch mehrere Möglichkeiten, wobei es schon immer die eine gibt, die uns wegen unserer Geschichte am meisten entspricht und die wir schließlich wählen *werden*. Doch diese Möglichkeit müssen wir erst *finden* (vgl. Bieri 2001, 287–290).

Aus Sicht eines Kompatibilisten drückt sich in unseren Handlungen also immer unser Selbst aus, das zuvor so und nicht anders geworden ist. Wir konstituieren uns gewissermaßen durch unsere Handlungen und Entscheidungen selbst, weil wir dieses Selbst erst finden müssen. Doch dabei schaffen wir nichts Neues, sondern bringen nur das zur Entfaltung, was schon in uns steckt. Nach Korsgaard gibt es dagegen kein Selbst und kein Ich vor einer Wahl oder Handlung, weil das Selbst und damit die eigene Identität erst in und *durch* die Entscheidungen und Handlungen einer Person konstituiert werden. Da wir ständig handeln müssen, konstituieren wir uns ihrer Meinung nach immer wieder neu. Das Selbst ist daher nichts, was einmal errungen ist. Sondern um unsere Identität müssen wir uns immer wieder neu bemühen (vgl. Korsgaard 2009, 19).

Inwiefern sich unser Selbst in unseren freien Handlungen ausdrückt und inwiefern wir dieses Selbst durch unser Handeln frei konstituieren können, wird die

---

[3] Dieser Gedanke findet sich auch in meinem Artikel *Können Maschinen handeln? Über den Unterschied zwischen menschlichen Handlungen und Maschinenhandeln aus libertarischer Perspektive* (Rutzmoser 2022).

Grundfrage der vorliegenden Arbeit sein. Doch um diese Frage beantworten zu können, muss zunächst die Frage geklärt werden, ob man überhaupt etwas Allgemeingültiges über Handlungen sagen kann. Wenn im Folgenden von *unseren* Handlungen die Rede sein wird, sind damit die Handlungen von uns als Menschen gemeint und es wird impliziert, dass es bei diesen Handlungen etwas Gemeinsames gibt, das Gegenstand einer philosophischen Untersuchung werden kann. Es wird davon ausgegangen, dass die Struktur von Handlungen unabhängig von Kulturen und Umständen ähnlich ist. Andernfalls wäre eine theoretische Untersuchung von Handlungen nicht möglich und es könnten nur Beispiele bestimmter Handlungen in ganz konkreten Situationen beschrieben werden. Etwas Allgemeines über menschliche Handlungen sagen zu können, scheint also nur möglich zu sein, wenn es kulturübergreifende Gemeinsamkeiten zwischen den Menschen und damit so etwas wie eine Natur des Menschen gibt. Deshalb soll diese Arbeit mit dieser Frage nach dem Gemeinsamen und nach der Natur des Menschen beginnen.

2.1 Die Natur des Menschen und der Mensch als handelndes Wesen

Wenn wir von der Natur oder dem Wesen des Menschen sprechen, beziehen wir uns meist auf das menschliche Leben und dessen gelingen. Der gemeinsame Bezugspunkt ist dabei, dass alle Menschen zu allen Zeiten möglichst gut leben wollen und sich wünschen, dass ihr Leben gelingt. Aber lässt sich überhaupt etwas Allgemeingültiges über ein gutes oder gelungenes Leben und damit auch über gute Handlungen sagen? Oder gibt es ebenso viele Vorstellungen davon, wie es Menschen gibt? Wenn wir überhaupt etwas über das gute Leben und die Mittel zur Erreichung eines guten Lebens sagen wollen, muss es eine Konzeption desselben geben, die für alle Menschen und zu allen Zeiten Gültigkeit hat. Aristoteles, der solch ein Konzept vorstellt, geht davon aus, was den Menschen *gemeinsam* ist. Er stellt dabei fest, dass der Mensch Instinkte und Bedürfnisse hat. Das ist aber noch nichts dem Menschen Eigenes, was ihn von anderen Lebewesen unterscheidet, denn auch Tiere haben Instinkte und Bedürfnisse. Im Gegensatz zu ihnen verfügt der Mensch aber zusätzlich über Sprache und Vernunft, was ihn zum rationalen Handeln befähigt (vgl. NE, 1094a–1103a).

Inwiefern auch Tiere handeln können und was Tiere und Menschen im Hinblick auf ihre Handlungsfähigkeit grundlegend unterscheidet, wird im vierten und fünften Teil der Arbeit noch näher betrachtet werden. An dieser Stelle reicht es, festzuhalten, dass Aristoteles vor allem den Menschen als handelndes Wesen betrachtet. Die Natur des Menschen besteht für ihn also vor allem darin, auf bestimmte Weise tätig zu sein. In diesem Punkt sind alle Menschen gleich. Es ist also nicht nur so, wie im vorigen Kapitel kurz erwähnt wurde, dass es eine Natur oder ein Wesen des Menschen geben muss, um etwas über menschliche Handlungen sagen zu können, sondern nach Aristoteles besteht diese gemeinsame menschliche Natur sogar genau darin, ein Wesen zu sein, das handeln muss und andauernd tätig ist. Letztlich wird sich zeigen, dass der Mensch zwar nicht das einzige Wesen ist, das handeln kann, dass er aber das einzige Wesen ist, das rational handeln und dabei seine praktische Vernunft gebrauchen kann. Doch gibt es über das Tätigsein hinaus etwas, was den Menschen kulturübergreifend gemeinsam und damit Teil der menschlichen Natur ist? Nach Martha Nussbaum qualifizieren sich für dieses Gemeinsame bestimmte Erfahrungen, die alle Menschen im Laufe ihres Lebens machen und die damit Teil der Natur des Menschen sind.

2.1.1 Menschliche Grunderfahrungen

Der Einfluss unterschiedlicher Kulturen hat nachweislich starke Auswirkungen auf das Verhalten und die Entwicklung der Menschen. Martha Nussbaum entwickelte ihre Theorie der menschlichen Grunderfahrungen, um ausgehend von Aristoteles zu zeigen, dass es dennoch bestimmte Erfahrungen gibt, die alle Menschen im Laufe eines Lebens machen und die ihnen damit unabhängig von Kulturen gemeinsam sind. Wie Aristoteles meint auch Nussbaum, dass es wesentliche menschliche Merkmale gibt, an denen sich entscheiden lässt, was für die Entwicklung eines Menschen gut oder schlecht ist. Dadurch ist überhaupt eine Aussage über *den Menschen* und darüber, was gut oder schlecht für ihn ist, möglich. Dahinter steht die Annahme, dass alle Menschen ähnliche Grundbedürfnisse haben und ähnliche Grunderfahrungen machen. Diese gemeinsamen Erfahrungen sind jedoch nicht nur grundlegend, sondern haben auch eine große Bedeutung für das jeweilige Leben. Schließlich möchte Nussbaum eine Ethik entwickeln, die festlegt, was eine gute Handlung im Hinblick auf diese wesentlichen Erfahrungen ist. Schon Aristoteles war nämlich der Meinung, dass das Gute (für den Menschen) nicht subjektiv sein kann, sondern vernünftig begründet werden muss. Das, was für *den Menschen* gut und zuträglich ist, kann man demnach nicht aus lokalen Traditionen ableiten, sondern es muss aus den wesentlichen Merkmalen des Menschen hergeleitet werden (vgl. Nussbaum 1999, 227–230).

Wenn man unterschiedliche Gesellschaften betrachtet, scheint es zunächst so als seien ihre jeweiligen Vorstellungen davon, was das Gute oder eine Tugend ist, sehr unterschiedlich. Natürlich stellt sich daher auch die Frage, ob es „menschliche Wesensmerkmale" überhaupt geben kann, oder ob wir nicht doch *wesentlich* durch den Kontext, in den wir geboren sind, geprägt werden. Was gibt es, was durch alle unterschiedlichen Kontexte gleich bleibt? Für Aristoteles sind das zunächst menschliche Erfahrungsbereiche, die zum Leben jedes Menschen gehören. In jedem dieser Bereiche, die Nussbaum dann *Grunderfahrungen* nennt, gibt es ein tugendhaftes und ein nichttugendhaftes Verhalten. So ist jeder Mensch beispielsweise mit Furcht vor Schaden oder Tod konfrontiert. Dies ist eine Grunderfahrung, in der die tugendhafte Haltung die Tapferkeit angesichts der gefürchteten Übel ist (vgl. Nussbaum 1999, 230–234).

Unsere Erlebnisse und Erfahrungen beeinflussen unsere Auffassung vom Guten und davon, was wir als richtig erachten. Dies zeigt Nussbaum auch, indem sie sich auf das Donnerbeispiel von Aristoteles bezieht: Anfangs hören Menschen ein Geräusch im Himmel, das sie „Donner" nennen. Fortan ist klar, dass es sich jedes Mal, wenn man dieses Geräusch vernehmen kann, um Donner handeln muss. Obwohl die Menschen das Phänomen bezeichnen können, haben sie aber zunächst keine genaue Vorstellung davon, was beim Donnern wirklich vor sich geht. „Aber die Erfahrung löst weiteres Nachforschen aus" (Nussbaum 1999, 235). Die Menschen versuchen nun herauszufinden, was der Donner ist. Dazu stellen sie unterschiedliche Theorien auf, die manche Gemeinsamkeiten oder Unterschiede aufweisen. Aber letztendlich beziehen sie sich alle auf die Erfahrung, dass es Donner gibt, und versuchen, richtige Erklärungen für das Phänomen zu finden. Die starken Definitionen mögen dabei zwar miteinander konkurrieren, aber die schwache Definition (die darin besteht, dass Donner dieses bestimmte Geräusch ist) bleibt gleich. Genauso ist es auch mit ethischen Begriffen: Alle Menschen machen Erfahrungen von Schaden, nicht verschuldetem Verlust und Ungerechtigkeit. Wenn die Menschen aber sagen „das ist Ungerechtigkeit", dann ist damit automatisch ihre Vorstellung davon verbunden, wie es wäre, wenn es *nicht* ungerecht wäre. Die Menschen nehmen bei der Ungerechtigkeit einen Mangel wahr. Es ist nicht so, wie es sein sollte, denn die Ungerechtigkeit ist nicht gut für den Menschen. Also entwickelt sich aus der negativen Erfahrung eine Vorstellung von der Tugend in dieser speziellen Grunderfahrung. Die Tugend wäre im Gegensatz zur Ungerechtigkeit gut für den Menschen. Damit ist also eine schwache Definition von Gerechtigkeit gegeben. Über die starke Definition kann es dagegen wieder konkurrierende Theorien geben. Denn wie genau man Gerechtigkeit versteht, kann sehr unterschiedlich sein. So ist der Gerechtigkeitsbegriff bei Platon beispielsweise ein anderer als bei John Rawls (vgl. Nussbaum 1999, 234–235).

Allerdings gibt es viele Philosophen, die unserer Sozialisation eine wichtige Rolle auch in Sachen Grunderfahrungen zuschreiben. Sie sind der Meinung, dass in bestimmten kulturellen Kontexten Erlerntes sogar die Beurteilung unserer Sinneswahrnehmungen beeinflussen kann. Demnach wäre die Art und Weise, mit Grunderfahrungen umzugehen, so unterschiedlich, dass man gar nichts Allgemeingültiges mehr darüber sagen kann. Sogar die Grunderfahrungen selbst wären unterschiedlich: „Die Mitglieder verschiedener Gesellschaften, so der Einwand, sehen in einem sehr realen Sinn nicht dieselbe Sonne und dieselben Sterne, begegnen nicht denselben Pflanzen und Tieren, hören nicht denselben Donner" (Nussbaum 1999, 241). Man könnte nun entgegnen, dass beispielsweise Schmerzen überall als eine schlechte Erfahrung gelten. Aber selbst dieses Argument lässt sich entkräften. Denn die Stoiker sind der Meinung, dass auch die Erfahrung von Schmerz als etwas Schlechtem kulturell angeeignet ist. Hier werden schon kleine Kinder trainiert, die vor Schmerz schreien und von ihren Eltern getröstet werden. Durch das Trösten lernen sie, dass Schmerzen etwas Schlechtes sind, so meint die Stoa (vgl. Nussbaum 1999, 235–247).

Doch schon die Tatsache, dass die Kinder hier zunächst vor Schmerzen weinen, bevor sie von ihren Eltern getröstet werden, zeigt, dass es sich um eine ganz reale Erfahrung handelt, die sie machen und die nicht kulturell antrainiert ist. Dabei handelt es sich ganz offensichtlich um eine Erfahrung, die sie nicht als angenehm, sondern als leidvoll empfinden.

Nussbaum will keineswegs kulturelle Deutungsunterschiede und Unterschiede in den Erfahrungswelten leugnen. Doch trotz all dieser Unterschiede ist es möglich, sich auch in die Lebenssituationen von Menschen aus anderen Kulturen hineinzuversetzen und von deren Schicksal betroffen zu sein oder Mitleid zu empfinden. Es gibt Erfahrungen, wie Freude oder Schmerz, die überall vorkommen. Vielleicht werden sie unterschiedlich bewertet oder man geht unterschiedlich mit ihnen um, aber alle Menschen sind damit konfrontiert und müssen sich dazu irgendwie verhalten. Grunderfahrungen des Menschen sind für Nussbaum unter anderem Humor und Spiel sowie die frühkindliche Entwicklung, die immer ähnlich abläuft. Außerdem betrachtet sie den Menschen als ein soziales Wesen, das mit anderen in Gemeinschaft lebt, mit diesen verbunden ist und sich auch von diesen abgrenzen muss, um sein eigenes Selbst herauszubilden. Darüber hinaus zählt die Erfahrung des eigenen Körpers zu den Grunderfahrungen schlechthin, da man zuerst und noch bevor man sich mit den anderen auseinandersetzt, mit dem eigenen Körper konfrontiert ist, der manche Möglichkeiten eröffnet, andere ausschließt und uns damit Grenzen setzt (vgl. Nussbaum 1999, 248–264).

Neben sozialen Bindungen und der Körperlichkeit sind vor allem die Sterblichkeit, die kognitiven Fähigkeiten, die praktische Vernunft, der Bezug zur Umwelt und zur Natur und die Vereinzelung wesentliche Grunderfahrungen. Die grundlegendsten Fähigkeiten, die alle anderen strukturieren, sind für Nussbaum die praktische Vernunft und das Verbundensein mit anderen Menschen (vgl. Borchers 2001, 187–190).

Die einzelnen Erfahrungen hängen dabei miteinander zusammen. So sind die Sterblichkeit und das Wissen um die eigene Begrenztheit ein starker Motor für ein gelungenes Leben, denn nur weil wir uns darüber bewusst sind, dass unser Leben ein Ende haben wird, planen und gestalten wir unser Leben und versuchen, Ziele zu erreichen. Dazu brauchen wir wiederum die praktische Vernunft, die allen Menschen (vielleicht in unterschiedlichen Graden) gemeinsam ist (vgl. Nussbaum 1999, 248–264).

Dies sind also die menschlichen Erfahrungen, die kulturunabhängig zur Natur des Menschen gehören. Solche grundlegenden Erfahrungen haben eine große Bedeutung für das jeweilige Leben und der richtige Umgang mit ihnen entscheidet darüber, ob das eigene Leben gelingt. Welche *Bedeutung* eine Grunderfahrung aber im jeweiligen kulturellen Kontext hat, kann durchaus divergieren.

2.1.2 Kritik an Nussbaums Grunderfahrungen

Problematisch bei Nussbaum ist jedoch, dass einige ihrer Bedürfnisse und Grunderfahrungen auch auf Tiere zutreffen (vgl. Borchers 2001, 201–203). Doch nach Aristoteles hat die Seele des Menschen drei Teile. Zwei Teile davon haben auch die Tiere. So gibt es in der menschlichen Seele einen Teil, den auch die Pflanzen haben (den vegetativen Teil), es gibt das Vermögen des Strebens, das ein affektives und volitives Vermögen ist, das teilweise auch Tiere haben, und schließlich gibt es allein in der menschlichen Seele die Vernunftfähigkeit mit einem theoretischen und einem praktischen Anteil (vgl. Wolf 1999, 50).

Man könnte also argumentieren, dass die Grunderfahrungen des Menschen grundlegend anders sind, weil sie, wie Nussbaum betont, von der praktischen Vernunft, die dem Menschen vorbehalten ist, strukturiert werden. Auch wenn Tiere manche Erfahrungen (wie das Leben in einer Gemeinschaft) mit uns teilen, scheint man sagen zu können, dass diese Erfahrungen beim Menschen eine andere Dimension haben, da sie immer in Relation zu seiner Vernunft stehen.

Nach Borchers muss zwar zuerst die Frage danach gestellt werden, was ein gutes menschliches Leben ausmacht, bevor geklärt werden kann, welche Tugenden zur Erreichung dieses Ziels grundlegend sind (vgl. Borchers 2001, 328). „Wenn man dieser Frage nachgehen will, sollte man sich an den (Lebens-) Erfahrungen der Menschen orientieren und versuchen, deren Alltags-Erfahrungen und ihre Überzeugungen über das, was das menschliche Leben ausmacht, zu rekonstruieren" (Borchers 2001, 328). Damit ist allerdings die Suche nach den „Grundbedingungen der menschlichen Existenz" (Borchers 2001, 328) verbunden. Ist es aber nicht trivial, wenn wir mit Nussbaum beispielsweise konstatieren, dass der Mensch schon immer ein soziales Wesen ist, das auf soziale Bindungen und Beziehungen angewiesen ist? So kommen auch beispielsweise Einsiedler oder Misanthropen nicht um die Grunderfahrung herum, ein soziales Wesen zu sein: „Auch das Bedürfnis nach Einsamkeit, die Abkehr von den Menschen ist Ausdruck des Mitseins, ein defizitärer Modus desselben" (Borchers 2001, 329). Die Auflistung solcher relevanter menschlicher Erfahrungen neigt dazu, trivial zu werden, wenn man nicht auch etwas über ihre Bedeutung für ein menschliches Leben – für Handlungen, Pläne und Ziele – sagen kann. Außerdem müsste man festlegen, wie die unterschiedlichen Erfahrungen zusammenhängen und wie man sie gewichten sollte. All dies sollte nach Borchers eine (in der analytischen Philosophie angesiedelte) *neue Tugendethik* leisten und damit eine von Anscombe aufgezeigte Lücke schließen, die davon ausgeht, dass wir Moralphilosophie erst sinnvoll betreiben können, wenn es eine Philosophie der Psychologie gibt (vgl. Borchers 2001, 328–331).

Dies ist ein Unterfangen, das hier jedoch nicht geleistet werden kann. Möglicherweise kann die praktische Vernunft die relevanten menschlichen Erfahrungen verbinden. Auch die Tatsache, dass der Mensch ein Wesen ist, das zum Handeln gemäß dieser praktischen Vernunft geradezu gezwungen ist, scheint in diesem Zusammenhang ein vielversprechendes Bindeglied zu sein. In jedem Fall ist der Mensch aber ein Wesen, das kulturübergreifend seine praktische Vernunft gebraucht, um Pläne zu verfolgen und Ziele zu erreichen. Der Mensch ist ein handelndes Wesen. Auch nach Aristoteles ist er das einzige Wesen, dessen *Ergon* im Tätigsein besteht. Dabei kann der Mensch gar nicht anders, als zu handeln und Ziele zu verfolgen. Denn das ist Teil seiner Natur.

2.1.3 Der Mensch als handelndes Wesen mit Zielen

Wenn man nach Aristoteles handelt, führt man die Tätigkeit aus, um ein Ziel zu erreichen. Wenn ich beispielsweise nicht krank werden möchte, kann ich joggen gehen, um mich gesund zu halten. Dass ein Mensch jeden Tag joggen geht, kann man also damit erklären, dass Gesundheit für ihn ein wünschenswertes Ziel ist. Es ist nach Aristoteles die Funktion des Menschen, ein tätiges Leben zu führen. Diese Funktion kann gut oder schlecht erfüllt werden, was den Menschen letztlich zu einem guten oder schlechten Menschen macht. „Gemeint ist mit der Funktion nicht etwas Äußeres, sondern einfach die eigene Lebenstätigkeit, und das scheint zunächst eine unanstößige Rede von einer Aufgabe des Menschen" (Wolf 1999, 51). Alle Tätigkeiten sind auf ein Ziel gerichtet, wobei das Ziel etwas ist, was wir als *Gut für uns* erachten. Immer wenn wir also handeln, erkennen wir ein Gut, während es verschiedene Arten von Gütern gibt: Solche, die Mittel zu etwas anderem sind, diejenigen, die zwar ein Mittel zur Erreichung von etwas anderem sind aber auch selbst gewollt werden und die Güter, die nur um ihrer selbst willen erstrebt werden (vgl. NE, 1094a–1103a).

Wenn etwas als ein hohes Gut betrachtet wird, dann werden alle Handlungen darauf ausgelegt, dieses Ziel zu erreichen. Dementsprechend lässt sich dann jede Handlung als gut oder schlecht bewerten, je nachdem, ob sie zur Erreichung des hohen Gutes dienlich war. Allerdings muss es auch einen sinnvollen Grund geben, warum dieses Ziel überhaupt gewählt wurde. Denn gerade wenn es sich um ein höheres Ziel handelt, muss es gute Gründe dafür geben, es vor anderen möglichen Zielen anzustreben. Daher muss es ein letztes und oberstes Ziel geben, bei dem man nicht mehr weiterfragen kann, warum man es erreichen möchte, weil es vernünftig ist, dieses als höchstes *Lebensziel* zu wählen. Es ist dann das höchste Gut und muss nicht mehr begründet werden, weil es aus sich selbst heraus gut und das oberste Ziel ist. Dieses höchste Gut ist für Aristoteles die *Eudaimonia*, die im guten Leben und Handeln verwirklicht ist. Sie ist das Gut, das für alle anderen Güter Ursache ihres Gutseins ist und das ganz um seiner selbst willen erstrebt wird (vgl. NE, 1094a–1103a).

Eudaimonia bedeutet Glück und nach Aristoteles führen wir ein gutes Leben, wenn wir uns dieses Glück als oberstes Ziel setzen. Alle anderen Handlungen können dann daraufhin bewertet werden, ob sie diesem Glück zuträglich sind. Aber was meint Aristoteles mit „Glück"? Natürlich meint er damit keine Glücksfälle wie einen Lottogewinn oder andere glückliche *Ereignisse*. Aristoteles meint mit der *Eudaimonia* das Glück, das darin besteht, das eigene Leben im Ganzen als gelungen betrachten zu können. Hier kommt es darauf an, das Leben als eine Einheit zu betrachten. Es können durchaus Teile des Lebens unglücklich sein, aber *Eudaimonia* hat der, der sein Leben im Gesamten als geglückt ansehen kann. Die Eigenschaften, die dafür nötig sind und dazu befähigen, ein gelungenes Leben zu führen, sind nach Aristoteles die Tugenden, die immer die Mitte zwischen zwei Lastern treffen. So wäre die tugendhafte Mitte zwischen Tollkühnheit und Feigheit der Mut. Was für jemanden aber Mut bedeutet, ist von der Situation und den Fähigkeiten der konkreten Person abhängig. Für einen Krieger wie Achill erfordert Mut in der Schlacht eine ganz andere Handlungsweise als für einen normalen Sterblichen, da Achill viel mehr Fähigkeiten in diesem Bereich besitzt. Für einen normalen Sterblichen wäre es tugendhaft, wesentlich früher als Achill die Flucht zu ergreifen, da das Verweilen irgendwann nur noch töricht wäre. Würde Achill aber zum selben Zeitpunkt flüchten wie ein normaler Krieger, dann wäre er feige. Es kommt also sowohl auf das rechte Maß wie auch auf eine realistische Selbsteinschätzung an, um beurteilen zu können, welche Handlung in einer konkreten Situation für einen bestimmten Menschen die richtige ist. Weil Aristoteles hier so viel Rücksicht auf die besonderen Umstände nimmt, liefert er in seiner Ethik kein allgemeingültiges Gesetz, an dem nicht gerüttelt werden kann. Er ist der Meinung, dass die praktische Vernunft in der Lage ist, die tugendhafte Handlung zu erkennen. Die Arten der Tugenden kann man unterteilen in die Tugenden des Denkens (Weisheit, Verständigkeit, Klugheit) und die Tugenden des Charakters (Großzügigkeit, Mäßigkeit). Ähnlich wie bei Platon kann man die Gutheit dadurch ausbilden, dass man den Charakter ausbildet und somit ein tugendhafter Mensch wird, der bei einer Abwägung durch kluge Überlegung (*Phronesis*) immer die goldene Mitte (*Mesotes*) trifft. Die Gutheit des Denkens kommt durch Belehrung und Lernen zustande und benötigt daher Zeit und Erfahrung, während die Gutheit des Charakters durch Gewöhnung entsteht. Wir sind als menschliche Wesen von Natur aus fähig, die Tugenden zu besitzen, und durch Gewöhnung können wir sie vollständig in uns ausbilden (vgl. NE, 1103a – 1109b).

Diese Gewohnheit bedeutet im Griechischen *Ethos* und wird bei Aristoteles auch für den Charakter verwendet. Die Tugenden des Charakters entwickeln sich weder von allein, noch entwickeln sie sich gegen unsere Natur. Sie sind von Natur aus in uns angelegt und müssen durch Gewöhnung ausgebildet werden, denn wir lernen Dinge dadurch, dass wir sie tun. Man entwickelt also durch seine Tätigkeiten bestimmte Dispositionen (*Hexis*, auch Haltung). Daher sind die Dispositionen auch von dem abhängig, was uns in unserem Leben begegnet. Haben wir Gelegenheiten, Mut durch Gewöhnung zu erlernen, werden wir mutig. Erleben wir, wie Aristoteles es in der Rhetorik beschreibt, viele schlimme Dinge, an denen wir nichts ändern können, werden wir mutlos. Auch hier scheint also ein Mittel an Gutem und Schlechtem, das uns in unserem Leben widerfährt, für die Ausbildung der Tugenden optimal zu sein. Heißt das aber auch, dass wir für unseren Charakter nicht wirklich verantwortlich sein können, weil er in hohem Maße von äußeren Umständen abhängig ist, auf die wir keinen Einfluss haben? Das ist nicht der Fall, da ein Mensch dennoch von Vorbildern lernen und seine *Phronesis* trainieren kann. In welchem Maße das möglich ist, wird sich im Weiteren noch zeigen (vgl. NE, 1102b – 1103b).

Man soll nach kluger Überlegung und so handeln, wie es für den Handelnden in seiner konkreten Situation angemessen ist. Die Dispositionen zu Mäßigkeit und Tapferkeit (beides sind ja Tugenden) können durch falsches Handeln zerstört werden. So wird jemand feige und verliert die Disposition zur Tapferkeit, wenn er vor jeder Gefahr flieht. Ebenso kann er aber auch tollkühn werden, wenn sein Verhalten ins andere Extrem ausschlägt. Übermaß oder Mangel sind also auch beim Entwickeln der Dispositionen und beim Ausbilden des Charakters schädlich, während die Mitte förderlich ist. Tugenden werden also durch entsprechendes Handeln entwickelt und *verfestigt* (vgl. NE, 1103b – 1104b).

Doch warum sollte man überhaupt tugendhaft sein *wollen*? Ein tugendhaftes Leben ist auch ein glückliches Leben, weil ein Tugendhafter in jeder Situation die für ihn angemessene und ihm entsprechende Handlung ausführt. Er tut in jeder Situation genau das Beste, was ihm mit seinen speziellen Fähigkeiten möglich ist, und dadurch muss er nichts bereuen. Dafür ist aber sehr viel Erfahrung und Selbsterkenntnis nötig. Nicht umsonst heißt es bei den Griechen „Erkenne dich selbst!" (Rhet., 1395a20) und „Nichts im Übermaß!" (Rhet., 1395a20). Dies sind Appelle, die eigenen Grenzen zu erkennen, nicht übermäßig zu werden und keine unrealistischen Erwartungen an das eigene Leben zu stellen (vgl. Höffe 2013, 54–56). Ein Beispiel für Unglück durch eine unrealistische Selbsteinschätzung wäre eine Frau, die unbedingt Opernsängerin werden möchte. Leider kann sie aber überhaupt nicht singen, sie hat kein Talent in diesem Bereich. Weil sie somit ihr Ziel nicht erreichen kann, wird sie sehr unglücklich. Weil sie sich so sehr auf dieses Ziel konzentriert hat, sieht sie keine anderen Möglichkeiten, aus ihrem Leben etwas Gutes zu machen. Eine solche Frau wäre für Aristoteles nicht besonders klug, denn sie hat etwas gewählt, das nicht ihren Fähigkeiten entspricht. Wäre sie klüger gewesen, hätte sie vielleicht bemerkt, dass sie ein besonderes Talent hat, mit Pflanzen umzugehen, und wäre eine glückliche Gärtnerin geworden, die ihr Leben und vor allem ihr Tätigsein als gelungen betrachten kann. Dieses Beispiel zeigt, wie sehr die Tugend und das Glück an der klugen Überlegung und realistischen Selbsteinschätzung hängen.

2.1.4 Kritik am Konzept der *Eudaimonia*

Doch an Aristoteles teleologischem Konzept mit der *Eudaimonia* als höchstem Lebensziel eines Menschen gibt es durchaus auch Kritik. Diese Kritik besteht einerseits in der Frage, ob man bei all den unterschiedlichen Lebensentwürfen in unseren pluralistischen Gesellschaften überhaupt etwas Allgemeines darüber sagen kann, was ein gutes menschliches Leben ausmacht (vgl. Borchers 2001, 289–290). Andererseits wird die hierarchische Struktur des Konzeptes kritisiert. Auf beide Aspekte soll im Folgenden kurz eingegangen werden.

Nach Philippa Foot kann man Lebewesen und damit auch Menschen beispielsweise die Selbsterhaltung und Reproduktion als wichtige Ziele zuschreiben. Ihre Verhaltensweisen, die diesen Zielen dienen, können vom einzelnen Lebewesen entweder gut oder schlecht umgesetzt werden. So ist eine Biene, deren Stachel nicht normal funktioniert, eine schlechte Vertreterin ihrer Art. Sie ist eine schlechte Biene, weil sie ihre natürliche Funktion nicht hinreichend erfüllen kann. Analog dazu wären schlechte Menschen solche mit defekten Tugenden. Solch eine Betrachtung der Natur und der in ihr lebenden Wesen wird aber oft als teleologisch kritisiert, was nach Anton Leist aufgrund biologischer Erkenntnisse und der Evolutionstheorie mit der biologischen Wirklichkeit nicht übereinstimmen kann (vgl. Leist 2010, 130–133).

Zudem sei nicht klar, inwiefern sich aus der Natur Lebensziele für den Menschen herleiten lassen. Wenn eines der wesentlichen Lebensziele von Tieren und Menschen tatsächlich die Reproduktion wäre, würden viele Menschen ihre natürlichen Lebensziele nicht verwirklichen, wenn sie sich gegen Reproduktion entscheiden. Menschen lassen sich nach Leist hier nicht auf eine Stufe mit den Tieren stellen, da alle Individuen eigene Lebensziele und eine eigene Vorstellung vom Glück haben und sich diese Vorstellungen stark unterscheiden können. So gesehen könne man Menschen nicht, wie Aristoteles vorschlägt, teleologisch verstehen und sie erfüllen demnach auch keine natürlichen Funktionen, außer wenn sie sich diese selbst geben. Von einem allgemein gültigen Lebensziel für alle Vertreter einer Gattung könne man also nicht sprechen (vgl. Leist 2010, 133–136).

Inwiefern die Natur und die biologische Wirklichkeit auch heute noch als teleologisch strukturiert angesehen werden können, soll hier nicht näher betrachtet werden. Allerdings muss man meiner Meinung nach die Lebensziele von Tieren und Menschen klar unterscheiden. Während für Tiere die Selbsterhaltung und Reproduktion sicherlich hohe „Ziele" darstellen, gibt es für den Menschen Lebensziele *ganz anderer Art,* weil er über Güter und Ziele reflektieren und diese unterschiedlich gewichten kann. Durch dieses Bewerten und Gewichten entsteht eine *Rangfolge* von Zielen und damit eine teleologische Struktur. Selbstverständlich haben Menschen dabei unterschiedliche *inhaltliche* Vorstellungen vom Glück, was der aristotelischen Theorie jedoch nicht widerspricht.

Denn „*Daimon* bedeutet etwa ‚Leben', ‚Lebensgeist', und *eu* ist das Adverb von ‚gut', *eudaimonia* demnach ‚gute Weise des Lebens'. Nach der *eudaimonia* fragen bedeutet also fragen, was es heißt, auf gute Weise zu leben" (Wolf 1999, 68). Damit ist allerdings nur eine formale und keine inhaltliche Beschreibung eines höchsten Lebensziels gegeben. Bei Platon brauchen Vorbilder ein Wissen über die menschliche Natur und über das, was einen Menschen gut macht (vgl. Wolf 1999, 38). Nur wenn man demnach weiß, was *der Mensch* ist, kann man erkennen, wie ein gutes menschliches Leben aussieht (vgl. Wolf 1999, 40–41). Dabei gibt es formale Gemeinsamkeiten, die dadurch zustande kommen, dass der Mensch an bestimmte natürliche Gegebenheiten und Bedingungen gebunden ist und *damit* ein gelungenes Leben führen muss. Es geht in der Tugendethik aber nicht darum, das dem Menschen angemessene und gute Leben inhaltlich zu bestimmen. So können unterschiedliche Menschen auch mit verschiedenen und jeweils zu ihnen passenden Lebensentwürfen glücklich werden.

Allerdings beziehen sich diese individuellen Möglichkeiten eines Menschen, ein glückliches Leben nach eigenen Vorstellungen zu führen, immer auch auf seine natürlichen Anlagen und körperlichen Gegebenheiten, die manches ermöglichen und anderes ausschließen. Zu diesen *natürlichen Voraussetzungen* muss sich jeder verhalten und die eigenen Grenzen und Fähigkeiten anerkennen, um klug und tugendhaft handeln und somit ein gelungenes Leben führen zu können. Die aristotelische Vorstellung solch eines gelungenen Lebens lässt sich auf alle Menschen in allen Kulturen anwenden. Denn egal zu welcher Zeit und unter welchen äußeren Bedingungen ein Mensch lebt, ist es ihm wesentlich, tätig zu sein, Ziele zu verfolgen und vor allem (und im Gegensatz zu Tieren) dabei *richtig und falsch* handeln zu können. Bei jeder Handlung ist er außerdem mit seinen natürlichen Anlagen konfrontiert. Diese und damit sich selbst realistisch einschätzen zu können, ist eine wichtige Voraussetzung, um auf eine gute Art ein tätiges Leben als Mensch führen zu können.

Ein guter Mensch ist also derjenige, der seine Funktion (das Tätigsein) auf gute Weise, nämlich tugendhaft, erfüllt. Dies hat allerdings keineswegs etwas mit Egoismus zu tun, wie dem aristotelischen Ansatz oftmals unterstellt wird, da die aristotelischen Tugenden alle sozial und damit auf andere Menschen bezogen sind (vgl. Leist 2010, 59). Auf die Frage „Warum soll ich ein guter Mensch und tugendhaft sein?" hat Aristoteles also eine schlagende Antwort: Nicht in erster Linie, weil es moralisch oder für andere Menschen besser ist, sondern weil es zur *Eudaimonia* beiträgt. Das Entscheidende ist allerdings, dass man nicht nur aus Vernunft und Berechnung heraus tugendhaft handelt, sondern der wirklich Kluge muss dabei auch die richtigen Empfindungen haben. Aristoteles verbindet also in seinem Ansatz die praktische Vernunft und das Abwägen von Gründen mit der Intuition und Emotionen und ist damit eigentlich sehr modern.

Man könnte also sagen, dass ein glückliches menschliches Leben darin besteht, das Seine zu tun und beim Handeln *seine* jeweilige Mitte zu treffen. Wir handeln, um unsere spezifische Lebenstätigkeit ausüben zu können, was inhaltlich bei jedem etwas anderes sein kann. Doch ein Mensch kann theoretisch glücklich sein, auch wenn er nicht gemäß seiner spezifischen Natur lebt. Ebenso kann umgekehrt jemand, der nach seiner spezifischen Natur lebt, auch unglücklich sein (vgl. Wolf 1999, 51–52). Das muss allerdings dem Konzept des Aristoteles nicht widersprechen, denn dafür scheint es ausreichend zu sein, dass es für die Menschen besser ist, ihre spezifische Funktion zu erfüllen und ein gutes *menschliches* Leben zu führen, auch wenn das keine *Garantie* für andauerndes Glück im Sinne von *makarios* ist.

„Die Lösung bei Platon wie bei Aristoteles sieht so aus, daß derjenige, der gut als Mensch ist, gerade das gute Leben gemäß der wesentlichen menschlichen Eigenschaften auch als subjektiv lustvoll erfährt" (Wolf 1999, 52). Das bezieht sich nicht nur auf die typisch menschlichen, sondern auch auf die individuellen Eigenschaften einer Person. Das Leben im Sinne der *Phronesis* führt also einerseits zu entsprechenden Empfindungen (man erfährt solch ein Leben als lustvoll) und andererseits muss eine gute Handlung auch von entsprechenden Empfindungen begleitet werden.

Denn nach Aristoteles muss jemand, der gut und gerecht ist, nicht nur entsprechende Handlungen ausführen, sondern diese so ausführen, wie es ein Guter und Gerechter (also ein *Phronimos*) tut. Damit ist nicht gemeint, dass er sich nur auf eine bestimmte Weise verhalten muss (darüber lernt man zunächst die Tugenden), sondern ein Weiser befindet sich beim Handeln in einer bestimmten Verfassung, die das Wissen um die Handlung, den Vorsatz und die Handlung aus einer festen Disposition umfasst (vgl. NE, 1105a–1105b).

Die Klugheit (*Phronesis*) ist somit darüber definiert, wie der Kluge ((*Phronimos*) handeln und überlegen würde (vgl. NE, 1140a–1140b). Was die richtige Handlung und damit die richtige Mitte ist, erkennt man also daran, was ein *Phronimos* in exakt derselben Situation tun würde. Durch diese Defnition wird Aristoteles eine lückenhafte ethische Theorie vorgeworfen, da nicht näher bestimmt ist, *was* der *Phronimos* nun genau tun würde. Der *Phronimos* wäre außerdem jemand, der andere Fähigkeiten hätte und zwangsläufig anders handeln würde, und exakt dieselbe Situation kann es nicht noch einmal geben. Somit stellt sich die Frage, ob man Tugenden wie Mut überhaupt lehren kann, wenn sie so stark von der konkreten Situation und der individuellen Person abhängen und für jeden etwas anderes bedeuten. Außerdem droht die Theorie hier zirkulär zu werden: Die richtige Handlung ist als Mitte zwischen zwei Extremen definiert, wobei es sich nicht um eine arithmetische Mitte handelt. Man erkennt die Mitte daran, wie der *Phronimos* handeln würde, und dieser *Phronimos* ist darüber definiert, dass er beim Handeln immer die Mitte trifft. Allerdings ist Wolf zu Recht der Meinung, dass ethische Theorien nicht inhaltlich bestimmen können, was in *bestimmten* Situationen die richtige Handlung ist (vgl. Wolf 1999, 56–57).

Eine ethische Theorie muss also offen für Einzelfälle sein und doch muss es bestimmte Rechte und Pflichten geben, die allgemeine Gültigkeit haben. Diese kann die Tugendethik nicht inhaltlich definieren. Aus diesem Grund und den mit der Tugendethik einhergehenden Problemen plädiert Borchers für eine pluralistische Theorie, die verschiedene Elemente verbindet. Sie sollte durchaus an den positiven Konsequenzen für den Einzelnen und am guten Leben orientiert sein. Der erforderliche deontologische Teil solch einer pluralistischen Theorie wäre dann, dass es Rechte und Pflichten geben muss, die uns und auch anderen die freie Realisierung der eigenen Lebenspläne ermöglichen. Die tugendethische Aufgabe in solch einer Theorie bestünde darin, zu klären, was ein gutes menschliches Leben ausmacht. Die Tugenden würden sich hier als durchaus wichtig – aber nicht zentral einordnen (vgl. Borchers 2001, 318–320).

Da es sinnvoll ist, eine tugendethische Theorie um einige unbedingte Pflichten und damit um einen deontologischen Teil zu ergänzen, wird im Folgenden eine solche pluralistische Theorie als Voraussetzung für eine umfassende Ethik angenommen. Auf die Details solch einer Theorie soll es hier jedoch nicht ankommen. Entscheidender für die vorliegende Arbeit ist, dass die tugendethischen Elemente, die (richtiges) menschliches Handeln beschreiben, einen wichtigen Platz in der Ethik haben. Der Einzelne ist damit motiviert, gut zu handeln und zu leben, weil er ein gutes Leben im Sinne von *Eudaimonia* haben will. Um das zu erreichen, wird er Handlungen ausführen, die ihm diesem Ziel näher bringen.

Ist die *Eudaimonia* jedoch die höchste Stufe in einem hierarchischen Modell, werden alle anderen Handlungen nur als Mittel zur Erreichung dieses Zieles ausgeführt (vgl. Wolf 1999, 49). Das ist es aber nicht, was Aristoteles meint. Denn eine tugendhafte oder richtige Handlung ist bei Aristoteles nicht nur die vernünftige Handlung, sondern auch eine Handlung, die man gerne tut. Daher ist es nicht möglich, eine solche tugendhafe Handlung *nur* als Mittel zur Erreichung eines Zieles auszuüben. Um bei einer Handlung auch das *Gefühl* zu haben, dass sie richtig und gut ist, und auch um sie gerne tun zu können, scheint es nötig zu sein, dass die Handlung *auch* um ihrer selbst willen gewollt wird – auch wenn sie nicht das oberste Ziel menschlichen Lebens ist.

2.2 Handlungsziele und Geschichte einer Handlung

> Während *telos* allgemein für jede Art von Ziel steht, ist *skopos* der Zielpunkt etwa beim Bogenschießen, und Aristoteles sagt häufig, daß wir ähnlich auch beim Handeln einen Zielpunkt brauchen. Der Zielpunkt beim Bogenschießen aber ist nicht ein Ziel in dem Sinn, daß die Schüsse Mittel zu seiner Erreichung sind; noch sind sie Bestandteile seiner Erreichung. Vielmehr ist der Bezug auf diesen Punkt den Treffversuchen immanent und gibt ihre Richtung und ihren Sinn vor. (Wolf 1999, 49)

Wir brauchen solch ein höchstes Gut als Bezugs- und Orientierungspunkt, damit wir auch im Handeln einen Maßstab dafür haben, was eine gute Handlung (für uns) ist (vgl. Wolf 1999, 48). Eine Orientierung und einen Maßstab dafür gibt das gute Leben als Ganzes und liefert damit zugleich die Motivation für gutes Handeln (vgl. Wolf 1999, 48). Man kann also das Handeln zur Erreichung eines Ziels wie das Anvisieren eines Zielpunktes betrachten. Alle Mittel, die zur Erreichung des Ziels gewählt werden und die Teile im Prozess der Handlung sind, haben ihren Sinn durch das anvisierte Ziel und die gewählte Richtung. Sie sind durch dieses Ziel absichtlich und gewählt – man könnte sagen: bis ins letzte Detail hinab. Dieses Ziel einer Handlung ist bei Aristoteles immer ein Gut für den Handelnden, das er als *gut für sich* erachtet (vgl. Wolf 1999, 48). Doch das scheint nicht immer zuzutreffen, da es Handlungen gibt, bei denen man zwischen zwei Übeln wählen muss. Vielleicht ist die Handlung auch dann ein Gut, weil sie ein noch größeres Übel verhindert.

Aristoteles betrachtet solche ungewollten und erzwungenen Handlungen und ist der Meinung, dass eine Handlung nur erzwungen ist, wenn die Ursache der Handlung außerhalb des Handelnden liegt. Es kann aber Handlungen geben, die ungewollt sind, zu denen man sich jedoch um einer anderen Sache willen *gezwungen* sieht. Da der Ursprung der Bewegung hier im Handelnden liegt und diese wegen bestimmter anderer Dinge gewollt ist, handelt es sich *eher* um eine gewollte Handlung, für die der Handelnde auch verantwortlich zu machen ist. So kann man sich beispielsweise zu einer Handlung aus Furcht vor einem noch größeren Übel gezwungen sehen. Das Angenehme und das Werthafte können dagegen nicht zu Handlungen *zwingen*, da wir sonst nie frei handeln würden. Aristoteles definiert Zwang also als etwas, dessen Ursprung außerhalb der Person liegt und wozu die Person nichts beiträgt (vgl. NE, 1110a–1110b).

Tiere und kleine Kinder können nach Aristoteles zwar gewollt, aber nicht mit Vorsatz handeln. Ebenso gibt es Handlungen, die man „aus einer Augenblickslaune" (NE, 1111b5 in Übersetzung von Wolf) heraus tut und die zwar gewollt, aber nicht vorsätzlich sind. Es handelt sich dabei meist um kleine und alltägliche Handlungen. Interessant ist hier, dass sie gewollt und gleichzeitig nicht vorsätzlich sein können. Ähnliche „kleine Handlungen" werden uns später noch bei den Libertariern begegnen. Einen Vorsatz können nur vernunftbegabte Wesen haben, während auch Tiere Erregung und Begierden haben. Zudem ist der Vorsatz zwar dem Wunsch ähnlich, aber doch von diesem zu unterscheiden, da man sich auch Unmögliches wünschen, aber nur schwer Unmögliches vornehmen kann. Beim Vorsatz liegt der Fokus eher auf dem Weg, der zu einem Ziel führt (also dem Wie und den Mitteln zur Erreichung) als auf dem Ziel selbst, wie es beim Wunsch der Fall ist. So kann man sich beispielsweise Gesundheit wünschen und sich Mittel zur Erreichung dieses Zieles vornehmen. Der *Vor*satz geht also mit vorherigem Denken und Überlegen einher (vgl. NE, 1111b–1112a).

Eine auf einen Zweck gerichtete Überlegung ist der Ursprung eines Vorsatzes, der hier wiederum der Ursprung einer Handlung ist (vgl. NE, 1139a–1139b). Für einen Vorsatz sind also sowohl intuitives wie auch diskursives Denken und Charakterdispositionen nötig. Das gute Handeln ist somit immer auf Denken und den Charakter bezogen (vgl. NE, 1139a–1139b). Das Wünschen bezieht sich auf ein Ziel, während sich der Vorsatz auf das bezieht, was zu diesem Ziel führt. Daher beziehen sich auch die Taten, die man zur Erreichung eines Zieles ausführt, auf einen Vorsatz und sind gewollt. Für die Handlungen, die wir ausführen, sind wir ganz verantwortlich, da wir das Gute tun und das Schlechte unterlassen können. Auch ein schlechter Mensch ist erst so geworden und hat seine Dispositionen auf diese Weise entwickelt. Er konnte somit einmal ein anderer werden und ist dafür verantwortlich, dass er kein anderer geworden ist. Jeder ist also für seinen Charakter und für seine Dispositionen verantwortlich. Die Tugenden gehen dabei anders als Handlungen und Dispositionen aus unserem Wollen hervor und richten sich nach der richtigen und klugen Überlegung. Die Handlungen liegen immer in unserer Kontrolle, während die Dispositionen nur am Anfang in unserer Kontrolle liegen und unserem Wollen entsprechen (vgl. NE, 1113b–1115a).

Um die Handlungen einer Person vollkommen zu verstehen, muss man also ihren Charakter und ihre Vorsätze kennen und wissen, warum sie so geworden ist.

Die Geschichte einer Handlung ist wichtig, um die Handlung verstehen zu können. Doch bestimmt diese Geschichte die Handlung dabei auch völlig?

2.2.1 Handlungen im Kontext der Lebensgeschichte

MacIntyre bemerkt in der Moderne die Tendenz, das Leben in viele Teilbereiche aufzutrennen, die nahezu keine Berührungspunkte mehr haben. So wird das Berufsleben beispielsweise immer mehr vom privaten Bereich getrennt. Da das Leben nur noch in Teilbereichen betrachtet wird, wird oft auch in modernen Handlungstheorien nur die einzelne Handlung betrachtet und nicht ihr Eingebettetsein in ein größeres Ganzes. Nach MacIntyre kann man eine Handlung aber nur verstehen, wenn man ihre Geschichte kennt. Diese Geschichte, die mit der Geburt einer Person beginnt, ihre Vorstellungen und Ziele beinhaltet und mit dem Tod endet, macht aus der Person ein Selbst und eine Einheit. Nur wenn man sein Leben als eine solche Einheit betrachtet, kann man sich *Lebensziele* setzen. Wir können also eine Handlung nur verstehen, wenn wir die Intention dahinter kennen. Dafür müssen wir um den narrativen Rahmen, also darum wissen, wie diese Intention zustande kam. Dabei kann man zwischen kurzzeitigen und längerfristigen Intentionen unterscheiden, ähnlich wie Aristoteles zwischen Zielen unterscheidet (vgl. MacIntyre 1995, 273–278).

Unser Handeln hat also auch nach MacIntyre einen teleologischen Charakter und wird dadurch verständlich, dass man jede Handlung in eine narrative Folge einordnen kann, die die Summe all unserer Handlungen und unseres Lebens ist. Wir können erst beurteilen, ob eine Handlung tugendhaft oder richtig ist, wenn wir die Geschichte des Handelnden kennen. Jemanden, der in seiner Vergangenheit von einer Schlange gebissen wurde und seitdem große Furcht vor Schlangen hat, kann man als tapfer bezeichnen, wenn er in den Zoo geht und sich dort vor das Schlangengehege stellt, obwohl er sich fürchtet. Einen anderen Menschen kann man dagegen nicht einfach als tapfer bezeichnen, nur weil er im Zoo vor einem Schlangengehege steht. Die Handlung ist zwar dieselbe, aber die Geschichte der Handlung entscheidet über ihre Tugendhaftigkeit. Für MacIntyre ist also wie für die Exemplaristin Zagzebski die Geschichte wichtig für die Tugend. Für Zagzebski ist sie deshalb wichtig, weil es in Geschichten Vorbilder gibt, von denen wir moralisches Handeln lernen können. Für MacIntyre sind Geschichten wichtig, weil man aus der Erzählung einer Geschichte lernt, sowohl andere wie auch das eigene Leben als Einheit und Geschichte zu verstehen. Daher ist auch er der Meinung, dass „das Erzählen von Geschichten einen wesentlichen Anteil an unserer Erziehung zur Tugend hat" (MacIntyre 1995, 289). Wir können nämlich auch für uns selbst nur entscheiden, wie wir richtig handeln sollen, wenn wir unsere langfristigen Ziele kennen und um unsere Vergangenheit wissen. Schließlich prägen die Erlebnisse der Vergangenheit auch zu einem großen Teil die eigenen Fähigkeiten und Dispositionen, die die *Phronesis* bei jeder Handlung, die tugendhaft sein soll, einkalkulieren muss (vgl. MacIntyre 1995, 286–289).

Für MacIntyre ist zur Beantwortung der Frage, wie man handeln soll, die Frage entscheidend, welcher Mensch man sein und welche Geschichte man über sich erzählen möchte (vgl. Borchers 2001, 183).[4] „MacIntyres zentrale These lautet, daß man die Frage ‚Was soll ich tun?' erst dann sinnvoll beantworten kann, wenn man sich zuvor die Frage vorlegt ‚Als Teil welcher Geschichte sehe ich mich?'" (Borchers 2001, 183). Damit erkennen wir eine richtige Handlung auch dadurch, dass wir sie uns vorstellen und vorfühlen, ob sie zu uns passen würde. Wir finden heraus, was wir wollen und was wir bewirken sollen, dadurch, dass wir uns zunächst etwas (auch durch Vorbilder) vorstellen und unser Gefühl dabei beobachten (vgl. Willaschek 1992, 61).

Nun könnte man die These MacIntyres, dass das Leben als narrative Einheit betrachtet werden sollte, als problematisch erachten, da viele Leben Brüche beinhalten (vgl. Borchers 2001, 197). „Kaum ein Leben stellt sich als sinnvoll strukturiertes Ganzes, als Nachvollzug und Entwicklung eines Planes dar. Entscheidungen werden revidiert; vieles, was man tut, ist Produkt des Zufalls und wird auch so empfunden" (Borchers 2001, 197). Zudem gibt es viele Menschen, die sich nicht auf einen bestimmten Lebensplan festlegen lassen wollen, sich treiben lassen, oft die Arbeit oder den Partner wechseln und damit auch immer wieder ihr Selbstbild verändern. Kann der moderne Mensch also überhaupt noch ein gemeinsames *Telos* haben oder sein Leben als Ganzes betrachten? (Vgl. Borchers 2001, 197–198).

Um diese Fragen zu klären, ist ein Blick in die psychologische Forschung vielversprechend. So konnte nach McAdams herausgefunden werden, dass Menschen mit zunehmendem Alter auf ihr Leben als Ganzes zurückblicken, sich zurückerinnern und eine Bestandsaufnahme machen. Das betrachtet McAdams als kontemplative Tätigkeit, die die geistige Gesundheit der entsprechenden Personen positiv beeinflussen kann. In der heutigen Psychologie besteht solch ein kognitives Tätigsein aus dem Konstruieren von Wahrheiten und aus dem Rekonstruieren der Vergangenheit. Dadurch generiert die Person, die über ihre Vergangenheit nachdenkt, die Bedeutung dieser Vergangenheit. Es handelt sich dabei also um eine *autobiographische Tätigkeit* (McAdams 2015, 324), bei der man das eigene Leben zu einer Geschichte macht. Dies ist eine Tätigkeit, die nach McAdams Erwachsenen

---

4 Dieser und der folgende Gedanke finden sich auch in meinem Artikel *Lebensentscheidungen und Berufswahl: Welche Rolle spielen Emotionen und Caring für unsere Ziele und Commitments?* (Rutzmoser 2023) wieder.

vorbehalten ist und zu der Kinder und auch junge Erwachsene (noch) nicht in der Lage sind (vgl. McAdams 2015, 323–324).

Dadurch, dass man die Vergangenheit so rekonstruiert als hätte man sie selbst geplant, wählt man tatsächlich auf eine psychologische Art und Weise die eigene Geschichte, die Umstände, in denen man lebte, und das soziale Umfeld, das einen umgab. Man macht sich all das zu eigen und wird daher auch nach Erikson zum Autor der eigenen Lebensgeschichte. Wir erschaffen damit also unsere *narrative Identität* (McAdams 2015, 324). Dieser Begriff kommt aus der Psychologie und bezeichnet das Kreieren einer Geschichte des eigenen Selbst, durch das man das eigene Leben mit einer Bedeutung versieht und es wie bei MacIntyre zu einer Einheit macht. Damit ist jedoch nicht nur die selektive Rekonstruktion der Vergangenheit, sondern auch die Vorstellung des eigenen Selbst in der Zukunft gemeint. Diese narrative Identität beinhaltet also nicht nur die Geschichte der eigenen Vergangenheit, sondern auch die Geschichten, die man in Zukunft über sich erzählen möchte (vgl. McAdams 2015, 324–325).

In der Entwicklungspsychologie, der Psychologie der Persönlichkeit und der kognitiven Psychologie wurden kognitive Fähigkeiten identifiziert, die das Bilden solch einer narrativen Identität erleichtern. Besonders bedeutend ist dabei das *„autobiographical reasoning"* (McAdams 2015, 325). Hier sind Personen in der Lage, als Autoren ihres Lebens bestimmten Ereignissen in der Vergangenheit Bedeutung beizumessen. Solche Personen sind in besonderem Maße in der Lage, Lehren aus Vergangenem zu ziehen und dabei das eigene Selbst zu erkennen (vgl. McAdams 2015, 325).

„The construction of a life story is both a psychological and a moral project, for authors always position themselves within an assumptive world regarding what they (explicitly and implicitly) believe to be good and true" (McAdams 2015, 325). Ann Colby und William Damon untersuchen beispielsweise so genannte *„moral exemplars"* (McAdams 2015, 326), die von anderen als tugendhafte Personen bewundert und anerkannt werden. Solche Personen scheinen so etwas wie das aristotelische Vorbild zu sein. Interessanterweise zeigt die psychologische Erforschung solcher Personen Gemeinsamkeiten darin, wie sie Bedeutung in ihrem Leben generieren und dieses zu einer Geschichte machen (vgl. McAdams 2015, 325–326).

In einer Studie von Lawrence Walker und Jeremy Frimer wurden beispielsweise 25 Personen befragt, die von der kanadischen Regierung für ihr beispielhaftes Leben (in Bezug auf Fürsorge und Leistungen für die Gemeinschaft) geehrt wurden. Weitere 25 Personen wurden befragt, die ebenfalls von der kanadischen Regierung für besonderen Mut und Heldenhaftigkeit geehrt wurden. Darüber hinaus wurden 50 Personen befragt, die nicht geehrt wurden und ein normales Leben führten. Das Ergebnis war, dass die für soziales oder mutiges Verhalten geehrten Personen deutlich eher Geschichten über die Rolle der eigenen Kraft für das Erreichen sozialer Ziele erzählen konnten. Sie waren darüber hinaus mehr in der Lage, Ereignisse, die emotional negativ waren, als Ursprung eines positiven Outcomes umzudeuten. Scheinbar besitzen solche Personen die Fähigkeit, in der Rückschau auf das eigene Leben schmerzhafte und negative Erfahrungen so zu betrachten und zu bewerten, dass sie einen positiven Effekt auf das eigene Leben haben. Dadurch wird die negative Vergangenheit gerettet und durch die eigene Interpretation oder Bewertung in etwas Positives umgewandelt. Nach McAdams zeigen einige Studien, dass solche Narrationen des eigenen Lebens zu erhöhtem Wohlbefinden und geistiger Gesundheit führen (vgl. McAdams 2015, 326).

„As autobiographical authors, human beings construct life stories that integrate the reconstructed past and imagined future in order to provide life with some semblance of unity and temporal continuity" (McAdams 2015, 327). Nach McAdams entwickeln sich Kinder im Alter von sechs und sieben Jahren zunehmend dahin, Langzeitziele und Werte *artikulieren* zu können. Bei Aristoteles sind motivierte Handelnde in der Lage, rational zu überlegen. Sie können Situationen analysieren und Pläne artikulieren. Auch in der Psychologie legen unterschiedliche Theorien nahe, dass sich in der Mitte der Kindheit die Fähigkeit zum motivierten Handeln entwickelt. Damit entwickeln sich zunehmend auch die Moral und die Artikulation von Tugend (vgl. McAdams 2015, 328).

Eine gewisse Fähigkeit zur *Artikulation* von Zielen und Absichten scheint also eine Voraussetzung für Tugend und Moral zu sein. Dabei könnte es sich auch um eine grundlegend menschliche Fähigkeit handeln, durch die man erklären kann, warum allein Menschen als moralfähige Wesen betrachtet werden können. Auf diesen Punkt werden wir später noch einmal zurückkommen. Jedenfalls ist die Artikulation von Zielen und Absichten eine wichtige Voraussetzung dafür, aus dem eigenen Leben eine Einheit und eine schlüssige Geschichte machen zu können. Mit der Zunahme dieser Fähigkeit mit fortschreitendem Alter und fortschreitender Erfahrung nimmt dann offenbar auch das autobiographische Tätigsein zu und der Grad der narrativen Identität einer Person steigt.

Die Ergebnisse der psychologischen Forschung zeigen, dass es auch in modernen Gesellschaften, in denen Personen Brüche im Leben erfahren und Lebenspläne verändert werden, entscheidend für die geistige Gesundheit und ein gelungenes Leben ist, das eigene Leben als Ganzes und als schlüssige Geschichte betrachten zu können. Man muss das Leben als Ganzes betrachten, um die Handlungen im Kontext der Lebensgeschichte verstehen zu können. Die Handlungsmotivation für das Leben als Ganzes ist aber dessen Gelingen.

2.2.2 Das gelungene Leben als Handlungsmotivation

Man ist motiviert, Ziele zu verfolgen und Handlungen auszuführen, weil sie zum gelungenen Leben beitragen. Um Lebensziele verfolgen zu können, muss man zu etwas hingezogen und emotional involviert sein. Das eigene gelungene Leben ist damit die größte Handlungsmotivation. Der Handelnde muss also Interesse an der eigenen Zukunft und an ihrem Gelingen haben, um moralisch handeln zu können (vgl. Borchers 2001, 226). Damit kommt auch in diesem Zusammenhang den eigenen Interessen eine besondere Bedeutung zu.

„Vernünftig zu sein, Gründe anzuerkennen, mag *notwendig* sein für moralisches Handeln; es ist aber nicht *hinreichend*" (vgl. Borchers 2001, 226). Denn nach Ursula Wolf können wir in einer konkreten Entscheidungssituation nur die für uns gute und angemessene Handlung finden, wenn wir eine Vorstellung davon haben, was für uns das gute Leben ist (vgl. Borchers 2001, 171). Nur diese Vorstellung des eigenen guten Lebens kann moralisches Handeln auch motivieren, während das Anerkennen von Gründen allein nicht zum moralischen Handeln führt (vgl. Borchers 2001, 174). Der große Vorteil der Tugendethik ist damit, dass sie die Perspektive der ersten Person in ethische Überlegungen einbringt und die Frage danach stellt, was das für ein Leben sein soll, das *ich* führen möchte und als gelungen erachte. Eng damit verbunden ist die Frage danach, wer ich sein möchte. Die Tugendethik stellt also auch die Frage nach der Identität einer Person, wenn sie die Frage stellt: „‚Wie soll *mein* Leben sein?', aber auch ‚Wie soll *ich* sein?'" (Borchers 2001, 320). Eine ethische Theorie sollte die Perspektive der ersten Person eines Handelnden berücksichtigen und das, was moralisch geboten ist, mit der Vorstellung des individuellen gelungenen Lebens verbinden. Das ist in unserer Gesellschaft und in unserer Bewertung von Recht und Unrecht auch durchaus moralische Praxis. So gibt es beispielsweise moralische Pflichten, die aus einer deontologischen Perspektive geboten wären, die dem Handelnden aber nicht „zugemutet" (Borchers 2001, 320) werden können, weil dies seiner gerechtfertigten Vorstellung eines guten Lebens völlig widerspräche (vgl. Borchers 2001, 320–321).

Der aristotelische Ansatz versucht also, die Vernunft und die Emotionen einer Person zu verbinden, und hat dabei richtigerweise erkannt, dass Affekte, Neigungen und ein emotionales Involviertsein auch bei moralischen Entscheidungen und ethischem Verhalten nicht ausgeblendet werden dürfen. Für das Verfolgen von Zielen (und besonders für das Verfolgen von Lebenszielen) spielt das, was einer Person am Herzen liegt und womit sie sich identifiziert, eine große Rolle. Nur dann, wenn man emotional involviert ist, kann man sich nämlich wirklich *committen*. Nur über solche *Commitments* lässt sich erklären, warum eine Person auch moralisch sein oder gut handeln *will*. Die bloße Erkenntnis, dass sie so handeln *sollte*, mag dafür, wie bereits erwähnt wurde, notwendig sein – aber sie ist alleine nicht hinreichend.

2.2.3 *Commitments*, Emotionen und die Einheit mit sich selbst

Die höchste Art von Freundschaft ist für Aristoteles die Freundschaft mit sich selbst, wobei Freundschaft bei ihm ein sehr weiter Begriff ist und so etwas wie In-Beziehung-sein meint. Dafür, dass ein Mensch auf beste Weise in Beziehung mit sich selbst ist, ist eine wichtige „Bedingung, daß er eine einheitliche psychische Verfassung hat; seine Affekte ebenso wie seine Strebungen müssen in einer ausgewogenen Struktur sein, so daß er sich nicht hin- und hergerissen und uneins mit sich fühlt oder sein vergangenes Tun bereut" (Wolf 1999, 52–53).

Das aristotelische Strebevermögen besteht aus den Affekten, die als passiver Teil charakterisiert werden, und den Strebungen, die der aktive Teil sind. Affekte sind zunächst natürlich, können aber durch Erziehung zu einer *Hexis* (Haltung, Charaktereigenschaft, Disposition) geformt werden. Bei Affekten ist nach Aristoteles die mittlere Haltung ebenso wie bei Handlungen die erstrebenswerte Haltung. Sie kann durch Erziehung und Charakterbildung erlernt oder heraus*gebildet* werden. Ein guter Mensch wird also nicht wegen Nichtigem zornig. Er wird zornig, wenn es die Situation erfordert, und er wird nur auf eine angemessene Weise zornig. Wie bei den Handlungen ist die Mitte auch bei den Affekten von der individuellen Situation und Person abhängig (vgl. Wolf 1999, 55–56).

Entscheidend ist dabei, dass die Affekte vernünftiges Handeln nicht verhindern und gebändigt werden müssen, sondern dass sie ein wichtiger Teil des Handelns sind, wenn sie gut ausgebildet sind. Ist der Handelnde eins mit sich selbst und hat eine einheitliche psychische Verfassung, unterstützen seine Affekte und Emotionen seine rationalen Einsichten und Urteile.

Denn in solch einer holistischen Sicht auf den Menschen ist auch nach Mele mit dem Selbst nicht nur die Vernunft, sondern die Person als Ganze gemeint. Es kann sogar vorkommen, dass die Leidenschaften und Emotionen einer Person etwas anderes raten als ihr Urteil und ihre Vernunft und dass sie dabei dennoch nicht als fremde Kräfte empfunden werden. Normalerweise werden Personen, die sich selbst gut unter Kontrolle haben, als Personen angesehen, die auch im Angesicht starker anderer Motivation nach ihrem besten Urteil handeln. Doch es muss nach Mele nicht der Fall sein, dass Emotionen und Leidenschaften keinen Platz bei der Selbstkontrolle haben (vgl. Mele 2002, 532).

„Self-control can be exercised in support of better judgments partially based on a person's appetites or emotional commitments. In some cases, our better judgments may indicate our evaluative ranking of competing *emotions* or *appetites*"

(Mele 2002, 532). Die Vernunft und die Emotionen sind also aufeinander verwiesen. Eine Person ist eins mit sich selbst, wenn ihre rationalen Urteile und ihr emotionales Hingezogensein übereinstimmen. Nur dann kann sie wirkliche *Commitments* eingehen und Lebensziele mit *ganzem Herzen* verfolgen.[5] Solche Lebensziele selbst (und in Übereinstimmung mit sich selbst) wählen und verfolgen zu können, ist wiederum entscheidend für die Autorschaft über die eigene Lebensgeschichte.

2.3 Autorschaft über die eigene Lebensgeschichte und Charakterbildung

Um der Autor der eigenen Lebensgeschichte sein zu können, muss eine Person in der Lage sein, sie selbst zu sein. Das Gelingen des eigenen Lebens hängt nach Kierkegaard an diesem Selbstseinkönnen (vgl. Habermas 2013, 13–17). Dadurch, dass sich der einzelne Mensch die Vergangenheit seiner Lebensgeschichte selbstkritisch aneignet und das als schlecht empfundene Verhalten korrigiert, wird er zu dem Individuum, das er sein möchte. Eine „unvertretbare Person" (Habermas 2013, 19) wird ein Mensch also erst durch Selbstreflexion und Selbstwahl, die vom „Interesse am Gelingen des eigenen Lebensentwurfs bestimmt ist" (Habermas 2013, 19). Die Alternativen zu diesem Selbstsein sind entweder ein Nicht-man-selbst-sein-wollen, ein Nicht-ein-selbst-sein-wollen oder ein anderer sein wollen, als man selbst. All diese Alternativen führen zur Flucht vor dem eigenen Selbst und damit zur Verzweiflung. Daraus resultiert der verzweifelte Versuch, man selbst sein zu wollen, was letztlich scheitern muss. Erst im Hinblick auf dieses Scheitern kann man das eigene Selbst überschreiten und die grundlegende Abhängigkeit vom *Anderen* anerkennen. Durch das Anerkennen dieser Abhängigkeit erlangt man schließlich Freiheit. Bei Kierkegaard ist dieser absolut Andere Gott. Das *Andere* kann aber auch die Gesellschaft oder wie bei Habermas eine Sprachgemeinschaft sein (vgl. Habermas 2013, 17–26).

Das Selbst zeigt sich gerade in der Autorschaft über die eigene Lebensführung (vgl. Habermas 2013, 97). Man kann sich nur als ungeteilter Autor seiner Lebensgeschichte und der daraus resultierenden Handlungen betrachten, wenn man sich als ein Individuum sehen kann, das „durch die Lebensgeschichte hindurch mit sich identisch bleibt" (Habermas 2013, 103). Das scheint aber bei allem, was einer Person widerfahren und zustoßen kann, nur möglich zu sein, weil man an der Grenze des eigenen Leibes festmachen kann, was *man selbst* ist und was einem von außen

---

5 In diesem Punkt ist die Tugendethik der Theorie Frankfurts und seinem Konzept der *Wholeheartedness* sehr nahe, das im dritten Kapitel eingehender betrachtet werden wird.

zustößt. Man unterscheidet also auch an den eigenen natürlichen Anlagen und am eigenen Körper, was Eigenes und was Fremdes und damit das *Andere* ist. Die eigene Natur ist dabei in der Regel vom *Anderen* unberührt. Die Unverfügbarkeit dieses Anfangs ist für die Freiheit oder zumindest für das eigene „Freiheitsbewusstsein" (Habermas 2013, 104) und das Selbstseinkönnen zentral (vgl. Habermas 2013, 103 – 104).

Die Voraussetzung, die nötig ist, um sich *selbst* als frei und moralisch handelndes Individuum betrachten zu können, ist das Bewusstsein, dass man *selbst* es ist, der sich mit seinem Handeln ausdrückt und der mit seinem Handeln neue Anfänge machen kann. Auch für Hannah Arendt steht der Anfang einer neuen Lebensgeschichte in Verbindung mit dem späteren Bewusstsein der Person, neue Anfänge machen zu können. Die Geburt als Beginn der eigenen Geschichte ist dabei der Übergang von der Natur in die Kultur. Die Person, die in einer Gesellschaft aufwächst und von dieser beeinflusst wird, kann sich dennoch als frei und verantwortlich handelnd betrachten, weil sie um ihre eigene Natur weiß, die vor der Geburt von der Kultur nicht berührt war (vgl. Habermas 2013, 101 – 105).

Denn um sich durch alles, was einem widerfährt, mit sich identisch fühlen und damit die Verantwortung für eigene Handlungen übernehmen zu können, muss der Anfang der Lebensgeschichte als Ausgangspunkt des Selbst frei von fremden Einflüssen sein. Wir können frei und verantwortlich handeln, weil wir *selbst* einen neuen Anfang machen können. Dieses *Charakteristikum von Handlung* (vgl. Habermas 2013) hat den Anfang des eigenen Selbst zur Grundlage, der für andere unverfügbar war. Wir können wir selbst sein, weil der Anfang und Ausgangspunkt dieses Selbst ganz als Eigenes anerkannt werden kann. Erst dadurch kann man moralisch für das eigene Handeln verantwortlich sein. Für die Charakterbildung und die Ausbildung dieses Selbst kann man sich dann an Vorbildern und ihren tugendhaften Handlungen orientieren.

2.3.1 Tugendhaftes Handeln und Charakterbildung

Die Tugend entspricht der „hexis prohairetike" (Borchers 2001, 160), was eine auf Überlegung gründende und auf Entscheidung beruhende Haltung mit affektiven, kognitiven und volitiven Komponenten ist (vgl. Borchers 2001, 160). Eine Tugend ist jedoch keine „einmalige Handlung" (Borchers 2001, 158). Nur weil man eine bestimmte Handlung beobachten kann, kann man noch nicht auf eine Tugend schließen (vgl. Borchers 2001, 158). Denn jemand, der eine Tugend (wie beispielsweise Gerechtigkeit) besitzt, führt nicht immer wieder dieselbe Handlung aus. Es gibt dagegen verschiedene Arten von Handlungen, in denen diese Tugend erforderlich ist und sich zeigt. „Von einer Tugend sprechen wir erst, wenn es sich um *konstant beobachtbares Verhalten* handelt" (Borchers 2001, 158). Da die Handlungskontexte unterschiedlich und völlig individuell sind und es nicht nur eine Art von Handlung gibt, in der sich beispielsweise die Tugend der Gerechtigkeit zeigt, muss der Tugendhafte sehr viel *Phronesis*[6] (und auch Spontaneität) besitzen, um sich auf jede neue Situation einzustellen, herauszufinden, was in dieser Situation die gerechte Handlung ist und diese dann umzusetzen. Der Handelnde muss auf Unerwartetes reagieren und seine Handlung spontan an eine gegebene Situation anpassen können, da beispielsweise gerechtes Handeln in jeder Situation etwas anderes erfordert (vgl. Borchers 2001, 159).

Das ist der Grund, warum auch Dispositionen und nicht nur die Vernunft eine große Rolle spielen. Dispositionen sind Anlagen, auf gewisse Weise zu reagieren. Bei einem kausalen Zusammenhang zwischen internen Anlagen und bestimmten externen Bedingungen kommt schließlich automatisches Verhalten zustande, das dem Tugendhaften ermöglicht, spontan und angemessen in konkreten Situationen reagieren zu können. Er muss nicht in jeder Situation lange abwägen, sondern kann manchmal intuitiv entscheiden und sich dabei auf sein Bauchgefühl verlassen. Aber „[e]in tugendhafter Akteur handelt *intuitiv,* aber nicht *impulsiv* oder instinktiv" (Borchers 2001, 163). Damit ist gemeint, dass solche intuitiven Entscheidungen nicht einer rationalen Grundlage entbehren müssen. Denn eine Disposition kann von Überzeugungen abhängen, die in unterschiedlichen Situationen zu verschiedenen Handlungen führen. Somit könnte man sagen, dass einer Handlung bei intuitiven und von Dispositionen geleiteten Entscheidungen ein implizites Urteil im Gegensatz zu einem expliziten Urteil zugrunde liegt (vgl. Borchers 2001, 163).

Allein deshalb kann es nicht sein, dass wir in unseren Handlungen nur durch Wünsche und Überzeugungen *determiniert* sind. Denn jede Situation erfordert eine andere Handlungsweise und für diese müssen wir uns in dieser konkreten Situation entscheiden.

Der Charakter entwickelt sich wie die Fähigkeiten einer Person dadurch, dass man etwas immer wieder macht und übt. Die bloße Wiederholung reicht dabei aber nicht aus. Nach Russell wird man weder ein guter Baumeister, weil man viele Häuser baut. Noch entwickelt man die Tugenden und einen guten Charakter nur, weil man immer wieder in beängstigende Situationen kommt und dabei seinen Mut beweisen muss. Die wiederholte Handlung muss auch auf die richtige Weise konzentriert werden. Man sollte sich dabei auf die Arten von Handlungen konzentrieren, die die eigene Gutheit ausbilden. Und letztlich braucht man zur Ausbildung des Charakters, ebenso wie um ein guter Baumeister oder Musiker zu werden, ein Vorbild oder einen Lehrer. Man braucht Personen, von denen man etwas über das

---

6 Praktische Vernunft oder auch Wissen, das auf Erfahrung beruht.

gute Handeln lernen kann und die einem die richtige Richtung weisen. Aus diesem Grund meint Russell, dass *Attribute* (Merkmal, Kennzeichen) eine bessere Übersetzung für das Griechische *Hexis* als *Habit* (Gewohnheit) ist. Denn auch die Fähigkeiten eines guten Baumeisters sind eher ein Merkmal dieser Person als eine Gewohnheit. Der Baumeister baut gut, weil er diese Fähigkeit trainiert und erlernt hat. So wie man dem Baumeister seine Fähigkeit, gute Häuser zu bauen, nicht seiner Gewöhnung oder Gewohnheit zuschreiben würde (er baut gut, weil er es gelernt hat und nicht weil er sich daran gewöhnt hat), scheint es auch beim Charakter nicht angemessen zu sein, die Gutheit der Gewohnheit zuzuschreiben (vgl. Russell 2015, 24).

Eine Frage, die sich hier aber ergibt, ist, wie jemand gerecht oder mutig werden kann, indem er gerechte und mutige Handlungen ausführt. Wie kann jemand tugendhaft handeln, wenn er die Tugend noch nicht besitzt? Aristoteles meint, dass man unterscheiden muss, ob jemand eine Handlung wie ein Anfänger oder wie ein Profi ausführt. Man kann also eine Tugend (oder beispielsweise die Fähigkeit, gerecht zu handeln) dadurch erlangen, dass man sich in tugendhaftem Handeln zunächst auf die Art und Weise von jemandem betätigt, der noch lernen muss und noch nicht völlig tugendhaft ist. Wie bei allem anderen wird man auch hier immer besser, wenn man sich mit der entsprechenden Tätigkeit beschäftigt. Das Erlernen der Tugend funktioniert also wie das Erlernen aller anderen Dinge. Auch bei allem anderen, das wir lernen, müssen wir als Beginner anfangen und werden erst durch Üben besser (vgl. Russell 2015, 26–27).

Nach Russell hat man, wenn man Fähigkeiten oder Tugenden entwickelt, Ziele und Werte, nach denen man seine Handlungen und die Wahrnehmung der Umgebung ausrichtet. Um Ziele erreichen und angemessen handeln zu können, muss man die Aufmerksamkeit auf die Umgebung richten. Beim Lernen muss man herausfinden, wie man die Aufmerksamkeit sinnvoll und effektiv auf für die Zielerreichung Relevantes konzentrieren kann, um entscheidende Informationen herauszufiltern. Aus diesem Grund beschäftigt sich die Psychologie, die das Erlernen von Fähigkeiten betrachtet, hauptsächlich mit automatischen Abläufen. So sind Profi-Schachspieler beispielsweise in der Lage, sich auf die relevanten Strategien zu konzentrieren und nicht Relevantes zu filtern. Sie sind im Gegensatz zu Anfängern in der Lage, viele Strategien nicht zum Fokus ihrer Aufmerksamkeit zu machen. Damit lenken sie die Aufmerksamkeit weg von vielen möglichen Strategien, die nicht erfolgsversprechend sind. Im Gegensatz zu Anfängern sind sie in der Lage, das automatisch zu tun, während die Anfänger darüber erst nachdenken müssen. Automatismen sind also auch für tugendhaftes Handeln wichtig, da die Aufmerksamkeit bei allen Handlungen eine knappe Ressource ist (vgl. Russell 2015, 35–36).

(Im Folgenden wird sich die Rolle solcher Automatismen auch in der Handlungstheorie zeigen.) Oft überlassen wir Systemen, die automatisch ablaufen, die

Kontrolle. Das ist nötig, um unsere Aufmerksamkeit auf etwas anderes und für uns wichtiges lenken zu können. Aus diesem Grund werden wir durch Üben immer besser. Je besser wir etwas beherrschen, umso mehr können wir es automatisch ablaufen lassen und uns auf anderes konzentrieren. Wenn wir ein Anfänger sind, müssen wir uns auf einzelne Elemente konzentrieren und sie vom restlichen Prozess isoliert betrachten und erlernen. So wie wir uns beim Autofahren am Anfang noch auf jedes Kuppeln und Schalten konzentrieren müssen und daher nicht alles mitbekommen, was im Straßenverkehr passiert. Erst später und mit zunehmender Erfahrung lernen wir, die einzelnen Elemente zu einem Prozess zu verbinden, der automatisch und ohne, dass wir bewusst über jedes Detail nachdenken müssen, ablaufen kann. Wir werden ein guter Autofahrer, wenn wir den Verkehr im Blick haben und darauf angemessen reagieren können. Das ist allerdings nur möglich, wenn wir all die kleinen Dinge, die man beim Autofahren tun muss, automatisch tun können und uns nicht mehr voll darauf konzentrieren müssen. Das bedeutet allerdings keineswegs, dass wir all diese kleinen Dinge und Details beim Autofahren nicht *absichtlich* tun. Automatische Abläufe sind dabei offenbar Prozesse, in denen einzelne Teile und Ereignisse durch Erfahrung verbunden werden können. Damit spielen die automatischen Prozesse bei unseren Handlungen eine große Rolle. Je mehr jemand also in solchen Prozessen handeln kann, umso mehr handelt er wie ein Profi, könnte man mit Russell sagen.

„To make some process 'automatic' in the psychologist's sense is not to make it mindless, but to decrease its draw on the scarce resource of attention so that more of one's attention can be given elsewhere" (Russell 2015, 36). Nach Russell ist die Meinung von Aristoteles zu solchen Automatismen allerdings nicht ganz klar und vielleicht auch nicht konsistent. Einerseits ist er der Meinung, dass Dinge, die man unmittelbar tut, nicht überlegt sind. Andererseits ist er der Meinung, dass der *Phronimos* unmittelbar durch seine Haltung entscheiden und sich auf sein Urteil verlassen kann, weil er seinen Charakter zuvor richtig ausgebildet hat (vgl. Russell 2015, 36).

Möglicherweise kann man diesen Widerspruch mit dem zuvor kurz angedeuteten Unterschied zwischen implizitem und explizitem Wissen (oder Urteilen) lösen. Die Dinge, die man unmittelbar tut, sind dann nicht in dem Sinne überlegt, dass sie auf ein explizites Urteil zurückzuführen wären. Sie sind aber zumindest bei einem *Phronimos* Ausdruck eines impliziten Urteils oder Wissens darum, was das Richtige ist. Dieses implizite Urteil wird einem wirklich Tugendhaften auch durch seine Emotionen angezeigt.

Für Tugendethiker spielen solche Emotionen eine große Rolle, da auch durch Erlebnisse und Erfahrungen, die emotional wirken, die (tugendhafte) Haltung beeinflusst und ausgebildet wird. Die richtige Haltung des *Phronimos* ist immer eine der Situation und den individuellen Gegebenheiten angemessene Haltung. Dabei ist die Entscheidung meist zunächst offen (und muss es auch sein), weil es gerade ein Zeichen einer angemessenen Haltung ist, ein Problem zu evaluieren und nicht mit vorgefertigten, starren Regeln auf eine konkrete Situation zu reagieren. Denn es gibt auch Situationen, in denen mehrere Handlungsalternativen moralisch gleichwertig und tugendhaft sind. Die Entscheidung, die der Tugendhafte dann trifft, ist in jedem Fall eine gute Entscheidung, die er begründen kann, auch wenn er ebenso die andere Entscheidung aus guten Gründen hätte treffen können. Hier könnte wieder eingewendet und kritisiert werden, dass die Tugendethik für solche Situationen keine moralische Entscheidungshilfe geben kann. Allerdings sehen viele Tugendethiker darin kein Problem, sondern sind der Meinung, dass eine gute ethische Theorie auch der Ratlosigkeit und den moralischen Dilemmasituationen, die zu unserem *moralischen Leben* gehören, Raum geben muss (vgl. Borchers 2001, 290 – 295).

Denn

> [g]erade der besonders kompetente moralische Akteur gesteht bereitwillig zu, dass er oft nicht weiß, wie zu entscheiden ist und dass bestimmte moralische Konflikte *unlösbar* erscheinen (alle in Frage kommenden Handlungsalternativen sind vom moralischen Standpunkt aus gleichwertig) oder gar als *tragisch* zu bezeichnen sind (es ist unmöglich, ohne schmutzige Hände aus der Situation herauszukommen). Er wird von Fall zu Fall nach einer Entscheidung suchen, die er zu begründen und verantworten zu können glaubt, wird aber nicht annehmen, diese Lösung ließe sich verallgemeinern oder sei die einzig richtige. Diese Entscheidung war *gut*, wenngleich nichts dazu berechtigt zu sagen, sie sei *richtig* gewesen. (Borchers 2001, 292)

Doch wie kann man einen Tugendhaften (oder *Phronimos*[7]) dann überhaupt noch erkennen, wenn die Tugend in jeder Situation etwas anderes sein kann und nicht weiter festgelegt ist? Vom bloßen Ver*halten* eines Handelnden können wir zudem nicht direkt auf seine *Haltung* schließen, da wir sein Verhalten nur von außen beobachten und interpretieren können. Das Verhalten allein kann also keinen Aufschluss über die Tugenden geben, wenn man nichts über die Handlungsmotive einer Person weiß (vgl. Borchers 2001, 315).

Ein Handelnder kann nämlich durchaus „zufällig" die richtige oder moralisch einwandfreie Handlung ausüben, auch wenn er eigentlich etwas ganz anderes beabsichtigt oder sich über das Resultat seiner Handlung gar keine Gedanken gemacht hat. Dann qualifiziert er sich aber nicht als *Phronimos*, auch wenn seine Handlung in der „Außenwelt" faktisch identisch mit der Handlung eines *Phronimos* ist. Denn auch die Haltung, die Absicht und die Einstellung beim Vollzug einer Handlung sind entscheidend dafür, ob es sich um einen tugendhaften Akteur handelt. Die Haltung, Absicht und Einstellung eines Handelnden kann man aber aus der Außenper-

---

[7] Die Begriffe Tugendhafter, *Phronimos* oder Vorbild werden im Folgenden synonym verwendet.

spektive nicht so leicht erkennen. Es ist also am ehesten das *konstant beobachtbare Verhalten*, wie Borchers betonte, durch das man ein Vorbild und einen Tugendhaften identifizieren kann. Natürlich kann man sich auch hier der Wahrheit nur annähern. Man kann durch beobachtbares Verhalten bewundernswerte und *gute* Personen identifizieren und sich an ihnen orientieren. Doch das bedeutet nicht, dass man sich in dieser Einschätzung nie irren kann. Außerdem lässt sich in der tatsächlichen Welt nicht verhindern, dass Menschen nicht andauernd und ein Leben lang gut sind und richtig handeln. Der aristotelische *Phronimos* ist daher ein Ideal, dem man sich zwar annähern kann, das in letzter Konsequenz aber nicht erreichbar ist. Damit ist der *Phronimos* etwas Ähnliches wie die *Eudaimonia*, die als Zielpunkt eine Richtung vorgeben kann. Bei beidem handelt es sich eher um formale als um inhaltlich genauer definierte Kriterien. Das ist vielleicht auch der Grund, warum der *Phronimos* nie näher bestimmt wird. Die Umstände der konkreten Situation und der konkreten Menschen sind also wichtiger als ein abstraktes Ideal, das man verallgemeinern kann. Vielleicht kann man damit auch schlussfolgern, dass *der Phronimos* für jeden etwas anderes sein kann und sein muss. Die Handlungsoptionen einer Person sind immer auch durch die Umstände der Handlung und durch ihre Geschichte und ihre Erfahrungen eingeschränkt. Somit ist das, was der *Phronimos* tun würde, vielleicht für jeden genau das Beste, was *er* oder *sie* in dieser bestimmten Situation tun kann, und damit die für ihn oder sie ideale Handlung.

Auch Aristoteles betont, dass man sich bei den guten Handlungen nicht an Personen orientieren soll, die sich in völlig anderen Lebensumständen befinden. Er beurteilt den Charakter und die Charaktereigenschaften einer Person immer auch in Relation zu ähnlichen Personen und berücksichtigt damit die jeweiligen Lebensumstände. Man könnte also sagen, dass man von Ähnlichen Ähnliches erwarten kann. So kann man von Personen in einem besseren Umfeld und in besseren Lebensumständen mehr erwarten als von jemandem, der im Elend lebt. Auch ist ein ähnliches Maß an Erziehung und Bildung nötig, um das Verhalten vergleichen zu können. Schlechtes Verhalten wäre also von jemandem, der keine Erziehung zur Tugend erhalten und keine Ausbildung des Charakters genossen hat, weniger „schändlich" als von einem, der diese Vorteile hatte. Das heißt bei Aristoteles jedoch nicht, dass ein ungebildeter Mensch nicht auch tugendhaft sein kann. Es wird für diesen aber sicher schwerer sein und er braucht mehr Charakterstärke und praktische Weisheit, um ein *Phronimos* werden zu können. Ist jemand nicht selbst schuld daran, dass er seinen Charakter nicht bilden konnte und dass er daher schlechte Charaktereigenschaften hat, ist er nach Aristoteles aber weniger schändlich, als wenn er die Möglichkeiten gehabt hätte und selbstverschuldet einen schlechten Charakter entwickelt hat, wobei man auch hier wohl sagen kann, dass man für den eigenen Charakter immer selbst verantwortlich ist – manche haben nur bessere Voraussetzungen als andere (vgl. Rhet., 1383a–1384b).

Denn wir lernen richtiges Handeln und Verhalten von Vorbildern, denen wir nacheifern und mit denen wir uns identifizieren. Aus diesem Grund spielen moralische Vorbilder und Geschichten eine große Rolle bei der Erziehung und Ausbildung des Charakters.

2.3.2 Die Rolle moralischer Vorbilder für Charakterbildung und gutes Handeln

Aristoteles beginnt sein Werk *Poetik* mit dem *Nachahmen (Mimesis)*, das wir von Natur aus tun und wodurch wir lernen (vgl. Poet., 1447a). Vom Beginn unseres Lebens an imitieren wir andere Menschen und wir lernen, indem wir Dinge tun. Tugenden bilden wir also dadurch aus, dass wir uns in tugendhaftem Handeln betätigen. Weil wir aber nicht von Anfang an ein *Phronimos* sind, der die gute Handlung erkennen kann, betätigen wir uns im *Nachahmen* von guten Menschen und ihren Handlungen. Daher ist das moralische Vorbild zentral für die Tugendethik. Solche Vorbilder finden wir im wahren Leben, aber auch in Geschichten und in der Kunst (vgl. Poet., 1447a–1449a).

Wir lernen also moralisches Verhalten auch und vor allem durch Erzählungen. Schon Kindern versuchen wir durch Geschichten, moralische Vorbilder zu schaffen. Wie viele andere Arten des Lernens auch, lernen wir Moral durch Nachahmung. Dadurch, dass wir die Handlungen „guter Menschen" imitieren, bilden wir durch Gewöhnung unseren Charakter aus (vgl. Zagzebski 2010, 43–50).[8]

Für die Nachahmung eines Vorbildes ist es aber nötig, dass man sich in den anderen hineinversetzen und sich mit ihm identifizieren kann. Daher stellt sich die Frage, von was wir dabei mehr angezogen werden: Imitieren wir eher das Verhalten von Gleichem oder von Verschiedenem? Sind wir mehr beeindruckt von Personen, die uns ähnlich, aber besser sind wie wir, oder eifern wir eher Personen nach, die völlig verschieden zu uns sind und Fähigkeiten oder Talente haben, die wir bewundern, die uns aber fremd sind?

Aristoteles erwähnt sowohl in der Nikomachischen Ethik wie auch in der Rhetorik ein altes Sprichwort, demnach alle Töpfer gegeneinander sind, weil sie dieselbe Sache machen und darin wetteifern (vgl. NE, 1155a–1156a). Somit ist es problematisch, wenn man sich in der gleichen Sache betätigt, weil es dann schnell

---

[8] Dieser Gedanke findet sich auch in meinem Artikel *Lebensentscheidungen und Berufswahl: Welche Rolle spielen Emotionen und Caring für unsere Ziele und Commitments?* (Rutzmoser 2023) wieder.

zu Konkurrenzverhalten kommt. Zu große Ähnlichkeit scheint also auf den ersten Blick zu Problemen zu führen. Aber wie könnte man im Hinblick auf die Tugenden jemandem nacheifern, der völlig anders als man selbst ist? Wir können uns schließlich nur bemühen, Tugenden und Fähigkeiten auszu*bilden*, die wir prinzipiell haben. Sowohl bei der Charakterbildung wie auch bei den Emotionen einer Person, spielt bei Aristoteles das Ähnliche eine große Rolle. In der Rhetorik betont er, dass es für Emotionen wie Mitleid (und das scheint ebenso für die Emotion der Bewunderung zu gelten) Gemeinsamkeiten und Berührungspunkte mit der Person geben muss, die man bemitleidet. Man muss sich in diesen anderen hineinversetzen können, um die entsprechende Emotion empfinden zu können. Man darf sich also dem anderen weder völlig überlegen noch völlig unterlegen fühlen und muss ihm ähnlich sein. Denn Mitleid kann man nach Aristoteles nur empfinden, wenn man meint, dass auch einem selbst solches Übel widerfahren könnte (vgl. Rhet., 1385b–1386a).

Aus diesem Grund haben wir auch Mitleid mit dem tragischen Helden, denn er zeigt uns, was auch uns passieren könnte. Er darf daher nicht jemand sein, der völlig unverschuldet vom Glück ins Unglück gerät. Der tragische Held ist dagegen jemand, der eigentlich gut ist und durch einen Fehler, der auch jedem von uns hätte passieren können, vom Glück ins Unglück gerät (vgl. Poet., 1452b–1453a). Denn bei der Tragödie geht es weniger darum, den Charakter einer Person darzustellen, sondern der Charakter einer Person wird imitiert, um *die Handlung* darstellen zu können. Durch Mitleid und Furcht (*Eleos und Phobos*) wird eine Reinigung (*Katharsis*) der Zuschauer erzielt, da diese durch die Fehler des tragischen Helden etwas für das eigene Leben und eigene Handlungen lernen können (vgl. Poet., 1449b–1450b).

Die Tragödie ist damit ein gutes Beispiel dafür, wie Geschichten und die Kunst zur Charakterbildung beitragen können und wie durch solche Geschichten Vorbilder und Lehrer geschaffen werden.

Es ist also eher das Gleiche oder Ähnliche (aber Bessere), das wir uns zum Vorbild nehmen. Ein Vorbild ist uns wie der aristotelische Freund ähnlich und gut für uns. Und tatsächlich ist bei Aristoteles offenbar auch der Freund ein Vorbild, ebenso wie wir in einer richtigen Charakterfreundschaft ein Vorbild für unseren Freund sind. Denn wir können nach Aristoteles unsere Nächsten eher betrachten als uns selbst und damit auch ihre guten Handlungen. Also können wir von den guten Handlungen von jemand Ähnlichem am ehesten etwas lernen (vgl. NE, 1169b–1170a).

Ist ein Vorbild nun jemand, der ganz oder gar nicht tugendhaft ist, oder gibt es Grade an Tugendhaftigkeit? Wenn man die Tugendhaftigkeit entweder ganz oder gar nicht besitzt, ist man entweder ein *Phronimos*, der immer moralisch richtig handelt und urteilt, oder ein Mensch, der über keine Tugendhaftigkeit verfügt und moralisch immer falsch liegt. Nach Hursthouse müsste sich ein Mensch, der nicht tugendhaft ist, bei seinen Handlungen überlegen, wie eine tugendhafte Person handeln würde. In diesem Fall wäre die urteilende Person aber selbst tugendhaft, wenn sie sich auf korrekte Weise vorstellen kann, wie der Tugendhafte handeln würde. Kann sich die Person dies nicht vorstellen, ist es ihr überhaupt nicht möglich, tugendhaft zu handeln. Man sollte die Tugendhaftigkeit also als in Graden vorhanden betrachten und einen, der nicht tugendhaft ist, als jemanden ansehen, der sich zwar die Handlung eines Tugendhaften vorstellen kann (gerade dadurch, dass er Vorbilder nachahmt), aber *noch* nicht selbst ein Tugendhafter ist (vgl. Borchers 2001, 306–307).

Bei der Tugendhaftigkeit in Graden kommt es allerdings zu dem Problem, dass man abgrenzen müsste, wann es sich um einen *wirklich* Tugendhaften handelt, der immer richtige Urteile fällt (vgl. Borchers 2001, 306–307). Da es den idealen *Phronimos* und damit auch den *wirklich* Tugendhaften aber in der Realität nicht geben kann, stellt dieses Argument nicht wirklich ein Problem dar. Wie sich bei Russell schon gezeigt hat, können wir lernen und unseren Charakter ausbilden, indem wir uns zunächst wie ein Anfänger in etwas betätigen. Nur weil man dabei immer besser werden und irgendwann den Status von jemandem erreichen kann, der etwas wie ein Profi tut, bedeutet das nicht, dass man einen Zustand vollkommener Perfektion erreichen können muss.

Nach Russell kommt moralische Entwicklung ebenso wie die Entwicklung der Fertigkeiten nicht aus dem Nichts zustande, sondern wir lernen bei beidem immer von anderen. Wir lernen von anderen Menschen und dabei haben wir natürlich nie eine Garantie dafür, dass diese Menschen wirklich *gute* Vorbilder oder der vollkommen ideale Tugendhafte sind. Wir entwickeln uns immer auf der Basis einer Vorgeschichte (Kultur, Geschichte, soziales Umfeld, andere Personen) und nicht aus dem Nichts. Und doch kann es auch in solch einem Ansatz ideale Modelle der Tugend geben. Denn dadurch, dass wir lernen können, sind wir in der Lage, unseren Charakter zu verbessern. „There is still room on this approach for idealized models of virtue, but only because understanding 'getting better' requires having some way of saying in what direction 'better' would lie" (Russell 2015, 41). Dafür sind also vielleicht auch Vorbilder im Sinne von Vorbildern aus Geschichten und Ideale nötig: Sie zeigen uns die Richtung, in die wir uns verbessern müssen. Auch wenn wir das Ideal vielleicht selbst nie erreichen, sondern nur ein bisschen besser werden können (vgl. Russell 2015, 40–41).

Der Exemplarismus, den Zagzebski vertritt, meint, dass Tugend, richtige Handlung, die eigene Vorstellung vom Guten und vom guten Leben sich letztlich „nur" auf das Vorbild einer bestimmten Person beziehen, mit der man sich identifizieren kann. Dies kann ein besonders guter oder kluger Mensch sein, dem man Gefühle der Bewunderung entgegenbringt und dem man infolgedessen nacheifern möchte. Solche vorbildlichen Personen besonders hervorzuheben, gehört bereits zu unserer moralischen Praxis. Dabei können moralische Vorbilder, wie sich schon zeigte, sowohl real wie auch fiktional sein. Wie identifizieren wir aber die Personen, die es wert sind, dass man ihnen nacheifert und sie zu moralischen Vorbildern macht? Sie müssen nach Zagzebski die Emotion der Bewunderung hervorrufen. Allerdings müssen *richtige* Emotionen der Bewunderung auch erst erlernt werden. Sonst könnte es leicht passieren, dass man einen Menschen bewundert, der nicht bewundernswert ist (vgl. Zagzebski 2010, 43–49).

Zagzebski ist der Meinung, dass Bewunderung durch Erzählungen in einer bestimmten gemeinsamen Tradition hervorgerufen wird. In diese gemeinsame Tradition muss die bewunderte Person schlüssig hineinpassen und kann nicht plötzlich völlig andere Werte vertreten. Grundsätzlich geht Zagzebski davon aus, dass man dieser Bewunderung trauen darf, wenn sie reflektiert wurde und wenn sie Kritik von außen standhalten kann. Es geht also nicht um die bloße Emotion, sondern diese muss von der Vernunft auf ihre Glaubwürdigkeit hin hinterfragt werden. Man muss zwar zugestehen, dass wir uns auch dann, wenn die Vernunft die Emotion betrachtet und sie als richtig erkannt hat, nie hundertprozentig sicher sein können, dass wir uns nicht irren. Andererseits können wir auch sonst nie ganz sicher sein, dass unsere Wahrnehmungen oder unser Gedächtnis uns nicht täuschen. Ein guter Indikator für die Richtigkeit der Bewunderung kann allerdings sein, dass eine große Gemeinschaft von Menschen dieselben Personen als bewundernswert erachtet, obwohl man auch hier damit rechnen muss, dass eine Gemeinschaft solch falsche Vorbilder hat, dass ihre gesamte Vorstellung vom Guten irreführend ist (vgl. Zagzebski 2010, 50).

Um eine ganze moralische Theorie zu begründen, sind einzelne bewundernswerte Handlungen ohne entsprechenden Kontext nicht ausreichend. Es geht auch hier also immer um die ganze Geschichte einer Handlung, weshalb im Exemplarismus eher ganze bewundernswerte Leben als Beispiel herangezogen werden. Da jedoch selten ein Leben in all seinen Bestandteilen und Facetten erstrebenswert ist, muss man sich auch hier auf das Wichtige konzentrieren und manche Aspekte ausklammern. Allerdings ist dann nicht alles bedacht, was eventuell passieren kann. Schließlich beschreibt man so eigentlich kein reales Leben mehr, sondern ein Ideal. Dieses Ideal auf die eigene Lebenspraxis anzuwenden, ist dann die Aufgabe jedes Einzelnen. Man kann sich also eine Person als Vorbild nehmen, die *in einer bestimmten Hinsicht* bewundernswert ist, und ihr dann in *dieser Hinsicht* nacheifern. Wenn man sich nämlich wirklich mit den Werten dieser Person identifiziert, weil man sie bewundert, fällt es leichter, moralisch zu sein, als wenn es sich um auferlegte Pflichten handelt. Eine Tugend ist dann ein Merkmal, das wir an dieser Person bewundern. Eine richtige Handlung ist das, was diese Person in einer bestimmten Situation tun würde, und eine Pflicht ist das, wozu sich diese Person verpflichtet fühlen würde. Ein gutes Leben ist schließlich ein solches, das bewunderte Personen erstreben würden. All diese Dinge auszulegen und auf die eigenen Umstände anzuwenden, ist die Sache des eigenen Verstandes und der Vernunft. Für den Exemplarismus ist also nicht die Tugend selbst, sondern ein tugendhafter Mensch grundlegend. Dies aber zu erkennen und für sich selbst zu nutzen, ist die Aufgabe der Emotion und der Vernunft (vgl. Zagzebski 2010, 52–53).

Weil es so wichtig ist, moralische Vorbilder zu haben, und weil man sich damit persönlich identifizieren können muss, kann es auch unterschiedliche bewundernswerte Menschen geben, die alle gleichwertig sind. Schließlich sind die Menschen und ihre Anlagen sehr verschieden, weshalb es auch nicht nur ein bestimmtes Vorbild für alle geben kann (vgl. Zagzebski 2010, 52–54).

2.3.3 Die Rolle von Emotionen für Charakterbildung und Vorbilder

Darüber hinaus lernen wir durch Vorbilder nicht nur etwas über richtige Handlungen, sondern auch etwas über unsere eigenen Emotionen, die wir im eigenen Erleben häufig nicht rational betrachten können, weil wir persönlich zu stark involviert sind. Das ist anders, wenn man eine fremde Geschichte hört. Dort findet man Personen bewundernswert, die in der richtigen Situation die richtige Emotion haben. Denn in der Tugendethik hat ein guter Mensch Emotionen, die der Realität angemessen sind. Genauso wie wir solche guten Menschen durch konkrete Beispiele erkennen, erkennen wir gute Emotionen anhand von Beispielen. Auch um festzustellen, was richtige Emotionen sind, benötigen wir also Vorbilder. Wenn wir uns an diesen orientieren, können wir lernen, selbst in den entsprechenden Situationen die richtige Emotion zu empfinden. Man kann also auch die Emotionen durch Erziehung und Bildung formen, sodass sie zu einer Charaktereigenschaft werden, auf die man sich verlassen kann (vgl. Zagzebski 2004, 80–93).[9]

In der Seele kommen nach Aristoteles Affekte (*Pathos*), Anlagen (*Dynamis*) und Dispositionen (*Hexis*) vor. Affekte sind dabei „Gefühle, die von Lust und Unlust begleitet werden" (NE, 1105b20 in Übersetzung von Wolf). Konkrete Affekte sind Begierde, Zorn, Furcht, Mut, Neid, Freude, Liebe, Hass, Sehnsucht, Eifersucht, Mitleid. Anlagen sind dagegen dafür verantwortlich, auf welche Weise man für einen Affekt empfänglich ist. Eine Anlage wäre beispielsweise, wie schnell man

---

9 Dieser Gedanke findet sich auch in meinem Artikel *Lebensentscheidungen und Berufswahl: Welche Rolle spielen Emotionen und Caring für unsere Ziele und Commitments?* (Rutzmoser 2023) wieder.

dazu neigt, zornig zu werden.[10] „Mit Dispositionen schließlich ist das gemeint, kraft dessen wir den Affekten gegenüber gut oder schlecht disponiert sind" (NE, 1105b25 in Übersetzung von Wolf). Man hat demnach eine schlechte Disposition oder Haltung dem Zorn gegenüber, wenn man immer zu schnell und zu heftig zürnt – aber auch, wenn man nie zornig wird. Die mittlere Haltung wäre hier eine gute Disposition zum Zorn (vgl. NE, 1105b).

Aristoteles beschäftigt sich in seiner *Rhetorik* näher mit den Affekten. Er bemerkt dabei, dass sich Menschen hinsichtlich ihrer Affekte unterscheiden und einem Wechselspiel ihrer Affekte ausgesetzt sind. Darüber hinaus kann man drei Aspekte eines Affekts unterscheiden, was Aristoteles am Beispiel des Zorns deutlich macht. Zum einen kann die Verfassung von demjenigen, der den Affekt hat, beschrieben werden. Dann kann man sich fragen, auf wen oder was sich der Affekt bezieht. Schließlich und als Drittes stellt sich die Frage, worüber man beispielsweise erzürnt ist (vgl. Rhet., 1378a).

Für die Gemütsverfassung einer Person und damit für das Verhalten und die Dispositionen spielen nach Aristoteles Faktoren wie das Lebensalter oder die Lebensumstände eine Rolle, wobei mit Lebensumständen alles gemeint ist, was das Glück oder Unglück eines Menschen bewirkt. Zu den Lebensumständen gehören also die Herkunft, Macht und Reichtum, oder der Mangel an diesen Gütern. Im Charakter junger Menschen sind nach Aristoteles die Begierden vorherrschend. Junge Menschen neigen daher zu unbeherrschtem Verhalten und zu Launenhaftigkeit. Während sie etwas stark begehren können, können sie es ebenso schnell wieder fallen lassen. Sie haben intensive Wünsche, die man vielleicht eher als unmittelbare und wenig reflektierte Wünsche betrachten kann. Die alten Menschen, die die Mitte des Lebens schon überschritten haben, neigen zu entgegengesetztem Verhalten. Sie sind nicht impulsiv, sondern legen sich nicht gerne fest. Ihre Haltung ist nicht fest, sondern schwankend. In allem sind sie eher vorsichtig und weder mutig noch wagemutig. Sie haben keine starken Wünsche mehr und streben nicht mehr nach Großem. Die Mitte nehmen diejenigen ein, die zwischen den jungen und den alten Menschen in der Mitte ihres Lebens stehen. Sie bilden, auch was ihren Charakter angeht, die Mitte zwischen den beiden entgegengesetzten Extremen ab (vgl. Rhet., 1390a–1390b).

Ich würde Aristoteles hier so interpretieren, dass er die unterschiedlichen Lebensalter überzeichnet, um ihre Extreme zu verdeutlichen. Es geht ihm meiner Meinung nach weniger um die Behauptung, dass alle jungen Menschen impulsiv

---

[10] Interessant ist auch, dass Anlage im Griechischen *Dynamis* heißt, was Kraft bedeutet. Das verdeutlicht noch einmal die Kraft und Dynamik, die solche Anlagen haben, und die Stärke, mit der sie das Verhalten beeinflussen.

und alle alten Menschen übervorsichtig sind. Sondern es scheint um bestimmte Neigungen zu gehen und vor allem um die goldene Mitte zwischen zwei extremen Dispositionen. Denn eine gute Emotion ist der Realität angemessen und weder überzogen noch zu harmlos. Sie liegt also zwischen den beiden Polen *impulsiv* und *zurückhaltend*. „Good emotions are the emotions of good persons" (Zagzebski 2004, 82–83). Die Emotionen sind gut, weil sie ein Teil dessen sind, was eine Person zu einem guten Menschen macht.

Was ist nun schlecht an einer falschen Emotion? Zagzebski vergleicht, um diese Frage zu beantworten, die Angst vor harmlosen Spinnen mit der Angst vor einer realen Gefahr. Die Angst vor einer wahren Gefahr ist berechtigt, denn sie schafft eine Verbindung zwischen der sich fürchtenden Person und der Welt. Damit trägt die Angst zum Erkenntnisgewinn bei und sorgt dafür, dass man richtig handeln kann. Hier ist also Angst eine gute Emotion. Bei der Angst vor Spinnen handelt es sich dagegen um eine Emotion, die nicht gut ist, weil sie nicht berechtigt ist. Im Regelfall ist nämlich eine normale Spinne nichts, wovor man sich fürchten muss. Die Angst trägt hier weder zum richtigen Handeln noch zum Erkenntnisgewinn bei, sondern führt denjenigen, der sich fürchtet, in die Irre. Er geht nämlich wegen seiner falschen Emotion davon aus, dass die Spinne etwas Fürchtens*wertes* ist, was nicht der Wahrheit entspricht. Hier schafft die Emotion also keine richtige Verbindung zwischen der Person und dem Objekt in der Welt. In solchen Fällen handelt es sich allerdings *nur* um Emotionen, die nicht *richtig* sind. Demgegenüber gibt es *schlechte* Emotionen, die der Emotion, die man eigentlich empfinden sollte, konträr gegenüberstehen. Das wäre der Fall, wenn man fälschlicherweise statt Liebe Hass empfindet. Hier ist der Irrtum noch viel größer und gravierender als bei dem Beispiel mit der Spinne. Man sollte zwar versuchen, solche Fehler durch Reflexion zu vermeiden. Doch Zagzebski gesteht zu, dass wir falsche und schlechte Emotionen immer wieder haben. Auch sie erfüllen einen Zweck und dienen dem moralischen Lernen, wenn sie nachträglich als falsch erkannt werden (vgl. Zagzebski 2004, 91–94).

Je mehr jemand zu einem Tugendhaften wird, umso weniger solcher falschen oder schlechten Emotionen hat er also. Ein *Phronimos*, der das tugendhafte Handeln eingeübt hat und der bei jeder tugendhaften Handlung zudem das Richtige empfindet, kann sich irgendwann auf seine Emotionen verlassen und intuitiv richtig handeln, da seine Emotionen ihn auf richtige Weise mit der Welt und mit der Wirklichkeit verbinden. Er muss dann nicht mehr über jede Handlung nachdenken, da seine Emotionen ihm sagen, was richtig ist. Das tugendhafte Handeln selbst ist in diesem Fall zur *Hexis* geworden (vgl. Wolf 1999, 50–60).

Stehen die Gefühle dagegen im Widerspruch zur Handlung, ist es nicht Tugendhaftigkeit, sondern „Selbstkontrolle" (Borchers 2001, 162), die der Akteur über sich selbst ausübt (vgl. Borchers 2001, 162). Beim *Phronimos* fallen also Gefühl und

Vernunft beim richtigen Handeln zusammen. Er muss nichts gegen seinen Willen oder ungern tun. Denn die richtige Handlung tut er gerne, während andererseits sein Gefühl ihm zeigen kann, was die richtige Handlung ist – nämlich das, was er gerne tut. Dieser vollkommen Kluge und „gute Mensch" ist sicherlich ein moralisches Ideal, das man sich zum Vorbild nehmen kann, das vermutlich aber nie vollkommen erreicht wird. Was man davon lernen kann, ist, dass eine gute Handlung von jemandem mit einem guten (und ausgebildeten) Charakter nicht widerwillig und ungern getan wird. Solche moralischen Vorbilder sind gute Menschen, von denen man gutes Handeln lernen kann. Doch was genau bedeutet es, ein guter Mensch zu sein?

Wenn wir jemanden als guten Menschen bezeichnen, beurteilen wir ihn im Hinblick auf seinen Willen *und* sein Handeln. In diese moralische Bewertung eines Menschen geht nicht ein, was er nicht freiwillig getan oder verursacht hat. Des Weiteren gibt es nach Philippa Foot zwei unterschiedliche Arten, auf die eine Handlung als gut oder schlecht bewertet werden kann. Zum einen kann man das Wesen einer Handlung, also das was getan wird, bewerten. Zum anderen kann unabhängig davon das Ziel der Handlung, also der Grund warum sie ausgeführt wird, betrachtet werden. So kann eine Handlung im Ganzen meist nur gut sein, wenn sie in beiderlei Hinsicht gut ist (vgl. Foot 2004, 90–100).

Ein moralisches Vorbild ist daher nicht bewundernswert, weil es „zufällig" das Richtige tut, oder weil es das Ziel der eigenen Handlung nicht bedacht hat. Ein Vorbild ist bewundernswert, weil es eine Handlung absichtlich und freiwillig vollzogen hat, um ein bestimmtes Ziel zu erreichen. Um moralisch handeln und einen guten Charakter ausbilden zu können, brauchen wir also moralische Vorbilder, mit deren *absichtlichen und freiwilligen* Handlungen wir uns identifizieren können.

2.4 Gute Handlungen und gute Menschen

Das griechische Wort *Arete* bedeutet Gutheit oder das Gutsein einer Sache. Etwas kann hinsichtlich der Funktion, die es erfüllen soll, gut oder schlecht sein (die Funktion also gut oder schlecht erfüllen). So ist ein Messer, das nicht schneiden kann, aber schön aussieht, in der Regel kein gutes Messer, da es seine typische Funktion nicht erfüllt.[11] Überlegungen über die menschliche *Arete* treten nicht

---

[11] Ein Schmuckmesser, das man kauft, um es an die Wand zu hängen, kann aber durchaus seine Funktion erfüllen, obwohl es nicht scharf genug ist, um gut schneiden zu können. Dieses Beispiel zeigt, dass auch die Funktion eines Dings vom Kontext, in dem es gebraucht wird, abhängig ist. Obwohl Aristoteles die spezifische und *typische* Funktion bestimmter Dinge angeben will, scheint

zuerst bei Aristoteles auf, sondern schon Sokrates spricht über die menschliche *Tugend*, die auch eine Übersetzung für *Arete* ist. Bei der *Arete*, die sich auf den Menschen bezieht, ist allerdings im Gegensatz zur *Arete* von Gegenständen wie Messern bereits ein gewisses Werturteil impliziert. Während ein Messer seine Funktion gut erfüllen kann, ohne dass dies an sich als gut oder schlecht zu bewerten ist, ist mit der menschlichen *Tugend* gemeint, dass ein Mensch das tut, was *wirklich gut* ist. Das gute menschliche Leben besteht also darin, die menschliche Funktion gut zu erfüllen. Dadurch wird der Mensch wie das Messer *gut* in seiner eigentümlichen Funktion. Die menschliche Funktion erfüllt man gut, wenn man ein tugendhafter Mensch ist (vgl. Wolf 1999, 33).

Tugendhafte Handlungen sind, wie sich im Vorigen schon gezeigt hat, für den Tugendhaften angenehm und verschaffen ihm Lust. Die Motivation zum guten Handeln liegt also im guten Handeln selbst (vgl. NE, 1099a). Denn jemand kann kein guter Mensch sein, wenn er sich an guten und wertvollen Handlungen nicht auch erfreuen kann (vgl. NE, 1099a). Eine gute Handlung kommt also nicht nur durch eine gute Absicht oder durch ein gutes Ergebnis zustande. Erst wenn Handlungsziele und das Wesen der Handlung (einschließlich der dabei empfundenen Emotionen) gut sind, kann man von einer im Ganzen guten Handlung sprechen.

2.4.1 Handlungsziele und Wesen der Handlung

Immer wenn wir von einem guten Lebewesen sprechen, dann meinen wir nach Philippa Foot nicht bestimmte Aspekte davon, sondern das Wesen als Ganzes. Bei der Rede von einem guten Menschen verhält es sich aber anders. Wenn wir jemanden als guten Menschen bezeichnen, beurteilen wir ihn im Hinblick auf seinen Willen *und* sein Handeln. Was dafür völlig unerheblich ist, sind beispielsweise körperliche Gegebenheiten. In die moralische Bewertung eines Menschen geht damit nicht ein, was dieser nicht freiwillig getan oder verursacht hat. Auch Unwissen ist meist kein Hindernis dafür, jemandem dennoch einen guten Willen zuzuschreiben. Außer derjenige ist selbst schuld an seinem Unwissen, weil er sich aus Fahrlässigkeit nicht so informiert hat, wie er *sollte*. Erst wenn Sollen und Können zusammenfallen, machen eine Unterlassung oder Unwissen schuldig. Des Weiteren gibt es nach Foot zwei unterschiedliche Arten, auf die eine Handlung als gut oder schlecht bewertet werden kann. Zum einen kann man das Wesen einer Handlung bewerten. Zum anderen kann unabhängig davon das Ziel der Handlung und damit

---

diese Interpretation möglich zu sein. Schließlich ist sein tugendethischer Ansatz insgesamt offen für das Individuelle und verschiedene konkrete Kontexte.

der Grund, *warum* sie ausgeführt wird, betrachtet werden. Eine Handlung kann im Ganzen meist nur gut sein, wenn sie in beiderlei Hinsicht gut ist. Eine gute Handlung, die vollzogen wird, um ein schlechtes Ziel zu erreichen, ist eine schlechte Handlung. Eine schlechte Handlung, die zu einem guten Ziel führt, ist meist auch im Ganzen eine schlechte Handlung, wobei es jedoch Sonderfälle gibt. Zerstört man beispielsweise fremde Gegenstände, um ein Feuer zu löschen, ist die schlechte Handlung ein sehr kleines und vertretbares Übel, das für ein gutes Ziel in Kauf genommen wird (vgl. Foot 2004, 90–100).

Sogar eine Handlung, die objektiv in beiderlei Hinsicht gut ist, kann am Ende schlecht sein, wenn sie sich für den Handelnden nicht gut anfühlt. Diese Idee kommt von Thomas von Aquin, der dafür argumentiert, keine Handlungen gegen das eigene Gewissen zu verüben. Obwohl das Gewissen, das sich geirrt hat und eine schlechte Handlung wählt, diese Handlung nicht rechtfertigen oder entschuldigen kann und sie ebenso wenig dadurch richtig wird, ist auch eine richtige Handlung, die sich gegen das eigene Gewissen stellt, schlecht: „Denn ein Handeln wider die eigene Vorstellung davon, wie man handeln sollte, ist eine äußerst radikale Form von Schlechtigkeit des Willens. Wie könnte ein Mensch gut handeln, wenn er tut, was er als böse ansieht?" (Foot 2004, 101). Nach dieser Auffassung ist jede Handlung schlecht, die ein schlechtes Element enthält, während nur die Handlungen gut sind, die kein einziges schlechtes Element beinhalten. Hier wird eine gewisse Asymmetrie in der Art, wie wir über gut und schlecht sprechen, deutlich. Ein Tisch ist zum Beispiel ein schlechter Tisch, wenn er keine gerade Oberfläche hat, egal wie gut der Rest des Tisches ist. Dagegen ist ein Tisch noch nicht ein guter Tisch, nur weil er eine gerade Oberfläche besitzt. „Eine Handlung ist also schlecht, so scheint es, wenn sie aus einer der folgenden Quellen Schlechtigkeit bezieht: aus ihrer Art, ihrem Ziel oder ihrer Unvereinbarkeit mit den Werturteilen des Handelnden" (Foot 2004, 104). Dagegen ist Foot der Meinung, dass in *besonderen Situationen* eine Handlung gut sein kann, auch wenn es Aspekte davon nicht sind. So gesteht sie beispielsweise einem Widerstandskämpfer zur Zeit der Nazis zu, zu lügen, um sich selbst oder andere zu schützen. Es gibt also offensichtlich moralische Pflichten, die schwerer wiegen als andere (vgl. Foot 2004, 100–107).

Man könnte Foots Ansatz hier vorwerfen, inkonsistent zu werden. Denn einerseits muss eine Handlung in all ihren Aspekten gut sein, um im Ganzen moralisch gut sein zu können, und andererseits gibt es offensichtlich Handlungen, für die das nicht gilt. Man könnte Foot hier allerdings so interpretieren, dass Handlungen zwar moralisch gut sind, wenn sie in all ihren Aspekten gut sind, dass aber nicht umgekehrt automatisch geschlossen werden kann, dass eine Handlung moralisch schlecht ist, weil sie nicht in jedem Aspekt gut ist. Es scheint hier ein Kontinuum zu geben, bei dem eine Handlung umso besser wird, je eher sie in all ihren Komponenten gut ist. Auch die Handlung des Widerstandskämpfers wäre dann noch besser, wenn er für die gute Sache *nicht* hätte lügen müssen. Wenngleich das nicht bedeutet, dass seine Handlung durch die Lüge in diesem Fall zu einer schlechten Handlung wird, da die Schwere der moralischen Pflicht, Leben zu retten, rechtfertigen kann, ein kleineres Übel wie eine Lüge in Kauf zu nehmen. Auch das ist ein wichtiges Argument dafür, den tugendethischen Ansatz um einige deontologische Pflichten zu ergänzen, wie es Borchers vorschlägt. Denn es gibt moralische Pflichten, die nicht allein von der individuellen Situation abhängig sind. Dies können sowohl Pflichten anderen wie auch sich selbst gegenüber sein.

Denn für Foot ist es auch eine wichtige Tugend und ein Charakteristikum eines guten Menschen, sich selbst Gutes zu tun. Damit führt Foot das weiter, was Aristoteles mit der Freundschaft mit sich selbst angedeutet hat und was uns sowohl bei Frankfurts *Wholeheartedness* als auch bei der Integration und Korsgaards Konzeption des Selbst im Folgenden wieder begegnen wird. Gerade deshalb kann eine Handlung, die zwar objektiv gesehen gut wäre, aber mit dem eigenen Willen nicht vereinbar ist, im Ganzen nicht gut sein. Denn nach Foot hat man auch moralische Pflichten sich selbst gegenüber. Schließlich kann man nur ein gutes (und moralisch richtiges) Verhältnis zu anderen Menschen haben, wenn man ein gutes Verhältnis zu sich selbst hat und daraus und von sich selbst lernt, was *gut für einen Menschen* ist (vgl. Foot 2004, 108–109).

Damit lässt sich auch eine oft wiederholte Kritik an Foots Ansatz entkräften, die hier nach Borchers dargestellt wird. So wird immer wieder angemerkt, dass aus der menschlichen Natur nicht notwendig folgt, dass der Mensch moralisch handeln sollte. Im Gegensatz dazu lässt sich aus der menschlichen Natur auch sehr unmoralisches Verhalten ableiten. Man kann zwar annehmen und zugeben, dass ein völlig unmoralisches menschliches Leben sehr schwierig wird, da es das Leben mit den Mitmenschen und Kooperation untereinander erschwert oder sogar unmöglich macht. Außerdem kann man davon ausgehen, dass ein Mensch, der mit seinen Mitmenschen nicht umgehen und in keiner Weise mit anderen kooperieren kann, in seinem Leben nicht sehr erfolgreich und auch nicht sehr glücklich werden kann. Aus der menschlichen Natur lassen sich also gewisse Standards oder Minimalbedingungen eines guten Lebens ableiten, aus denen sich aber noch nicht notwendig ergibt, dass ein Individuum diese einhalten (wollen) sollte. Man sollte also vorsichtig dabei sein, direkt von den Fähigkeiten und Eigenschaften einer Art darauf zu schließen, was das für diese Art Gute ist (vgl. Borchers 2001, 224–226).

Zum einen wäre dieser Einwand aber meines Erachtens nur zutreffend, wenn aus der menschlichen Natur *bestimmte* moralische Verhaltensweisen abgeleitet werden würden. Das ist es aber gerade, was der tugendethische Ansatz vermeiden möchte, indem er keine inhaltlich ausdifferenzierten Regeln aufstellt, die verallgemeinert werden können. Zum anderen lässt sich die Frage, warum man als Mensch moralisch sein wollen sollte, gerade durch den tugendethischen Ansatz beantworten, der die Perspektive der ersten Person explizit in ethische Überlegungen einbezieht, wie sich im Vorigen bereits zeigte. Denn dem guten (und damit auch moralisch guten) Verhältnis zu anderen Personen liegt hier immer auch in Anlehnung an Platons *Politeia* und der darin vorgestellten Einheit der Seele das gute Verhältnis zu sich selbst zu Grunde. Nur wer eins mit sich selbst ist und nicht gegen eigene Gefühle und Überzeugungen handelt, kann demnach auch anderen Personen gegenüber gut und gerecht handeln. Dieses Argument wird uns vor allem im vierten Kapitel bei Korsgaard wieder begegnen und detaillierter ausgeführt werden.

An dieser Stelle soll jedoch festgehalten werden, dass eine gute Handlung weder *allein* durch eine gute Absicht noch *allein* durch ein gutes Ergebnis zustande kommt. Erst wenn ein Handelnder eine gute Absicht hat und ebenso das Wesen der Handlung, das in der Ausführung und dem Ergebnis der Handlung besteht, gut ist, kann man von einer im Ganzen guten Handlung sprechen. Handlungen, die in diesem Sinne gut sind, können nicht zufällig ausgeführt werden. Sie müssen absichtlich gewählt und verfolgt werden, damit der Handelnde moralische Verantwortung für sie haben kann. Diese moralische Verantwortung ist aber notwendig dafür, dass man von einer moralisch *guten* Handlung sprechen kann.

2.4.2 Moralische Verantwortung und Freiheit

Man kann für seine Handlungen nur moralisch verantwortlich sein, wenn sie frei und absichtlich erfolgen. Wenn jemand für seine Überzeugungen eintritt oder handelt, gehen wir davon aus, dass er *selbst* es ist, der hinter diesen Überzeugungen steht und sich für das Handeln verantwortlich fühlt. Hannah Arendt verbindet, wie sich gezeigt hat, den Anfang einer neuen Lebensgeschichte mit dem späteren Bewusstsein der Person, neue Anfänge machen und somit handeln zu können (vgl. Habermas 2013, 101–105). Denn selbst einen neuen Anfang machen zu können, ist das Charakteristikum von Handlung. Aber können wir wirklich in diesem Sinne frei und freiwillig handeln, oder ist das eine Illusion? Das durch Naturwissenschaften geprägte Weltbild trägt dazu bei, dass Handlungen als Körperbewegungen angesehen werden, die *nur* durch Impulse vom Gehirn ausgelöst werden (vgl. Brüntrup 2012a, 18–20). Hier gibt es nichts, was der Handelnde selbst initiieren kann. Wenn wir auf diese Weise universal determiniert sind, dann können wir keine neuen Anfänge machen, niemals frei oder freiwillig handeln und uns selbst in unseren Handlungen nicht ausdrücken, da wir für den eigenen Willen dann nicht verantwortlich sind.

2.5 Neue Anfänge als Voraussetzung für freies Handeln

Um frei und freiwillig handeln zu können, muss man *für den Willen verantwortlich* sein können, den man dann in seinen Handlungen ausdrückt. Man ist dann also dafür verantwortlich, dass man den entsprechenden Willen überhaupt hat und dass man so geworden ist, wie man nun ist. Um solch eine Verantwortung für den eigenen Willen haben zu können, muss es aber zumindest manchmal Momente in einem Leben geben, in denen es eine oder mehrere mögliche *andere* Handlungen gegeben hätte, mit denen sich *ebenso* der Wille und das Selbst der entsprechenden Person zu dieser Zeit ausgedrückt hätten (vgl. Kane 2019, 115).

Wären wir immer durch unsere Lebensgeschichte, durch alle Vorbedingungen und durch unser Selbst auf eine einzige mögliche Handlung festgelegt, könnten wir nie Einfluss auf unseren Willen, unser Selbst und unseren Charakter nehmen. Nach Robert Kane muss es daher zumindest manchmal im Leben Entscheidungen geben, die nicht vom Willen festgesetzt sind, sondern *diesen erst festsetzen*. Diese sind Handlungen, bei denen der Wille nicht die Handlung festlegt, sondern die Handlung den Willen formt, wodurch es möglich ist, neue Anfänge zu machen und die Verantwortung für das eigene Sosein zu übernehmen (vgl. Kane 2019, 115).

Dass das möglich ist, ist die entscheidende Voraussetzung für alles, was in den vorhergehenden Kapiteln betrachtet wurde. Charakterbildung, Selbstseinkönnen, die Orientierung an Vorbildern, die Weiterentwicklung hin zu einer besseren Form und die Ausbildung der Emotionen (auch und vor allem im tugendethischen Sinne) sind nur möglich, wenn Menschen solche neuen Anfänge machen und sich damit von Vergangenem lösen können. Daher ist die Tugendethik, die wir an dieser Stelle zunächst verlassen werden, die perfekte Ergänzung für libertarische Theorien. Selbst neue Anfänge machen und sich damit sowohl von der eigenen Geschichte, wie auch von einer universal determinierten Kausalkette lösen zu können, ist also die Voraussetzung für freies Handeln. Dies scheint damit nur möglich zu sein, wenn der Determinismus falsch ist. Daher wird im folgenden Kapitel für die Inkompatibilität von Handlung (im Sinne von freiem Handeln) und Determinismus argumentiert. Während in den folgenden beiden Kapiteln die Inkompatibilität von Handlung und Determinismus und vor allem der Libertarismus untersucht werden, soll im fünften und letzten Kapitel die Tugendethik (und damit das bereits Erreichte) wieder aufgegriffen und mit einer bestimmten libertarischen Position vereint werden.

3 Die Inkompatibilität von freier Handlung und Determinismus

„Neuerdings sind es vor allem einige Hirnforscher, die die Handlungsfreiheit infrage stellen. Da unbewußte Gehirnprozesse das Bewußtsein steuerten, sei die Handlungsfreiheit eine Illusion" (Höffe 2013, 51). Wenn die Handlungsfreiheit allerdings eine Illusion ist und alle Entscheidungen, die wir treffen, durch das Feuern unserer Neuronen vollständig erklärbar sind, dann können wir weder sinnvollerweise für unser Verhalten verantwortlich gemacht werden, noch können wir bei unserem Agieren überhaupt noch von einer Handlung sprechen. Denn „Handlung" setzt voraus, dass man etwas absichtlich und freiwillig tut und dass es einen Grund für die Handlung gibt. Haben der Physikalismus und seine verschiedenen Strömungen Recht, dann kann man nicht mehr von *freien* oder *freiwilligen* Handlungen sprechen. Wollen wir zumindest die Rede von einem freien Willen oder freien Handlungen nicht aufgeben, sind die einzigen beiden Alternativen der Kompatibilismus und der Libertarismus. Der Kompatibilismus nimmt an, dass nur die Entscheidungen frei sein können, die einen bestimmten Grund haben, der die Handlung erklärbar macht. Dieser muss eindeutig determinieren, warum es für die Person besser ist, so und nicht anders zu handeln, weil jede Entscheidung ohne solch einen Grund reine Willkür wäre. Hier ist also freies Handeln mit dem Determinismus kompatibel. Da Kompatibilisten für ihre Theorie starke Argumente haben, wird im Folgenden zunächst untersucht, ob eine Handlung allein durch das Feuern der Neuronen im Gehirn erklärt werden und als bloße Körperbewegung betrachtet werden kann. Im Anschluss wird der Frage nachgegangen, ob eine Handlung determiniert sein kann, oder ob freie Handlungen nicht vielmehr inkompatibel mit einem universalen Determinismus sind.

3.1 Sind unsere Handlungen determiniert?

Das durch Naturwissenschaften geprägte Weltbild trägt dazu bei, dass Handlungen als nur durch Impulse vom Gehirn ausgelöste Körperbewegungen angesehen werden. Die Naturwissenschaften gehen von einer kausal lückenlos geschlossenen Welt aus, in der es genau eine physikalische Ursache für jedes Ereignis gibt. Diese eine Ursache bewirkt das Ereignis, sonst wäre es reiner Zufall. Das bedeutet, dass es nicht mehrere Ursachen geben kann, die ein Ereignis bewirken, wodurch eine mentale Entität ein Ereignis wie eine Handlung nicht hervorbringen kann, denn es gibt ja schon eine physikalische Ursache dafür. Wir nehmen uns im Gegensatz dazu selbst als handelnde Wesen wahr, die durch ihre Entscheidungen in die Welt eingreifen. In unserer Selbsterfahrung und in unserem Zusammenleben werden mentale Entitäten also tatsächlich als kausal wirksam betrachtet, sonst könnten wir uns gegenseitig und selbst gar keine Verantwortung zuschreiben (vgl. Brüntrup 2012a, 18–20).

Nach Erasmus Mayr gibt es drei Thesen über menschliches Handeln, die scheinbar nicht alle gleichzeitig wahr sein können. Erstens sind menschliche Handlungen Tätigkeiten, bei denen der Handelnde aktiv ist und nicht nur passiv etwas erleidet. Zweitens sind menschliche Handlungen natürliche Phänomene und als solche Teil der natürlichen Ordnung. Drittens können menschliche Handlungen durch ihre Gründe erklärt werden (wenn sie absichtlich sind). Diese drei Thesen stellen Auffassungen dar, die wir über uns selbst als Menschen und über unsere Handlungen haben. Doch wenn man eine dieser Thesen zu ernst nimmt, steht sie im Konflikt mit den anderen beiden Thesen (vgl. Mayr 2011, 6–7).

Nach Mayr gibt es jedoch keinen direkten Konflikt zwischen der zweiten und den anderen beiden Thesen, wenn man das als wissenschaftliches Bild der Welt betrachtet, was durch die tatsächlichen Entdeckungen der heutigen Naturwissenschaften nahegelegt oder belegt werden kann. Konflikte mit den anderen Thesen treten nur auf, wenn man philosophische Meinungen und Vorurteile darüber hat, wie dieses wissenschaftliche Bild aussehen müsste. Solche Vorurteile waren nach Mayr seit dem 18. Jahrhundert sehr einflussreich. Doch es handelt sich dabei um *Interpretationen* von naturwissenschaftlichen Entdeckungen, die selbst nicht mehr Teil von Naturwissenschaften, sondern bereits philosophische Interpretationen sind. Während diese Meinungen, Vorurteile und Interpretationen mit den anderen beiden Thesen im Konflikt stehen, sind die aktuellen Ergebnisse und Entdeckungen der Naturwissenschaften dafür nicht problematisch. Für Mayr sind die beiden wichtigsten dieser vorgefassten Meinungen die Ereigniskausalität und ein *bottom-up* Verständnis der Welt (vgl. Mayr 2011, 8–9).

Die Ereigniskausalität hat ihre Ursprünge bei Humes Überlegungen zur Kausalität, bei der die Natur als Fluss von miteinander verbundenen Ereignissen betrachtet wird. Hier gibt es nur Ereignisverursachung, die von den Naturgesetzen abhängt. Ein Geschehnis kann dabei durch die früheren Geschehnisse in Verbindung mit den Naturgesetzen erklärt werden, wodurch der Handelnde keinen gesonderten Platz mehr hat. Denn die menschlichen Handlungen gehören hier als natürliche Phänomene zum Fluss der Ereignisse und sind daher selbst nur Ereignisse. Der Handelnde ist dann nur in dem Sinne involviert, dass ihm etwas (ein Ereignis) geschieht oder das Ereignis (seine Handlung) mit anderen Ereignissen verbunden ist, die ihm passieren. Seine Handlungen sind dadurch nichts, wovon er die aktive Quelle sein könnte. Gehört diese Sicht also wirklich zum wissenschaftlichen Bild der Welt, dann sind die Thesen eins und zwei nicht kompatibel (vgl. Mayr 2011, 9).

Bei der *bottom-up* Sicht geht man davon aus, dass höhere Ebenen von Phänomenen von den niedrigeren Ebenen völlig abhängen und durch diese entstehen. Die Phänomene auf der Makroebene und die kausalen Verbindungen auf höheren Ebenen können durch die Phänomene auf der Mikroebene vollständig beschrieben werden. Die kausalen Verbindungen auf höheren Ebenen können also völlig auf das Wirken und die Phänomene auf niedrigeren Ebenen reduziert werden, wodurch die *bottom-up* Sicht in Konflikt mit den anderen beiden Thesen steht. Denn hier würden die Phänomene auf einer höheren Ebene (menschliche Handlungen) von den Phänomenen niedrigerer Ebenen (wie neurophysiologischen Prozessen) vollständig abhängen. Die gesamte kausale Arbeit würde dann auf der neurophysiologischen Ebene stattfinden. Damit hätte der Handelnde keine aktive Rolle mehr. Darüber hinaus wären aber auch Erklärungen durch Gründe als Erklärungen einer höheren Ebene keine kausalen Erklärungen mehr (vgl. Mayr 2011, 11).

3.1.1 Kausalität

Eine bestimmte metaphysische Auffassung besteht also darin, dass ein Ereignis durch ein vorhergehendes Ereignis vollständig kausal bestimmt sein muss. Ist dies nicht der Fall, dann ist das folgende Ereignis reiner Zufall (vgl. Brüntrup 2012b, 197). Für jedes Ereignis in der kausal lückenlos geschlossenen Welt gibt es dann genau eine physikalische Ursache. Wenn die Welt derart kausal geschlossen ist und es für jedes Ereignis genau eine physikalische Ursache gibt, dann können mentale Entitäten logischerweise kausal nicht wirksam sein. Dagegen haben wir aber besonders aus unserer Alltags- und Selbsterfahrung die starke Intuition, dass mentale Entitäten beispielsweise immer dann wirksam sind, wenn wir eine Entscheidung treffen (vgl. Brüntrup 2012a, 18–20).

Nach dem Hempel-Oppenheim-Schema muss eine Kausalbeziehung zweier Ereignisse nach dem Prinzip eines allgemein gültigen Naturgesetzes funktionieren (vgl. Brüntrup 2012a, 48–50). Solche strikten physikalischen Gesetze könnten aber nicht mehr zustande kommen, wenn mentale Ereignisse in das Kausalnetz intervenieren könnten (vgl. Brüntrup 2012a, 48–50). Auch das Prinzip der Exklusivität von Kausalerklärungen schafft gewisse Probleme für die mentale Verursachung: „Es kann auch nicht sein, daß es eine vollständige physische Kausalerklärung für ein Ereignis (z. B. eine Körperbewegung) gibt und man darüber hinaus eine *zweite* davon unabhängige und vollständige mentale Erklärung für exakt dasselbe Ereignis angeben kann" (Brüntrup 2012a, 49). Aus diesen Gründen gehen der Determinismus und der Mechanismus als Variante des Physikalismus davon aus, dass die physische Welt lückenlos kausal geschlossen ist und es für jedes Ereignis ein physisches Ereignis als Ursache gibt. Hier sind Ursachen Gründe.

3.1.2 Warum die mechanistische Sicht auf Handlung falsch ist

Der Mechanismus ist eine bestimmte Art des physikalischen Determinismus und nimmt eine neurophysiologische Theorie an, die allerdings noch nicht existiert. Sie wäre, wenn es sie gäbe, in der Lage, alle Bewegungen menschlicher Körper, die nicht von äußeren Kräften bewirkt werden, zu erklären und vorherzusagen. Dem liegt die Annahme zu Grunde, dass der menschliche Körper ein kausales System ist und alle neuronalen Zustände mit den Mechanismen korrelieren, die Bewegungen hervorrufen. Ein Vorgang kann demnach folgendermaßen beschrieben werden: Chemische und elektrische Veränderungen im Nervensystem des Körpers verursachen Muskelkontraktionen, die wiederum Bewegungen verursachen. Der Zusammenhang zwischen neurophysiologischen Zuständen und Bewegungen wird durch Gesetze der Form angegeben: „Whenever an organism of structure S is in neurophysiological state q it will emit movement m. Organism O of structure S was in neurophysiological state q. Therefore, O emitted m" (Malcolm 2015, 304). Man kann also immer daraus, dass sich ein Organismus S in q befindet, schließen, dass m passiert. Diese Theorie widerspricht aber unserer Alltagsauffassung davon, wie sich Menschen verhalten, da die Theorie keine Handlungsziele, Absichten und Wünsche berücksichtigt. Durch diese Ziele, Absichten und Wünsche lässt sich aber nach der Alltagsauffassung menschliches Verhalten beschreiben. So ist beispielsweise das Rennen, um einen Bus zu erreichen, eine zielgerichtete Handlungserklärung, bei der ein bestimmter Zustand erreicht werden soll. Eine ziel- oder zweckgerichtete Erklärung hat im Gegensatz zu einer Erklärung über neurophysiologische Zustände die Form: „Whenever an organsim O has goal G and believes that behavior B is required to bring about G, O will emit B. O had G and believed B was required of G. Therefore, O emitted G" (Malcolm 2015, 304). Wenn also beispielsweise ein Mann eine zu einem Dach führende Leiter besteigt, dann ist eine mögliche Erklärung dafür, dass der Wind seinen Hut auf das Dach geweht hat und er ihn zurückholen möchte. Wenn der Mann der Meinung ist, dass er die Leiter besteigen muss, um den Hut zurückzubekommen, wird er das tun, vorausgesetzt es gibt keine Faktoren, die das verhindern. Solche Faktoren könnten aber in diesem Fall die Unverfügbarkeit einer Leiter oder die Angst sein, eine Leiter zu besteigen. Falls es solche Hindernisse nicht gibt und der Mann die Leiter nicht besteigt, dann ist es folglich einfach nicht wahr, dass er seinen Hut zurückholen möchte (vgl. Malcolm 2015, 303–305).

Nun sind einige Philosophen der Meinung, dass die neurophysiologische und die zielorientierte Erklärung unterschiedliche Erklärungen für dieselbe Sache liefern. Demnach beschreibt letztere Handlungen und erstere Bewegungen, während sie sich beide auf Verhalten beziehen. Allerdings wird beispielsweise bei dem Mann, der den Hut zurückholt, das Klettern über seine Intention, den Hut zu retten, erklärt. Wenn aber die neurophysiologische Theorie das Verhalten vollständig kausal erklären könnte, dann wäre das Verhalten eines Mannes auf der Leiter mit mechanischen und chemischen Prozessen in seinem Körper erklärbar und seine Intention, den Hut zurückzuholen, würde für sein Verhalten keine Rolle spielen. Wenn all seine Bewegungen und sein ganzes Verhalten auf der Leiter ohne diese Intention erklärbar wären, dann ist es einfach nicht wahr, dass er sich so bewegt, *weil* er den Hut holen möchte. Ohne die entsprechende Intention hätte er sich aber nicht so, sondern anders verhalten. Das entscheidende Problem ist also nach Malcolm, dass Intentionen keine Ursachen von bestimmtem Verhalten oder von einer Bewegung sein können, wenn die neurophysiologische Theorie hinreichende kausale Erklärungen für alle Bewegungen liefern kann (vgl. Malcolm 2015, 306–308).

Der Mechanismus ist daher mit zielgerichtetem Verhalten inkompatibel und auch intentionale *Tätigkeiten* kann es nicht geben, wenn es kein zweckgerichtetes Verhalten geben kann. Der Mechanismus ist mit jedem intentionalen Verhalten inkompatibel. Da aber *Behaupten* auch intentional ist, kann man nach den Ansichten des Mechanismus als logische Schlussfolgerung auch nichts *behaupten*. Folglich kann der Mechanismus als Theorie nicht behauptet werden und widerspricht sich somit selbst (vgl. Malcolm 2015, 311–313).

Nach Norman Malcolm machen mechanistische Erklärungen nur gesetzmäßige Verbindungen zwischen Ereignissen deutlich, die kontingent sind. Die Erklärungen über Absichten zeigen dagegen notwendige Verbindungen zwischen Wünschen, Absichten und Handlungen auf. Aus diesem Grund sind letztere Erklärungen ontologisch und explanatorisch grundlegender und können nicht einfach durch erstere ersetzt werden. Seiner Meinung nach sind mechanistische Erklärungen also nicht hinreichend, um menschliches Handeln zu verstehen (vgl. O'Connor 2002, 338).

3.1.3 Kausale Ursache und kausale Erklärung: Davidsons Theorie der mentalen Beschreibung

Donald Davidson vertritt eine *Token-Identitätstheorie* und versucht damit, das Problem, das im Mechanismus auftritt, zu umgehen, indem er den mentalen Ereignissen und damit auch Wünschen und Intentionen eine gewisse Wichtigkeit bei Handlungen zugesteht: Er geht davon aus, dass es Ereignisse gibt, die man sowohl mental als auch physisch beschreiben kann. Entscheidend ist hier, dass es sich um dasselbe Ereignis handelt, das einmal mit mentalen und einmal mit physischen Prädikaten beschrieben wird. Dennoch gibt es für Davidson strikte Kausalgesetze nur in der Physik, weshalb die Kausalität der Ereignisse auf physikalische Weise funktioniert – wenngleich man sie auch mental beschreiben kann. Auch wenn

Davidson den mentalen Ereignissen eine kausale Wirksamkeit in der Welt zusprechen möchte, wenn er sie als mit den physischen Ereignissen identisch ansieht, gelingt ihm das nicht, weil die mentalen Ereignisse in Davidsons Welt eigentlich keinen gesonderten ontologischen Stellenwert haben. Während sie auf einer ontologisch-metaphysischen Ebene im Gegensatz zu den physischen Ereignissen keine Rolle spielen, haben sie aber auf der epistemischen Ebene eine Bedeutung. Hier erfahren wir jedoch nur etwas darüber, was ein Ereignis begrifflich ist – nicht aber, was es wirklich ist. Wenn die mentalen Ereignisse in der ontologischen Welt keine Rolle spielen, sind sie auch nicht wirklich Grund oder Ursache einer Handlung. „Auf der Ebene realer Kausalbeziehungen wird jedoch die Mitwirkung des Mentalen nicht garantiert, da man sonst die Geschlossenheit des physischen Bereichs gefährden würde" (Brüntrup 2012a, 88). Bei diesem *nichtreduktiven Physikalismus* kann zwar eine Handlung intentional beschrieben werden, indem man die Überzeugungen und Wünsche (*Beliefs* und *Desires*) angibt, die zu der Handlung geführt haben. Aber dadurch, dass die kausale Geschlossenheit der Welt weiter angenommen wird, reichen physische Ereignisse zur Beschreibung der Welt eigentlich aus (vgl. Brüntrup 2012a, 83–88).

Davidson ist deshalb der Meinung, dass Gründe Ursachen sind und dass man immer auch die Ursache für eine Körperbewegung weiß, wenn man den Grund dafür angeben kann. Wenn ein Ereignis E eine Körperbewegung ist, dann kann dieses Ereignis E unter einer physischen Beschreibung Ep herausgegriffen werden. Es wird also Ep durch Ep* verursacht und damit handelt es sich um eine Beziehung zwischen Ursache und Wirkung. E kann aber auch unter einer mentalen Beschreibung Em herausgegriffen werden. Dann wurde Em durch Em* verursacht, wobei es sich um einen Grund handelt. Hier beziehen sich also der Grund und die Ursache auf unterschiedliche Beschreibungsebenen. Davidson argumentiert allerdings, dass sich Em und Ep auf dasselbe Ereignis E beziehen, und daraus folgt für ihn, dass Gründe Ursachen sind. In diesem Fall bringt aber die Unterscheidung Em und Ep unter Anwendung der Identitätsthese keinerlei qualitativen Unterschied. Zwei Dinge sind nämlich identisch, wenn sie keine einzige unterschiedliche Eigenschaft haben. Nun müsste aber die semantische Ebene zumindest auf unterschiedliche Eigenschaften bezogen sein. Es stellt sich also bei Davidson die Frage, wie man seine These verstehen soll, dass Ep und Em dasselbe (identische) Ereignis E sind. Wenn es sich nämlich nur um die semantische Beschreibung handelt, die einen Unterschied macht, es aber in der ontologischen Welt ein identisches Ereignis E bleibt – egal ob es mental oder physisch beschrieben wird – dann hat Em in der „realen" ontologischen Welt keinen Platz. Für Davidson sind demnach Handlungen Ereignisse, die *nur* unter einer bestimmten Beschreibung ihre Intentionalität erhalten (vgl. Brüntrup 2012a, 83–88).

Andererseits kann man seiner Auffassung nach eine Handlung auch nur als solche identifizieren, wenn es eine intentionale Beschreibung des Verhaltens gibt. Im Folgenden wird daher untersucht, was Davidson unter einer intentionalen Beschreibung versteht und inwiefern sie eine Handlung wesentlich ausmacht. Dabei bleibt natürlich die Frage bestehen, ob aus Davidsons Sicht eine Handlung letztlich *nichts anderes* als eine Körperbewegung ist.

3.1.3.1 Intentionale Beschreibungen einer Handlung

In *Handeln* beschreibt Davidson eine Situation, in der er Licht in seinem Flur ausschaltet, anschließend Kaffee in eine Tasse gießt und diesen beim Stolpern über einen Teppich verschüttet. Bei diesem Ablauf gibt es nun Elemente, die er selbst getan hat (seine Handlungen) und Elemente, die ihm passiert sind (nicht seine Handlungen). Aber diese Beschreibung des Ablaufs allein ist noch nicht ausreichend, um Handlungen zu identifizieren. Denn Davidson hätte auch absichtlich stolpern können. Ebenso hätte er versehentlich den Lichtschalter berühren und damit unabsichtlich das Licht ausschalten können. Das Ausschalten des Lichts wäre dann vielleicht nicht seine Handlung gewesen. Außerdem gibt es schwierige Fälle, die sich nicht so leicht zuordnen lassen. Ein Beispiel dafür ist das Aufwachen, das man zwar durchaus tut, was aber scheinbar keine Handlung ist. Nach Davidson definieren wir durch sprachliche Strukturen, was sich als Handlung qualifiziert. Dabei ist meist das Subjekt in einem Aktivsatz ein Handelnder und der Urheber eines Ereignisses (vgl. Davidson 2016a, 282–283):

> Ich betäubte den Wachsoldaten, ich zog mir die Malaria zu, ich tanzte, ich fiel in Ohnmacht, Jones wurde von mir gerettet, Schmidt wurde von mir überlebt: Dies sind eine Reihe von Beispielen, die zeigen sollen, daß jemand, der in einem Aktivsatz Subjekt ist, gleich ob das Verb transitiv ist oder nicht, oder der in einem Passivsatz Objekt ist, der *Urheber* des angeführten Ereignisses (the agent of the event recorded) sein kann oder auch nicht. (Davidson 2016a, 283).

Ebenso wenig kann man Verben immer danach ordnen, „ob sie einem Subjekt oder Objekt ein Handeln zuschreiben oder nicht" (Davidson 2016a, 283). So kann jemand Licht anschalten, Kaffee verschütten, schielen oder stolpern und wir wissen nicht automatisch, ob dies seine Handlungen sind oder etwas, das ihm passiert ist. In der Regel ist es keine Handlung, wenn jemand über einen Teppich stolpert. Der Fall ändert sich allerdings, wenn jemand *absichtlich* über einen Teppich stolpert. Offenbar ist also die Absicht (ähnlich wie auch Anscombe meint) das, was eine Handlung ausmacht. Das liefert nach Davidson auch eine Erklärung dafür, dass es Verben gibt, die immer eine Handlung implizieren. Bestimmte Dinge können nämlich nur absichtlich getan werden. So kann jemand nicht unabsichtlich lügen, betrügen oder etwas behaupten. Allerdings kann man nicht umgekehrt schließen.

So folgt, dass etwas, das man absichtlich tut, eine Handlung ist. Aber es folgt nicht, dass etwas, das unabsichtlich getan wird, keine Handlung ist. Kaffee kann man beispielsweise unabsichtlich verschütten und man kann jemanden unabsichtlich beleidigen und doch sind dies in der Regel Handlungen, die man einer Person zuschreiben kann (vgl. Davidson 2016a, 283–284).

> Wenn ich zum Beispiel absichtlich den Inhalt meiner Tasse verschütte, und dabei fälschlicherweise glaube, es sei Tee, es in Wirklichkeit aber Kaffee ist, dann ist das Verschütten des Kaffees etwas, was ich tue, es ist eine Handlung von mir, obwohl ich es nicht absichtlich tue. (Davidson 2016a, 284).

Der Kaffee kann unabsichtlich im Glauben, es sei Tee, verschüttet werden. Dennoch ist es in diesem Fall eine Handlung, die der Person zugeschrieben werden kann, wenn es ihre Absicht war, den Inhalt der Tasse (ihrer Überzeugung nach Tee, in Wahrheit aber Kaffee) zu verschütten. Das Verschütten des Kaffees ist dagegen keine Handlung, wenn man gestoßen wird und deshalb unabsichtlich den Inhalt der Tasse verschüttet. Beim Verschütten des Kaffees in dem Glauben, Tee zu verschütten, tut man im Gegensatz zum Verschütten des Kaffees, weil man von jemandem gestoßen wurde, absichtlich etwas. Eine Handlung liegt nach Davidson also dann vor, wenn es *etwas* gibt, was der Handelnde absichtlich tut. Eine Handlung kann in einer *bestimmten* Beschreibung nicht länger absichtlich sein. Was sie aber zu einer Handlung macht, ist die Tatsache, dass das Getane als absichtlich beschrieben werden *kann*. Dadurch sind auch Fehler Handlungen, die man mit einem bestimmten Ziel und einer bestimmten Absicht ausführt und deren Ziel man nicht erreicht. Zudem schreiben wir eine Handlung nur jemandem zu, wenn das Ereignis durch den Handelnden verursacht wurde, wobei Davidson unter Verursachung *Ereignis-Kausalität* versteht (vgl. Davidson 2016a, 285–290).

Bei dieser Verursachung lassen sich aber nach Davidson nicht alle Ereignisse auf andere vom Handelnden verursachte Ereignisse zurückführen. „Einige Handlungen müssen in dem Sinne primär sein, daß sie nicht mit Hilfe ihrer kausalen Beziehungen zu den Handlungen desselben Handelnden analysiert werden können" (Davidson 2016a, 290). Davidson betrachtet diese Primärhandlungen als Körperbewegungen (in einem weiteren Sinn), wobei auch Entscheidungen und Zählen oder Stillstehen zu Körperbewegungen gehören. Auch bei einer Handlung, bei der man mit dem Finger auf etwas zeigt, ist also eine Körperbewegung die Primärhandlung. Allerdings könnte man entgegnen, dass sich für das Zeigen mit einem Finger zunächst Muskeln bewegen müssen. Man muss also vor der *Bewegung* des Fingers etwas anderes tun, was die Bewegung erst auslöst. Deshalb kann scheinbar die Körperbewegung nicht die Primärhandlung sein. Denn damit sich die Muskeln zusammenziehen können, müssen zunächst bestimmte Ereignisse im Gehirn stattfinden, die wiederum das Zusammenziehen der Muskeln auslösen. Solche Ereignisse im Gehirn würde man aber normalerweise nicht als Körperbewegungen betrachten (vgl. Davidson 2016a, 290–291).

Von einem Ereignis, das in unserem Gehirn stattfindet, wissen wir meist nichts. Nach Chisholm kann es daher keine Handlung sein. Doch nach Davidson kann man durchaus auch etwas absichtlich tun und dabei nicht wissen, dass man es gerade tut. Beim absichtlichen Heben des Armes tut jemand mit seinem Körper beispielsweise absichtlich alles, was für das Heben eines Armes nötig ist, und weiß auch darum, dass er all das tut. Das, was er dabei in seinem Gehirn oder in seinen Muskeln auslöst, ist etwas, was er „relativ zu einer natürlichen Beschreibung" (Davidson 2016a, 292) absichtlich tut und weiß. Das ist auch dann der Fall, wenn er die involvierten Bereiche der Muskeln oder des Gehirns nicht kennt oder benennen kann (vgl. Davidson 2016a, 292).

Ein Handelnder weiß, „wie er seinen Körper bewegt, wenn er beim Bewegen seines Körpers in dem Sinne absichtlich handelt, daß es *eine* Beschreibung der Bewegung gibt, relativ zu der er weiß, daß er diese Bewegung ausführt" (Davidson 2016a, 293). Man bewegt also die Lippen so, dass man bestimmte Worte spricht (vgl. Davidson 2016a, 293–294). Dafür ist es nicht nötig, dass man genau weiß, welche Muskeln man bewegt, und dennoch bewegt man sie absichtlich so, dass man die entsprechenden Worte bildet (vgl. Davidson 2016a, 293–294). Hier spielt also erlerntes Verhalten eine Rolle. Man weiß, wie etwas funktioniert, und muss daher nicht mehr über alle Details bewusst nachdenken. Es gibt Vieles, was bei einer Handlung automatisch abläuft und nicht zum Fokus der Aufmerksamkeit gemacht werden muss, und doch sind die Handlung im Ganzen und damit auch die sich daraus ergebenden Details absichtlich.

Davidson beschreibt, um das zu veranschaulichen, den *Ziehharmonikaeffekt* von Feinberg. Demnach kann man eine Handlung (wie das Einschalten des Lichtes mit dem man einen Einbrecher überrascht) unterschiedlich ausführlich beschreiben: Der Handelnde muss den Lichtschalter betätigen, wodurch das Licht angeht, der Raum erleuchtet und der Einbrecher überrascht wird. Einige dieser Dinge geschehen aber nicht absichtlich, während der Finger den Lichtschalter absichtlich betätigt. Es gibt also eine Beschreibung, „relativ zu der die Fingerbewegung absichtlich war" (Davidson 2016a, 296). Das ist ausreichend dafür, dass auch alles, was daraus folgt, eine Handlung ist. Ganz ohne Absicht ist der *Ziehharmonikaeffekt* nicht möglich, ebenso wie er auf unbelebte Dinge nicht anwendbar ist. So ist ein Ball, der durch seine Bewegung ein Fenster zerbricht, kein Handelnder. Wenn wir sagen, dass der Ball das Fenster zerbrochen hat, meinen wir, dass eine bestimmte Bewegung des Balls das Zerbrechen des Fensters verursacht hat. Der *Ziehharmonikaeffekt* ist also nur für Handlungen anwendbar (vgl. Davidson 2016a, 296–298).

Dabei kann eine Handlung aufgefächert oder auf das Wesentliche zusammengezogen werden. Außerdem kann die eine oder die andere Seite aufgefächert werden. So kann eine Handlung auf ganz unterschiedliche Weisen und unterschiedlich detailliert beschrieben werden. Man kann beispielsweise mit einem Schlüssel eine Türe öffnen, damit jemanden erschrecken und ihn töten. All diese unterschiedlichen Ereignisse werden durch dieselbe Menge an Körperbewegungen ausgeführt. „Gerade an dieser Beziehung des ‚etwas tun durch' oder ‚etwas tun, indem' sind wir interessiert" (Davidson 2016a, 299). Es geht also um Handlungen, bei denen etwas dadurch getan wird, dass man eine bestimmte Körperbewegung ausführt (vgl. Davidson 2016a, 299).

Doch durch das Auseinander- oder Zusammenziehen der Ziehharmonika verändert sich die Dauer der Ereignisse, wodurch es scheinbar nicht mehr dasselbe Ereignis sein kann, das hier beschrieben wird. Wie sollen die Handlung des Türeöffnens und des Jemanden-Erschreckens also identisch sein? Zudem muss zuvor etwas anderes das Öffnen der Tür bewirken, während eine einfache Fingerbewegung keine vorherige Aktivität erfordert. Denn nach Feinberg ist es hier ausreichend, dass man die Finger bewegen möchte und dann tut man es einfach. Allerdings liegen hier nach Davidson grundlegende Irrtümer über Handlungen vor (vgl. Davidson 2016a, 299–300).

> Es ist ein Irrtum zu glauben, daß, wenn ich die Tür aus freien Stücken schließe, normalerweise *irgend jemand* verursacht, daß ich das tue – auch nicht ich selbst – oder daß irgendeine vorhergehende oder andere Handlung von mir verursacht, daß ich die Tür schließe. Meine Handlung verursacht, daß sich die Tür schließt. Der zweite Irrtum besteht also in der Verwechslung dessen, was durch die Handlung, daß ich meine Hand bewege, verursacht wird – nämlich das Sichschließen der Tür –, mit etwas völlig Verschiedenem – nämlich der Handlung, daß ich die Tür schließe. Und der dritte Irrtum, der durch die beiden anderen erzwungen wird, besteht in der Annahme, daß ich, wenn ich die Tür schließe, indem ich meine Hand bewege, zwei numerisch verschiedene Handlungen ausführe (was ich tun müßte, wenn die eine nötig wäre, um die andere zu verursachen). (Davidson 2016a, 300–301)

Wenn in einem weiteren Beispiel von Davidson eine Königin den König tötet, indem sie Gift in sein Ohr schüttet, dann ist es nach Davidson nicht sinnvoll, „sich das Töten als eine Handlung vorzustellen, die mit einer Handbewegung beginnt, aber erst später endet" (Davidson 2016a, 302). Denn durch die Handbewegung der Königin hat sie den Tod des Königs eingeleitet und damit verursacht. Für die Königin gibt es nichts weiter zu tun, als zu warten, bis das Gift wirkt. Es ist keine weitere Handlung nötig, um den Tod des Königs herbeizuführen. Das Ermorden des Königs besteht also aus der Handbewegung der Königin und deren Folgen, wodurch beide Ereignisse zusammengeführt werden können: Die Handbewegung verursacht den Tod des Königs. Da es scheinbar keinen Unterschied macht, ob man den Tod von jemandem verursacht oder jemanden tötet, dauert das Töten nicht länger als das Ereignis der Handbewegung, die den Tod verursacht.[12] Der Einwand gegen den *Ziehharmonikaeffekt* scheint also nicht gerechtfertigt (vgl. Davidson 2016a, 302–303).

Man kann also für die Handlung selbst und für ihre Folgen verantwortlich sein, ohne dass deshalb eine neue Handlung hinzukommen müsste. Davidson folgert, dass die Primärhandlungen (also die Körperbewegungen) überhaupt *die einzigen Handlungen* sind. Primärhandlungen sind außerdem Handlungen, um die wir wissen, wenn wir sie ausführen. Dass wir gerade ins Schwarze treffen, wissen wir zwar nicht, wenn wir auf eine Zielscheibe schießen. Wir wissen aber darum, dass wir gerade absichtlich auf eine Zielscheibe schießen. Eine Handlung bringt eine Wirkung hervor und derjenige, der die Handlung ausführt, kann als der Verursacher der Wirkung betrachtet werden, während es nicht sinnvoll ist, den Handelnden als Ursache der Handlung zu betrachten (vgl. Davidson 2016a, 304–307).

Außerdem ist nach Davidson eine Handlung immer in zumindest einer Beschreibung eine Primärhandlung und in mindestens einer Beschreibungen absichtlich (vgl. Davidson 2016a, 307). Es hat sich also gezeigt, dass eine Handlung bei Davidson nichts anderes als eine Körperbewegung ist, die über eine Absicht erklärt werden kann. Doch auch wenn Handlungen als Körperbewegungen betrachtet werden, muss eine weitere wichtige Unterscheidung gemacht werden, die im vierten Kapitel bei den libertarischen Positionen noch einmal eine Rolle spielen wird und die auch Davidson andeutet, wenn er von Primärhandlungen spricht.

3.1.3.2 Körperbewegungen als Handlungen

Mayr unterscheidet bei Bewegungen zwischen *Movements* und *Motions*. *Movements* sind Handlungen, bei denen man etwas bewegt, während er *Motions* als Bewegungen in einem intransitiven Sinn versteht. Bei *Movements* bewegt man also selbst etwas (wie den eigenen Arm), während *sich* bei *Motions* der Arm bewegt (vgl. Mayr 2011, 29).

---

[12] Allerdings *muss* eine Handbewegung nicht zum Tod führen. Es kann schließlich sein, dass das Gift aus irgendwelchen Gründen nicht wirkt und damit nicht den Tod des Königs verursacht. In diesem Fall kann man also die Handbewegung doch vom Töten des Königs unterscheiden. Allerdings ist es richtig, dass im Falle des Todes des Königs tatsächlich die Handbewegung den König getötet hat. Im anderen Fall, in dem der König nicht stirbt, hat ihn die Handbewegung nicht getötet und ist damit mit seinem Töten natürlich nicht identisch. Obwohl die Königin den Tod des Königs beabsichtigt hat, bleibt er in diesem Fall am Leben. Also ist die Handbewegung hier nur mit dem Versuch des Tötens identisch. Was bei Davidsons Betrachtung nicht richtig ist, wie sich im Folgenden noch zeigen wird, ist, dass er Handlungen als bloße Ereignisse und nicht als Prozesse ansieht.

Die Körperbewegungen (*Bodily Movements*) sind die wichtigste Art von grundlegenden Handlungen (*Basic Actions*) und für manche Philosophen handelt es sich bei den Körperbewegungen, wie bei Davidson, sogar um die einzige Art solch grundlegender Handlungen (oder auch Primärhandlungen). Manche unserer Handlung üben wir aus, indem wir etwas anderes tun. Diese sind *Non-basic Actions*, während *Basic Actions* Handlungen sind, die direkt ausgeführt werden. So kann man absichtlich den Arm heben und es handelt sich dabei um eine *Basic Action*. Den Arm kann man aber auch bewegen, um jemandem zu winken. Dann handelt es sich um eine *Non-basic Action*. Diese kann also auch als eine Handlung oder Körperbewegung betrachtet werden, bei der ein *um...zu* hinzugefügt werden kann. Für jede solcher *Non-basic Actions* ist eine *Basic Action* grundlegend. Für Davidson sind allerdings nur diese grundlegenden Körperbewegungen Handlungen, während die Beschreibungen, bei denen eine Absicht hinzukommt, nur bestimmte Beschreibungen der entsprechenden Handlung sind. Doch gegen Davidsons Theorie sind nicht alle *Basic Actions* Körperbewegungen, da es auch *mentale Akte* geben kann. So kann man sich beispielsweise ein furchterregendes Monster vorstellen, damit sich die Haare am Arm aufstellen. Hier würde es sich dann um eine Verursachung ohne eine Körperbewegung handeln (vgl. Mayr 2011, 29–30).

Ob hier wirklich keine Körperbewegung ursächlich beteiligt ist, ist jedoch fraglich, da auch die entsprechenden Verschaltungen im Gehirn und die Botenstoffe, die dabei ausgeschüttet werden, als Körperbewegungen betrachtet werden könnten. Davidson zählt schließlich auch *mentale Akte* wie Entscheidungen, Zählen oder Stillstehen zu den Körperbewegungen, wie sich im Vorigen gezeigt hat. Eine klare Grenze zwischen Körperbewegungen und *mentalen Akten* scheint man also nicht so leicht ziehen zu können. Doch hier hilft die Unterscheidung zwischen *Movements* und *Motions* weiter. Selbst wenn bei der Verursachung durch mentale Akte Körperbewegungen beteiligt sind, dann handelt es sich dabei um Bewegungen im Sinne von *Motions*. Denn hier bewegt offenbar nicht der Handelnde selbst etwas, sondern es bewegt *sich* etwas in ihm.

Damit man von Bewegungen eines Handelnden im Sinne von *Movements* im Gegensatz zu bloßen *Motions* sprechen kann, muss der Handelnde das Ergebnis der Handlung herbeiführen und kontrollieren können (vgl. Mayr 2011, 30–33). Auch für Davidson ist es wesentlich für Handlungen, dass eine Person aktiv in ein Ereignis involviert ist und selbst etwas tut. Hier geschieht der Person nicht nur etwas, sondern sie ist aktiv beteiligt und hat damit die für *Movements* nötige Kontrolle über die Handlung (vgl. Davidson 2016b, 327–329).

Es ist dabei allerdings entscheidend, wie der Handelnde etwas herbeiführen und damit verursachen kann. Während bei der Ereignisverursachung bestimmte Zustände des Handelnden Ereignisse verursachen können, ist es bei der Akteursverursachung der Handelnde selbst als Substanz, der etwas bewirken kann. Da die

Art der Verursachung bei Handlungen daher eine große Rolle spielt und viel diskutiert wurde und immer noch wird, muss im Folgenden der Unterschied zwischen Ereignis- und Akteursverursachung betrachtet werden, um anschließend die Probleme aufzeigen zu können, die sich aus dem *Standardmodell* menschlichen Handelns ergeben, das in seiner aktuellen Version auf Davidson zurückgeht und eine Ereignisverursachung beinhaltet.

3.1.4 Ereignisverursachung und Akteursverursachung

Bei den beiden Ansätzen Ereignisverursachung und Akteursverursachung wird durch ein kausales Element, das die Kontrolle des Handelnden garantiert, bloße Körperbewegung (im Sinne von *Bodily Motion*) von Handlung unterschieden. Bei der Ereignisverursachung werden Körperbewegungen durch mentale Zustände der richtigen Art verursacht. Bei der Akteursverursachung wird die Handlung durch den Handelnden selbst als Substanz verursacht (vgl. Mayr 2011, 36–37).

Die wichtigste Theorie der Ereignisverursachung ist das *Standardmodell*. Seinen Ursprung hat die Ereignisverursachung bei Hobbes, der die Tätigkeit des Handelnden auf eine kausale Bestimmung durch dessen Willen reduziert. Der Wille kommt dabei wiederum durch *Desires* (Wünsche in einem weiten Sinne) zustande. Dieser Ansatz von Hobbes lieferte eine reduktive Beschreibung von Handlung, die gut zum aufkommenden Naturalismus seiner Zeit passte. Die Kausalisten als Vertreter der Ereignisverursachung kamen jedoch als Theorie in die Krise, da in der Mitte des 20. Jahrhunderts die Theorie der Willensäußerungen stark kritisiert wurde. Auf diesen Punkt wird im Folgenden noch näher eingegangen werden. Diese Krise endete mit Davidsons Theorie und der damit einhergehenden Wiederbelebung des Ansatzes der Ereigniskausalität. Dies führte zur jetzigen ereigniskausalen Standardbeschreibung menschlichen Handelns (vgl. Mayr 2011, 37–38).

Dabei versteht Davidson *Desires* in einem weiteren Sinn als „pro-attitude" (Mayr 2011, 38). Hier sind nicht nur tatsächlich gefühlte Wünsche und Begierden, sondern auch alle möglichen motivierenden Haltungen oder Gesinnungen beinhaltet. Bei einer reduktiven Beschreibung muss das Verhalten bei Davidson als *Bodily Motion* verstanden werden. Doch dadurch, dass Davidson auch von der *Erklärung* des Verhaltens spricht, kann man das Verhalten auch im Sinne von *Bodily Movement* verstehen. Bei Davidson ist diese Zweideutigkeit aber nicht problematisch, denn bei ihm sind Handlungen und *Bodily Motions*, wie bereits beschrieben wurde, identisch: Ein Geschehnis kann als durch Wünsche und Überzeugungen verursachte *Bodily Motion*, aber auch als über Gründe erklärbare Handlung beschrieben werden (vgl. Mayr 2011, 38–39).

Doch nach Auffassung von Vertretern der Akteursverursachung gibt es Fälle, bei denen die Verursachung durch einen Handelnden nicht auf die Verursachung durch Ereignisse reduzierbar ist. Hier gibt es Folgen von Primärhandlungen, die der Handelnde direkt verursacht. Er verursacht sie also nicht, indem er etwas anderes tut, um sie zu verursachen. Seine kausale Rolle ist daher nicht auf seinen Einfluss auf eigene Zustände oder Ereignisse reduzierbar. Nach dieser Auffassung bewegen sich Handelnde bei ihren Handlungen wesentlich *selbst*. Die Folgen der Handlungen sind hier nicht Veränderungen, die außerhalb des Handelnden stattfinden, sondern Veränderungen in den Zuständen des Handelnden (beispielsweise durch Bewegungen von Teilen seines Körpers) (vgl. Mayr 2011, 39–40).

Nach Auffassung einiger Philosophen (Campbell, Chisholm, Thorp, Rowe, O'Connor, Clarke, Lowe), die in der Mitte des 20. Jahrhunderts zur Akteursverursachung zurückkehrten, kann nur solch eine Theorie den freien Willen und moralische Verantwortung erklären. Grundlegend für diese Überzeugung war ein Argument, das von Chisholm auf folgende Weise entwickelt wurde: Die Prämisse 1 besagt, dass ein Handelnder für seine Handlung nicht verantwortlich sein kann, wenn diese deterministisch durch andere Ereignisse verursacht wurde. Damit wird ein Inkompatibilismus vertreten, auf den vor allem am Ende dieses dritten Kapitels noch näher eingegangen wird. Die Prämisse 2 besagt, dass ein Handelnder für seine Handlung nicht verantwortlich sein kann, wenn diese überhaupt nicht verursacht wurde, da sie dann rein zufällig geschieht. Aus beiden Prämissen folgt der Schluss, dass der Handelnde selbst es sein muss, der die Handlung verursacht, wenn er für seine Handlung verantwortlich sein soll (vgl. Mayr 2011, 41).

Probleme entstehen dagegen durch Davidsons Sicht der Akteursverursachung, die darin besteht, dass Handelnde ihre Handlungen verursachen. Die richtige Antwort der Vertreter dieser Theorie ist nach Mayr der Angriff dieser These: „Instead, actions should be seen as consisting in agent-causings; that is, when an agent performs the basic action of raising his arm, what he causes is not the raising but the *rising* of the arm" (Mayr 2011, 150). Es wäre problematisch zu sagen, dass der Handelnde durch das Heben seines Armes das Heben seines Armes verursacht. Es ist aber nicht problematisch, wenn der Handelnde durch das Heben seines Armes verursacht, dass sein Arm erhoben ist (vgl. Mayr 2011, 150).

Inwiefern die Akteursverursachung tatsächlich eine Lösung sein könnte und inwiefern man ihren Vertretern vorwerfen kann, dass sie eine fragwürdige Metaphysik betreiben, wird im vierten Kapitel näher beleuchtet werden. An dieser Stelle soll allerdings festgehalten werden, dass die im Standardmodell implizierte Ereignisverursachung zur Folge hat, dass die Kontrolle eines Handelnden über seine Handlungen auf Verursachung durch Ereignisse reduzierbar ist. Noch schlimmer: Es ist nicht nur so, dass Handlungen auf die Verursachung durch Ereignisse reduzierbar sind, sondern, wie sich oben bereits gezeigt hat, sind unter Anwendung der

Identitätsthese Handlungen völlig auf die Verursachung durch rein *physische* Ereignisse reduzierbar. Der Handelnde hat in diesem Modell eigentlich keinen Platz mehr. Er wird zu einem bloßen Ort, an dem Ereignisse wirken, auf die er als Ganzes keinen Einfluss hat. Die Ereignisverursachung führt damit zu einigen Problemen, die im Folgenden noch etwas näher betrachtet werden müssen.

3.1.5 Probleme mit dem Standardmodell

Für das Standardmodell ergibt sich unter anderem ein Problem durch Fälle, bei denen der Handelnde etwas tut, was er gar nicht tun will. Frankfurt beschreibt hier beispielsweise Fälle von Drogensüchtigen, die eigentlich nicht drogensüchtig sein wollen. Der Süchtige wird von seiner Sucht dazu bewegt, die Droge zu nehmen, obwohl er diese Sucht als schlecht bewertet. Hier handelt der Süchtige also im beschriebenen Sinn nach seinem stärksten *Desire* (im weiten Sinn nach seinem starken Verlangen). Aber es handelt sich hier gerade nicht um einen Fall, in dem der Handelnde selbstdeterminiert agiert oder aktive Selbstkontrolle ausübt. Denn er möchte ja eigentlich anders handeln, aber kann es nicht, weil er vom Verlangen nach der Droge geleitet wird. Das ist ein Beispiel für Fälle, bei denen der Handelnde ein bloßer Ort wird, an dem *Desires* wirken und seine Handlungen verursachen, während er keine aktive Kontrolle darüber hat, was er tut. Es kann also *Desires* geben, die uns fremd sind und mit denen wir uns nicht identifizieren (vgl. Mayr 2011, 47–49).

Nun scheint diese Entfremdung und fehlende Identifikation mit *Desires* zunächst für das Standardmodell kein großes Problem darzustellen. Warum sollte der Handelnde bei von solchen *Desires* motivierten Handlungen die Kontrolle verlieren? Schließlich handelt es sich hier nicht um unkontrollierbare Reflexe. Denn auch der Süchtige muss viele Dinge absichtlich tun, um seiner Sucht nachgeben zu können. Er muss sich beispielsweise selbst die Nadel setzen und viele Hindernisse überwinden, um die Sucht ausleben zu können (vgl. Mayr 2011, 52).

Die Entfremdung stellt für das Standardmodell nach Mayr aber ein Problem dar, weil die Kontrolle des Handelnden hier darin besteht, dass seine mentalen Zustände kausalen Einfluss auf seine Handlungen haben. Die relevanten mentalen Zustände werden dabei als *Desires* betrachtet. Durch die *Desires* kommt also im Standardmodell die Kontrolle zustande. Doch die Theorie kann nur funktionieren, wenn sich in den *Desires* der eigene Standpunkt des Handelnden ausdrückt. Wenn die *Desires* des Handelnden aber auch Hindernisse dafür sein können, dass er tut, was er wirklich tun will, können sie seinen Standpunkt nicht ausdrücken. Dann kann aber durch diese *Desires* nicht mehr die Kontrolle des Handelnden erklärt werden (vgl. Mayr 2011, 52).

Könnten Willensäußerungen einer zweiten Stufe und damit Frankfurts hierarchisches Modell, das im Folgenden noch näher untersucht werden wird, eine Lösung des Problems sein? Willensäußerungen zweiter Stufe sind dabei selbst Wünsche oder *Desires*. Man will hier, dass das *Desire*, F zu tun, motivierend wirksam wird. Doch warum sollten manche *Desires* Autorität über andere *Desires* haben und eher ausdrücken, was der Handelnde wirklich will? Außerdem stellt sich die Frage, ob ein *Desire* erster Ordnung, das beharrlich immer wieder auftritt, aber auf der zweiten Stufe nicht gewollt ist, vielleicht nicht viel eher und unmittelbarer ausdrückt, was der Handelnde wirklich will. Mit dieser Überlegung ist aber auch die Frage verbunden, ob das, was Mayr als fremdes und damit für das Standardmodell problematisches *Desire* betrachtet, überhaupt etwas dem Handelnden Fremdes ist. Warum sollte ein unmittelbares *Desire* weniger dem Willen des Handelnden entsprechen? Es scheint sich also auf der zweiten Ebene eher um die *Bestätigung* durch eine praktische Reflexion zu handeln. Doch Frankfurt selbst bestand darauf, dass man sich unabhängig von Gründen für F mit dem *Desire*, F zu tun, identifizieren kann (vgl. Mayr 2011, 54–55).

Frankfurts hierarchisches Modell kann die Probleme also nicht lösen, die sich nach Mayr durch als fremd empfundene *Desires* für das Standardmodell ergeben. Beim Standardmodell wird die Handlungskontrolle auf reduktive Weise durch mentale Zustände erklärt. Diese fungieren als Träger der Handlungskontrolle. Doch dieser Ansatz muss misslingen, da diese mentalen Zustände nicht notwendig das sind, was ein Handelnder wirklich will und was seinen Standpunkt ausdrückt. Die Kontrolle des Handelnden kann also nicht durch mentale Zustände als Träger der Kontrolle reduktiv beschrieben werden, wie es das Standardmodell versucht. Handeln kann daher durch das Standardmodell nicht adäquat beschrieben werden (vgl. Mayr 2011, 102–103).

Mit dieser Überlegung hat Mayr sicher Recht. Doch das Argument, das er selbst gegen das Standardmodell entwickelt, könnte man auch gegen ihn wenden. Wenn nicht klar ist, warum Wünsche zweiter Ordnung über Wünsche erster Ordnung eine Autorität haben sollten, ist auch nicht klar, warum *Desires* erster Ordnung als fremd empfunden werden sollten. Eine Entfremdung wäre nur über Werturteile eines Handelnden möglich. Es muss einen Handelnden als ein Ganzes geben, der sich mit bestimmten Wünschen mehr identifiziert als mit anderen. Dieser Handelnde als ein Ganzes, das *top-down* Kausalität über seine Teile ausübt, verschwindet aber beim Standardmodell, wodurch es keine solche Identifikation mehr geben kann.

Zusätzlich gibt es ein Problem mit abweichenden Kausalketten für solche ereigniskausalen Analysen von Handlung. Als Beispiele dafür beschreibt Mayr vier Fälle, von denen hier einer exemplarisch dargestellt werden soll. Der Fall ist nach Morton konzipiert: Ein Neffe will seinen Onkel erschießen, der gerade ein Nickerchen macht. In dem Moment, in dem der Neffe mit der Waffe in der Hand vor seinem Onkel steht und beabsichtigt, den Abzug zu drücken, wird er so unsicher und nervös, dass er unkontrolliert zu zittern beginnt. Durch das unkontrollierte Zittern drückt er schließlich (in diesem Moment und auf diese Art und Weise) unabsichtlich den Abzug seiner Waffe und tötet, wie zuvor beabsichtigt, seinen Onkel. Die Bewegung des Fingers, die darin bestand, den Abzug zu *berühren*, wurde dabei durch eine Absicht verursacht. Die Bewegung, den Abzug schließlich auch zu drücken, stimmt mit dieser Absicht überein, denn es war ja die ursprüngliche Absicht des Neffen, den Abzug zu drücken und so seinen Onkel zu erschießen. Dadurch sind in diesem Fall die für Handlung nötigen Bedingungen des Standardmodells erfüllt. Allerdings hat der Neffe in dem Moment, in dem der Finger durch das Zittern den Abzug drückte, keine Handlung ausgeführt. Das ist deshalb der Fall, weil er hier keine Kontrolle über seine Bewegung hatte (vgl. Mayr 2011, 104–105).

Einige Vertreter des Standardmodells sind daher der Meinung, dass eine mögliche Lücke zwischen der Absicht und der Handlung eliminiert werden muss, um das Problem zu lösen. Searle ist mit seinen „intentions-in-action" (Mayr 2011, 115) beispielsweise ein Vertreter dieser *Strategie der unmittelbaren Verursachung*. Hier müssen Absichten gleichzeitig mit dem Verhalten auftreten, das sie verursachen. Doch ohne die Annahme, dass ereigniskausale Ketten in der Natur nicht dicht sind, wird die unmittelbare Verursachung unverständlich, wobei dicht bedeutet, dass die aufeinander folgenden Ereignisse A und B durch ein weiteres Ereignis miteinander verbunden sind. Es muss hier also angenommen werden, dass die ereigniskausalen Ketten nicht auf diese Weise dicht sind, damit die unmittelbare Verursachung funktioniert. Das scheint aber nicht mit unserer Auffassung der Natur übereinzustimmen (vgl. Mayr 2011, 106–117).

Bei solchen Ketten, die nicht dicht sind, sind aufeinander folgende Ereignisse (A und B) nicht durch etwas anderes miteinander verbunden. Wenn es aber zwischen zwei einzelnen und voneinander getrennten Ereignissen kein Bindeglied und damit keine Verbindung gibt, stellt sich die Frage, wie Ereignis B auf Ereignis A folgen soll. Es müsste dagegen einen Prozess geben, der von A zu B führt und der im Prinzip in weitere Ereignisse aufgeteilt werden kann, die verbunden sind. Diese Verbindungen könnten wiederum in einzelne Ereignisse zerlegt werden, ad infinitum. Aus diesem Grund wird im Folgenden auch dafür argumentiert werden, dass Verursachung als kontinuierlicher kausaler Prozess stattfindet. Die Strategie der unmittelbaren Verursachung funktioniert hier aber nicht, denn innerhalb des Prozesses kann es immer auch zu Abweichungen kommen, wenn Ereignis B nicht mehr *unmittelbar* durch Ereignis A verursacht wird.

Zudem verursachen ein Grund oder eine Absicht[13] eine Handlung nicht auf dieselbe Weise, wie eine Ursache eine Wirkung verursacht (vgl. Ginet 2002, 387–388). Anders als Davidson behauptet, können Gründe und Ursachen daher nicht als einfach identisch betrachtet werden. Gründe stehen nicht so in Verbindung zu einer Handlung, dass *ein* Grund immer eine *bestimmte* Handlung erzwingt. O'Connor akzeptiert beispielsweise eine „causal-propensity" (O'Connor 2002, 354) Darstellung der relativen Stärke von Gründen. Entscheidend ist, dass Gründe Handlungen zwar motivieren, dass sie diese aber nicht notwendig erzwingen, sondern nur eine gewisse Neigung oder Tendenz liefern, eine Handlung auszuführen. So kann man auch einen Grund als relevanten Handlungsgrund erkennen und dennoch nicht danach handeln. Außerdem kann man Handlungen aus verschiedenen Gründen ausführen. So kann man etwas beispielsweise *auch* tun, um die Schmerzen von jemandem zu lindern, und dennoch ist es möglich, dass dies nicht *der* Grund für die Handlung ist (vgl. O'Connor 2002, 354).

Nicht zuletzt muss der Moment, in dem der Handelnde eine Absicht bemerkt, nicht der Moment sein, in dem er diese umsetzt. So kann sich ein Fahrer bewusst darüber sein, dass er bald abbiegen wird, und er kann die Absicht haben, erst an einem bestimmten späteren Punkt das entsprechende Signal zu geben. Es kann darüber hinaus bis zu dem Moment, in dem er abbiegt, viele Momente geben, in denen er den Blinker setzten *könnte*. Die Erklärung wäre dabei aber immer dieselbe: Der Handelnde will dadurch, dass er ein entsprechendes Zeichen gibt, mitteilen, dass er bei der nächsten Kreuzung abbiegen wird. An dieser Absicht ändert sich nichts, nur weil der Moment, in dem der Handelnde sein Zeichen gibt, nicht festgelegt ist (vgl. Ginet 2002, 394–395).

Dieses Beispiel zeigt, dass eine Absicht eine Handlung nicht unmittelbar auslösen muss, sondern dass es ausreichend ist, wenn eine Handlung durch eine bestimmte Absicht *geleitet* wird (vgl. Mayr 2011, 121). Darüber hinaus gibt es viele Fälle, bei denen man etwas einfach tut, ohne dass man davor überlegt oder eine Entscheidung trifft. In solchen Fällen gibt es auch keine der Handlung vorausgehende Phase, in der man bewusst eine Absicht bildet. Es gibt also viele Arten von kleinen unabsichtlichen Bewegungen (mit dem Fuß wackeln, sich gedankenverloren am Kopf kratzen, die Position auf dem Stuhl leicht verändern), die Gegenbeispiele gegen die These der *Standardtheorie* darstellen, dass Körperbewegungen durch frühere Wünsche, Überzeugungen oder Absichten ausgelöst werden müssen. Ein we-

---

13 Vor allem im Laufe des vierten Kapitels wird sich zeigen, dass eine Absicht eher als Bestandteil einer Handlung und nicht als eine von dieser Handlung getrennte und diese auslösende Ursache gedacht werden muss.

sentliches Problem des Standardmodells scheint also im Verständnis der Verursachung zu liegen, wie sich im Folgenden zeigen wird (vgl. Steward 2012a, 66).

3.1.6 Probleme mit dem Kausalismus

Die Kausalisten als Vertreter der Ereignisverursachung kamen vor der Wiederbelebung dieses Ansatzes durch Davidson als Theorie in die Krise, da in der Mitte des 20. Jahrhunderts die Theorie der Willensäußerungen stark kritisiert wurde (vgl. Mayr 2011, 37–38). Gilbert Ryle ist einer dieser einflussreichen Kritiker. Er bezieht sich auf Willensakte, die nach der traditionellen Sicht Handlungen vorausgehen. Ryle argumentiert gegen die Willensakte mit der Behauptung, dass sie in einen infiniten Regress führen müssen (dieses Argument stammt ursprünglich von Melden). Denn ein Willensakt ist nötig, um eine Handlung und eine Bewegung auszuführen. Allerdings muss auch dem Willensakt, der ja selbst eine Handlung ist, die ausgeführt werden muss, ein Willensakt vorausgehen (und so weiter). „Folglich muß jeder Handlung eine unendliche Menge von Handlungen vorhergehen, und es könnte keine Handlung jemals ausgeführt werden" (MacIntyre 1977, 173). Denn der Willensakt als Ursache der Handlung muss selbst eine Ursache (einen Willensakt) haben (vgl. MacIntyre 1977, 171–173).

Daher kann es nach Ryle keine Willensakte geben. Sind Willensakte selbst unwillentlich, dann sind sie kausal erklärbar und damit determiniert. Sind Willensakte allerdings gewollt und freiwillig, dann muss es einen vorhergehenden Willensakt gegeben haben, um den Willensakt freiwillig wollen zu können. Da man aber immer weiter nach einem vorhergehenden für den darauffolgenden Willensakt fragen kann, gerät man in einen infiniten Regress. Willensakte können für Ryle also nicht als freiwillig oder unfreiwillig beschrieben werden (vgl. Ryle 2015, 79–82).

Wenn aber die Willensakte nicht die Ursachen von Handlungen sein können, welche Ursachen haben Handlungen dann und können sie überhaupt Ursachen haben, oder müsste es bei jeder Art von Ursache zu solch einem infiniten Regress kommen? In der von Mill fortentwickelten Humeschen Kausalität kann ein Ereignis *nur dann* die Ursache eines anderen Ereignisses sein, „wenn regelmäßig beobachtet worden ist, daß Ereignisse der ersten Art Ereignissen der zweiten Art vorhergehen und daß Ereignisse der zweiten Art auf Ereignisse der ersten Art folgen" (MacIntyre 1977, 173). Dabei ist das vorhergehende Ereignis eine notwendige *und* hinreichende Bedingung für das darauffolgende Ereignis. Durch diese Sicht auf Kausalität sind nach MacIntyre die Probleme rund um den Determinismus entstanden. Denn wenn die Handlungen von vorhergehenden physiologischen Ereignissen determiniert sind, können sie nicht mehr so leicht von bloßen Reflexen abgegrenzt werden. Nach

MacIntyre gibt es aber durchaus noch eine andere Bedeutung von Ursachen (vgl. MacIntyre 1977, 171–174).

Eine Bedeutung einer Ursache kann nämlich auch sein, diese nicht als hinreichende, sondern als notwendige Bedingung eines Ereignisses zu betrachten. Die Bedingung ist in diesem Fall mit allen anderen Umständen und in der konkreten Situation hinreichend. Das bedeutet aber nicht, dass immer beim Auftreten dieses bestimmten vorhergehenden Ereignisses notwendigerweise dieselbe Wirkung folgt. Wenn ein Unfall passiert ist, weil Glatteis auf der Straße ein Auto zum Rutschen gebracht hat, folgt daraus nicht, dass immer ein Unfall passiert, wenn es auf der Straße Glatteis gibt. Außerdem kann daraus nicht geschlussfolgert werden, dass es zu keinen Unfällen kommt, wenn es kein Glatteis gibt. Solche Verallgemeinerungen können nicht gemacht werden, wenn man die Ursache nur als notwendige und nicht als hinreichende Bedingung betrachtet. Man kann in diesem Fall nur folgern, dass es zu einem Unfall kommt, wenn eine Reihe von Bedingungen erfüllt ist und es Glatteis gibt (vgl. MacIntyre 1977, 174–175).

Oft sprechen wir, wenn wir über Kausalrelationen sprechen, über Objekte als Ursachen und Zustände (oder Zustandsveränderungen) als Wirkungen. So kann man nach Willaschek einen Stein (Objekt) als Ursache für eine zersprungene Scheibe (Zustandsveränderung) betrachten. Hier sind wir allerdings in unserer Alltagssprache nicht genau. Denn nicht der Stein ist die Ursache für die zersprungene Scheibe, sondern sein Aufprallen auf die Scheibe.[14] Daraus wird klar, dass nicht jeder Stein durch sein bloßes Vorhandensein Scheiben zum Zerspringen bringt. Es müssen bestimmte Umstände erfüllt sein, damit dieses Verhältnis ein kausales Ursache-Wirkungsverhältnis wird. Darüber hinaus ist es nicht wahr, dass jeder Stein beim Aufprall auf eine Scheibe deren Zerspringen verursacht. Schließlich gibt es stabilere und weniger stabile Glasscheiben. „Will man dies berücksichtigen, so wird man sagen müssen, daß die Ursache in der Menge *aller* relevanten Umstände besteht, die das Eintreten der Wirkung hinreichend bedingen" (Willaschek 1992, 36). Dann wird es aber problematisch, auf Regeln zu schließen. Denn in Einzelfällen sind so viele unterschiedliche Umstände und Faktoren relevant, dass eine Situation einer anderen nie völlig gleicht. Kann man aber überhaupt noch eine kausale Regel aufstellen, wenn diese immer auf konkrete Umstände bezogen ist, die sich von Situation zu Situation unterscheiden? (Vgl. Willaschek 1992, 36).

Nach MacIntyre können *Handlungen* keine Ursachen haben, wenn man Ursachen in der Humeschen Weise versteht. Zudem können nach Peters und Tajfel

---

14 Auf diese Mehrdeutigkeit wird im vierten Kapitel noch näher eingegangen werden. Weil wir über Ursachen unterschiedlich sprechen und sowohl einzelne Objekte wie auch bestimmte Bewegungen oder Tatsachen Zustandsveränderungen bewirken können, führt Steward *Movers, Makers-happen* und *Matterers* ein.

Handlungen keine reinen Körperbewegungen sein, da man sowohl mit denselben Bewegungen viele verschiedene Handlungen, wie auch mit verschiedenen Bewegungen dieselbe Handlung ausüben kann (vgl. MacIntyre 1977, 175–177).

> Wenn man fragt ‚Warum hat sich dein Arm bewegt?', dann verlangen wir eine kausale Erklärung und vielleicht einen Bericht über bedingte Reflexe und eine Schilderung der Muskeln und Nerven. Wenn wir fragen ‚Warum hast du deinen Arm bewegt?', dann verlangen wir dagegen einen Bericht über Absichten und Zwecke. (MacIntyre 1977, 177)

„Gerade weil die Absicht *in* der Handlung liegt, kommt sie dieser viel zu nahe, um eine kausale Rolle zu spielen" (MacIntyre 1977, 180). Der entscheidende Unterschied zwischen Ursache und Absicht ist nach MacIntyre, dass eine Absicht eine Handlung nicht so auslöst, wie eine Ursache eine Körperbewegung. Denn eine Absicht steht nicht außerhalb der Handlung und stößt diese an, sondern sie gehört zur Handlung (vgl. MacIntyre 1977, 180–181).

Obwohl es Fälle gibt, bei denen zuerst eine klare Absicht entsteht und daraus eine Handlung folgt, ist die Handlung in der Regel „ein Ausdruck der Absicht, des Entschlusses oder des Wunsches" (MacIntyre 1977, 181–182). Während eine Ursache ein Ereignis ist, das seiner Wirkung vorausgeht und davon getrennt ist, sind Absichten, Entscheidungen oder Wünsche keine von der Handlung getrennten und der Handlung vorausgehenden Ereignisse. Deshalb sind Absichten (sowie Entscheidungen und Wünsche) keine Ursachen, „weil sie nicht kausal, sondern logisch mit den relevanten Handlungen verknüpft sind" (MacIntyre 1977, 182). Eine Absicht zeigt sich oftmals also erst in einer Handlung und in ihrem Prozess (vgl. MacIntyre 1977, 181–182).

Nach Hampshire und MacIntyre (der sich hier auf Hampshire bezieht) muss man, um überhaupt Absichten bilden zu können, voraussagen können, was beim Bilden (oder nach dem Bilden) einer bestimmten Absicht passieren wird und was passieren wird, wenn diese Absicht nicht gebildet wird. Die Absichten, die eine Person haben kann, sind also von den Voraussagen abhängig, die diese Person zu treffen in der Lage ist. Dadurch, dass Handlungen von Absichten abhängig sind, ist nicht ausgeschlossen, dass auch über Handlungen Voraussagen durch kausale Erklärungen gemacht werden können. Doch das ist für die Handlungsfreiheit einer Person kein Problem. Freiheit hat man nach Hampshire nicht dadurch, dass die eigenen Handlungen nicht vorausgesagt werden können, sondern dadurch, dass man Absichten bilden und diese in die Tat umsetzen kann (vgl. MacIntyre 1977, 192).

„Und diese Freiheit hängt von meiner Fähigkeit ab, in kausale Abfolgen einzugreifen – einschließlich derjenigen, die zum Teil aus meinem bisherigen Verhalten resultieren" (MacIntyre 1977, 192). Denn durch Beobachtung kann man bestimmte Verhaltensweisen an sich selbst feststellen, die man augenscheinlich nicht ändern kann. Jemand kann beispielsweise bemerken, dass er immer wütend wird, wenn er beim Kartenspielen verliert (vgl. MacIntyre 1977, 190). Freies Handeln hängt nun aber nicht davon ab, dass es nie solch ein automatisches Verhalten gibt, sondern freies Handeln hängt wesentlich von der Möglichkeit ab, in das eigene Verhalten *eingreifen* zu können. Das Eingreifen gelingt umso besser, je mehr man über Ursachen des eigenen Verhaltens weiß. Je besser man sich kennt, umso besser kann man also das eigene Handeln kontrollieren. „Freies, verantwortliches, kontrolliertes Verhalten ist also Verhalten, bei dem ich zumindest die Möglichkeit des erfolgreichen Eingreifens habe" (MacIntyre 1977, 191), was uns im Folgenden auch noch beim Libertarismus als zentrales Element begegnen wird. Erfolgreiches Handeln hängt für MacIntyre zudem davon ab, wie groß das Wissen darüber ist, was man machen wird, solange man *nicht* in die Handlung eingreift und damit automatisches Verhalten absichtlich *zulässt* (vgl. MacIntyre 1977, 191).

Das Wissen darum, wie man sich in bestimmten Situationen *normalerweise* (und damit automatisch) verhält, kommt also durch Beobachtung zustande und ist die Grundlage dafür, in dieses Verhalten korrigierend eingreifen oder es absichtlich zulassen zu können.

3.1.6.1 Verursachung als Prozess

Nach Hume ist es aber nicht möglich, unsere Idee der Verursachung durch Beobachtung zu erhalten. Seiner Meinung nach ist die Verursachung in individuellen Fällen nicht beobachtbar. Es ist dagegen in einzelnen Fällen nur möglich, den Ablauf von einzelnen Ereignissen zu verfolgen. In seinem Beispiel dazu folgt auf die Bewegung einer Billard Kugel ihr Auftreffen auf eine andere Kugel und schließlich dadurch die Bewegung der zweiten Kugel. Außer diesen drei Ereignissen, die aufeinander folgen, kann man nach Hume nichts beobachten, woraus man eine notwendige Verbindung ableiten könnte (vgl. Mayr 2011, 153).

Doch es wäre nur nicht möglich, die Verursachung zu beobachten, wenn wirklich alle kausalen Prozesse solche Abfolgen von einzelnen Ereignissen wären. Nach Mayr können wir dagegen *kontinuierliche kausale Prozesse* wahrnehmen, bei denen aktive Substanzen beteiligt sind. Nach Peter Strawson gibt es beispielsweise die Standardfälle, bei denen Kräfte ausgeübt werden, die beobachtbare kausale Prozesse darstellen. Solche Standardfälle sind nach Strawson mechanische Transaktionen zwischen physikalischen Objekten, die beispielsweise in *Ziehen* oder *Drücken* bestehen (vgl. Mayr 2011, 153–154).

Was gegen Humes Annahmen spricht, sind die besonderen Eigenschaften solcher Transaktionen. Beim Beobachten solcher Prozesse sieht man nämlich nicht zwei voneinander unterschiedene Veränderungen, die man zu Ursache und Wirkung verbindet, sondern man beobachtet direkt einen „change-as-brought-about-ina-certain-way" (Mayr 2011, 154). *Auf welche Weise* eine Veränderung bewirkt und hervorgebracht wird, ist also ganz entscheidend, wie sich bei Anscombe, Korsgaard und Steward im Folgenden wieder zeigen wird. Man nimmt also Ursache *und* Wirkung in solchen Fällen gleichzeitig wahr. Ein besonders eindrückliches Beispiel dafür ist, wenn man physischen Druck spürt, der auf den eigenen Körper ausgeübt wird (vgl. Mayr 2011, 154).

Transaktionen, die man auf diese Weise direkt beobachten kann, kann man als kausale Prozesse betrachten. Durch sie wird ein neuer Zustand hervorgebracht, für den eine Substanz oder eine Veränderung verantwortlich ist. Diese beobachtbare Veränderung liefert dabei bereits eine zufriedenstellende Erklärung des Ergebnisses. Wenn man also Kausalität nicht im Sinne Humes als getrennte Ereignisse von Ursachen und Wirkungen[15] betrachtet, kann es kontinuierliche kausale Prozesse mit kausalen Verbindungen geben (vgl. Mayr 2011, 154).

3.1.6.2 Einzelne Ereignisse und Zustände als Ursachen

Eine weit verbreitete Meinung, die auch Davidson vertritt und die mit Humes Annahme zusammenhängt, ist, dass ein Ereignis immer eine *einzelne* Ursache als *vorhergehendes* Ereignis hat. Allerdings kann es in manchen Fällen praktisch nicht nützlich sein, ein Ereignis als Ursache anzuführen. So kann das Anzünden eines Streichholzes in der Küche als das Ereignis betrachtet werden, das eine Explosion verursachte. Da es aber normalerweise in einer Küche nicht zu Explosionen kommt, weil man ein Streichholz anzündet, hat dieses Ereignis keinen Erklärungswert. Wir können allerdings verstehen, *warum* es zu einer Explosion kam, wenn wir wissen, dass die Küche voll Methan war. Das zeigt, dass kausale Erklärungen, die ein einzelnes Ereignis als Ursache für ein anderes Ereignis anführen, oft nur einen Teil einer kausalen Erklärung liefern. Es könnte sein, dass immer dann, wenn man ein einzelnes Ereignis als ursächliche Erklärung angeben will, viele andere relevante Erklärungen für dasselbe Ereignis außer Acht gelassen werden (vgl. Steward 1997, 144–145).

Oft beinhaltet eine kausale Erklärung also mehr als ein *einzelnes ursächliches Ereignis*. Das zeigt sich auch bei Ereignissen, die durch bestimmte Umstände zustande kommen. Ein Beispiel dafür ist eine wackelige Brücke, die durch einen Sturm zusammenbricht. Die Tatsache, dass die Brücke nicht mehr stabil war, ist eine

---

[15] Im Laufe des vierten Kapitels (4.1.9) wird sich noch zeigen, dass Probleme vor allem durch unsere Vorstellung der zeitlichen Abfolge von Ereignissen bei der Verursachung (dem Hervorbringen) entstehen. Daher schlägt Brüntrup das Modell der *kausalen Signifikanz* vor, bei dem es sich um ein symmetrisches Konzept ohne zeitliche Richtung handelt.

Tatsache, die eine Rolle in der kausalen Erklärung spielt. Aber das Wackligsein der Brücke ist nicht die einzige Ursache für ihren Einsturz (vgl. Steward 1997, 197).

Inwiefern unterschiedliche kausale Erklärungen und damit unterschiedliche Arten von Ursachen eine Rolle spielen, wird im vierten Kapitel noch genauer betrachtet werden. An dieser Stelle soll festgehalten werden, dass es einen Unterschied zwischen Verursachung und kausaler Relevanz gibt. Dabei ist eine mentale durchaus eine kausal wirksame Entität. In gewisser Weise stehen die Fakten darüber, was ein Mensch wünscht, beabsichtigt oder wovon er überzeugt ist, in Verbindung zu Fakten über physische Dinge und Gegebenheiten. Das eine lässt sich allerdings nicht auf das andere reduzieren. Denn wir bestehen als Menschen aus unseren physischen Teilen, Ereignissen und Zustände, die natürlich kausal wirksam sind. Aber diese Teile sind nicht für all unsere Intentionen und Handlungen verantwortlich (vgl. Steward 1997, 263–264).

Obwohl Helen Steward grundsätzlich nicht dagegen ist, Gründe als Ursachen zu betrachten, ist das nicht in dem Sinne möglich, wie es Davidson oder die *Standardtheorie* vorschlagen. Denn Gründe können nur als Ursachen betrachtet werden, wenn damit gemeint ist, dass eine Erklärung über die Gründe für ein bestimmtes Verhalten eine wichtige und charakteristische Art der kausalen Erklärung ist. Dabei handelt es sich jedoch um eine harmlose These, während viele Vertreter der *Standardtheorie* aber etwas anderes meinen. Häufig werden nämlich die Gründe als Zustände von Wünschen oder Überzeugungen betrachtet. Diese existieren dann in der Regel im Gehirn und können die Körperbewegungen, die zu den Handlungen führen und aus denen die Handlungen bestehen, verursachen. Betrachtet man Gründe nur als Zustände und Ereignisse, dann existiert der Handelnde selbst nicht mehr. Es sind dann nur seine Gründe als Zustände in seinem Gehirn, die Entscheidungen treffen. Gründe werden hier nicht als Erwägungen des Handelnden betrachtet, auf die er selbst eine Antwort geben und die er in eine Handlung umsetzen kann. Sie sind nur Zustände, die unabhängig vom Handelnden eine Wirkung haben, in ihm existieren und seine Bewegungen allein herbeiführen können, wodurch der Handelnde durch die Wirksamkeit seiner Gründe ersetzt wird (vgl. Steward 2012a, 144–146).

Ein Beweis dafür, dass für eine Handlung mehr als eine bloße Absicht oder ein Wunsch als Zustand im Handelnden nötig sind, sind Fälle von Willensschwäche. Man kann beispielsweise am Morgen aufwachen und beschließen (und die feste Absicht haben), nun aufzustehen. Und doch bleibt man manchmal einfach liegen. Dass solch eine Willensschwäche möglich ist, zeigt, dass der Handelnder als Ganzer, der sich irgendwann einfach einen Ruck gibt und aufsteht, einen kausalen Einfluss haben muss. Denn in manchen Situationen reichen ein Grund, eine Absicht oder ein Wunsch für die Umsetzung einer Handlung nicht aus (vgl. Steward 2012a, 146).

Für Davidson und die Standardtheorie sind Gründe Ursachen und damit sind mentale Ereignisse auf physische Ereignisse reduzierbar. Obwohl er, wie sich gezeigt hat, Absichten und Gründe auf einer epistemischen Ebene berücksichtigen will, bleiben sie bei ihm auf der ontologischen Ebene irrelevant. Auf der Seinsebene gibt es damit nur die physischen Ereignisse, die aufeinander einwirken. Damit ist und bleibt sein Konzept physikalistisch. Doch es hat sich gezeigt, dass eine physikalistische oder mechanistische Sicht auf Handlung problematisch ist, Verursachung eher als Prozess gedacht werden muss, die Humesche Vorstellung von Verursachung irreführend ist und dass Gründe keine Ursachen sind. Gründe können dagegen kausal relevante Fakten sein, die eine Handlung für einen bestimmten Handelnden wahrscheinlich machen oder in ihm eine gewisse Tendenz zu einer Handlung auslösen, ohne dass sie dabei eine bestimmte Handlung wie ein Naturgesetz erzwingen müssen. Auf diesen Punkt werden wir auch im Laufe der folgenden Betrachtung des Kompatibilismus noch einmal zurückkommen.

3.2 Der Kompatibilismus

Es hat sich also gezeigt, dass schwerwiegende Gründe gegen den Physikalismus und eine rein mechanistische Sicht auf menschliche Handlungen vorgebracht werden können. Kann aber möglicherweise absichtliches Handeln mit dem Determinismus kompatibel sein? Kompatibilisten wie Harry Frankfurt vertreten diese Sichtweise, weil ihrer Meinung nach die Handlung einer Person nur freiwillig erfolgt, wenn sie von der unmittelbaren Vergangenheit der Person bestimmt ist (vgl. Brüntrup 2012b, 191–192). Nur dann handelt es sich nämlich um *ihre* Entscheidung, für die sie gute Gründe hat und die gewissermaßen wie bei MacIntyre aus ihrer Geschichte erklärbar ist. Hier ist also der Determinismus mit freiem Handeln und moralischer Verantwortung kompatibel.

Aus dieser Perspektive würde zum Beispiel die Aussage, dass Smith ein ertrinkendes Kind hätte retten können, eigentlich bedeuten, dass er das Kind gerettet hätte, *wenn* er sich dazu entschieden hätte. Diese Aussage ist mit dem Determinismus ebenso vereinbar, wie die Aussage, dass sich Zucker aufgelöst hätte, wenn man ihn in Wasser gelegt hätte (vgl. van Inwagen 1983, 114).

Doch viele Kompatibilisten gehen noch einen Schritt weiter. Der Determinismus ist in ihrem Konzept nicht nur mit freiem Handeln und moralischer Verantwortung kompatibel, sondern die Bestimmtheit der Handlung einer Person ist sogar die Voraussetzung dafür, dass es *ihre* freie Handlung ist, für die sie verantwortlich sein kann. Denn wäre die Entscheidung einer Person nicht durch ihre Vergangenheit und ihren Charakter determiniert, wäre sie reiner Zufall.

„Wenn dieselbe Vergangenheit einmal dazu führt, dass ich A tue und, wenn ich die Zeit zurückspulen könnte, ein anderes Mal dazu führt, dass ich A nicht tue, dann ist es reiner Zufall, ob sich A ereignet. Ein Zufall ist aber keine freie Entscheidung" (Brüntrup 2012b, 196). Wenn sich jemand bei beliebig vielen Wiederholungen nicht immer wieder zum Zeitpunkt t für A entscheiden, sondern manchmal B wählen würde, dann kann man aus Sicht eines Kompatibilisten nicht mehr von einer freien Entscheidung dieser Person sprechen. Denn für eine Entscheidung, die aus den eigenen Wünschen und Überzeugungen resultiert, gibt es immer einen zureichenden Grund, sich so und nicht anders zu entscheiden. Wenn man sich bei gleich bleibenden Wünschen und Überzeugungen gelegentlich anders entscheiden würde, dann hat dies nichts mit Freiheit zu tun, sondern ist reine Willkür. Willkür und Zufall dürfen aber aus Sicht eines Kompatibilisten bei einer freien Wahl oder Entscheidung keine Rolle spielen.

Betrachtet man eine Entscheidungssituation, in der man sich entweder für Weg A oder für Weg B entscheiden muss, dann würde sich nach Auffassung der Kompatibilisten eine bestimmte Person bei unendlich vielen Wiederholungen *immer* für Weg A entscheiden, weil sie aufgrund ihrer Wünsche und Überzeugungen einen guten Grund hat, A statt B zu wählen. Diese Wahl ist durch Vorhergehendes und durch die Vergangenheit der Person bestimmt. Denn nach Peter Bieri ist der „[...] Prozess der Selbstfindung ein Prozess des Erzählens innerer Geschichten [...]" (Brüntrup 2012b, 188). Wie ich handle ist nur verständlich, wenn man die entsprechende Geschichte kennt, die zu der Handlung geführt hat. Erst wenn man um die Gründe weiß, die meine Handlung ausgelöst haben, kann man überhaupt davon sprechen, dass ich eine Absicht hatte, so und nicht anders zu handeln.

Das bedeutet aber, dass man aus Sicht eines Kompatibilisten nicht anders kann, als Weg A zu wählen. Bei jeder Handlung, die eine Person ausführt, kann sie nicht anders, als genau so zu handeln, weil dies ihrer Geschichte, ihren Wünschen, Überzeugungen und ihrem Charakter am meisten entspricht. Kompatibilisten wird daher häufig vorgeworfen, freies Handeln nicht begründen zu können, da man eigentlich nicht frei sondern unter Zwang handelt, wenn man *nicht anders handeln kann*. Dabei scheint es keine Rolle zu spielen, ob man durch äußeren oder inneren Zwang zu einer bestimmten Handlung gezwungen ist. Doch handeln wir wirklich immer unter Zwang, wenn wir nicht anders können, als *so* zu handeln?

Gegen die Kompatibilität von Handlung und Determinismus wurde traditionellerweise mit dem Prinzip alternativer Möglichkeiten (PAP) argumentiert. Demnach ist die entscheidende Frage, ob die handelnde Person auch eine Alternative zu der von ihr gewählten Handlung hatte. Denn man kann jemanden nicht für sein Handeln verantwortlich machen, wenn er gar nicht anders konnte, als so zu handeln. Diese These hat aber Frankfurt mit einem Gedankenexperiment zu widerlegen versucht. Gelingt es ihm, PAP zu widerlegen, dann kann er damit auch zeigen, dass man nicht unbedingt unter Zwang handelt, wenn man nicht anders handeln kann. Im Folgenden wird daher untersucht, ob es Frankfurt tatsächlich gelingt, das Prinzip alternativer Möglichkeiten zu widerlegen.

3.2.1 Harry Frankfurt und das Prinzip alternativer Möglichkeiten

Frankfurt stellt, um PAP zu widerlegen, zunächst $Jones_1$ vor, der sich auf der Basis von Gründen für etwas entscheidet, bevor er von jemandem unter Androhung einer schweren Strafe genau zu dem gezwungen wird, wozu er sich zuvor selbst entschieden hat. Nun gibt es verschiedene Möglichkeiten. Entweder $Jones_1$ ist unvernünftig und nimmt die Strafe nicht ernst – er entscheidet sich zu seiner Handlung nur, weil er sich davor schon auf Basis von Gründen dafür entschieden hat und die Drohung spielt dafür keine Rolle. In diesem Fall wird er durch die Drohung zu nichts gezwungen. Doch dieses Beispiel ist nach Frankfurt kein Gegenbeispiel für das Prinzip alternativer Möglichkeiten. Denn in diesem Fall handelt $Jones_1$ entweder, weil er dazu gezwungen wurde. Oder er handelt unabhängig von der Drohung so, wie er sich zuvor entschieden hat. Spielt die Drohung für seine Entscheidung aber keine Rolle, nimmt sie ihm auch nicht die alternativen Möglichkeiten. Er könnte dann immer noch anders handeln (vgl. Frankfurt 2015, 354).

$Jones_2$ wäre dagegen der Handelnde, der sich von der Drohung völlig beeinflussen lässt. Er handelt so, wie es von ihm verlangt wird, egal wie seine Entscheidung zuvor ausgefallen ist. Doch in diesem Fall spielt seine vorherige Entscheidung auch keine Rolle mehr. Er handelt ganz unter Zwang. Man kann ihn für seine Handlung nicht moralisch verantwortlich machen, da diese Handlung nur durch Zwang zustande kommt (vgl. Frankfurt 2015, 354–355).

$Jones_3$ ist nun ein Handelnder, der sich von der Drohung weder völlig beeindrucken lässt, dem diese aber auch nicht völlig egal ist. Die Drohung hätte ihn überzeugt. Doch nun hat er sich zuvor schon selbst und freiwillig für seine Handlung entschieden. Es ist in diesem Fall also nicht die Drohung, durch die seine Handlung zustande kommt. In diesem Fall ist es nach Frankfurt angemessen, ihn moralisch genauso zu bewerten, als wüssten wir von der Drohung nichts. Doch auch dieses Beispiel ist als Gegenbeispiel für das Prinzip alternativer Möglichkeiten nicht geeignet, denn es ist fraglich, ob es sich hier noch um einen Fall richtigen Zwangs handelt. Schließlich kann man nicht sagen, dass $Jones_3$ unter Zwang handelte, wenn er sich selbst zuvor schon freiwillig für dieselbe Handlung entschieden hat (vgl. Frankfurt 2015, 355).

Auch wenn die Drohung und die schwere der Strafe so überzeugend sind, dass $Jones_3$ auch ohne seine vorherige Entscheidung mit hoher Wahrscheinlichkeit dem Zwang nachgeben würde, ist es nicht so, dass er nicht anders kann. Er könnte sich auch entscheiden, die Strafe zu ertragen. Daher konstruiert Frankfurt den Fall Jones$_4$ mit einem Handelnden und einem weiteren Akteur, Black, der will, dass Jones$_4$ eine bestimmte Handlung ausführt (vgl. Frankfurt 2015, 356).

In einer der vielen Versionen des Argumentes gibt es einen Handelnden namens Jones[16] und einen Neurochirurgen namens Black.[17] Black möchte, dass Jones in der nächsten Wahl die Labourpartei wählt. Er kann Jones Gedanken überwachen und in dessen Wahl eingreifen, was er aber erst tun will, sobald er bei Jones die Intention bemerkt, etwas anderes als Labour zu wählen. Erst wenn er ein Zeichen für solch eine abweichende Wahl erhält, greift Black ein und sorgt dafür, dass Jones die Intention formt, Labour zu wählen. Jones kann also letztendlich nichts anderes tun, als Labour zu wählen – er hat keine alternativen Möglichkeiten. Immer wenn aber Black *nicht* eingreift und er sich selbst für die Wahl der Labourpartei entscheidet, ist es seine freie Entscheidung, für die man ihn verantwortlich machen kann. Folglich stimmt es nach Frankfurt nicht, dass man jemanden nur für sein Handeln verantwortlich machen kann, wenn er auch anders hätte handeln können. Damit scheint bewiesen zu sein, dass die Möglichkeit, anders handeln zu können, keine notwendige Bedingung für Verantwortung[18] ist (vgl. Steward 2015, 382–383).

Es gibt unterschiedliche Versionen dieses Argumentes. In einer anderen Version geht es bei Jones Handlung beispielsweise nicht um die Wahl einer Partei, sondern um die Ermordung einer anderen Person (Smith), die der Neurochirurg Black erreichen will. Die Grundstruktur der Argumente ist aber immer dieselbe.

Widerker kritisierte diese Gedankenexperimente folgendermaßen: Damit Black eingreifen kann, muss er durch irgendetwas erkennen können, ob sich Jones für die Ermordung von Smith (oder die Wahl der Labourpartei) oder dagegen entscheiden wird. Widerker nimmt hier das Erröten von Jones als Indiz an, das Black die bevorstehende Entscheidung anzeigt. Nun kann dieses Erröten entweder selbst deterministisch und damit die Ursache für die Entscheidung von Jones sein. In diesem Fall wäre Jones Wahl für einen Inkompatibilisten nicht frei. Oder Jones kann sich immer noch anders entscheiden, weil sein Erröten keine deterministische

---

16 Im Folgenden wird Jones$_4$ nur noch Jones genannt, da nur Jones$_4$ für PAP wirklich relevant ist.
17 Die Darstellung des Gedankenexperimentes findet sich auch in meinem Artikel *Können Maschinen handeln? Über den Unterschied zwischen menschlichen Handlungen und Maschinenhandeln aus libertarischer Perspektive* (Rutzmoser 2022) wieder.
18 Hier wird schon deutlich, dass es Frankfurt hauptsächlich um die Frage der Verantwortung und weniger um die Frage der Freiheit geht. Kompatibilisten gehen in der Regel davon aus, dass mit der Widerlegung PAPs auch die Irrelevanz von alternativen Möglichkeiten für die Freiheit gezeigt werden kann. Doch das stimmt nur, wenn Freiheit und Verantwortung sehr eng konstruiert und nahezu nicht voneinander unterschieden werden. Dass es auf die Unterscheidung zwischen Freiheit und (moralischer) Verantwortung ankommt, wird sich noch zeigen.

Ursache für seine Entscheidung ist. Dann würde aber Black im falschen Moment eingreifen, weil Jones immer noch eine andere Wahl treffen könnte (vgl. Guckes 2001, 5–6).

Diese Schlussfolgerung ist allerdings nicht sehr hilfreich, denn auch wenn Black manchmal eingreifen würde, obwohl sich Jones vielleicht noch von selbst anders entschieden hätte, heißt das nicht, dass sich Jones in den Fällen, in denen Black nicht eingreift, nicht frei entschieden hat.

Auch nach Fischer kann man einwenden, dass Jones vielleicht nicht anders wählen – aber durchaus ein anderes neurologisches Muster im Gehirn aufweisen kann. Das ist erforderlich, damit Black ein Zeichen für eine abweichende Wahl erhält und korrigierend eingreifen kann. Dabei handelt es sich um ein Aufflackern von Freiheit – „flicker of freedom" (Fischer 2000, 10), wodurch Jones durchaus eine alternative Möglichkeit zu haben scheint. Solch ein Aufflackern von Freiheit findet man in allen Frankfurt-Fällen, wenn es sich dabei um Fälle handelt, bei denen ein *vorheriges Zeichen* vor dem Eingriff nötig ist. Hier ist also der Handelnde zumindest immer in der Lage, ein anderes Zeichen zu geben oder zu produzieren, wobei es sich jedoch um ein unfreiwillig gegebenes Zeichen handelt, auf das man moralische Verantwortung nach Fischer nicht gründen kann. Schließlich handelt es sich bei solchen Zeichen um bestimmte neurologische Muster oder das Erröten, auf das der Handelnde selbst keinen Einfluss hat.[19] Fischer argumentiert daher in eine ähnliche Richtung wie Widerker und ist somit kein Vertreter der Flicker-Theorie: „The power involuntarily to exhibit a different sign seems to me to be insufficiently robust to ground our attributions of moral responsibility" (Fischer 2000, 10). Dieses kurze Aufflackern von Freiheit ist also seiner Meinung nach zu wenig, um moralische Verantwortung zuschreiben zu können (vgl. Fischer 2000, 10).

Fischer meint, dass Inkompatibilisten von diesen nicht-robusten Möglichkeiten, die bei den Frankfurt-Fällen offen gelassen werden, nicht profitieren können. Diese *Flickers of Freedom*, auf die sich Libertarier meist beziehen, sind für moralische Verantwortung[20] nicht ausreichend, da sie nur ein unfreiwillig gegebenes Zeichen

---

19 Allerdings ist es nicht richtig, dass es sich in diesem Fall nur um ein neurologisches Muster handelt. Der Handelnde konnte schon anders (entscheiden). Außerdem ist nicht gesagt, dass Black tatsächlich (rechtzeitig) eingegriffen oder der Eingriff funktioniert hätte, wenn sich der Handelnde doch anders entschieden hätte. Es ist also nicht wahr, dass es in solchen Fällen keine alternativen Möglichkeiten gibt. Auf diesen Punkt wird im Folgenden noch näher eingegangen.

20 Auch Fischer bezieht sich hier auf die moralische Verantwortung und nicht auf die Freiheit. Er argumentiert, dass das kurze Aufflackern von Freiheit nicht stark genug für den Libertarismus ist. Doch den Libertariern geht es im Gegensatz dazu gerade um die für Freiheit nötigen Alternativen (und weniger um die moralische Verantwortung).

des Handelnden sind. Daher ist Fischer der Meinung, dass alternative Möglichkeiten für moralische Verantwortung nicht nötig sind (vgl. Mele 2000, 28–29).

Doch das scheint nicht zu stimmen, denn diese unfreiwilligen Zeichen drücken ja nur eine freiwillige Absicht des Handelnden aus, etwas Bestimmtes zu tun. Außerdem wird sich im Folgenden noch zeigen, dass es wichtig ist, einen Unterschied zwischen freiem Handeln und moralischer Verantwortung zu machen. Während sich Frankfurt und auch Fischer nur auf die Möglichkeit, moralisch verantwortlich zu handeln, beziehen, wenn sie PAP untersuchen, könnten für einen Libertarier die *Flickers of Freedom* durchaus genügen. Dieses kurze Aufflackern von Freiheit könnte zwar für moralische Verantwortung nicht robust genug, für freies Handeln aber durchaus ausreichend sein.

Derjenige, der in solchen Frankfurt-Fällen eingreift, um die Alternative zu verhindern, muss also vor seinem Eingriff eine Information über diese alternative Möglichkeit haben. Diese Information, die der Eingreifende braucht, existiert nicht vor der Entscheidung des Handelnden. Der Handelnde hat also seine Alternative bereits gewählt. Aus diesem Grund kann mit solchen Gedankenexperimenten nicht bewiesen werden, dass es keine alternativen Möglichkeiten gibt (vgl. Doyle 2016, 407).

Da es bei solchen Frankfurt-Fällen also zumindest ein kurzes Aufflackern von Freiheit und damit zumindest *kurzzeitig* alternative Möglichkeiten geben kann, argumentiert auch Fischer dafür, dass *Blockage Cases* (Fischer 2000, 14) im Gegensatz zu solchen *Prior-Sign Cases* (Fischer 2000, 14) besser geeignet sind, um PAP zu widerlegen. So ist in einem Beispiel Lockes die Türe eines Raumes verschlossen. Eine Person in diesem Raum kann nun die Entscheidung treffen, freiwillig in dem Raum zu bleiben, obwohl sie den Raum gar nicht verlassen *könnte* (vgl. Fischer 2000, 14).

Wyma erwähnt als weiteres Beispiel für solche *Blockage Cases* seine eigenen frühen Erfahrungen beim Fahrradfahren. Er beschreibt, wie er alleine fährt, während sein Vater ihn mit ausgebreiteten Armen begleitete – jederzeit bereit, ihn aufzufangen, wenn er gefallen oder geschwankt wäre. Dennoch ist Wyma überzeugt, dass er selbst es geschafft hat, Fahrrad zu fahren, obwohl er nicht hätte fallen können. Er hätte so stark schwanken können, dass ihn der Vater festhalten hätte müssen. Doch da das nicht nötig war, liegt der Erfolg bei ihm (vgl. Fischer 2000, 21–22).

> [I]t is not the possibility of faltering slightly that makes the young Wyma's bike riding triumph truly his. This has to do *not* with whether he could have faltered slightly, but with how he rode the bike – how he moved the pedals, balanced, and so forth, and by what sort of causal process this all took place. (Fischer 2000, 22)

Ähnlich wie sich später noch bei den libertarischen Positionen zeigen wird, ist also auch für Fischer die Art und Weise und der Prozess der Handlung ausschlaggebend. Dadurch, dass Wyma sich auf diese bestimmte Weise bewegt hat, ist es ihm gelungen, Fahrrad zu fahren. Er ist also dafür verantwortlich, weil er sich so bewegt hat und nicht, weil er auch hätte fallen können. In diesem Beispiel hätte es diese Möglichkeit nicht gegeben. Dadurch, dass der Vater immer bei ihm war, hätte er nicht fallen können. Dennoch liegt es an ihm und er ist verantwortlich dafür, dass er erfolgreich mit dem Rad gefahren ist. Warum auch solch ein *Blockage Case* PAP allerdings nicht widerlegen kann, zeigt sich im Folgenden bei den Argumenten van Inwagens.

3.2.1.1 Das *Prinzip der möglichen Handlung* und das *Prinzip der möglichen Unterbindung*

Van Inwagen führt ein *Prinzip der möglichen Handlung* ein, das er als *PPA* „Principle of Possible Action" (van Inwagen 1983, 165) bezeichnet. Es besagt, dass eine Person nur für das Scheitern einer Handlung verantwortlich ist, wenn sie in der Lage gewesen wäre, die entsprechende Handlung auszuführen. Ein Frankfurt-Fall wäre dann folgendermaßen konstruiert: Ein Handelnder befindet sich in einem Entscheidungsprozess, ob er eine Handlung *a* ausführen soll. Da er sich schließlich entscheidet, diese Handlung nicht auszuführen, unterlässt er Handlung *a*. Doch es hätte ohnehin bestimmte Faktoren gegeben, die es ihm unmöglich gemacht hätten, die Handlung auszuführen. Diese Faktoren hätten sich erst gezeigt, wenn er eine Tendenz gehabt hätte, die Handlung auszuführen. Doch da er keine solche Tendenz zeigte, traten diese Faktoren nicht in Erscheinung und spielten für seine Entscheidung keine Rolle. Nach van Inwagen können solche Fälle im Stile Frankfurts das Prinzip nicht widerlegen (vgl. van Inwagen 1983, 165).

In einem von van Inwagen entworfenen Beispiel dazu kann man durch sein Fenster beobachten, wie ein Mann von einigen kräftigen Angreifern ausgeraubt wird. Man könnte und sollte nun die Polizei rufen. Doch dann fällt einem ein, dass das die Angreifer erfahren könnten und dann einem selbst Gefahr drohen würde. Schließlich entscheidet man sich, nicht einzugreifen. Was man dabei nicht wusste, ist, dass es ein Problem mit den Telefonen gab und jedes Telefon in der Stadt für einige Stunden nicht funktioniert hat. Nun stellt sich die Frage, ob man in solch einem Fall verantwortlich dafür ist, dass man daran scheiterte, die Polizei anzurufen. Nach van Inwagen ist man dafür nicht verantwortlich, da man diese nicht hätte anrufen können. Doch man kann verantwortlich dafür sein, dass es einem nicht gelungen ist, zu *versuchen*, die Polizei zu rufen. Außerdem kann man verantwortlich dafür sein, dass man die Art Mensch geworden ist, die in solch einer Situation nicht versucht, die Polizei zu rufen. Dennoch kann das Beispiel das

Prinzip nicht widerlegen, da man hier nicht für das Scheitern verantwortlich ist (vgl. van Inwagen 1983, 165–166).

Auch das zweite *Prinzip der möglichen Unterbindung*, „principle of possible prevention" (van Inwagen 1983, 167), kann nicht durch Fälle im Stile Frankfurts widerlegt werden. Hier ist eine Person nur für ein Ereignis moralisch verantwortlich, wenn sie es verhindern hätte können. In van Inwagens Beispiel dazu erschießt der Handelnde Gunnar Ridley und verursacht damit dessen Tod, wobei es sich um ein Ereignis handelt. Doch es gibt einen weiteren Faktor F, der bei der Erschießung Ridleys keine Rolle gespielt hat und der Ridleys Tod verursacht hätte, wenn Gunnar nicht geschossen hätte. Gunnar hätte nicht verhindern können, dass der Faktor F zum Tod von Ridley führt, außer dadurch, dass er selbst Ridley erschießt. Er konnte Ridleys Tod also nicht verhindern und scheint dennoch ganz im Sinne Frankfurts dafür verantwortlich zu sein (vgl. van Inwagen 1983, 167–170).

Doch dieses Beispiel ist inkonsistent, denn wenn Gunnar Ridley nicht erschossen und deshalb der Faktor F dessen Tod verursacht hätte, dann hätte es ein anderes Ereignis gegeben, das man als Ridleys Tod bezeichnen kann und das durch Faktor F verursacht wurde. Das Ereignis, das aber tatsächlich als Ridleys Tod bezeichnet wird, wäre dann gar nicht passiert. Auch das Prinzip, dass eine Person nur für ein Ereignis moralisch verantwortlich sein kann, wenn sie es verhindern hätte können, kann also nicht durch Frankfurt-Fälle widerlegt werden. Der freie Wille scheint für moralische Verantwortung, anders als Frankfurt zeigen will, erforderlich zu sein (vgl. van Inwagen 1983, 170–180).

3.2.1.2 Versionen der Frankfurt-Fälle

Derk Pereboom präsentierte eine interessante Version der Frankfurt-Fälle, die in einem indeterministischen Kontext funktionieren soll und diesen freien Willen beinhaltet. Joe hat in diesem Fall ein Haus gekauft und muss dafür eine Registrierungsgebühr[21] bezahlen. Nun überlegt er, ob er einen Steuernachlass dafür berechnen soll, obwohl das illegal wäre. Es ist wahrscheinlich, dass er nicht dafür belangt wird. Sollte das doch der Fall sein, würde er behaupten, davon nichts gewusst zu haben. Er ist eine Person, die zu eigennützigem Verhalten neigt, und er ist ein libertarischer freier Handelnder. Es müsste wegen seiner Veranlagung ein moralischer Grund mit einer bestimmten Kraft auftreten, damit er die Steuern nicht umgeht. Würde solch ein Grund beim Nachdenken auftauchen, könnte sich Joe durch seinen libertarischen freien Willen dafür oder dagegen entscheiden, auf Basis dieses Grundes zu handeln. Ganz im Stile Frankfurts gibt es auch hier einen Neurowissenschaftler und ein Gerät in Joes Gehirn, das Joe auch beim Auftreten

---

21 Hier handelt es sich um ein Beispiel aus der US-amerikanischen Literatur.

eines kraftvollen moralischen Grundes dazu bringt, die Steuern zu umgehen. Schließlich tritt solch ein Grund aber gar nicht auf und Joe entscheidet ohne Zutun des Geräts, die Steuern zu umgehen. Die alternative Möglichkeit, die hier darin besteht, dass ein moralischer Grund auftaucht, ist jedoch für die Zuschreibung moralischer Verantwortung nicht robust genug. Denn das Auftreten dieses Grundes allein wäre nicht hinreichend dafür, dass Joe in Übereinstimmung mit diesem Grund handelt (vgl. Fischer 2002, 297–298).

Bei diesem Argument handelt es sich allerdings um eine Version des *Glücks*-Einwandes, der im Folgenden noch näher untersucht werden wird. Ein Grund, der auf indeterministische Weise und zufällig in Joes Gehirn auftaucht, scheint tatsächlich nicht robust genug für moralische Verantwortung zu sein. Doch Joe ist so einem Grund nicht einfach wahllos ausgeliefert. Er kann selbst entscheiden, ob er ihn als handlungswirksamen Grund anerkennt. Würde man Perebooms Argumentation folgen, müsste man alles, was uns im Leben begegnet und unsere Entscheidungen beeinflussen kann, als etwas Zufälliges betrachten, das uns zu Handlungen verleitet und worauf man moralische Verantwortung nicht gründen kann. Doch dass es Umstände und Begebenheiten gibt, die uns beeinflussen oder überzeugen, bedeutet nicht, dass wir deshalb selbst nicht mehr frei entscheiden können. Die eigentliche alternative Möglichkeit Joes besteht hier nicht darin, dass in seinem Gehirn zufällig ein moralischer Grund auftaucht, sondern seine alternative Möglichkeit besteht darin, selbst einen moralischen Grund als handlungswirksam anzuerkennen und danach schließlich auch zu handeln. Das Beispiel ähnelt dem oben bereits erwähnten Frankfurt-Fall *Jones₃*, bei dem ein Handelnder unter anderem aus vernünftigen Überlegungen nicht anders handeln kann. Auch hier gibt es einen Grund, der die Handlung bestimmt. Dennoch argumentiert Frankfurt selbst in diesem Fall dafür, dass PAP so nicht widerlegt werden kann:

Jones₃ ist vernünftig und die massive Drohung wäre ausreichend, sodass jeder vernünftige Mensch sich entscheiden würde, die Handlung auszuführen, um der Strafe zu entgehen. In diesem Sinne kann er also nicht anders handeln. Aber „[s]ein Wissen darum, daß er im Begriff ist, eine nicht hinnehmbar harte Strafe zu erleiden, bedeutet genaugenommen nicht, daß Jones₃ *nicht* irgend eine Handlung außer der vollziehen *kann*, die er wirklich ausführt" (Frankfurt 2001a, 58–59). Denn auch wenn sich Jones₃ entscheidet, die erzwungene Handlung auszuführen, ist er frei darin, welche Handlung er *genau* ausführt. Wie genau er handelt und wie er sich dabei bewegt, ist also auch nach Frankfurt in gewisser Weise dem Handelnden überlassen. Darüber hinaus *kann* der Handelnde der Drohung widerstehen und sich weigern, die Handlung auszuführen. Er kann also durchaus anders handeln und hat alternative Möglichkeiten – auch wenn es durch die massive Drohung (oder wie bei Pereboom durch einen moralischen Grund) *wahrscheinlicher* ist, dass er die erzwungene Handlung ausführen wird. Frankfurt kommt also zu der Schlussfolgerung, dass das Beispiel von Jones₃ kein Gegenbeispiel zum Prinzip alternativer Möglichkeiten ist (vgl. Frankfurt 2001a, 58–59).

Bei einem ähnlichen Beispiel Lockes gibt es einen Bankangestellten, der von einem Bankräuber gezwungen wird, das Geld der Bank herauszugeben, um nicht erschossen zu werden. Dennoch geht Locke davon aus, dass der Angestellte frei handeln kann, weil er selbst entscheiden kann, ob er sich der Forderung des Bankräubers beugt. Die Handlung des Angestellten ist dann zwar nicht bereitwillig. Aber dennoch erfolgt sie ohne *unweigerlichen* Zwang. Denn sie kommt durch seine eigene Entscheidung zustande, bei der er sich auch anders hätte entscheiden können. Solch ein Beispiel kann PAP also nicht widerlegen (vgl. Frankfurt 2001b, 94).

Frankfurt selbst stellt fest, dass PAP umformuliert werden müsste. Seiner Meinung nach entschuldigt sich eine Person, wenn sie nicht anders handeln konnte, damit, dass sie nicht das getan hat, was sie eigentlich tun wollte. „Das Prinzip alternativer Handlungsmöglichkeiten sollte deshalb meiner Meinung nach durch das folgende Prinzip ersetzt werden: Eine Person ist dann für das, was sie getan hat, moralisch nicht verantwortlich, wenn sie es nur deshalb tat, weil sie nicht anders hätte handeln können" (Frankfurt 2001a, 64). Es kann also sein, dass es Umstände gab, durch die eine Person nicht anders hätte handeln können. Wenn die Person aber dennoch das tun wollte, was sie letztlich getan hat, dann ist sie auch moralisch verantwortlich. In solch einem Fall kann man nämlich nicht mehr sagen, dass sie die Handlung ausgeführt hat, *weil* sie nicht anders handeln konnte. Sie hat die Handlung ausgeführt, *weil* sie diese ausführen wollte, und sie hat die Handlung ausgeführt, *obwohl oder während* sie nicht anders handeln konnte (vgl. Frankfurt 2001a, 63–64).

Obwohl Frankfurts Umformulierung des Prinzips zunächst überzeugend ist, hat er mit seiner Erklärung dazu offenbar nicht Recht. Denn wie das Beispiel Lockes zeigen kann, muss man nicht jede Handlung, zu der man sich entschließt, bereitwillig ausführen. Man muss sie nicht, wie Frankfurt betont, *wollen* – es reicht, dass man sie wählt. Hier zeigt sich bereits, dass eine Tat eine *Handlung* und frei sein kann, auch wenn man vielleicht in geringerem Maße für sie moralisch verantwortlich ist oder gar beschuldigt werden kann. Ein großes Problem von PAP besteht darin, dass sich viele Kompatibilisten dabei auf moralische Verantwortung und die Schuldfrage beziehen, während Libertarier das Anders-handeln-können scheinbar als Voraussetzung der Handlungsfreiheit betrachten. Auf diesen Unterschied werden wir im Folgenden noch einmal zurückkommen.

Demnach drückt das Prinzip alternativer Möglichkeiten auch nach van Inwagen vor allem eine wichtige *moralische* Erkenntnis aus (vgl. van Inwagen 2017, 59): „No event (or state of affairs) can be X's fault, or even partly X's fault, unless there was a time at which X was able so to arrange matters that that event (or state of affairs) not occur (or obtain)" (van Inwagen 2017, 59).

3.2.1.3 Zuschreibung der Handlung

Ein Ereignis muss sich also als die Handlung einer Person qualifizieren, damit man der entsprechenden Person moralische Verantwortung zuschreiben kann. Dabei ist es nicht entscheidend, ob die bei Frankfurt auftretenden *Flickers of Freedom* für moralische Verantwortung ausreichend sind.[22] Entscheidend ist dagegen, ob man überhaupt von einer Handlung der Person sprechen kann.

Für die Libertarierin Helen Steward bedeutet Handeln, mit einer Entscheidung etwas Neues – einen neuen Anfang – machen zu können. So argumentiert Steward auch gegen Frankfurt, dass die Wahl der Labourpartei unter Einfluss Blacks eigentlich gar nicht die Handlung von Jones ist. Er ist auch nicht für die Wahl verantwortlich, weil hier eigentlich Black der Handelnde ist, der freiwillig und absichtlich eine Entscheidung trifft und für diese verantwortlich gemacht werden kann. Mit einer Handlung *muss* man ihrer Meinung nach immer selbst neue Kausalketten beginnen. Deshalb kann Black durch seinen Eingriff Jones nicht zum Handelnden machen, weil ein Handelnder den Beginn einer neuen Kausalkette, einen *fresh Start*, in der Welt selbst auslösen muss (vgl. Steward 2015, 382–386).

Das Entscheidende Argument gegen Frankfurts Gedankenexperimente gegen PAP ist, dass es sich bei den *Flickers of Freedom* nicht bloß um ein kurzes Aufflackern von Freiheit handelt. Sondern in diesem Moment ist Jones der Handelnde, der selbst eine Entscheidung trifft. Doch dass Jones handelt, wird kurze Zeit später durch den Eingreifenden (Black) verhindert, wodurch augenblicklich nicht mehr Jones, sondern Black der Handelnde ist. Damit wird aber nicht nur der Handelnde ein anderer, sondern auch die Handlung verändert sich und wird zu einem anderen Ereignis.

Greift Black nicht ein, weil Jones auch ohne sein Zutun die „richtige" Entscheidung trifft und Labour wählt, dann ist es ganz die Handlung von Jones, für die dieser auch verantwortlich ist. Greift Black aber ein und manipuliert Jones Entscheidung, dann ist die Handlung, die daraus folgt, ein anderes Ereignis – nämlich eine Handlung von Black. Jones hat also immer eine Alternative. Das ist allerdings nicht nur bei *Prior Sign*, sondern auch bei *Blockage Cases* der Fall. Denn es sind zwei unterschiedliche Handlungen, ob eine Person versucht, einen Raum zu verlassen, und dabei scheitert, oder ob sie freiwillig in diesem Raum bleibt. Auch in diesem Fall hat die Person eine Alternative, die in einer anderen möglichen Handlung besteht. Auch Wymas Fahrrad-Beispiel kann diese Tatsache nicht widerlegen. Denn hier steht eher die Möglichkeit des Scheiterns als alternative Handlungsmöglichkeiten im Fokus. Fischer argumentiert, dass Wyma nicht scheitern kann, weil er

---

[22] Auf den Zusammenhang von *Flickers of Freedom* und moralischer Verantwortung werden wir im fünften Kapitel noch einmal zurückkommen.

durch die schützenden Hände seines Vaters nicht umfallen kann. Trotzdem könne man ihm den Erfolg zuschreiben, wenn es ihm gelingt, zu fahren, ohne dass ihn sein Vater auffangen muss. Doch genau darin besteht die Alternative: Wyma könnte sich auch so bewegen, dass sein Versuch, erfolgreich zu fahren, scheitert und er aufgefangen werden muss. Nur weil er nicht fallen kann, heißt das nicht, dass er beim Fahrradfahren nicht scheitern kann. Da diese Möglichkeit weiterhin trotz der Anwesenheit des Vaters bestehen bleibt, kann auch mit solch einem Beispiel PAP nicht widerlegt werden.

3.2.2 Hierarchie der Wünsche

Frankfurt entwickelte allerdings zudem eine Freiheitstheorie über sein hierarchisches Modell des Wünschens, die keine alternativen Handlungsmöglichkeiten benötigt.[23] Es kann demnach handlungswirksame Wünsche und Wünsche geben, von denen man will, dass sie handlungswirksam sind. Beide Arten der Wünsche können in Disharmonie zueinander stehen, da man eine Haltung gegenüber eigenen Wünschen einnehmen kann. Der Wille ist für Frankfurt ein handlungswirksamer Wunsch, während sich Wünsche in Wünsche erster Ordnung, die sich auf Handlungen beziehen, und Wünsche höherer Ordnung, die sich auf die Wünsche erster Ordnung beziehen, unterteilen lassen. Denn zwischen unseren Wünschen kann es zu Konflikten kommen, die nur bei Menschen auftreten, da nur wir eine Haltung gegenüber eigenen Wünschen einnehmen können. Bei Tieren dominiert dagegen im Konfliktfall zweier Wünsche der ersten Ordnung der stärkere Wunsch. Im Gegensatz dazu können sich Menschen über einen Wunsch ärgern, oder sich wünschen, diesen Wunsch nicht zu haben, weil sie ihn nicht für gut *halten* (vgl. Guckes 2001, 7–8).

Man kann also Ziele höherer Ordnung haben, die dazu veranlassen, einen Wunsch erster Ordnung zu unterdrücken. Jemand kann beispielsweise den Wunsch haben, auszuschlafen. Zudem kann er den damit nicht zu vereinbarenden Wunsch verspüren, joggen zu gehen, um sich gesund zu halten. Weil er das Joggen höher bewertet und etwas Gutes für seine Gesundheit tun möchte, kann er sich also wünschen, den Wunsch, auszuschlafen, nicht zu haben. Wenn wir uns nämlich die Existenz oder Nichtexistenz eines Wunsches wünschen, wollen wir meist damit

---

23 Die folgenden Abschnitte des Kapitels *Hierarchie der Wünsche* finden sich zum Teil auch in meinem Artikel *Lebensentscheidungen und Berufswahl: Welche Rolle spielen Emotionen und Caring für unsere Ziele und Commitments?* (Rutzmoser 2023) wieder.

erreichen, dass es uns leichter fällt, ein höheres Ziel zu erreichen und damit einen Wunsch höherer Ordnung handlungswirksam zu machen (vgl. Guckes 2001, 8–9).

Für Frankfurt sind nur diejenigen Personen, die Volitionen zweiter Ordnung haben, während diejenigen, die nur über Wünsche erster Ordnung verfügen, für ihn „Wantons" (Guckes 2001, 10) sind. Ein Drogensüchtiger ist für Frankfurt beispielsweise trotzdem eine Person, wenn er seiner Sucht und einem Wunsch erster Ordnung nachgeht, obwohl er das eigentlich nicht möchte. Dieser Süchtige beugt sich einem Willen, den er für schlecht hält, und handelt damit nicht frei. Ein anderer Süchtiger, der nicht nur gegen die Volitionen zweiter Stufe *handelt*, sondern solche gar nicht erst hat, wünscht sich nicht einmal, nicht drogensüchtig zu sein. Deshalb ist auch die Willensfreiheit für solch einen Menschen nicht problematisch und für Frankfurt sind nur die Menschen *Personen*, für die die Willensfreiheit ein gewisses Problem darstellt. Willensfreiheit hat nach Frankfurt nur derjenige, der nicht nur einem Wunsch nachgibt, sondern zusätzlich auch will, dass dieser Wunsch handlungswirksam ist. Dann also, wenn der Wunsch und seine Umsetzung gewollt sind, ist der Wille frei. Für die Willens- und Handlungsfreiheit einer Person wäre also eine innere Harmonie der Wünsche unterschiedlicher Stufen ausreichend, was völlig unabhängig von der äußeren Situation ist (vgl. Guckes 2001, 10–14).

Wir müssen uns also „nur" mit unserem Willen identifizieren, um autonom sein zu können. Allerdings bestimmt Frankfurt nicht, wie solch eine Übereinstimmung zustande kommt oder wie man sie herbeiführen kann. „Inwiefern können Volitionen zweiter Ordnung als verbindlich hinsichtlich dessen gelten, was eine Person ‚wirklich' will?" (Betzler 2001, 23). Da es auch bei Volitionen zweiter Ordnung keine kritischen Bewertungskriterien gibt, stellt sich die Frage, woher sie ihre normative Kraft nehmen und warum sie wichtiger sein sollten als Wünsche erster Ordnung. Man könnte zwar Wünsche dritter und vierter Ordnung einführen. Doch damit würde man in einen infiniten Regress geraten. Wenn die Wünsche erster Ordnung zudem direkt aus einer Person heraus entstehen, sind sie vielleicht sogar die Wünsche, die unmittelbarer als Volitionen zweiter Ordnung das ausdrücken, was diese Person wirklich möchte (vgl. Betzler 2001, 22–25).

Um einen infiniten Regress zu vermeiden, führt Frankfurt über die *Wholeheartedness* eine Zustimmung höchster Ordnung ein. Wenn man sich vollkommen mit einem Wunsch identifiziert, kommt die Reihe der Wünsche, die sich auf Wünsche beziehen, zu einem Abschluss (vgl. Guckes 2001, 11–12). „If there is no division within a person's will, it follows that the will he has is the will he wants" (Frankfurt 1999, 101). Die Übereinstimmung kommt dabei durch einen Wunsch zweiter Ordnung zustande, mit dem die Person zufrieden ist. Außerdem ist es möglich, schon mit einem Wunsch erster Ordnung zufrieden zu sein und sich mit diesem zu identifizieren. In diesem Fall ist keine Bestätigung durch eine höhere Ebene mehr nötig (vgl. Frankfurt 1999, 101–105).

Dennoch gesteht Frankfurt in Reaktion auf die Kritik an seinem Wunschmodell zu, dass dieses die Identifikation mit bestimmten Einstellungen nicht hinreichend erklären kann. Den Vorwurf des Regresses weist er dagegen zurück. Wenn man sich aus ganzem Herzen mit etwas identifiziert, muss man seiner Meinung nach nicht weiter nachfragen, ob man sich mit dieser Identifikation identifiziert. Allerdings kann das allein nicht erklären, wie die Übereinstimmung mit den eigenen Einstellungen erreicht wird. In einer neuen Fassung seiner Theorie wird daher die Identifikation mit bestimmten Wünschen nicht mehr über ein hierarchisches Modell, sondern über das Konzept *Guidance* erklärt. Manche Einstellungen, für die wir uns zunächst entscheiden, werden dabei mit großer Kraft und Entschlossenheit verfolgt (vgl. Betzler 2001, 26–28).

„Die etymologische Bedeutung des Verbs ‚entscheiden' ist ‚trennen'" (Frankfurt 2001c, 129). Eine Entscheidung ist daher für Frankfurt das Beenden oder Abtrennen einer Abfolge von Wünschen immer höherer Ordnung. Denn irgendwann kann man nicht mehr weiterfragen, warum man einen bestimmten Wunsch hat. An einem bestimmten Punkt gibt man sich also einen Ruck und tut das eine oder das andere. Bei solch einer Entscheidung verpflichtet sich die Person einem bestimmten Wunsch, für den sie sich entschieden hat, und identifiziert sich mit ihm. „Die Entscheidung bestimmt, was die Person wirklich wünscht, indem sie den Wunsch, zu dem sie sich entschließt, sich ganz zu eigen macht" (Frankfurt 2001c, 129). Doch das spricht offenbar eher für den Libertarismus als für den Kompatibilismus, da hier bis zum Moment der Entscheidung nicht genau feststeht, mit welchem Wunsch sich die Person identifiziert. „In dem Maße, in dem sie sich durch eine Entscheidung mit einem Wunsch identifiziert, *konstituiert sich* die Person" (Frankfurt 2001c, 129). Eine Person muss dabei nicht verantwortlich dafür sein, dass der Wunsch in ihr auftaucht. Sie hat nach Frankfurt aber die Verantwortung dafür, dass er zu *ihrem* Wunsch wird, den sie sich angeeignet hat (vgl. Frankfurt 2001c, 129).

Denn der Wille kann ohne den unmittelbaren Einfluss einer Person von dem geformt werden, was sie sich wünscht. Das bezeichnet Frankfurt als *volitionale Notwendigkeit*. „Selbst wenn wir uns bewußt für etwas anderes entscheiden und andere Bewertungen vornehmen, offenbaren unsere beständigen Einstellungen unseren ‚eigentlichen' Willen" (Betzler 2001, 33). Bei der *volitionalen Notwendigkeit* folgt eine Person Motiven, die sie nicht verändern will und damit als ihre eigenen anerkennt. Der Wille überwiegt dabei auch rationale Überlegungen. Hier ergeben sich für eine Person bestimmte Notwendigkeiten, an die sie durch das gebunden ist, was ihr am Herzen liegt – wobei Frankfurt mit *Caring* alles meint, worum sich jemand sorgt. Es handelt sich also um einen sehr breiten Begriff, der unsere Werte, Bindungen, emotionalen Reaktionen und Projekte einschließt. Mit all dem, was uns am Herzen liegt, identifizieren wir uns und all diese Werte, Bindungen, Projekte und Emotionen machen unsere Identität aus. *Caring* ist demnach auch möglich, wenn wir uns nicht darüber bewusst sind, worum wir uns sorgen (es kann uns also auch unbewusst beeinflussen). Was jemandem wichtig ist, zeigt sich schließlich auch daran, wie beharrlich er es verfolgt, und es spielt damit eine große Rolle für die Kontinuität einer Lebensgeschichte. Nur weil uns gewisse Dinge wichtig sind und wir beharrlich *an etwas dran bleiben*, gibt es dieser Auffassung nach Kontinuität im Leben (vgl. Betzler 2001, 32–37).

Doch das, worum sich eine Person sorgt, darf nach Frankfurt nicht von ihrem eigenen Willen unmittelbar abhängen und kontrolliert werden (vgl. Frankfurt 2001d, 154). Das, was also die Grundlage für die letzten Zwecke einer Person liefert, muss etwas sein, das sich der unmittelbaren Kontrolle der Person entzieht (vgl. Frankfurt 2001d, 155). „Es muß, anders gesagt, etwas geben, um das zu sorgen ihr *nicht freisteht*" (Frankfurt 2001d, 155). Während für Kant zum Beispiel die Pflichten Handlungsgründe sind, sind für Frankfurt also Affekte und ein emotionales *Hingezogensein* zu Zielen und Menschen handlungsmotivierend. Während bei Kant die Vernunft kategorisch gebietet und verpflichtet, gebietet für Frankfurt die Liebe, die er als spezielle Form des *Caring* definiert. Die Liebe ist im Gegensatz zu Impulsen und Leidenschaften stabil und motiviert Ziele und das Verhalten einer Person.[24] Weil es sich bei Liebe nicht einfach um einen unkontrollierten und völlig unfreiwilligen Impuls, sondern um etwas handelt, das aus der Identität einer Person und damit aus ihrer volitionalen Natur folgt, ist sie dennoch nicht völlig unfreiwillig (vgl. Betzler 2001, 37–38).

Eine Person handelt also frei, wenn sie in Übereinstimmung mit ihren beharrlichen Wünschen und damit in Übereinstimmung mit dem handelt, was ihr am Herzen liegt. Wenn man in diesem Sinn mit sich selbst einig ist, ist es für die Freiheit nicht relevant, ob es alternative Handlungsmöglichkeiten gibt. Unabhängig von der Frage, ob das Prinzip alternativer Möglichkeiten widerlegt werden kann, scheint also die Einheit mit sich selbst und die Harmonie der eigenen Wünsche die einzige Voraussetzung für Freiheit und moralische Verantwortung zu sein. Doch hier liegt der Kompatibilismus falsch. Auch wenn das Handeln in Übereinstimmung mit sich selbst den Grad der Freiheit und Autonomie einer Person erhöhen kann, wie sich vor allem im vierten Kapitel noch zeigen wird, ist die Harmonie der Wünsche nicht die hinreichende Bedingung für Freiheit und Verantwortung. Denn wie sich im

---

[24] Problematisch ist, dass es innerhalb dieses Konzeptes keine Möglichkeit gibt, das *Caring* zu bewerten, da es keine höheren Ziele gibt, anhand derer man das, was am Herzen liegt, kritisch hinterfragen kann. Monika Betzler thematisiert diese Schwachstelle explizit (vgl. Betzler 2001, 39–43).

Folgenden zeigen wird, ist moralische Verantwortung mit dem Kompatibilismus generell nicht vereinbar.

3.2.3 Moralische Verantwortung und das *Replication Argument* gegen den Kompatibilismus

Nach Frankfurt verfügen wir also über Willensfreiheit (und damit auch über moralische Verantwortung), wenn sich unsere Wünsche unterschiedlicher Stufen nicht widersprechen, was unabhängig von der äußeren Situation ist. Auch wenn ein Dämon unsere Handlungen lenken würde, würden wir es nur bemerken, wenn diese Handlungen unserem Willen widersprächen. Solange der Dämon unsere Bewegungen lenkt und diese mit unserem Willen harmonieren, würden wir über die Art von Harmonie verfügen, die für Willens- und Handlungsfreiheit nötig (und ausreichend) ist. Subjektivistische kompatibilistische Theorien gehen davon aus, dass Handlungen frei sind, wenn sie mit den Wünschen und Bewertungen des Handelnden übereinstimmen. Deshalb muss eine Einschränkung, die der Handelnde nicht bemerkt, nicht als freiheitsbeschränkend betrachtet werden, denn der Handelnde ist mit seiner Handlung glücklich und zufrieden (vgl. Guckes 2001, 14–16).

In einem Gedankenexperiment von Patrick Todd, der gegen solche kompatibilistischen Theorien argumentiert, reist jemand zu einer Kapsel auf dem Planeten M, der unserer Erde sehr ähnlich ist. Jede der Kapseln (*Pods*) repräsentiert ein eigenes deterministisches Universum mit einer Gemeinschaft von Handelnden und identischen Ausgangsbedingungen. Dort entdeckt der Reisende einen Mann namens Robert, dessen Vorgesetzter Barry heißt. Barry handelt unmoralisch, lügt und will Robert schließlich sogar unverschuldet ins Gefängnis bringen. Auf Planet M gibt es viele solcher Kapseln, die völlig gleich sind. Auch die Szenerie mit Barry und Robert ist dieselbe. Mit der Zeit stellt sich aber heraus, dass die Kapseln von einer Architektin namens Jane geschaffen wurden. Sie sollte eine Geschichte umsetzen, in der alles determiniert ist und so verläuft, wie es sich ein Künstler ausgedacht hat (alles muss determiniert sein, weil die Geschichte sonst eine andere werden würde). Weil sie beweisen wollte, dass es ihr wirklich gelingt, solch eine komplexe Geschichte bis ins letzte Detail umzusetzen, schuf sie tausende gleicher Kapseln, in denen sich exakt dasselbe ereignet (vgl. Todd 2019, 1341–1347).

Nachdem der Beobachter in allen Kapseln dasselbe gesehen hat, gibt er den Menschen darin (und auch Barry) keine Schuld mehr für ihr Verhalten. Wie Barry handelt, ist schließlich nicht seine, sondern Janes Schuld oder die Schuld des Künstlers, der die Geschichte geschrieben hat. Trotzdem hätte der Betrachter, wäre er selbst plötzlich Teil der Geschichte, Barry gegenüber ambivalente Gefühle, oder würde vergessen, dass dieser keine Handlungsalternativen hat. Von *innen* betrachtet ist er schließlich nicht jemand, der nicht anders handeln kann. Aus der Innenperspektive gibt es keinen Grund, dass er das tun muss, was er tut. Die Geschichte des Künstlers *beinhaltet* schließlich nicht, dass Barry eine Lüge erzählen *muss*. Sie beinhaltet nur, dass Barry eine Lüge erzählt. Nur von außen betrachtet *muss* er die Lüge erzählen (vgl. Todd 2019, 1341–1359).

Wenn es aber nicht Barrys Schuld ist, dass es eine Eigenschaft seines Universums ist, eine Lüge von ihm zu enthalten, dann kann man ihn fairerweise auch nicht dafür verantwortlich machen, dass dieses Universum seine Lüge *tatsächlich* enthält. Damit ist er moralisch weder für sein Lügen noch für seine anderen Handlungen verantwortlich (vgl. Todd 2019, 1341–1359).

In einer modifizierten Version des Gedankenexperimentes (Jane erschuf nur dieselben Ausgangsbedingungen und ließ den Personen in den Kapseln sonst ihre Handlungsfreiheit) kann Barry im Gegensatz dazu auch von einer externen Perspektive aus nicht mehr entschuldigt werden, weil es Universen mit denselben Ausgangsbedingungen gibt, in denen sich Barry für die Wahrheit entscheidet. Es ist hier also tatsächlich seine Schuld, dass sein Universum ein Universum ist, in dem er lügt. Es gibt dann keinen innerhalb der Geschichte liegenden Grund mehr, warum Barry lügen *muss* – und auch keinen externen. Der Handelnde darf also für moralische Verantwortung aus *keiner* Perspektive entschuldigt werden. Deshalb ist moralische Verantwortung mit dem Determinismus (und damit auch mit dem Kompatibilismus) inkompatibel. Todds Gedankenexperiment ist dabei besonders interessant, da es sich von anderen Argumenten gegen den Kompatibilismus unterscheidet. Bei Todd wird Barry nämlich nicht manipuliert. Denn Jane schafft die Kapsel nicht so, *dass* Barry Robert anlügen wird. Stattdessen schafft sie eine Kapsel, *in der* Barry Robert anlügen wird (vgl. Todd 2019, 1341–1359).

Es ist zwar Barrys ganzes Universum vorprogrammiert, aber es sind nicht die einzelnen Handlungen von Barry *innerhalb* seines Universums programmiert oder manipuliert (vgl. Todd 2019, 1341–1359). Dadurch trifft die Kritik an Manipulationsargumenten auf Todds Argument nicht zu (vgl. Todd 2019, 1341–1359). Denn diese Kritik besteht darin, dass die Manipulation die kompatibilismusfreundlichen Fähigkeiten des Handelnden nicht intakt lässt (vgl. Todd 2019, 1341–1359). Es zeigt sich also, dass der Kompatibilismus unabhängig vom Prinzip alternativer Möglichkeiten falsch liegt, da er mit moralischer Verantwortung nicht vereinbar ist.

3.2.4 Die Unvereinbarkeit von moralischer Verantwortung und Kompatibilismus

Und doch trifft der Kompatibilismus einen wichtigen Punkt damit, dass Handlungen auf die richtige Weise vom Selbst einer Person und ihrer Geschichte bestimmt sein müssen. Denn eine Handlung ist auch nach Peter Bieri nur verständlich, wenn man die Bedingungen kennt, die zu dieser Handlung führten, und damit in der Lage ist, die Warum-Frage zu beantworten. Um dies zu verdeutlichen, beschreibt Bieri die Romanfigur Rodion Raskolnikov aus Dostojewskis *Verbrechen und Strafe*, der eine Wucherin erschlägt, unter anderem weil er selbst in Not geraten ist. Bieri zählt die vielen einzelnen Bedingungen auf, die den Romanhelden zu seiner Tat getrieben haben und die diese damit verständlich machen (vgl. Bieri 2001, 15–18).

Doch *müssen* solche Bedingungen mit Notwendigkeit zum Erschlagen einer Wucherin führen? Ist eine Handlung, weil sie durch bestimmte Umstände verstehbar wird, auch eine Handlung, zu der es keine Alternative gab? Die Bedingtheit durch die Vergangenheit widerspricht unserem Freiheitsverständnis, das Bieri in den Bereich unserer Innenperspektive verortet. Dabei bemerkt er, dass auch Raskolnikov anders hätte handeln und sich anders hätte entscheiden können. Jedoch nur aus der Außenperspektive (vgl. Bieri 2001, 18–20).

> Insgesamt betrachtet gilt für Raskolnikov also die folgende Verkettung von Bedingungen: Hätte er anders überlegt, so hätte er sich anders entschieden; hätte er sich anders entschieden, so hätte er etwas anderes gewollt; hätte er etwas anderes gewollt, so hätte er etwas anderes getan. (Bieri 2001, 175)

Es handelt sich dabei offenbar um eine unausweichliche Kette, an deren Beginn die Überlegung steht. Es hätte die Überlegung eine andere sein müssen, damit auch die Handlung eine andere hätte sein können und das scheint der Freiheit zu widersprechen. *Dieser* Raskolnikov konnte nicht anders handeln. „Unser Raskolnikov nämlich hat eine ganz bestimmte Lebensgeschichte hinter sich, die ihn jetzt so und nicht anders überlegen läßt" (Bieri 2001, 177). Gerade wenn ihn aber die eigene Geschichte nicht anders überlegen lässt, lässt sie ihm keine Wahl. So hätte sich Raskolnikov natürlich im letzten Moment umdrehen und gehen können, aber das „stand ihm nicht frei" (Bieri 2001, 179), sondern auch diese spontane Handlung wäre durch all die Vorbedingungen bestimmt gewesen. Hier wird der Unterschied zwischen der Innen- und Außenperspektive von Anders-handeln-können deutlich: Für den Betrachter hätte er anders handeln können und dieser wäre überrascht, wenn er davor von Raskolnikovs festem Entschluss wusste und mit ansehen würde, wie dieser sich im letzten Moment umentscheidet. Er würde die Entscheidung als wirkliche Wahl betrachten und ihn dafür loben oder tadeln – je nachdem, was er selbst gewünscht hat. Raskolnikov würde aber sagen, dass er nicht anders konnte, als sich umzudrehen (vgl. Bieri 2001, 175–179).

Damit trifft Todds Argumentation auch Peter Bieris bedingten Willen: Um moralische Verantwortung haben zu können, darf Raskolnikov weder aus der Innen- noch aus der Außenperspektive entschuldigt werden können. Aber als Kompatibilist müsste sich Bieri um moralische Verantwortung und darum, ob jemand zu Unrecht verurteilt wurde, eigentlich keine Sorgen mehr machen. Denn auch die Entscheidung, jemanden zu verurteilen oder zu verschonen, stünde schon fest und auch derjenige, der Raskolnikov verurteilt, könnte nur auf diese Weise handeln. Von Verantwortung zu sprechen, wäre in solch einer Welt nicht mehr sinnvoll. So kann man sich fragen, ob derjenige, der jemanden *verantwortlich macht*, damit richtig handelt und man ihn wiederum überhaupt dafür verantwortlich machen kann (vgl. Bieri 2001, 335). Oder ob auch er dafür nicht zur Verantwortung gezogen werden kann. Dieser Gedanke lässt sich ad absurdum führen. Ein interessanter Ausweg wäre, das Verantwortlichmachen als gemeinschaftliche Praxis zu betrachten (vgl. Bieri 2001, 334–338). Doch handelt es sich dabei dann nur noch um die absurde Vorstellung, dass seit Einführung der Gesetze oder moralischer Regeln feststeht, wer gegen sie verstoßen und wer auf welche Weise dafür verantwortlich gemacht werden wird?

Für Bieri handelt jemand wie Raskolnikov unmoralisch, weil er die Interessen einer Person nicht als Handlungsgrund berücksichtigt. Dass es im Interesse der Wucherin ist, am Leben zu bleiben, hindert ihn nicht an seiner Tat. Es ist nach Bieri dieser *moralische Standpunkt*, der dafür sorgt, dass wir Menschen verantwortlich machen und sie verurteilen, wenn sie ihn nicht eingehalten und somit die Interessen anderer Personen aus Eigeninteresse nicht berücksichtigt haben (vgl. Bieri 2001, 352–353).

Die Logik Bieris ist hier, dass jemand, der sich selbst außerhalb dieses moralischen Standpunktes (und damit außerhalb unserer moralischen Praxis) bewegt, für sich nicht das Recht in Anspruch nehmen kann, selbst nach den Regeln dieses moralischen Standpunktes behandelt zu werden. Nun ist Fairness eine Kategorie, die zu diesem Standpunkt gehört. Mit seinem Missachten des moralischen Standpunktes hat es Raskolnikov also verwirkt, selbst in dessen Kategorien behandelt zu werden. Also kann er für sich nicht in Anspruch nehmen, dass es *unfair* ist, für etwas verurteilt zu werden, wozu er keine Alternative hatte. Er wird also nicht von anderen ausgeschlossen und unfair behandelt, sondern an diese Stelle außerhalb des moralischen Standpunktes hat er sich zuvor absichtlich und willentlich selbst gestellt (vgl. Bieri 2001, 353–354).

Aber unabhängig davon, dass Raskolnikov in Bieris System auch dafür, dass er sich außerhalb des moralischen Standpunktes gestellt hat, nichts kann, gibt es ein weiteres Problem und eine große Schwachstelle. Bieri argumentiert zwar, dass

Raskolnikov sich selbst außerhalb dieses Standpunktes gestellt und damit gewissermaßen dem Rest der Gesellschaft mitgeteilt hat, dass er nicht innerhalb solcher Kategorien bewertet werden möchte. Allerdings ist das noch lange kein Argument dafür, dass sich die Personen, die moralisch handeln *wollen*, ihm gegenüber nun unmoralisch verhalten sollten. Das wäre ähnlich, wie wenn jemand darum bittet, umgebracht zu werden. Nur weil es der Wunsch der betreffenden Person ist, ermordet zu werden, wird der Mord damit noch nicht moralisch gut oder legitim (vgl. Bieri 2001, 355).

Auch Kant ist der Meinung, dass beim Kompatibilismus nur durch eine *Wortklauberei* suggeriert wird, ein schwieriges Problem gelöst zu haben (vgl. Doyle 2016, 59–60). So handelt es sich eher um Sophisterei, wenn das Problem um die Willensfreiheit durch eine andere Definition davon, was Freiheit ist, gelöst werden soll (vgl. Doyle 2016, 59–60). Der Kompatibilismus scheint also mit moralischer Verantwortung nicht vereinbar. Aber dennoch kann sein zentrales und durchaus richtiges Argument, dass unsere Geschichte und unser Sosein unser Handeln bestimmen, nicht einfach verworfen werden. Müssen unsere Handlungen nicht doch ganz von unserem Selbst bestimmt sein, damit man sie uns ganz zuschreiben kann? Es muss also betrachtet werden, inwiefern unser Wille ein *bedingter* Wille sein kann.

3.2.5 Peter Bieri und der bedingte Wille

Ein Wunsch wird handlungswirksam, wenn er zu einer Bewegung veranlasst. Aus einem bloßen Wunsch wird also ein Wille, wenn man anfängt, sich damit zu beschäftigen, auf welche Weise man ihn umsetzen könnte, und wenn man entsprechende Mittel wählt. Dabei ist nach Bieri jede Handlung auf einen Willen zurückzuführen, obwohl nicht jede Handlung zugleich frei sein muss. Denn es gibt auch Handlungen, die wir unter Zwang ausüben. Obwohl diese dann nicht unserem Wollen entsprechen, sind wir deren Urheber. Urheberschaft und Freiheit sind also nicht dasselbe. Jemand handelt frei, wenn er das ausführt, was er ausführen will. Der Wille ist nötig, um überhaupt von einer Handlung sprechen zu können, während das Wollen nötig ist, um von Freiheit sprechen zu können (vgl. Bieri 2001, 36–45).

An dieser Stelle kann man jedoch widersprechen. Eine freie Handlung muss nicht immer eine Handlung sein, die mit einem Wollen verbunden ist. Wir wollen nicht alles, was wir tun, und dennoch kann man von vielen unserer Handlungen, die sich nicht direkt auf etwas Gewolltes beziehen, sagen, dass sie frei sind.

Entscheidend für Handlungsfreiheit ist es, einen „*Spielraum möglicher Handlungen*" (Bieri 2001, 45) zu haben. „Von einem, der frei ist, wollen wir sagen, daß das eine, was er *tatsächlich* tut, nicht das einzige ist, was er tun *könnte*" (Bieri 2001, 45). Dieser Spielraum der Möglichkeiten kann aber unterschiedlich interpretiert werden. So kann es sich beispielsweise einfach um mögliche Gelegenheiten handeln, von denen man eine wahrnimmt. Es geht hier nach Bieri also weniger darum, welche Möglichkeiten die Person hat. Vielmehr geht es darum, welche Möglichkeiten sich ihr in der Welt *bieten*. Man hat beispielsweise die Möglichkeit, Jura zu studieren oder bei einer Zeitung zu arbeiten, wenn man die Zulassung zum Studium und einen Arbeitsvertrag der Zeitung in Händen hält. Darin liegt für Bieri Freiheit. Aber nur, weil die Welt diese beiden Möglichkeiten bietet, heißt das nicht, dass dies für die Person x reale Möglichkeiten sind, die zu ihrer Geschichte passen. „Das Nachdenken über meine jetzigen und vergangenen Möglichkeiten ist weniger ein Nachdenken über *mich* – obwohl die sprachliche Form so lautet – als darüber, wie die *Welt* zu einem bestimmten Zeitpunkt beschaffen ist" (Bieri 2001, 46). Außerdem kann sich der Spielraum auf die vorhandenen Mittel (wie Geld oder Reichtum) und die Fähigkeiten einer Person beziehen (vgl. Bieri 2001, 45–47).

„Der Weg von den Gelegenheiten zu den Mitteln und weiter zu den Fähigkeiten ist ein Weg, der immer näher an mich heranführt. Die Spielräume werden mit jedem Schritt persönlicher. Am Ende steht der intimste Spielraum: Der Spielraum meines Willens" (Bieri 2001, 47). Was wir wollen, hängt also von unserem Charakter, unseren körperlichen Bedürfnissen, unseren Emotionen und auch davon ab, was uns im Leben begegnet ist (vgl. Bieri 2001, 51–53). „Das ist einfach deshalb so, weil jede Welt eine *bestimmte* Welt ist, die in ihrer Bestimmtheit Grenzen setzt und tausend Dinge ausschließt. Und wir *brauchen* diese Bestimmtheit und diese Grenzen, damit auch unser Wille jeweils ein *bestimmter* Wille sein kann" (Bieri 2001, 50). Daher stehen bei Bieri Bestimmtsein und Freisein in keinem Widerspruch. Dass man nicht anders handeln kann, liegt schließlich daran, dass man nicht anders handeln will. Bieri gibt allerdings zu bedenken, dass der Wille einer Person auch verborgen sein und dennoch handlungswirksam werden kann, da wir nicht immer genau wissen, was wir wollen (vgl. Bieri 2001, 48–49).

Aber was qualifiziert einen Willen dann als *meinen* Willen, wenn auch unbewusste Einflüsse und Motive eine große Rolle spielen? Es ist bei Bieri nicht klar, inwiefern ein Wille bewusst sein muss oder beeinflusst und manipuliert sein darf. Wenn jemand nur dann frei handelt, wenn er nach seinem eigenen Willen handelt, stellt sich die Frage, was der wirkliche Wille einer Person ist und wie er sich ausdrücken kann. Möglicherweise hilft bei dieser Frage die Unterscheidung zwischen instrumentellen und substantiellen Entscheidungen weiter. Drückt sich der Wille vielleicht nur in unseren substantiellen Entscheidungen aus?

3.2.5.1 Instrumentelle und Substantielle Entscheidungen

Instrumentelle Entscheidungen sind nach Bieri Entscheidungen, bei denen man etwas nur als Mittel tut, um etwas zu erreichen. So hat ein Tennisspieler beispielsweise den Willen, ein Turnier zu gewinnen: „Wenn der Ball kommt, trifft er blitzartig eine Entscheidung, wie er ihn am besten zurückschlägt" (Bieri 2001, 55). Er hat also in dieser Situation, in der er schnell und spontan reagieren muss, einen bloß instrumentellen Willen, der dazu führt, dass er den Ball beispielsweise von links oder von rechts schlägt (vgl. Bieri 2001, 54–55).

Im Gegensatz zu instrumentellen Entscheidungen gibt es substantielle Entscheidungen, die tiefer gehen und mehr mit uns als Personen und unserem Leben zu tun haben. Hier entscheiden wir uns für bestimmte Wünsche und schließen damit andere Wege aus. So stellen wir uns bei vielen der größeren Entscheidungen unseres Lebens (wie auch beispielsweise bei der Wahl eines Berufes) die Fragen: „Was will ich letzten Endes werden" (Bieri 2001, 64)? Welche Art von Mensch oder Person will ich sein, womit kann ich mich am ehesten identifizieren? Die Identität, für die wir uns dann entscheiden, kommt durch unsere Phantasie zustande, indem wir verschiedene Möglichkeiten in Gedanken durchspielen. Wir brauchen die Phantasie für instrumentelle Entscheidungen, um geeignete Mittel und Wege finden zu können. Wir benötigen sie aber auch für die substantiellen Entscheidungen, um uns ausmalen zu können, wie es wäre, dieses oder jenes Leben zu führen und damit diese oder jene Person zu sein (vgl. Bieri 2001, 61–66).[25]

Nicht immer kommt solch ein Abwägen zu einem eindeutigen Ergebnis. Manchmal sind wir zwischen möglichen Versionen von uns selbst und unterschiedlichen Perspektiven hin- und hergerissen. In solchen Momenten stehen wir nicht nur vor einer substantiellen, sondern vor einer *schweren Entscheidung*, bei der es keine eindeutigen Entscheidungskriterien gibt.

3.2.5.2 Schwere Entscheidungen und die Möglichkeit, Entscheidungen zu widerrufen

Solche Entscheidungen sind schwer zu treffen und manchmal kommt es vor, dass wir sie widerrufen oder uns umentscheiden. Ob wir eine Entscheidung beibehalten oder sie widerrufen, hängt allerdings auch davon ab, was uns in der Welt begegnet und auf was wir reagieren müssen (vgl. Bieri 2001, 76). Bieri sieht das wohl als Beweis dafür, dass wir immer den Bedingungen der Welt unterworfen sind. Ich bin eher der Meinung, dass sich in diesem Punkt sehr deutlich zeigt, dass wir in unseren

---

[25] Dieser und der folgende Gedanke finden sich auch in meinem Artikel *Lebensentscheidungen und Berufswahl: Welche Rolle spielen Emotionen und Caring für unsere Ziele und Commitments?* (Rutzmoser 2023) wieder.

Entscheidungen nicht determiniert sind. Denn wäre in uns bereits die Entscheidung x angelegt, die sich lückenlos aus unserer Geschichte ergibt, könnten wir uns nicht so leicht umentscheiden, nur weil uns etwas begegnet, das uns ins Wanken bringt. Die einmal getroffene Entscheidung würde kontinuierlich in unsere Lebensgeschichte passen und wäre ganz *unsere* Entscheidung. Warum sollte ein Ereignis in der Welt uns *spontan* davon abbringen können?

Bei schwierigen Entscheidungen ist die Zukunft so lange offen, bis die endgültige Entscheidung gefallen ist. Auch Bieri gesteht zu, dass der Wille manchmal erst durch eine Entscheidung gebunden wird und man oft erst dann die Gründe nennen kann, die überwogen:

> Es liegt in der Natur von Entscheidungen, daß sie den Willen binden. Als Sie wach lagen und darauf warteten, daß Sie zu einer Entscheidung kämen, ging es darum, Ihren schwankenden Willen zum Stillstand zu bringen und durch Gründe zu binden, die sich dadurch, daß sie die eine Bindung statt einer anderen herbeiführten, als die stärkeren Gründe erweisen würden. (Bieri 2001, 82)

Um solch eine schwierige Entscheidung zwischen zwei Alternativen darzustellen, beschreibt Bieri eine Person, die sich entscheiden muss, ob sie aus ihrem Land flieht (und damit vermutlich ihr Leben rettet) oder ob sie bleibt und sich dem Widerstand anschließt, um anderen zu helfen. Diese Person ist zwischen den Alternativen hin- und hergerissen: Bei der Alternative, zu bleiben, packt sie die Angst. Bei der Alternative, zu gehen, packt sie die Scham vor den Freunden, die bleiben und für die gute Sache kämpfen. Daher entscheidet sich die Person immer wieder um. Und auch als sie bereits am Bahnhof sitzt, kehrt sie um, um sich dann erneut umzuentscheiden und doch in den Zug zu steigen. Dieses Beispiel wird abgewandelt und es kommt noch eine Familie hinzu, für die die Person sorgen muss. In diesem Fall kommt die Person schließlich nach langem Abwägen zu dem Urteil, dass sie für die Sicherheit der Familie verantwortlich ist und daher mit ihrer Familie das Land verlassen muss. Daraus schließt Bieri, dass die Person nicht anders kann, als so zu entscheiden und diesem Urteil zu folgen. Weil sie ihrem Urteil folgt, ist sie seiner Meinung nach frei. Doch auch wenn es im letzteren Fall ein klares Urteil gibt, kann man das nicht auf alle Entscheidungssituationen übertragen. Gerade in der ersten Entscheidungssituation (ohne Familie) passt diese Überlegung nämlich nicht, weil es kein klares Urteil gibt. Es ist völlig offen, ob die Person geht oder bleibt. Und schließlich nach langem Hin- und Herüberlegen steigt die Person spontan in den Zug und trifft damit (erst mit dem Vollzug der Handlung) ihre Entscheidung, die dann ihre endgültige Entscheidung bleibt, wenn sie diese nicht spontan wieder rückgängig macht, indem sie zum Beispiel im letzten Moment doch wieder aus dem Zug springt (vgl. Bieri 2001, 74–83).

Einerseits muss es für einen Handelnden, der sich seine künftige Handlung überlegt, unterschiedliche Möglichkeiten geben (oder er muss zumindest glauben, dass es diese unterschiedlichen Möglichkeiten gibt), sonst könnte er sich selbst nicht als jemanden betrachten, der überlegt. Denn Überlegen ohne Alternativen, die man abwägt und über die man nachdenkt, wäre sinnlos. Andererseits geht Bieri davon aus, dass bei einer völlig offenen Zukunft die Wahl nicht von einer Vorbedingung abhängen darf. Man würde sich also das eine Mal für A und das andere Mal für B entscheiden, wenn man die Zeit zurückdrehen könnte. Es gäbe dann weder für A noch für B einen entscheidenden Grund, da es ja keine Vorbedingung geben darf, die den Willen steuert (vgl. Bieri 2001, 184–185).

Bieri schreibt dazu:

> Das Überlegen ist diejenige Aktivität, durch die wir aus einer Unzahl von Möglichkeiten des Wollens und Tuns einige wenige auswählen, die am Ende zur Entscheidung anstehen. Das Überlegen bewirkt also durchaus etwas: Es bereitet eine überschaubare Wahl vor und verhindert, daß es vollkommen willkürlich ist, was wir wollen und tun. Am Ende jedoch gibt es einen letzten Spielraum, innerhalb dessen sich unsere Freiheit in Form der Spontaneität manifestiert. Dieser letzte Spielraum ist entscheidend für die Freiheit, denn er stellt sicher, *daß wir nicht einmal durch unsere Gründe und Motive gezwungen werden, etwas zu tun*. (Bieri 2001, 224)

Damit könnte also die Freiheit auch darin bestehen, sich nach langem Überlegen und Abwägen am Ende (wie der Flüchtende) „einen Ruck" (Bieri 2001, 225) zu geben und spontan das eine oder das andere zu tun (vgl. Bieri 2001, 225). In dieser Situation gibt es keine starken Gründe, die zu einer bestimmten Handlung drängen und die sich aus der Vergangenheit ergeben. Es gibt zwei oder mehrere Alternativen, für die es gute Gründe gibt, und allein durch unser Überlegen können wir nicht zu einer Entscheidung gelangen. Wenn wir nicht im ewigen Abwägen des Für und Wider gefangen sein wollen, müssen wir uns irgendwann einen solchen Ruck geben und entweder das eine oder das andere *tun*.

Unbedingte Freiheit kann es also nur geben, wenn solche spontanen Setzungen möglich sind. Aber durch was kann das Abwägen und Überlegen an ein Ende gelangen? Nach Bieri könnte man sich einen Homunculus, eine kleine Person in der Person, vorstellen, der bei sonst unendlichem Abwägen als „innere[r] Fluchtpunkt" (Bieri 2001, 275) eine Entscheidung trifft. Nur wenn solch eine Person in der Person, die nicht von den Bedingungen der äußeren Person abhängt, entscheiden kann, würde es sich um unbedingte Freiheit handeln und Spontaneität wäre möglich. Die Vorstellung solch eines Homunculus ist aber nach Bieri sinnlos und daher ist auch die Idee der *unbedingten Freiheit* nicht sinnvoll (vgl. Bieri 2001, 275–276).

Gerade hier liegt aber in Bieris Konzept ein Widerspruch. Es dürfte hier nämlich keine widerstreitenden Bedingungen, sondern nur eine Bedingung geben, die sich aus der Kette der Vorbedingungen eindeutig ergibt und die den Willen festlegt. Eine Bedingung, die stärker als die anderen ist, müsste von vornherein überwiegen. Zudem würde in Bieris Konzept der Kampf immer wieder gleich ausgehen. Die eine Bedingung wäre den anderen also meilenweit überlegen. Warum stellt sich dann überhaupt eine Frage und warum muss überhaupt abgewogen werden? Außerdem ist jede Kette an Vorbedingungen anders und einzigartig und führt damit zu ganz verschiedenen Verhaltensweisen. Aus diesem Grund kann man den Zusammenhang zwischen diesen Bedingungen und dem Verhalten nicht mit Naturgesetzen vergleichen, wie es Bieri versucht. Denn es gibt hier nichts, was man als *normal* oder *regelmäßig* bezeichnen kann, da jede Reaktion auf die einzigartige Kette an Vorbedingungen völlig individuell ist. Auch in der Frage, ob es Spontaneität geben kann, widerspricht sich Bieri. Zum einen schließt er Spontaneität bei substantiellen Entscheidungen aus. Andererseits gesteht er spontane Handlungen zumindest bei instrumentellen Entscheidungen zu, um dieses Zugeständnis dann direkt wieder einzuschränken.

Denn Bieri geht durchaus davon aus, dass zumindest instrumentelle Entscheidungen manchmal spontan getroffen werden können und es in solchen Fällen nicht determiniert ist, wie man sich entscheiden wird. Doch solche *unbestimmten* Entscheidungen hält Bieri nur für möglich, wenn einer Person die entsprechenden Alternativen, zwischen denen sie sich entscheiden muss, nicht am Herzen liegen und nicht wichtig genug sind:

> Mit der Erfahrung von Freiheit hat der Gedanke an die Zufälligkeit des eigenen Wollens also nichts zu tun [...]. Der Eindruck, daß es anders ist, beruht auf einer Verwechslung von Freiheit mit Unentschiedenheit, die man als eine Form der Unfreiheit erleben kann. So ist es auch in Fällen des instrumentellen Entscheidens, wo es um weniger geht. Es *gibt* Situationen, in denen für das eine genausoviel zu sprechen scheint wie für das andere. Etwa bei der Wahl zwischen zwei Wohnungen oder der Wahl zwischen zwei Verkehrsmitteln. Und es kann sein, daß wir eine Münze werfen, im wörtlichen oder metaphorischen Sinn. Aber wenn wir es tun, dann deshalb, weil es um eine Sache geht, die uns einfach nicht *wichtig* genug ist, um auf unserer Freiheit zu bestehen. (Bieri 2001, 278)

Damit wäre der universale Determinismus aber widerlegt, auch wenn es sich bei den entsprechenden Entscheidungen um unwichtige Entscheidungen handelt. Um diese Schlussfolgerung nicht ziehen zu müssen, schränkt Bieri die Möglichkeit, unwichtige spontane Entscheidungen treffen zu können, direkt wieder ein: Bei genauerer Betrachtung gibt es sogar hier kleine Bedingungen, die mit der wählenden Person oder mit der Welt zu tun haben und die Entscheidung damit hervorbringen. So kann am Ende beispielsweise das Halten eines Taxis für die Entscheidung ausschlaggebend sein (vgl. Bieri 2001, 278–279).

Während des Abwägungsprozesses, hat eine Person also noch mehrere Möglichkeiten, wobei es schon immer die eine gibt, die ihr aufgrund ihrer Geschichte am meisten entspricht und die sie schließlich wählen *wird* (vgl. Bieri 2001, 287–290). Doch wie kann man dann noch erklären, dass sich Menschen manchmal spontan umentscheiden oder abbrechen, was sie begonnen haben, nachdem diese *endgültige* Entscheidung getroffen wurde? Wenn es sich um eine Entscheidung handelt, die am besten zur Lebensgeschichte der entsprechenden Person passt, dann müsste diese unumstößlich sein.[26] Nach Bieri *können* wir außerdem gar keine Entscheidung treffen, die nicht die am besten zu uns passende ist. Warum sollten wir diese also revidieren?

3.2.6 Unser Selbst drückt sich in unseren Handlungen aus

Wie sich gezeigt hat, drückt sich aus Sicht eines Kompatibilisten in unseren Handlungen immer unser Selbst aus, das zuvor so und nicht anders geworden ist. Wir konstituieren uns gewissermaßen durch unsere Handlungen und Entscheidungen, weil wir dieses Selbst erst finden müssen. Doch dabei schaffen wir nichts Neues, sondern bringen nur das zur Entfaltung, was schon in uns steckt. Aus Sicht anderer Philosophen (wie Christine Korsgaard) gibt es dagegen kein Selbst und kein Ich vor einer Wahl oder einer Handlung, weil das Selbst und damit die eigene Identität erst in und *durch* die Handlungen einer Person konstituiert werden. Da wir ständig handeln müssen, konstituieren wir uns ihrer Meinung nach immer wieder neu. Das Selbst ist daher nichts, was einmal errungen ist. Sondern um unsere Integrität und Identität müssen wir uns immer wieder neu bemühen (vgl. Korsgaard 2009, 19).

Sich wirklich in und durch Handlungen konstituieren und etwas Neues festsetzen zu können, ist aber eine Voraussetzung für Freiheit und moralische Verantwortung. Denn es gibt, wie Robert Kane betont, zwei für moralische Verantwortung nötige Dimensionen der Verantwortung. Der Kompatibilismus aber berücksichtigt nur die erste der beiden, die darin besteht, den eigenen Willen, der

---

26 Kompatibilisten würden sagen, dass neue Erfahrungen und die Konfrontation mit der äußeren Welt dazu führen können, eine Entscheidung zu bereuen oder rückgängig machen zu wollen. Doch das erklärt nicht, warum wir manchmal gerade bei großen Lebensentscheidungen hin- und hergerissen sind und schon im nächsten Moment (ähnlich wie der Emigrant in Bieris Beispiel) unsere gerade getroffene Entscheidung bereuen und revidieren wollen. So viel Neues kann uns die Welt in solch wenigen Momenten nicht gezeigt haben, dass wir augenblicklich zu einem anderen Urteil gelangen. Vielmehr ist es in solchen Fällen so, dass zwei oder mehr Alternativen gleichwertig zu sein scheinen.

durch Motive und den Charakter zustande kommt, in Handlungen auszudrücken. Man kann hier den eigenen Willen freiwillig ausüben. Man wird nicht gezwungen oder an der Ausführung gehindert und man handelt absichtlich und wissentlich. Bei der zweiten Dimension der Verantwortung ist man dagegen *für den Willen verantwortlich*, den man dann in seinen Handlungen ausdrückt. Man ist also dafür verantwortlich, dass man den entsprechenden Willen überhaupt hat und dass man so geworden ist, wie man nun ist. Um solch eine Verantwortung haben zu können, muss es (wie wir auch im fünften Kapitel noch sehen werden) zumindest manchmal Momente in einem Leben geben, in denen es eine oder mehrere mögliche *andere* Handlungen gegeben hätte, mit denen sich *ebenso* der Wille und das Selbst der entsprechenden Person zu dieser Zeit ausgedrückt hätten (vgl. Kane 2019, 115).[27]

Ein grundlegendes Problem in der Debatte ist, wie auch Bob Doyle bemerkt, dass die Handlungsfreiheit immer wieder anders definiert wird. So kann man die negative Freiheit als die Abwesenheit von innerem oder äußerem Zwang bezeichnen und behaupten, dass jemand dann frei handeln kann, wenn er nicht durch etwas oder jemanden zu einer Handlung gezwungen wird. Doch diese Art der Freiheit sagt noch nichts darüber aus, ob die Person auch die positive Freiheit besitzt, nach eigenem Willen handeln zu können, während dieser Wille nicht vorherbestimmt ist, was Kanes zweite Dimension der Verantwortung wäre (vgl. Doyle 2016, 19).

Wir können für unsere Handlungen, die aus unserem Selbst kommen, nicht verantwortlich sein, wenn wir auf dieses Selbst keinen Einfluss nehmen und es nicht gestalten können.[28] Die entscheidende Frage ist also nicht, ob wir ständig frei und durch nichts gebunden sind – dem ist nämlich sicherlich nicht so. Man kann beispielsweise durch seine Geschichte zu bestimmtem Verhalten verleitet werden und auch das Unbewusste spielt oft eine Rolle. Die entscheidende Frage ist aber, ob wir nie frei handeln können. Im Folgenden wird sich zeigen, dass unsere Handlungsfreiheit manchmal nur in kleinen Details einer Handlung und in der Art und Weise, wie sie ausgestaltet wird, liegen kann, während die Handlung dennoch durch Gründe bis zu einem gewissen Grad bestimmt ist (vgl. Höffe 2013, 51). Denn nur weil verschiedene Möglichkeiten dadurch ausgeschlossen sind, dass sie keine Verbindung zu den Gründen des Handelnden haben, heißt das nicht, dass es nur eine einzige Möglichkeit gibt, *wie* er handeln kann (vgl. Steward 2012a, 131–153).

---

[27] Dieser Gedanke findet sich auch in meinem Artikel *Können Maschinen handeln? Über den Unterschied zwischen menschlichen Handlungen und Maschinenhandeln aus libertarischer Perspektive* (Rutzmoser 2022) wieder.
[28] Es wird daher im Folgenden argumentiert, dass wir nur moralisch für etwas verantwortlich sein können, wenn wir in manchen Momenten auch anders hätten handeln können und wenn wir durch unser Handeln unser Selbst und unseren Charakter beeinflussen und formen können.

Beim Kompatibilismus sind die Handlungen ganz vom Selbst und vom Charakter der Person bestimmt, die aber keinen Einfluss auf dieses Selbst und ihren Charakter hat. Aus diesem Grund können Handlungen hier nicht frei sein. Der Determinismus ist also mit freiem Handeln nicht kompatibel. Daraus folgt, dass der Inkompatibilismus Recht haben und der Libertarismus als Form des Inkompatibilismus wahr sein muss, *wenn* es freie Handlungen gibt (vgl. Steward 2012a, 25). Für den Inkompatibilismus ist es aber nicht nötig, dass alle Handlungen unbestimmt und nicht determiniert sind (vgl. Kane 1996, 77–78). Demnach können Handelnde durchaus für bestimmte Handlungen moralisch verantwortlich sein, wenn diese durch ihren Willen zustande kommen und wenn sie in der Lage waren, diesen Willen zu formen (vgl. Kane 1996, 77–78). Nicht alle Handlungen, für die wir *moralisch* verantwortlich sind, müssen unbestimmt sein. Bei unseren *moralischen Handlungen* könnten also Kompatibilisten Recht haben, wenn sie sagen, dass diese ganz aus uns heraus kommen und unseren Willen und unser Urteil zum Ausdruck bringen müssen. Dabei muss es nur möglich sein, generell *Handlungen* ausführen zu *können*, die nicht determiniert sind, damit der Libertarismus wahr ist und wir für unser Tun verantwortlich sein können. Ein freier Wille ist also nicht mit jedem Bestimmtsein durch Vorheriges, sondern nur mit dem universalen Determinismus inkompatibel.

3.2.7 Zur angemessenen Bestimmtheit des Willens

Nach Bob Doyle hat das *Standardargument* gegen diesen freien Willen zwei Teile, die aus dem Determinismus Einwand und dem Einwand der Beliebigkeit bestehen (*Determinism Objection* und *Randomness Objection*). Nach dem Determinismus Einwand ist der Wille nicht frei, wenn der Determinismus wahr ist. Nach dem Einwand der Beliebigkeit haben wir keine Kontrolle über unseren Willen, wenn Indeterminismus und Zufall existieren. Denn wir wären nicht für unsere Handlungen verantwortlich, wenn diese zufällig und damit völlig beliebig wären (vgl. Doyle 2016, 27).

Gegen den ersten Einwand (Determinismus Einwand), den wir im Folgenden noch einmal betrachten werden, kann man unter anderem vorbringen, dass der Indeterminismus durch die Quantenmechanik sehr etabliert ist. Dabei gibt es mehr Beweise für die Quantenmechanik als für alle anderen physikalischen Theorien. Bei Entscheidungen gibt es zudem viele Ursachen, die zur Entscheidung beitragen. Unsere Handlungen sind tatsächlich durch unseren Willen bestimmt. Doch diese Art der Determiniertheit ist nach Doyle eine angemessene oder ausreichende Bestimmtheit. Der Wille ist hier zwar bestimmt – ohne aber universal determiniert zu sein.[29] Wie sich auch bei der Libertarierin Helen Steward zeigen wird, argumentiert Doyle also nicht gegen jede Form der Bestimmtheit, sondern nur gegen den universalen Determinismus. „The will itself is indeed not 'free' (in the sense of uncaused), but we are free" (Doyle 2016, 28). Nach Doyle ist also unser Wille nicht frei und unbestimmt. Aber dennoch können wir seiner Meinung nach frei handeln. Diese Unterscheidung zwischen der Freiheit des Willens und der Freiheit des Handelns ist entscheidend und wird uns im Folgenden noch begegnen (vgl. Doyle 2016, 28).

Gegenüber dem zweiten Einwand des *Standardarguments* – dem Einwand der Beliebigkeit, die im Folgenden noch detailliert in den Blick genommen wird – entgegnet Doyle, dass nicht alle Ereignisse unbestimmt und zufällig sein müssen, nur weil manche Ereignisse nicht bestimmt sind. Denn wir können für unsere Handlungen verantwortlich sein und diese unter Kontrolle haben, wenn sie ausreichend bestimmt sind und in Verbindung zu unseren Gründen stehen (vgl. Doyle 2016, 29).

Nach Doyle liefert Robert Kane eine der attraktivsten Versionen des *Standardarguments* gegen den freien Willen, indem er beide Einwände (Determinismus und Beliebigkeit) als das aufsteigende und absteigende Problem des *Inkompatibilistischen Berges* beschreibt. Bei ihm besteht (im Gegensatz zu Doyles eigener Version des *Inkompatibilistischen Berges*) das aufsteigende Problem in der Frage, ob der freie Wille mit dem Determinismus inkompatibel ist. Das ist es, was bis hierher in der vorliegenden Arbeit gezeigt werden sollte. Das absteigende Problem besteht in der Frage, ob man einen indeterministischen freien Willen verstehen und bejahen kann. Diese Frage wird im Folgenden betrachtet werden. Beim absteigenden Problem geht es also darum, zu zeigen, dass der freie Wille mit dem Indeterminismus kompatibel ist (vgl. Doyle 2016, 44).

Da diese Frage so entscheidend für den Erfolg einer libertarischen Theorie ist, soll zunächst der Indeterminismus und eine bestimmte Form des Inkomaptibilismus näher betrachtet werden, bevor der Libertarismus näher untersucht werden kann.

3.3 Inkompatibilismus und Indeterminismus

Nach Doyle wurden die Positionen in der Debatte um den freien Willen traditionell in den Determinismus als harten Determinismus, den Kompatibilismus als milden

---

[29] Entscheidend ist, dass es einen Mittelweg zwischen völliger Bestimmtheit und reiner Willkür geben kann, wenn es um den freien Willen geht.

oder *soften* Determinismus und die Position der Libertarier als Indeterminismus unterteilt. Van Inwagen veränderte die Taxonomie dann in eine Unterscheidung zwischen Kompatibilismus und Inkompatibilismus, während sich der Inkompatibilismus in den harten Determinismus und Libertarismus unterteilt. Diese neue Taxonomie wurde in der weiteren Debatte meist so beibehalten, obwohl sie nach Doyle für Verwirrung sorgt, da hier sowohl die Libertarier wie auch der harte Determinismus, die eigentlich sehr gegensätzlich sind, in eine Kategorie (den Inkompatibilismus) fallen. Darüber hinaus ist bei dieser Unterscheidung nicht mehr so leicht zu erkennen, dass auch der Kompatibilismus eine Position des Determinismus ist. Aus diesem Grund wurde in dieser Arbeit weitgehend die ursprüngliche und weniger missverständliche Unterscheidung in Determinismus (harter Determinismus), Kompatibilismus und Libertarismus als Indeterminismus beibehalten (vgl. Doyle 2016, 59–62).

Auch Doyle schlägt vor, vor allem Determinismus und Indeterminismus zu unterscheiden, während sich der Determinismus in den harten Determinismus und den Kompatibilismus als soften Determinismus mit all seinen Unterpositionen unterteilen lässt. Der Indeterminismus kann wiederum in den Inkompatibilismus, den soften Kompatibilismus und in den Libertarismus mit entweder ereigniskausalen, akteurskausalen, nicht kausalen oder mild kausalen Theorien unterteilt werden. Darüber hinaus gibt es auch die Semikompatibilisten, die agnostisch sind, was die Frage nach freiem Willen oder Determinismus angeht. Sie sind aber der Meinung, dass moralische Verantwortung und der Determinismus auf jeden Fall kompatibel sind. Der begrenzte Inkompatibilismus ist hier eine ähnliche Position (vgl. Doyle 2016, 63–65).

Die soften oder milden Inkompatibilisten gehen dagegen davon aus, dass der freie Wille mit einem Vorherbestimmtsein nicht kompatibel ist, während es nicht wahr ist, dass wir vorherbestimmt sind. Nach Doyle sollte man Libertarier lieber als solche soften Inkompatibilisten bezeichnen, da die einfache Bezeichnung „Inkompatibilismus" doppeldeutig ist und auch die Deterministen als harte Inkompatibilisten mit umfasst. Wenn im Folgenden die Rede von Inkompatibilismus ist, wird jedoch immer dieser libertarische und *softe* Inkompatibilismus gemeint sein. Der *harte* Inkompatibilismus wird weiterhin als Determinismus bezeichnet werden (vgl. Doyle 2016, 65).

Van Inwagen definiert diesen Determinismus als die These, dass es in jedem Moment genau eine physikalisch mögliche Zukunft gibt (vgl. van Inwagen 1983, 3). Gibt es dagegen zumindest in einem Moment mehr als eine mögliche physikalische Zukunft, dann ist der Indeterminismus wahr und der Determinismus falsch (vgl. van Inwagen 1983, 3). Wenn es also gelingt, zu zeigen, dass es eine Handlung gibt, mit der man einen neuen Anfang machen und sich von einer universal determinierten

Kausalkette lösen kann, dann wäre der Determinismus widerlegt und der Indeterminismus (oder auch der *softe* Inkompatibilismus) bewiesen.

Doyle betrachtet interessanterweise Aristoteles als den ersten Vertreter dieses Indeterminismus. Denn nach Doyle behauptet Aristoteles sowohl in der *Physik* wie auch in der *Metaphysik*, dass es Unfälle oder Fehler gibt, die durch den Zufall (*Tyche*) verursacht werden. Darüber hinaus nimmt er an, dass der menschliche Geist auf gewisse Weise nicht wie die materialistischen Gesetze der Natur funktioniert. Denn er geht davon aus, dass die menschlichen Handlungen vom Handelnden selbst abhängen.[30] Aus diesem Grund bezeichnet Doyle Aristoteles als den ersten Libertarier und als einen Vertreter der Akteursverursachung (vgl. Doyle 2016, 50–51).

Auch John Dudley argumentiert dafür, dass Aristoteles den Determinismus (im Sinne eines universalen Determinismus) verwirft. Dabei gibt es nach Dudley bei Aristoteles wiederum drei Ursachen, die selbst *nicht verursacht* sind. Diese teilen sich auf in freie menschlichen Entscheidungen, Unfälle oder Versehen (*Symbebekos*) und Zufälle (*Tyche* bei Menschen und *Tautomaton* bei Tieren und in der Natur). All diese selbst nicht verursachten Ursachen können Ketten notwendiger Ursachen (*Anagke*) durchbrechen. Dadurch ist die Zukunft kontingent und kann nicht vorausgesagt werden. Bei Aristoteles sind also nicht nur die freien menschlichen Entscheidungen eine Ausnahme in der Welt, die sonst völlig determiniert ist. Sondern auch in der restlichen Natur kann es Unfälle und Zufälle und damit Ereignisse geben, die die Kausalketten durchbrechen (vgl. Doyle 2016, 82–83).

Dass solch ein Indeterminismus existiert, ist die Voraussetzung dafür, dass ein Handelnder für etwas verantwortlich sein kann. Denn wenn der Determinismus wahr ist, sind alle Handlungen nur die notwendigen Konsequenzen von Naturgesetzen und Zuständen in einer weit entfernten Vergangenheit, wie es van Inwagen in seinem Konsequenzargument treffend auf den Punkt bringt.

3.3.1 Van Inwagen und das Konsequenzargument

Van Inwagen formuliert sein berühmtes Konsequenzargument in *An Essay on Free Will* folgendermaßen (vgl. van Inwagen 1983, 16):

---

[30] Allerdings gab es bei den alten Griechen noch keinen exakten Ausdruck für das, was wir mit *freiem Willen* meinen. Aus diesem Grund beschäftigten sich Philosophen wie Aristoteles nicht mit dem freien Willen an sich, sondern mit der Möglichkeit der Verantwortung für eigene Handlungen. Es stellt sich also bei ihnen die Frage, wofür wir selbst verantwortlich sind (vgl. Doyle 2016, 75).

If determinism is true, then our acts are the consequences of the laws of nature and events in the remote past. But it is not up to us what went on before we were born, and neither is it up to us what the laws of nature are. Therefore, the consequences of these things (including our present acts) are not up to us. (Van Inwagen 1983, 16)

Van Inwagen veranschaulicht dies mit sechs Aussagen, die er alle für wahr hält: 27 mal 15 ergibt 405. Magneten ziehen Eisen an. Maria Stuart wurde 1587 umgebracht. Van Inwagen hat niemals die Lehren des Don Juan gelesen. Niemand hat jemals Humes Untersuchung vollständig laut gelesen. Die Tasse auf van Inwagens Tisch ist niemals zerbrochen. Allerdings gibt es nach van Inwagen einen entscheidenden Unterschied in der Beziehung, in der er zu den ersten und zu den zweiten drei Aussagen steht. Denn es gibt nichts, was er tun oder *jemals* hätte tun können, um die Tatsache, dass die ersten drei Aussagen wahr sind, zu ändern. Van Inwagen hat und hatte nie die Macht, die Wahrheit dieser Aussagen zu beeinflussen. Dagegen liegt es in seiner Macht (oder es lag in seiner Macht), die Wahrheit der letzten drei Aussagen zu verändern. Indem er das über den Unterschied zwischen den ersten drei und den letzten drei Aussagen behauptet, nimmt er an und setzt voraus, dass er einen freien Willen hat. Hat er dagegen keinen freien Willen, dann handelt es sich bei dem scheinbaren Unterschied zwischen den ersten drei Aussagen und den letzten drei Aussagen um eine Illusion (vgl. van Inwagen 1983, 66).

In diesem Fall wäre der Determinismus wahr und es gäbe nichts, was van Inwagen jemals anders machen oder hätte ändern können. Es gäbe keine für den freien Willen (wie sich zeigte) nötigen alternativen Möglichkeiten und es gäbe nur mögliche Welten, die sich von der tatsächlichen Welt vollkommen unterscheiden oder in denen andere Naturgesetze herrschen.

3.3.2 Alternative Möglichkeiten und mögliche Welten für den *Determinismus Einwand*

Man stelle sich w als eine mögliche Welt vor, die mit der wirklichen Welt (A) einen Moment gemeinsam hat. Es kann sein, dass die mögliche Welt w noch weitere Teile mit der aktuellen Welt gemeinsam hat. In jedem Fall teilen beide Welten aber mindestens diesen Moment miteinander. Darüber hinaus soll angenommen werden, dass in beiden Welten dieselben Naturgesetze herrschen. Dann gibt es nach van Inwagen die beiden Möglichkeiten, dass es sich bei w und A um dieselbe Welt oder um verschiedene Welten handelt. Als deterministisch könnte man beide Welten jedoch nur betrachten, wenn sie identisch sind (vgl. van Inwagen 1983, 86).

Man nehme dagegen an, dass diese beiden Welten nicht identisch sind und dass w eine Welt ist, in der im Jahr 1966 ein thermonuklearer Krieg ausgebrochen ist.

Dann könnte man *w* mit allen beschriebenen Eigenschaften nicht als deterministische Welt betrachten. Denn in der tatsächlichen Welt ist eine bestimmte Situation im Jahr 1066 keinem thermonuklearen Krieg 900 Jahre später vorausgegangen. Dagegen folgte in der Welt *w* mit genau denselben Naturgesetzen auf dieselbe Situation im Jahr 1066 900 Jahre später ein thermonuklearer Krieg. Obwohl es in der tatsächlichen Welt also keinen solchen Krieg im Jahr 1966 gegeben hat, gab es eine Möglichkeit, dass es solch einen Krieg hätte geben können, wenn man die Situation im Jahr 1066 und die Naturgesetze betrachtet. Doch wenn der Determinismus wahr ist, dann kann es keine solchen alternativen Möglichkeiten (und damit eigentlich auch keine solchen möglichen Welten) geben. Daraus folgt, dass sich jede andere mögliche Welt von der tatsächlichen Welt entweder in jedem Moment unterscheiden muss, oder dass es in einer möglichen Welt, die sich nur in manchen Momenten von der aktuellen Welt unterscheidet, andere Naturgesetze geben muss, wenn der Determinismus wahr ist (vgl. van Inwagen 1983, 86).

„[A]ccording to determinism, every world distinct from the actual world either differs from it at every instant, or, if it differs from the actual world at only *some* instants, is governed by a different set of laws of nature" (van Inwagen 1983, 86). Nach van Inwagen müssen alle möglichen Welten, zu denen eine Person Zugang hat, zumindest in einem Moment in der Vergangenheit (beispielsweise in einem Moment vor der Geburt der entsprechenden Person) von der aktuellen Welt ununterscheidbar sein. „[A]ll the possible worlds (paths) that I have access to are continuations of the path-segment I have already travelled" (van Inwagen 1983, 92). Dies ist dem Prinzip, dass niemand die Vergangenheit verändern kann, sehr ähnlich (vgl. van Inwagen 1983, 92).

Darüber hinaus hat niemand Zugang zu einer Welt, in der die Naturgesetze anders sind als in der aktuellen Welt. Das ist notwendig der Fall, da niemand ein Naturgesetz verändern kann. Es ist möglich, dass die Naturgesetze andere hätten sein können. Doch das ist nichts, was von der Wahl eines Menschen abhängen kann. Doch obwohl nach diesem Prinzip niemand einen Zugang zu einer möglichen Welt haben kann, in der die Naturgesetze anders sind, kann jemand einen Zugang zu einer möglichen Welt haben, in der unsere Überzeugung über die Naturgesetze anders sind. Denn es wäre möglich, dass beispielsweise Einstein oder Newton anders gehandelt hätten und wir in der Folge andere Überzeugungen über die Naturgesetze hätten (vgl. van Inwagen 1983, 92).

Aus beiden Prinzipien gemeinsam folgt offenbar, dass es keine möglichen Welten geben kann, wenn der Determinismus wahr ist. Denn niemand hat Zugang zu einer möglichen Welt, in der andere Naturgesetze herrschen, und eine mögliche Welt, zu der eine Person Zugang hat, kann sich nicht in *allen* Momenten vollkommen von der aktuellen Welt unterscheiden.

Nach van Inwagen besteht die „*minimal free-will thesis* (MFT)" (van Inwagen 1983, 91) nun darin, dass eine Person (in der Vergangenheit, Gegenwart oder Zukunft) Zugang *zu einer anderen möglichen Welt* neben der aktuellen Welt hat, hatte, oder haben wird. MFT wäre also beispielsweise wahr, wenn Cäsar Zugang zu einer möglichen Welt *w* gehabt hätte, in der er den Rubikon *nicht* überschritten hätte. MFT wäre auch dann wahr, wenn es außer Cäsar keine andere Person gäbe, die jemals zu einer anderen Welt als der aktuellen Welt (A) Zugang hätte, und MFT wäre auch dann wahr, wenn auch Cäsar nur zu den beiden Welten A und *w* Zugang gehabt hätte. Ist MFT dagegen falsch, dann ist nach van Inwagen jede andere These über den freien Willen falsch. Daraus folgt, dass der Determinismus mit jeder anderen These über den freien Willen inkompatibel ist, wenn der Determinismus mit MFT inkompatibel ist (vgl. van Inwagen 1983, 91).

3.3.3 Gegen den *Einwand der Beliebigkeit*

Während beim *Konsequenzargument* von van Inwagen nach Doyle nur der *Determinismus Einwand* und damit nur ein Teil des *Standardarguments* enthalten ist, entwickelte van Inwagen allerdings auch das *Mind Argument*[31] als Version des bereits erwähnten *Einwands der Beliebigkeit*. Nach diesem Argument hat ein Handelnder keine Kontrolle über eine Handlung, die durch Zufall zustande kommt. Daher kann solch eine Handlung auch nicht frei sein. Daraus kann man im Gegensatz zum gerade Gezeigten folgern, dass der Determinismus für den freien Willen sogar erforderlich und nicht nur mit dem freiem Willen kompatibel ist (vgl. Doyle 2016, 36).

Doch wie passen diese beiden Erkenntnisse, die augenscheinlich in einen Widerspruch führen, nun zusammen? Um diese Frage beantworten zu können, muss das *Mind Argument* von dem sehr ähnlichen *Luck Argument* (oder auch *Problem des Glücks*) unterschieden werden. Bei Letzterem sind kausal nicht determinierte Handlungen ebenso reine Glückssache oder Zufall. Solche Handlungen erfüllen aber scheinbar nicht die Voraussetzungen, um den Handelnden moralisch verantwortlich machen zu können (vgl. Shabo 2013, 292). Beim *Problem des Glücks* steht also die moralische Verantwortung im Vordergrund (vgl. Shabo 2013, 292). Im Folgenden soll zunächst dieses Problem und anschließend das *Mind Argument* eingehender untersucht werden.

---

31 Das Argument heißt so, weil es in der Zeitschrift *Mind* erschienen ist.

3.3.3.1 Das *Problem des Glücks*

1976 begann eine intensive philosophische Beschäftigung mit dem Problem des moralischen Glücks – angestoßen von den beiden Papern von Thomas Nagel und Bernard Williams, die beide den Titel „Moral Luck" tragen. Damit beschäftigten sich Philosophen nach Latus zwar nicht das erste Mal intensiv mit dem Zusammenhang von Moralität und Glück. Dennoch beginnt mit 1976 eine „still thriving philosophical industry" (Latus 2019, 105) zu dem Thema. Das Problem des *moralischen Glücks* besteht in unserer Intuition, dass Glück bei Moral keinen Unterschied machen darf, und der Tatsache, dass im Alltag Glück und Zufall häufig eine Rolle spielen – auch wenn es um Fragen der moralischen Verantwortung geht. Das klassische Beispiel in diesem Kontext ist das zweier betrunkener Autofahrer. Nur bei einem der beiden Fahrer, die sich exakt gleich verhalten, ist ein Kind auf dem Gehweg und wird vom Auto erfasst. Beim zweiten Fahrer ist zu seinem Glück kein Kind an derselben Stelle (vgl. Latus 2019, 105).

Das *Problem des Glücks* geht also davon aus, dass man moralisch nur für das verantwortlich sein kann, was man kontrollieren kann (vgl. Church und Hartman 2019, 4). Ein Mangel an Kontrolle ist damit wesentlich für *Glück* (vgl. Church und Hartman 2019, 6). Da wir viele Faktoren unserer Umgebung, unserer Kultur und Erziehung – sogar unsere eigenen Gene – aber nicht kontrollieren können, können wir offenbar für nichts moralisch verantwortlich sein. Alles scheint Glück zu sein. In einem weiteren Beispiel zu diesem Problem gibt es zwei Personen, die in einer bestimmten Situation beide zu Dieben werden würden. Da aber nur eine von ihnen in die entsprechende Situation kommt, wird nur eine der beiden tatsächlich zum Dieb. In beiden Fällen ist es Glück, dass eine Person etwas Schlimmes tut und die andere nicht. Dies legt die Vermutung nahe, dass dennoch beide Personen gleich verantwortlich und schuldig sind. Wenn es nur eine Frage des Glücks ist, dass die zweite Person nicht zum Dieb wurde, kann man sie offenbar genauso beschuldigen wie den tatsächlichen Dieb. Davon weicht unsere alltägliche Praxis aber stark ab: Wir beschuldigen den betrunkenen Fahrer, der das Kind tatsächlich erfasst, genauso wie wir den tatsächlichen Dieb mehr beschuldigen (vgl. Church und Hartman 2019, 4).

Nach Nagel beurteilen und ziehen wir Handelnde zwar auch für Dinge zur Verantwortung, über die diese keine Kontrolle hatten. Dennoch gibt es für Nagel eine Spannung zwischen dieser Tatsache (Glück spielt bei der moralischen Bewertung einer Person eine Rolle) und der Intuition, dass die moralische Bewertung einer Person nicht vom Glück abhängen darf. „Nagel suggests that the intuition is correct and lies at the heart of the notion of morality, but he also endorses the view that luck will inevitably influence a person's moral standing" (Latus 2019, 109). Aus diesem Grund geht Nagel von einem Paradox der Moralität aus (vgl. Latus 2019, 109).

Dabei können verschiedene Arten des moralischen Glücks unterschieden werden. Beispielsweise gibt es *das Glück des Resultats* und *das Glück der Umstände*. Ersteres wäre beim Beispiel des betrunkenen Fahrers gegeben. Hier führt das Glück im Verlauf des Geschehnisses zu einem anderen Ergebnis. Beim Glück der Umstände geht es nach Nagel eher darum, zur richtigen Zeit am richtigen Ort oder zur falschen Zeit am falschen Ort zu sein. Nun könnte man sagen, dass es bei all den äußeren Umständen, die bei moralischen Handlungen eine Rolle spielen können, eher auf das Innere der Person ankommt – auf ihren wahren Charakter. Es käme also in einem ganz kompatibilistischen Sinne darauf an, ob die Person willentlich und auf Basis eigener Motive und Absichten gehandelt hat. Doch damit kommt man zum Problem des *konstitutiven moralischen Glücks* (Latus 2019, 111). Denn auch hier stellt sich die Frage, ob und in welchem Ausmaß die Person für ihren Charakter verantwortlich sein kann. Schließlich gibt es viele Faktoren, die einen Einfluss auf die Charakterentwicklung haben und außerhalb der Kontrolle der Person liegen. Auch beim Charakter spielt Glück also eine Rolle (vgl. Latus 2019, 110–111).

Auch Neil Levy unterscheidet in Anlehnung an Nagel zwei Arten von Glück, die ein Problem für Verantwortung sind. Es gibt demnach *gegenwärtiges Glück* („present luck" (Pérez de Calleja 2019, 251): Ereignisse, die durch zufällige Ereignisse kurz zuvor beeinflusst werden) und das soeben beschriebene *konstitutive Glück*. Doch nicht jedes Glück muss seiner Meinung nach auch *Zufall* beinhalten. „Present luck is always chancy, but there is both chancy and non-chancy constitutive luck" (Pérez de Calleja 2019, 251). Zufällig können beispielsweise Charaktereigenschaften sein, die sich in einer anderen Umgebung anders entwickelt hätten. Andere Eigenschaften einer Person wären wiederum nicht in diesem Sinne zufällig, da sie von Eigenschaften der Umgebung und Kultur einer Person abhängen, die stabil und beständig sind und damit nicht so leicht anders hätten sein können. Nach Levy sind beide Arten des Glücks *zusammen* in hohem Maße problematisch für den Kompatibilismus. *Konstitutives Glück* wäre demnach nicht so problematisch, wenn man Einfluss auf den eigenen Charakter und Kontrolle über das eigene Denken und Entscheiden hätte. Aber Entscheidungen, die man trifft, wenn man hin- und hergerissen ist, und mit denen man seinen Charakter beeinflussen und verändern könnte, sind nach Levy immer durch *gegenwärtiges Glück* beeinflusst, wodurch man seinen Charakter nie ohne Glück und Zufall ausbilden kann (vgl. Pérez de Calleja 2019, 251–252).

Man sollte aber niemanden für solche Intentionen oder Charaktereigenschaften beschuldigen, über die er keine willentliche Kontrolle hat. Dennoch beurteilen wir in der Praxis Personen moralisch auch nach diesen für sie unkontrollierbaren Eigenschaften. Denn würden wir das nicht tun, könnten wir überhaupt niemanden mehr für irgendetwas verantwortlich machen. Sowohl Nagel als auch Williams gehen – meiner Meinung nach zu Recht – davon aus, dass es moralisches Glück gibt. Während für Williams dadurch eine andere Form der Moralität erforderlich wird, akzeptiert Nagel das Paradox. Doch müssen wir hier wirklich ein Paradox akzeptieren? Um diese Frage klären zu können, ist es erforderlich, sich näher mit dem Wesen des Glücks zu beschäftigen: Was ist *Glück?* (Vgl. Latus 2019, 110–111).

3.3.3.2 Was ist *Glück?*
Mele, der sich ebenfalls mit dem *Problem des Glücks* beschäftigt, betont den Unterschied zwischen zwei Formen des Glücks. Zum einen gibt es das *ultimative Glück* – „ultimate luck" (Mele 2000, 35). Hier hat niemand eine Kontrolle über den Zustand der Welt in der fernen Vergangenheit. Ist der Determinismus wahr, dann hat ein Mensch keine Kontrolle über sein eigenes Verhalten. Dieses Glück meinen Inkompatibilisten, wenn sie die Kompatibilisten kritisieren, und das ist es auch, was van Inwagen in seinem *Konsequenzargument* meint. Hier kann eine Person nicht moralisch für ihr Handeln verantwortlich sein, wenn es eine reine Glückssache ist, dass die Welt lange vor ihrer Geburt so beschaffen war, dass sie nun diese Handlung ausführen muss (vgl. Mele 2000, 35).

Darüber hinaus gibt es aber noch das *unmittelbare Glück* – „proximal luck" (Mele 2000, 35), das die Kompatibilisten meinen, wenn sie die Libertarier kritisieren (vgl. Mele 2000, 35). Ist der Indeterminismus wahr, dann könne niemand Kontrolle darüber zu haben, wie er sich entscheidet (vgl. Mele 2000, 35). Daraus wird gefolgert, dass er auch nicht die Art von Freiheit hat, die für moralische Verantwortung nötig ist (vgl. Mele 2000, 35). Doch diese Form des Zufalls wäre nur ein Problem für die Position der Libertarier, wenn die Entscheidungen eines Handelnden durch den Indeterminismus völlig beliebig werden würden und in keinem Bezug zum Handelnden und seiner Geschichte oder seinen Gründen mehr stünden. Es ist also diese Form des Glücks, auf die sich das *Problem des Glücks* bezieht und problematisch wird das Argument für einen Libertarier nur, wenn Glück die Kontrolle des Handelnden über seine Handlung *ausschließt*.

Sehr verbreitet ist daher LCAL – die Theorie des Glücks, die als „Lack of Control Account of Luck" (Riggs 2019, 125) bezeichnet wird (vgl. Riggs 2019, 125). Nach LCAL ist etwas Glück für eine Person, wenn es *zu weit* außerhalb der Kontrolle der entsprechenden Person liegt. Riggs verdeutlicht hier, dass Kontrolle graduell zu denken ist. Inwiefern die Handlung einer Person für ein bestimmtes Ergebnis relevant ist, ist nicht absolut. Hier kann es unterschiedliche Grade der Kontrolle geben (vgl. Riggs 2019, 130).

Außerdem muss in diesem Zusammenhang direkte von indirekter Kontrolle unterschieden werden, wobei auch dieser Unterschied graduell zu verstehen ist. In Fällen wie beim Abnehmen durch Sport haben wir nämlich keine direkte, sondern indirekte Kontrolle über den Gewichtsverlust. Dennoch würde man nicht sagen, dass der Gewichtsverlust in diesem Fall reine Glückssache war. Nach Peels muss man alle möglichen glücklichen Ereignisse, die zu einer Handlung geführt oder dabei eine Rolle gespielt haben, von der eigentlichen Handlung trennen. Es gibt vieles, was auch anders hätte laufen können und damit *glücklich* war. Doch wenn die Ereignisse und Umstände sich so entwickelt haben, hat eine Person immer noch Kontrolle darüber, eine bestimmte Handlung auszuführen (vgl. Peels 2019, 154–157).

> Not everything that is possible only because a lucky event took place is *itself* a matter of luck. After all, if that were the case, then virtually any event in the world would become a matter of luck – say, because the big bang was a matter of luck, or the emergence of life was a matter of luck. (Peels 2019, 157)

Daraus wird ein weiteres Charakteristikum von Glück ersichtlich: Ein glückliches Ereignis muss eine bestimmte *Bedeutung* für eine Person haben (vgl. Riggs 2019, 130). Denn man kann bei weit entfernten Teilchen, die sich im Universum auf bestimmte Weise verhalten, nicht so leicht sagen, dass sie ein *Matter of Luck* für die entsprechende Person sind (vgl. Riggs 2019, 130). Laura W. Ekstrom versucht, den Begriff *Glück* näher zu definieren, und schlägt dafür den „SURE account of luck: a lucky event is a Significant, Uncontrolled, Risky Event" (Ekstrom 2019, 240) vor. Ihrer Meinung nach kann man über die Bedeutung *Glück* von *Zufall* unterscheiden. Ein zufälliges Ereignis wäre zum Beispiel der Aufenthaltsort eines Elektrons, der für niemanden eine Bedeutung hat. Ein *glückliches Ereignis* wäre dagegen ein Geschehnis, das für irgendjemanden gut oder schlecht ist. Eine eindeutige Trennung zwischen *Glück* und *Zufall* ist meiner Meinung nach aber nicht möglich (vgl. Ekstrom 2019, 240).

Von diesem Glück als einem unkontrollierten Ereignis mit einer gewissen Bedeutung für einen Handelnden, das an sich für den Libertarismus nicht problematisch ist (solange der Handelnde Kontrolle über sein Tun behält), ist aber das Glück zu unterscheiden, das Kompatibilisten meinen, wenn sie das *Glücks-Argument* gegen den Libertarismus wenden. Hier handelt es sich um Glück als Ursache einer Handlung. Weil das Ereignis nicht determiniert ist, ist nicht der Handelnde, sondern das Glück (oder der Zufall) seine Ursache.

Da in der libertarischen Theorie der Indeterminismus zentral ist, der wiederum zu *Glück* führt, haben die Libertarier ein Problem mit ihrer Theorie, wenn *Glück* tatsächlich Verantwortung ausschließt. Doch nach Vargas müssen Kompatibilisten mit diesem Argument vorsichtig sein. Er betrachtet die meisten zeitgenössischen Kompatibilisten als so genannte *Superkompatibilisten*. Für sie ist es nicht sinnvoll, den *Einwand des Glücks* gegen den Libertarismus zu verwenden, da sie selbst für die Kompatibilität sowohl mit Indeterminismus als auch mit Determinismus argumentieren. Würden sie dann behaupten, dass der Indeterminismus nicht mit der

Freiheit vereinbar ist, würden sie sich nach Vargas selbst widersprechen (gl. Vargas 2012, 419–421).

Vertritt man also eine Theorie der moralischen Verantwortung, die sowohl mit dem Determinismus als auch mit dem Indeterminismus kompatibel ist, kann das *Problem des Glücks* zurückgewiesen werden – es betrifft die moralische Verantwortung dann nicht (vgl. Vargas 2012, 421). Interessant an diesem Gedanken ist, dass moralische Verantwortung (wie auch im Folgenden) von der Freiheit und der Frage der Verursachung unterschieden wird. Wie auch im Folgenden argumentiert werden wird, ist moralische Verantwortung durchaus kompatibilistisch denkbar (unter welchen Voraussetzungen das jedoch gilt, wird in Kapitel 5.1 näher betrachtet) – die Frage der moralischen Verantwortung kann von der Frage der Handlungsfreiheit unterschieden werden. Da Letztere für den Libertarismus zentral ist, ist es vor allem das *Mind Argument*, mit dem sich eine Libertarierin auseinandersetzen muss. Das *Problem des Glücks* stellt dagegen keine ernsthafte Herausforderung für die Theorie dar.

Denn viele zeitgenössische Libertarier gestehen zu, dass moralische Verantwortung (wie auch schon in Kapitel 3.2.7 angedeutet wurde) auch auf kompatibilistische Weise gedacht werden kann. Voraussetzung dafür ist aus Perspektive eines Libertariers aber, dass es Indeterminismus geben kann (denn nur dann kann ein Handelnder auch für seinen Willen, den er in Handlungen ausdrückt, verantwortlich sein). Diese Libertarier bezeichnet Vargas als „piggy-backers" (Vargas 2012, 424). Sie können also dieselbe Strategie verwenden, um den *Einwand des Glücks* zu umgehen, wie auch die Kompatibilisten. Für Kompatibilisten kommt es damit zu dem Problem, dass entweder das *Problem des Glücks* kein Problem für den Libertarismus ist, oder dass es ein Problem sowohl für den Libertarismus als auch für den Kompatibilismus darstellt. Betrachten wir zunächst die erste Möglichkeit: Nach Vargas haben Kompatibilisten gute Gründe, anzunehmen, dass für ihre Theorie Glück kein Problem ist, denn sie haben unabhängige Gründe für Freiheit, Verantwortung und Kontrolle. Freiheit und Kontrolle wird hier beispielsweise über die Harmonie der Wünsche unterschiedlicher Stufen oder über das Einigsein mit sich selbst definiert. Fischer und Ravizza definieren eine Handlung, über die der Handelnde Kontrolle hat, beispielsweise als von einem Mechanismus geleitet, der angemessen auf Gründe reagiert (vgl. Fischer und Ravizza 1998, 50–51). Solche Theorien sind aber auch mit dem Indeterminismus vereinbar. Auch ein Libertarier muss nicht die Theorie verwerfen, dass eine Person in höherem Maße frei und moralisch verantwortlich handelt, wenn sie ganz eins mit sich selbst ist und sich ihre Wünsche unterschiedlicher Stufen nicht widersprechen. Doch das wäre aus Sicht eines Libertariers keine hinreichende Bedingung für Freiheit (vgl. Vargas 2012, 424–425).

Das *Problem des Glücks* könnte also von einem Kompatibilisten auf folgende Weise umgangen werden: Auch wenn Glück eine Rolle bei der Handlung einer Person spielt, ist das für ihre Freiheit und moralische Verantwortung nicht problematisch, wenn die Handlung dennoch ganz ihrem Willen entspricht, sie in diesem Punkt einig mit sich selbst ist und die Handlung aus ihrer Geschichte folgt. Das Glück ist demnach ebenso wenig ein Problem für den Kompatibilisten wie der Determinismus. Denn Freiheit und moralische Verantwortung der Person werden nicht durch äußere Einflüsse, sondern durch ihre innere Verfassung gewährleistet.

In der Regel verändert sich zudem in der Praxis durch Glück nicht unsere Zuschreibung von Schuld oder Lob für eine Handlung. Um dies zu veranschaulichen, führt Vargas das Beispiel eines Mörders ein, der auf sein Ziel schießt und es auch verfehlen könnte. Nur weil die Möglichkeit seines Scheiterns gegeben war, halten wir ihn nicht für weniger schuldig. In unseren sozialen Kontexten und in unserer normativen Praxis wird Verantwortung vorausgesetzt – unabhängig davon, ob auch Glück im Handlungsprozess beteiligt war. Aus der Perspektive eines Kompatibilisten sind unsere sozialen Praktiken und die normativen Strukturen, in denen wir uns bewegen, für moralische Verantwortung ausreichend. *Piggy-backing Libertarians* können diese Argumentation nutzen, um das *Problem des Glücks* zu umgehen (vgl. Vargas 2012, 426–432).

Doch ein grundlegendes Problem für den Kompatibilismus besteht (im Gegensatz zum Libertarismus) darin, dass es fraglich ist, ob es echtes Glück geben kann, wenn der Determinismus wahr ist. Daher kann ein Kompatibilist auch den *Einwand des Glücks* schwer gegen die Libertarier wenden. Denn aus Sicht eines Kompatibilisten (der kein *Superkompatibilist* ist, sondern vom Determinismus ausgeht) ist eigentlich nur das von Mele erwähnte *ultimative Glück* (Mele 2000, 35) möglich, weil nur dieses mit dem Determinismus vereinbar ist. „[T]his suggests that if physical determinism is true and if there are, therefore, no nearby possible worlds, since things could not easily have been otherwise, then *there is no luck*" (Peels 2019, 154). Es würde dann zwar immer noch so scheinen, als gäbe es Glück, und wir könnten von Glück sprechen. Eigentlich wäre aber alles kausal notwendig (vgl. Peels 2019, 154–155).

Für einen Kompatibilisten gibt es also drei Möglichkeiten, mit dem *Problem des Glücks* umzugehen: 1. Der Determinismus ist wahr und es kann kein wahres, sondern nur epistemisches Glück geben. 2. Der Determinismus ist wahr und es gibt wahres Glück, das aber nur *ultimatives Glück* ist. 3. Als *Superkompatibilist* argumentiert man für die Kompatibilität sowohl mit Determinismus als auch mit Indeterminismus. Wie dargestellt wurde, können Libertarier aber die Strategie solcher Kompatibilisten verwenden, um das *Problem des Glücks* zu umgehen.

Auch nach Pérez de Calleja kann solch ein Kompatibilist hin- und hergerissen sein. Das *Problem des gegenwärtigen Glücks* stellt sich dann für Kompatibilisten ebenso wie für Libertarier. Entweder können also Entscheidungen, in denen *gegenwärtiges Glück* beteiligt ist, dennoch frei sein (dann können Kompatibilisten mit dem *Einwand des Glücks* nicht erfolgreich gegen den Libertarismus argumentieren), oder Freiheit wird durch dieses Glück ausgeschlossen, was zur Folge hätte (auch für Kompatibilisten), dass die meisten unserer Entscheidungen nicht frei sind. Das *Problem des Glücks* ist hier (im dritten Fall) also für den Kompatibilismus ein größeres Problem als für den Libertarismus (vgl. Pérez de Calleja 2019, 255).

Im zweiten Fall (es gibt nur *ultimatives Glück*) würde *kausales moralisches Glück* (Sartorio 2019, 207) dazu führen, dass es durch die Naturgesetze und einen Zustand der Welt in der weit entfernten Vergangenheit nur einen möglichen Weg für eine Person (wie einen Mörder) gegeben hätte (vgl. Sartorio 2019, 207). In solch einem Fall scheint man den Mörder nicht beschuldigen zu können, weil seine Handlung unausweichlich und außerhalb seiner eigenen Kontrolle war (vgl. Sartorio 2019, 207). Was seine Handlung verursacht hat, ist Glück oder Pech für ihn. In diesem (zweiten) Fall wäre Glück also mit moralischer Verantwortung nicht kompatibel. Doch „objective chance" (Pérez de Calleja 2019, 256) und damit auch wahres Glück ist offenbar nicht mit dem Determinismus vereinbar, sondern es kann nur epistemischen Zufall geben (Fall 1), wenn der Determinismus wahr ist (vgl. Pérez de Calleja 2019, 256). Dann könnten wir aber nur von Zufall sprechen, weil wir nicht die ganze Geschichte eines Ereignisses kennen (vgl. Pérez de Calleja 2019, 256). Nach Pérez de Calleja wäre es dann trotzdem noch möglich, dass der Determinismus mit *Glück* vereinbar ist (vgl. Pérez de Calleja 2019, 256). Wir würden in diesem Fall nur von Glück als moralischem Konzept *sprechen*, das aber keinen Zufall beinhaltet. Das bringt uns zu der eingangs formulierten Feststellung zurück, dass sich das *Problem des Glücks* auf moralische Verantwortung bezieht, die sich auf einer anderen Ebene als die Handlungsfreiheit befindet. *Glück* (losgelöst von *Zufall*) könnte mit moralischer Verantwortung und dem Determinismus (indirekt und auf epistemische Weise) kompatibel sein. Auch wahres Glück müsste moralische Verantwortung nicht ausschließen, wenn der Libertarismus richtig liegt (auf diesen Punkt werden wir vor allem im fünften Kapitel noch einmal zurückkommen). *Zufall* spielt dagegen eine Rolle für freies Handeln und ist mit dem Determinismus nicht kompatibel.

Denn über kausal determinierte Entscheidungen hätte der Handelnde keine Kontrolle. Nur der Libertarier hat volle Kontrolle, indem er seine Handlung willentlich und rational hervorbringen oder auch *verhindern* kann. Sind nun aber libertarische Entscheidungen, bei denen es für A und B gleich gute Gründe gibt, problematisch, weil allein Zufall und Glück festlegen, welchen Weg der Handelnde wählt? Hier scheint die *Akteursverursachung*, die im Folgenden noch ausführlicher betrachtet werden wird, gegenüber der libertarischen Ereignisverursachung einen

Vorteil zu haben,[32] denn hier ist es nicht der Zufall, sondern der Handelnde selbst als Ganzer, der festsetzt, welche Handlung ausgeführt wird. Entscheidet sich ein Handelnder für A anstelle von B, ist diese Entscheidung weder unverursacht noch willkürlich. Der Handelnde hat volle Kontrolle über seine Tat – sie ist verursacht, aber nicht determiniert (vgl. Ekstrom 2019, 244–245).

An dieser Stelle überschneiden sich also das *Problem des Glücks* und das *Mind Argument*. Zentral ist die Frage, ob *Glück* Zufall beinhaltet. Ist das (wie beim Libertarismus) der Fall, liegt der eigentliche Kern des Problems im *Mind Argument*, das im Folgenden untersucht werden soll. Ist das nicht der Fall, handelt es sich beim *Problem des Glücks* um kein metaphysisches, sondern um ein ethisches Problem. Es geht dann weniger darum, was in der Welt und in uns wirklich passiert, wenn wir handeln, sondern darum, wie wir moralisch damit umgehen und darüber sprechen können.

3.3.3.3 Mind Argument

Van Inwagens *Mind Argument* bezieht sich darauf, dass eine Handlung, die nicht kausal determiniert ist, nicht frei sein kann. Van Inwagen selbst glaubt an den freien Willen und geht daher davon aus, dass das *Mind Argument* nicht richtig ist. Ihm selbst gelingt es jedoch nicht, es grundsätzlich zu widerlegen. Daher bleibt der freie Wille für ihn mysteriös (vgl. Shabo 2013, 291–292).

Zentral für die Überlegungen zum *Mind Argument* sind so genannte *Rollback-Szenarios*. Man nehme beispielsweise an, Gott würde die Zeit immer wieder bis zu einem Moment vor einer Handlungsentscheidung zurückdrehen. Man stelle sich eine Handelnde (Alice) vor, die sich entscheiden muss, ob sie lügt oder die Wahrheit erzählt. Außerdem stelle man sich vor, dass Gott 1000 Mal bis vor diese Entscheidung zurückspult. Stellt sich nun heraus, dass Alice in etwa der Hälfte der Fälle lügt und in der anderen Hälfte der Fälle die Wahrheit erzählt, würde man nach van Inwagen annehmen, dass ihre Entscheidung reiner Zufall ist. Ist das wahr, kann man nicht mehr davon sprechen, dass Alice in der Lage war – in dem Sinne, dass sie die Fähigkeit besaß – zu lügen oder die Wahrheit zu sagen. Es ist offenbar nicht sie selbst, sondern der Zufall, der das Ergebnis festlegt (vgl. Shabo 2013, 298).

Als weiteres Beispiel für eine Handlung, in der der Indeterminismus eine Rolle spielt, beschreibt van Inwagen einen Dieb, der die Armenkasse in einer Kirche rauben will. Doch in dem Moment, in dem er das Geld nehmen will, erinnert er sich zufällig an seine sterbende Mutter und an sein Versprechen, ehrlich und aufrecht

---

32 Was Kompatibilisten und Libertarier der Ereignisverursachung nach Mele gemeinsam haben, ist, dass sie von verursachten freien Handlungen ausgehen, deren Ursachen wiederum selbst verursacht sind (vgl. Mele 2015, 403).

zu sein. Schließlich entscheidet er sich, das Geld nicht zu stehlen. Auch hier könnte man annehmen, dass es andere mögliche Welten geben könnte, in denen bis zum Moment der Handlung alles mit der tatsächlichen Welt identisch ist und in denen sich der Dieb entscheidet, das Geld zu stehlen. Auch hier würden also unendlich viele Wiederholungen zu einer ähnlichen Wahrscheinlichkeitsverteilung wie im Beispiel mit Alice führen. Gemeinsam haben solche Fälle, dass es offenbar nicht in der Hand der handelnden Person liegt, was sie tut. Ihre Kontrolle und damit ihre Freiheit werden – das ist der Kern des *Mind Arguments* – durch den Zufall ausgeschlossen (vgl. van Inwagen 1983, 127–128).

Denn eine Handlung kann als das definiert werden, was ein Handelnder hervorbringt. Doch wenn eine Tat völlig unbestimmt ist, ist sie scheinbar nicht mehr etwas durch den Handelnden Erzeugtes: Man stelle sich vor, ein unbestimmtes Ereignis im Gehirn des Diebes in van Inwagens Beispiel, das dazu führt, dass dieser das Geld nicht stiehlt, wurde von einem Dämon verursacht. In solch einem Fall kann man nicht mehr sagen, dass der Dieb gehandelt hat. Denn er ist nicht derjenige, der das Ereignis in seinem Gehirn produziert hat. Er ist damit auch nicht derjenige, der die Körperbewegungen produziert, die darin bestehen, die Kirche ohne das Geld zu verlassen. Doch verändert sich der Fall zu einem Fall, in dem der Dieb handelt, wenn man den Dämon wegnimmt und ein unverursachtes Ereignis belässt? Das Beispiel des Dämons zeigt, dass das, was die Veränderung bewirkt, nicht in der handelnden Person selbst liegt. Doch auch bei einem unbestimmten Ereignis kann man das, was das Ereignis bestimmt, offenbar nicht in der handelnden Person finden. Wenn nämlich keine Determinanten gefunden werden können, können sie auch nicht *in* der Person gefunden werden und daher liegt der Schluss nahe, dass die Person nicht diejenige ist, die eine Handlung hervorbringt (vgl. van Inwagen 1983, 129–131).

Um das zu veranschaulichen, kann man nach van Inwagen das, was das Ereignis in der Person verursacht, von einem Dämon in ein Gerät im Gehirn umwandeln, das aus Gehirnzellen besteht. Dieses kann man wiederum immer kleiner machen, bis es von einem Gerät aus Gehirnzellen zu einem natürlichen Teil wird, das unbestimmte Ereignisse in der Person erzeugt. Aus Sicht eines Kompatibilisten gibt es hier keinen wesentlichen Unterschied zwischen einem eingreifenden Dämon und etwas Natürlichem, das im Gehirn einer Person wirkt. Doch dieser Schritt des Kompatibilisten von einem fremden Ding, das aus Gehirnzellen gemacht ist, zu einem natürlichen Teil des Handelnden ist nicht so unschuldig, wie es scheint. Veränderungen in natürlichen Teilen einer Person gleichen im Gegensatz zu Veränderungen in Teilen, die nicht zu einer Person gehören, dem Prozess, in dem eine Person zu einem Wunsch oder zu einer Überzeugung gelangt. Daran, dass solch ein Ding, das nicht zur Person gehört, etwas ihr Äußerliches ist, ändert sich auch nichts dadurch, dass sich dieses im Kopf befindet und aus Gehirnzellen gemacht ist (vgl. van Inwagen 1983, 141).

Diese Argumentation der Vertreter des *Mind Arguments* ist also nicht überzeugend. Es kann Handlungen geben, bei denen unbestimmte Ereignisse auftreten, die durch vorherige Zustände nicht determiniert sind. Das Auftreten solcher Ereignisse kann man nicht einfach mit dem Eingreifen eines Dämons oder mit der *Manipulation des Handelnden* durch äußere Einflüsse vergleichen. Wenn es als natürlicher Teil im Handelnden selbst auftritt, muss es nichts ihm Fremdes oder Äußerliches sein, sondern kommt ganz aus ihm heraus. Daher kann auch die daraus resultierende Handlung etwas sein, was der Handelnde selbst *hervorbringt*.

3.3.3.4 Das Problem mit der *Beta Regel*

Auch Finch und Warfield argumentieren gegen das *Mind Argument*, das mit dem *Konsequenzargument* zusammenhängt. Daher wollen sie beweisen, dass beide Argumente Fehler aufweisen. Problematisch ist demnach vor allem die *Beta Regel*: „Beta {Np & N($p \rightarrow q$)} implies Nq" (Finch und Warfield 1998, 516).[33] Np bedeutet, dass p der Fall ist und niemand eine Wahl hat oder hatte, ob p passiert. $\Box$ bedeutet logische Notwendigkeit, „Alpha $\Box\, p$ implies Np" (Finch und Warfield 1998, 516), F ist jede Wahrheit, P ist der Zustand der Welt in der weit entfernten Vergangenheit und L die Verbindung der Naturgesetze. Das *Konsequenzargument* ist dann wie folgt aufgebaut (vgl. Finch und Warfield 1998, 516):

1.	$\Box\, \{(P\ \&\ L) \rightarrow F\}$	Consequence of Determinism
2.	$\Box\, \{P \rightarrow (L \rightarrow F)\}$	1
3.	N $\{P \rightarrow (L \rightarrow F)\}$	2, Alpha
4.	NP	premise, fixity of the past
5.	N($L \rightarrow F$)	3, 4, Beta
6.	NL	premise, fixity of the laws
7.	NF	5, 6, Beta
		(Finch und Warfield 1998, 516).

Van Inwagen selbst geht davon aus, dass die *Beta Regel* der schwächste Teil des Arguments ist. Weniger problematisch sind dagegen die Prämissen, dass niemand eine Wahl hat, wie die Vergangenheit war, und dass niemand eine Wahl im Hinblick auf die Naturgesetze hat. *DB* soll der „belief/desire complex" (Finch und Warfield 1998, 517) eines Handelnden sein, während *R* eine nur von *DB* verursachte (aber

---

[33] Die *Beta Regel* besagt also, dass niemand eine Wahl hat oder hatte, ob p, und q folgt aus p (und niemand hat oder hatte eine Wahl, ob q aus p folgt). Daraus folgt, dass q, und niemand hat oder hatte eine Wahl, ob q.

nicht determinierte) Handlung sein soll. Wäre N(*DB*) und N(*DB* → *R*) wahr, würde N(*R*) aus *Beta* folgen. Das *Mind Argument* ist somit wie folgt aufgebaut (vgl. Finch und Warfield 1998, 517–518):

P1.	N(*DB*)	Premise
P2.	N(*DB* → *R*)	Premise
C1.	N(*R*)	P1, P2, Beta
		(Finch und Warfield 1998, 518).

Das *Mind Argument* ist also nur unter der Voraussetzung richtig, dass *Beta* richtig ist. Problematischerweise brauchen die Libertarier *Beta* aber auch für das *Konsequenzargument*, um zu zeigen, dass freier Wille und Determinismus nicht kompatibel sind. Doch McKay und Johnson konnten zeigen, dass aus N*p* und N*q* nicht N(*p* & *q*) folgt. In ihrem Beispiel dazu gibt es einen Handelnden, der eine Münze nicht wirft, obwohl er sie hätte werfen können. Man kann nun *p* als das Landen der Münze auf Kopf und *q* als das Landen auf Zahl definieren. „In this case, while both N*p* and N*q* are true (i. e. no one can ensure or could have ensured that the coin lands heads), N(*p* & *q*) is false, because one could have ensured the falsity of (*p* & *q*) by flipping the coin" (Finch und Warfield 1998, 518–520). Das *Prinzip der Agglomeration* ist also falsch und daher ist auch *Beta* falsch. Doch wenn das *Mind Argument* falsch wird, weil *Beta* falsch ist, dann ist auch das *Konsequenzargument* nicht länger gültig. Aus diesem Grund bieten Finch und Warfield eine neue Variante des Argumentes an. Nötig wird ein neues Prinzip, das den Determinismus damit verbinden kann, dass kein Handelnder eine Wahl im Hinblick auf irgendetwas hat. Sie nennen dieses Prinzip *Beta 2* (vgl. Finch und Warfield 1998, 520–521):

„Beta 2 (N*p* & □ (*p* → *q*)) implies N*q*" (Finch und Warfield 1998, 521). □ wird also statt N verwendet, was eine unproblematischere Behauptung ist. Denn es wird nur ausgesagt, dass eine Person keine Wahl im Hinblick auf die logischen Folgen der Dinge hat, die sie nicht ändern kann. Niemand hat eine Wahl bezüglich der Vergangenheit und der Naturgesetze. Die Zukunft wäre in einer deterministischen Welt die logische Konsequenz der Vergangenheit und der Naturgesetze. Mit der Regel *Beta 2* kann man also vom Determinismus darauf schließen, dass es keinen freien Willen gibt. So kann das *Konsequenzargument*, nicht aber das *Mind Argument* mit *Beta 2* umformuliert werden. Denn würde man beim *Mind Argument* N in P2 durch □ ersetzen, erhielte man ein ungültiges Argument (vgl. Finch und Warfield 1998, 522).

„Where, as in the *Mind* argument, one's action (*R*) is an indeterministic consequence of one's belief/desire complex (*DB*), it is consistent with *DB*'s occurrence that *R* not occurr which implies that the reformulated second premise, □ (*DB* → *R*), is false" (Finch und Warfield 1998, 522). Mit dieser Strategie kann also gezeigt werden, dass der Inkompatibilismus richtig und der Kompatibilismus falsch liegt.

Es hat sich gezeigt, dass es Handlungen geben kann, bei denen unbestimmte Ereignisse auftreten. Das Auftreten solcher Ereignisse kann man nicht einfach mit dem Eingreifen eines Dämons oder mit der *Manipulation des Handelnden* durch äußere Einflüsse vergleichen. Dennoch spielen in der Debatte um den Kompatibilismus Manipulationsargumente eine große Rolle. Von Kompatibilsten wird argumentiert, dass das Wirken unbestimmter Ereignisse im Handelnden für seine Freiheit und Verantwortung ähnlich problematisch ist, wie Manipulation von außen. Gegen den Kompatibilismus wird argumentiert, dass determinierte Handlungen für Freiheit und Verantwortung ähnlich problematisch sind, wie von außen manipulierte Handlungen. Daher soll zum Abschluss der Überlegungen zum *Mind Argument* und *Problem des Glücks* auf Todds Umformulierung der Manipulationsargumente gegen den Kompatibilismus eingegangen werden, da sich in diesem Argument gewissermaßen *Mind Argument* und zum *Problem des Glücks* überschneiden und er plausibel darstellen kann, warum Kompatibilismus und moralische Verantwortung nicht vereinbar sind.

3.3.3.5 Manipulationsargumente gegen den Kompatibilismus

Pereboom stellte vier Fälle für den Inkompatibilismus vor, von denen sich Todd auf den zweiten Fall bezieht. Hier wird Plum von Neurowissenschaftlern so programmiert, dass er auf rationale Weise egoistisch ist. So verhält er sich oft, aber nicht immer. Plum ist nun in der Situation, dass er kausal determiniert ist. Er überlegt und wägt Gründe ab. Außerdem hat er bestimmte Wünsche erster und zweiter Ordnung und all das führt dazu, dass er White ermordet. Seine egoistischen Gründe spielen für seine Entscheidung eine große Rolle und dennoch handelt er nicht auf Basis eines Wunsches, der für ihn unwiderstehlich ist. Plum erfüllt alle kompatibilistischen Bedingungen für moralische Verantwortung. Der Fall zeigt aber nach Todd, dass diese kompatibilistischen Bedingungen nicht stark genug sind. Denn ein Handelnder wie Plum kann diese Bedingungen erfüllen und dennoch Opfer einer Manipulation sein, durch die seine Verantwortung reduziert wird (vgl. Todd 2011, 128–129).

In Perebooms viertem Fall läuft alles ähnlich ab wie im zweiten Fall. Der Unterschied besteht nur darin, dass statt der Neurowissenschaftler natürliche Ursachen für Plums Disposition verantwortlich sind. Pereboom stellt nun beim Vergleich der beiden Fälle fest, dass es keinen Unterschied macht, ob die mentalen Zustände Plums auf natürliche deterministische Ursachen oder auf intentionale Handelnde zurückzuführen sind. Nach Todd könnte man sich nun jemanden vorstellen, der den Mord an White beobachtet. Weiß er nichts von der Rolle, die die Neurowissenschaftler gespielt haben, würde er Plum wohl die volle Schuld geben und ihn moralisch verurteilen. Würde der Zeuge dann von den Neurowissenschaftlern erfahren, würde man annehmen, dass der Grad an Schuld und Verantwortung, die er Plum zuschreibt, zumindest sinken würde. Todds Punkt ist hier, dass es für einen Kompatibilisten keinen Unterschied in der Beurteilung Plums geben dürfte – egal ob Plum unter dem Einfluss der Neurowissenschaftler gehandelt hat oder nicht. Denn nach Todd ist man als Kompatibilist der Idee verpflichtet, dass Schuld mit dem Determinismus kompatibel ist. Eine mildere These wäre dagegen, dass die Wahrheit des Determinismus für Schuld nicht relevant ist. Würde man diese These vertreten, bliebe vom Kompatibilismus aber nur noch übrig, dass Schuld verringert wird, wenn der Determinismus wahr ist. Gibt der Kompatibilist zu, dass sich Schuld durch den Determinismus verringern kann, muss er beantworten können, warum der Determinismus zu einer veränderten moralischen Beurteilung führt. „Here the compatibilist is on thin ice, for she must specify features of determinism that only *mitigate* responsibility rather than *ruling it out*" (Todd 2011, 131). Ein Kompatibilist könnte beispielsweise argumentieren, dass unsere Entscheidungen teilweise auf Faktoren außerhalb unserer Kontrolle zurückzuführen sind, wenn der Determinismus wahr ist. Doch nach Todd wären unsere Entscheidungen dann nicht nur teilweise, sondern völlig auf Faktoren außerhalb unserer Kontrolle zurückzuführen. Hier kann es seiner Meinung nach keine Grade geben. Denn wird unsere Verantwortung dadurch *vermindert*, dass unser Charakter *teilweise* auf solche Faktoren außerhalb unserer Kontrolle zurückzuführen ist, dann müsste unsere Verantwortung völlig *untergraben* werden, wenn unser Charakter *vollständig* auf solche Faktoren zurückzuführen ist (vgl. Todd 2011, 129–131).

Todd schlägt daher ein modifiziertes Manipulationsargument (*MMA*) vor (vgl. Todd 2011, 132):

> (1) If blameworthiness is mitigated for Plum in Case 2, blameworthiness is mitigated if mere causal determinism is true.
> (2) If blameworthiness is mitigated if mere causal determinism is true, then compatibilism is false.
> (3) Blameworthiness is mitigated for Plum in Case 2
> (Todd 2011, 132).

Daher schlussfolgert Todd, dass der Kompatibilismus falsch ist. (2) hat Todd verteidigt und (1) ist seiner Meinung nach unproblematisch.[34] Nun könnte aber auch (3)

---

[34] An diesem Punkt könnte man Todd jedoch widersprechen. Denn es macht durchaus einen Unterschied, ob eine Handlung durch einen anderen intentionalen Handelnden oder durch die Natur beeinflusst ist. Van Inwagen argumentiert auf diese Weise *gegen* den Kompatibilismus (siehe 3.3.3.3). Auch wenn dieser Frage hier nicht näher nachgegangen werden soll, soll zumindest eine

kritisiert werden. Denn es könnte behauptet werden, dass Plums Verantwortung durch den Eingriff der Neurowissenschaftler nicht reduziert wird. Doch Todd hält fest, dass die bisherigen Manipulationsargumente der Inkompatibilisten unnötig aufwändig waren, wenn ein Kompatibilist nur (3) kritisieren kann (vgl. Todd 2011, 132).

> All incompatibilists should be (or must be) claiming is that Case 2-style manipulation (or its equivalent) *dampens* or *detracts* from Plum's blameworthiness: a judgement of '7' should at least decrease to a '6', and so on, *not* that a 7 should decrease to a *zero*. This burden is *significantly* lighter than the one incompatibilists have so far been carrying, and the burden is to that extent significantly heavier for compatibilists. (Todd 2011, 132–133)

Für Inkompatibilisten reicht es also, wenn angenommen werden kann, dass bestimmte Arten der Manipulation die Schuld eines Handelnden mindern (vgl. Todd 2011, 133). Es hat sich also gezeigt, dass das *Mind Argument* zurückgewiesen werden kann und der Kompatibilismus falsch liegt. Es kann durchaus Handlungsoptionen geben, die gleichermaßen gut zum Handelnden und zu seiner Geschichte passen. Was er dann wählt, ist zwar bestimmt und nicht rein willkürlich, weil es zu ihm und seiner Geschichte passt. Es ist aber auch frei und zufällig, weil er nicht auf *eine einzige* Handlungsmöglichkeit festgelegt ist.

Nach Doyle gibt es in der Welt nur einen angemessenen (adäquaten) Determinismus, wodurch der Zufall nicht die *direkte* Ursache einer Handlung ist. Denn der Wille, der die Handlungen bestimmt, wird auf angemessene Weise durch Gründe, den Charakter, Werte, Motive und Gefühle bestimmt. Durch den Zufall gibt es immer alternative Möglichkeiten bei der Entscheidung einer Person. Aus diesem Grund ist es meist wahr, dass man auch anders hätte handeln können. Da die Handlungen, die man ausführt, aber dennoch kausal durch die handelnde Person selbst bestimmt und daher ihr selbst überlassen sind, kann sie moralisch für ihre Handlungen verantwortlich sein. Dass wir moralisch verantwortlich sind, ist also möglich, weil es Zufall *und* adäquate Determination gibt (vgl. Doyle 2016, 57).

Lösung angedeutet werden: Das Problem der Verantwortung scheint hier in zwei Richtungen zu laufen. Greift ein intentionaler Handelnder manipulierend ein, ist er auf andere Weise verantwortlich als die Natur (die Verantwortung kann auf ihn geschoben und er kann moralisch zur Rechenschaft gezogen werden). In diesem Sinn macht es einen Unterschied, ob eine Handlung durch einen anderen intentionalen Handelnden oder durch die Natur beeinflusst ist. Keinen wesentlichen Unterschied macht diese Tatsache jedoch für die Verantwortung, die der Handelnde selbst für seine Taten hat. Entscheidend ist jedoch, ob bei seinen Handlungen Veränderungen in seinen eigenen natürlichen Teilen, die er kontrollieren kann, *beteiligt* sind, oder ob er durch natürliche Tatsachen außerhalb seiner selbst (die ferne Vergangenheit und die Naturgesetze) zu einer Handlung gezwungen wird.

Ähnliches gilt für das libertarische Konzept Helen Stewards, das nun im folgenden Kapitel betrachtet werden soll. Auch bei ihr ist moralische Verantwortung nur möglich, weil wir einerseits durch das Beginnen neuer Kausalketten und durch unsere Setzungen frei und verantwortlich handeln können und weil wir andererseits dennoch wegen Gründen und dadurch nicht völlig unbestimmt handeln. Auch bei ihr gibt es also eine Verbindung zwischen einer gemäßigten Bestimmtheit und freien Handlungen, die teilweise etwas Zufälliges enthalten.

An dieser Stelle soll also festgehalten werden, dass es Zwischenpositionen zwischen Kompatibilismus und Libertarismus gibt. Sowohl Steward als auch Doyle lassen sich gewissermaßen hier einordnen, während Doyle stärker zum Kompatibilismus und Steward stärker zum Libertarismus tendiert. Die Details ihrer Position und vor allem die Unterschiede zwischen Doyles gemäßigtem Determinismus und Stewards Konzept freier Handlungen werden im Folgenden noch näher beleuchtet werden. Allerdings hat sich bis zu diesem Punkt schon gezeigt, dass die Begrifflichkeit in der Debatte um den freien Willen und die Handlungsfreiheit alles andere als unproblematisch ist. Daher soll zum Schluss dieses Kapitels noch einmal eine wichtige Begriffsklärung für alles Weitere vorgenommen werden, bevor dann mit den libertarischen Positionen und ihren Antworten auf den *Einwand der Beliebigkeit* fortgefahren werden kann.

3.3.4 Fünf wichtige Unterscheidungen

John Locke war der Meinung, dass das Adjektiv *frei* nicht den Willen, sondern den menschlichen Geist beschreibt. Demnach muss man *frei* vom Willen trennen. Ebenso muss man aber *moralisch* von der Verantwortung trennen, da man auch fragen kann, ob eine Person für eine Handlung verantwortlich ist, ohne dass es sich dabei um moralische Verantwortung handeln muss. Nach Doyle besteht ein wesentliches Problem der Debatte darin, dass *freier Wille* und *moralische Verantwortung* häufig jeweils zusammen und als eins untersucht wurden (vgl. Doyle 2016, 197).

Seiner Meinung nach muss man vier wichtige Unterscheidungen vornehmen.[35] Man muss erstens *frei* vom Willen unterscheiden und zweitens muss Verantwor-

---

[35] Diese Unterscheidungen scheinen auch Voraussetzungen für die Möglichkeit eines bedingten Willens zu sein. Es kann durchaus sein, dass unser Wille immer bis zu einem gewissen Grad durch unsere Geschichte und unseren Charakter bestimmt ist. Das muss allerdings nicht heißen, dass auch all unsere Handlungen völlig determiniert sein müssen. Es könnte sich herausstellen, dass es tatsächlich keinen freien im Sinne eines *völlig unbestimmten Willens* geben kann, sondern dass es nur freie Handlungen gibt. Denn es könnte sich zeigen, dass der Wille tatsächlich, wie auch Bieri betont,

tung von moralischer Verantwortung unterschieden werden (vgl. Doyle 2016, 255). Außerdem muss man den freien Willen von moralischer Verantwortung und freien Willen *und* moralische Verantwortung von der Frage nach Belohnung oder Bestrafung unterscheiden (vgl. Doyle 2016, 255). Hier muss allerdings noch eine fünfte wichtige Unterscheidung ergänzt werden, die vor allem im Folgenden eine große Rolle spielen wird. Zusätzlich zu den vier bereits aufgezählten Unterscheidungen muss außerdem die Handlungsfreiheit von der Willensfreiheit unterschieden werden. Auch diese Unterscheidung ist jedoch alles andere als unproblematisch.

Denn nach David Hume besteht Freiheit in der Abwesenheit von Zwang. Dadurch hat jemand *Handlungsfreiheit*, wodurch aber noch nicht die für Libertarier entscheidende Freiheit von Vorherbestimmtem gewährleistet ist, durch die eine Person der Autor der eigenen Lebensgeschichte wird (vgl. Doyle 2016, 45). Auch Kompatibilisten wie Bieri sprechen explizit von der Handlungsfreiheit, wenn sie die Abwesenheit von Zwang meinen. Im Gegensatz dazu meint vor allem die Libertarierin Helen Steward etwas anderes, wenn sie von der Handlungsfreiheit spricht, die bei ihr darin besteht, in den eigenen Handlungen neue Anfänge machen und sich damit von einer universal determinierten Kausalkette lösen zu können. Während Kompatibilisten also mit Handlungsfreiheit eher eine negative Freiheit (im Sinne von Abwesenheit von Zwang) meinen, meinen Libertarier mit Handlungsfreiheit eher die positive Freiheit, die darin besteht, neue Anfänge machen zu können. Handlungsfreiheit oder freies Handeln soll im Folgenden auf diese libertarische Weise verwendet werden. Der Begriff Willensfreiheit soll im Folgenden zunächst nicht mehr verwendet werden, da mit ihm freies Handeln und der Wille traditionell vermischt werden. Auf diese Unterscheidung kommt es allerdings an – vor allem, wenn es schließlich um die Frage der Zuschreibung von moralischer Verantwortung geht.

Die Frage nach der Verantwortung ist für Doyle eine Frage nach der Kausalität und Verursachung einer Handlung, während moralische Fragen keine physischen, sondern ethische Fragen sind (vgl. Doyle 2016, 251–252). Daher wird nun auch zunächst die Frage nach der Verantwortung für Handlungen im vierten Kapitel untersucht werden. Erst im Anschluss können die Ergebnisse im fünften Kapitel mit Überlegungen zur *moralischen* Verantwortung verbunden werden, wodurch wieder der Bogen zur eingangs untersuchten Ethik geschlagen werden kann. Dem Vorgehen in der vorliegenden Arbeit liegt damit die Annahme zugrunde, dass moralische Verantwortung nur möglich ist, wenn man für Handlungen überhaupt verantwortlich sein kann. Dass ein Wesen für eine Handlung verantwortlich ist, heißt aber

---

immer ein *bestimmter Wille* sein muss, während Handlungen aber frei und unbestimmt sein können.

nicht im Umkehrschluss, dass wir es für diese Handlung auch *moralisch* verantwortlich machen können.

4 Libertarismus: Das Selbst drückt sich in unseren Handlungen aus und wird durch unser Handeln konstituiert

Beim Kompatibilismus sind die Handlungen einer Person, wie sich zeigte, ganz vom Selbst und vom Charakter der Person bestimmt, wobei die Person aber keinen Einfluss auf dieses Selbst und ihren Charakter haben kann. Aus diesem Grund sind Handlungen hier nicht frei. Der Determinismus ist also mit freiem Handeln nicht kompatibel. Daraus folgt, dass der Libertarismus wahr sein muss, *wenn* es freie Handlungen gibt (vgl. Steward 2012a, 25). Die Libertarierin Helen Steward, deren *„Agency Incompatibilism"* (Steward 2016, 161) im Folgenden im Fokus stehen soll, liefert mit ihrer libertarischen Theorie eine neue Perspektive und sehr interessante neue Lösungsansätze für die Frage nach Freiheit und Handlung in der Natur. Ihr graduelles Konzept von Handlung, bei dem der Handelnde als Ganzer im Mittelpunkt steht, bereichert die Freiheitsdebatte und stößt neue Überlegungen in diesem Bereich an, der zuvor bereits zur Genüge ausdiskutiert schien. Aus diesem Grund wird ihre Theorie im Folgenden besonders detailliert untersucht, bevor im fünften und letzten Kapitel die Vor- und Nachteile ihres *Agency Incompatibilism* noch einmal mit anderen vielversprechenden libertarischen Theorien verglichen und zum Konzept der moralischen Verantwortung in Bezug gesetzt werden soll.

4.1 *Fresh Starts* und Details von Handlungen – Die libertarische Position von Helen Steward

Nach Steward sind freie Handlungen und der Determinismus durch drei Behauptungen nicht kompatibel. Erstens ist es ihrer Meinung nach wesentlich für Handlungen, dass sie aus Setzungen (*Settlings*) durch einen Handelnden im Moment der Handlung bestehen (vgl. Steward 2012a, 115). Zweitens kann es nichts geben, was ein Handelnder im Moment der Handlung festsetzen kann, wenn der Determinismus wahr ist (vgl. Steward 2012a, 115). Und drittens könnte es daher in einer deterministischen Welt weder Handlungen, noch Handelnde geben (vgl. Steward 2012a, 115). Dabei versteht sie Handlungen immer als freie Handlungen, da ein Nicht-anders-handeln-können mit dem Begriff *Handlung* generell nicht vereinbar ist. Was das genau bedeutet, wird sich noch zeigen. Bevor im Folgenden auf diese freien Handlungen näher eingegangen wird, soll noch kurz betrachtet werden, ob ein wissenschaftlicher Beweis des Determinismus zu erwarten ist und inwiefern solch ein Beweis für ein Konzept freien Handelns problematisch sein kann.

4.1.1 Zwei Behauptungen über den Determinismus und ihre unterschiedlichen Folgen

Bei der Frage, ob der Determinismus wahr ist, müssen zwei Behauptungen (P1 und P2) unterschieden werden. Nach P1 kann die Frage, ob der Determinismus wahr ist, nur von der Physik beantwortet werden. Nach P2 ist dies eine Frage, die eines Tages durch die Physik festgelegt oder entschieden werden *könnte*. Steward akzeptiert P2, jedoch nicht P1. Denn es ist möglich, dass es irgendwann Forschungsergebnisse geben wird, die jetzt unplausibel erscheinen. Solch eine Möglichkeit darf man nicht kategorisch ausschließen. Allerdings würde nur P1 derzeit ein Problem für den *Agency Incompatibilism* darstellen (vgl. Steward 2012c, 264–265).

„[D]eterminism is the thesis, that 'for any given time, a complete statement of the (temporally genuine or non-relational) facts about that time, together with a complete statement of the laws of nature, entails every truth as to what happens after that time'" (Steward 2012c, 265). Daraus folgt allerdings, dass der Determinismus entgegen der Behauptung P1 eine generelle Behauptung ist und nicht nur die physikalischen Fakten betrifft. Hier sind auch biologische, psychologische, soziologische und kulturelle Fakten eingeschlossen, bei denen Physiker keine Experten sind. Darüber hinaus sind auch viele Tatsachen eingeschlossen, die sich keiner Disziplin zuordnen lassen. So lassen sich beispielsweise die Fakten, dass eine Brille zerbrochen oder eine Flasche Sonnencreme fast leer ist, keiner der wissenschaftlichen Disziplinen zuordnen (vgl. Steward 2012c, 265).

P2 ist im Vergleich zu P1 also eine schwächere Behauptung, denn hier ist es nur epistemisch möglich, dass ein Physiker eines Tages zeigen kann, dass der Determinismus wahr ist. Sollte dieser Moment irgendwann kommen, würde sich der *Agency Incompatibilism* tatsächlich als falsch erweisen. (Beziehungsweise würde sich nicht der *Agency Incompatibilism* als Theorie als falsch erweisen, sondern unsere Überzeugung, dass es Handelnde gibt, würde sich als falsch erweisen.) Derzeit verfügen wir also über kein Wissen, das dem *Agency Incompatibilism* grundlegend widersprechen würde (vgl. Steward 2012c, 266).

4.1.2 Determinismus und Determination

Darüber hinaus müssen wir nach Steward unterschiedliche Bedeutungen von *Determinieren* unterscheiden. Dass dieses Wort auf unterschiedliche Weise verwendet wird, hat ihrer Meinung nach für viel Verwirrung in der Debatte um den freien Willen gesorgt. So kann man *Determinieren* als *Bestimmen* oder als *Erzwingen* verwenden. Mit *Determinieren* kann man also auch *necessitate* (notwendig machen, erfordern) meinen. Doch Steward ist der Meinung, dass *Determinieren* in diesem

Kontext eher als *Festsetzen* von etwas, was bis dahin noch nicht festgesetzt war, betrachtet werden sollte. Es hat also bei ihr eher eine Ähnlichkeit mit dem, was sie unter *Settling* versteht, als dass es *Necessitation* meint. Man kann demnach etwas determinieren, indem man festsetzt, was passiert. Das bedeutet aber nicht, dass notwendig und unausweichlich ist, was passiert. Etwas wird im Sinne von *Necessitation* determiniert, wenn eine Menge an Ereignissen und Zuständen etwas notwendig machen. Etwas kann aber auch im Sinne von *Settling* determiniert werden, wenn Personen oder Lebewesen festsetzen, ob und wie etwas passiert. Daher sind auch Gründe keine Zustände im Handelnden, die Taten determinieren, indem sie diese notwendig machen. Sondern die Gründe einer Person bestimmen, wie sie handeln wird, *indem* der Handelnde selbst festlegt, wie er handelt, und indem er sich dabei auf seine Gründe beziehen kann. Gründe sind also nicht die deterministischen Ursachen von Handlungen (vgl. Steward 2012a, 150–152).

Man muss also unbedingt *Determinieren* und *Determinismus* voneinander unterscheiden. Problematisch ist die kompatibilistische Behauptung, dass die Freiheit den *Determinismus* erforderlich macht. Denn damit ist die Auffassung verbunden, dass man frei handelt, wenn man durch die eigenen Gründe determiniert wird. Von dieser Einsicht wird problematischerweise darauf geschlossen, dass die Freiheit am größten ist, wenn Handlungen auf deterministische Weise von Gründen verursacht werden. Steward weist allerdings darauf hin, dass es einen großen Unterschied zwischen dem, was durch etwas anderes *determiniert wird*, und dem, was *deterministisch verursacht wird*, gibt (vgl. Steward 2012a, 152).

Außerdem sind die entscheidenden und für den Determinismus problematischen alternativen Möglichkeiten nicht die, die bei Entscheidungen höherer Stufe bei beliebigen moralischen oder praktischen Dilemmata vorkommen. Hier könnten die Kompatibilisten richtig liegen und in Bezug auf solche Entscheidungen die beste Darstellung liefern. Für Steward sind die entscheidenden alternativen Möglichkeiten dagegen bei den grundlegenderen Kräften von Lebewesen zu finden, die ein Handelnder über seine eigenen Bewegungen besitzen muss (vgl. Steward 2012a, 126).

Man findet also bei Steward eine gewisse Zweiteilung. Die alternativen Möglichkeiten, die auf der grundlegenden Ebene von Handlungen gegeben sein müssen, auf der man spontan etwas festsetzt, sind libertarisch. Doch die moralischen Entscheidungen, die man trifft, wenn man zwischen unterschiedlichen Möglichkeiten eine rationale oder vielleicht auch emotionale Wahl trifft, scheinen durch den Willen bestimmt sein zu müssen und sind dadurch in gewisser Weise kompatibilistisch. Damit ist Stewards Konzept mit einer gewissen Form von Bestimmtheit – aber nicht mit dem universalen Determinismus – kompatibel. Wir sind frei und können uns auch auf der höheren Ebene moralisch verantwortlich entscheiden, weil wir auf der grundlegenderen Ebene neue Kausalketten beginnen können und damit die grundsätzliche Voraussetzung für die Existenz von Freiheit in unserem Handeln erfüllt ist.

Die Kompatibilisten haben also Recht mit ihrer Einsicht, dass eine freie Handlung durch den eigenen Willen und damit durch die eigenen Gründe und Motive *bestimmt* und *determiniert* sein muss, wenn sie wirklich frei sein soll. Doch der Sprung zum universalen Determinismus, der damit dann verbunden ist, ist nach Steward falsch. Er beruht ihrer Meinung nach wohl auf einer falschen Verwendung von *Determinieren*. Denn, dass etwas durch Gründe und den eigenen Willen bestimmt sein soll, bedeutet nicht, dass es *universal determiniert* oder *deterministisch verursacht* sein muss.

4.1.3 Gegenargumente gegen Frankfurt-Fälle: Handlungsalternativen sind Voraussetzung für Freiheit

Eine Handlung ist für Helen Steward die Ausübung der Fähigkeit, den Körper und Teile davon selbst zu bewegen, was auch durch mentale Akte und durch das Gehirn zustande kommen kann. Handlungen sind dabei aber keine bloßen Körperbewegungen, weil diese bereits das Ergebnis einer Tätigkeit sind (vgl. Steward 2012a, 32–33). Die deterministische Sicht auf Handlungen kommt unter anderem dadurch zustande, dass man diese als reine Körperbewegungen betrachtet (vgl. Steward 2012a, 10). Doch wenn der universale Determinismus wahr ist, dann ist die Zukunft nicht in dem Sinne offen, dass es mehr als eine mögliche Zukunft gibt, was der Fall wäre, wenn es Lebewesen gibt, die sich selbst bewegen können. Dies wäre dem Lebewesen aus sich selbst heraus und ohne äußere Quelle möglich. In diesem Fall ist das Wesen der Besitzer des Körpers, den es bewegen kann, und wenn es ihn bewegt, handelt es. Nur ein Wesen, das einen Geist hat und dem man mentale Eigenschaften zuschreiben kann, kann einen Körper wirklich in diesem Sinne besitzen. Dies beinhaltet beim Bewegen des Körpers eine grundlegende Idee eines Ziels, was auch bei manchen Tieren gegeben sein kann. Tiere können zwar ihre Instinkte nicht überschreiten, sie haben aber einen gewissen Gestaltungsspielraum dabei, wie sie Dinge ausführen, was für Steward ausreichend ist, um von handelnden Wesen zu sprechen. Da es nun in der Welt solche sich selbst bewegenden Wesen offensichtlich gibt, ist in der logischen Folge der Determinismus nicht wahr (vgl. Steward 2012a, 12–23).

Während normalerweise ein moralischer Grund für die Inkompatibilität von Determinismus und moralischer Verantwortung genannt wird, geht Steward also von dem metaphysischen Grund aus, dass der Determinismus mit *Handlung* inkonsistent ist, die wiederum eine notwendige Bedingung für moralische Verantwortung ist. Der entscheidende Punkt ist dann, dass es nicht einfach unfair ist, wenn man nicht anders konnte als so zu handeln, sondern, dass dieses Nicht-anders-handeln-können überhaupt inkonsistent mit Handlungen ist (vgl. Steward 2015, 382).

Denn für Steward ist eine Welt, in der alle Handelnden ohne Handlungsalternative handeln, eigentlich eine Welt ohne Handlung (vgl. Steward 2012a, 25). In Frankfurts Beispiel kann man nun davon sprechen, dass Jones handelt und dafür auch verantwortlich ist, wenn er sich ohne Blacks Einfluss entscheidet. Wenn Black eingreift und seine Intention verändert, dann kann man aber nicht mehr von Jones Handlung sprechen. Dabei ist eine Entscheidung immer als Handlung zu verstehen, da man sich nicht unabsichtlich oder unfreiwillig für etwas entscheiden kann. „[...] nothing can count as A's decision which does not also count as A's action" (Steward 2015, 385). Deshalb kann Black etwas ganz Entscheidendes nicht erreichen, wenn er Jones Gehirn manipuliert: Er kann nicht erreichen, dass die manipulierte Wahl wirklich die Handlung von Jones ist. Wenn man nämlich Handlungen als rein physische Ereignisse wie beispielsweise Körperbewegungen betrachtet, dann kann Black die Handlungen tatsächlich beeinflussen. Weil eine Handlung aber eine Körperbewegung sein *kann*, aber auf jeden Fall der Beginn einer neuen Kausalkette sein *muss*, kann Black Jones nicht zum Handelnden machen, wenn er ihn beeinflusst. Der Handelnde muss nämlich den Beginn einer solchen neuen Kausalkette in der Welt selbst auslösen. Wenn der Auslöser dafür von außerhalb seiner selbst kommt, dann ist er nicht der Handelnde. Wenn wir in unseren Handlungen sonst beeinflusst oder umgestimmt werden, dann widerspricht das dagegen nicht der Tatsache, dass wir selbst es sind, die handeln. Aber die eigene Handlung kann nicht *direkt durch andere* hervorgebracht werden, weil das sonst dem Konzept der Handlung widerspricht. Zusammenfassend kann man also festhalten, dass der Determinismus mit Handlung an sich und nicht nur mit moralischer Verantwortung inkompatibel ist. Zudem kann man festhalten, dass auch Frankfurts Argument das Prinzip der alternativen Möglichkeiten nicht widerlegt, weil sich dieses Prinzip immer auf Handlungen von Personen bezieht, Jones unter Manipulation von Black aber kein Handelnder ist (vgl. Steward 2015, 384–386).

Daraus wird bereits eine wichtige Unterscheidung deutlich, die hier zusätzlich vorgenommen werden muss. Das, was jemand getan hat, kann von seiner Handlung unterschieden werden.

4.1.3.1 Der Unterschied zwischen Handlungen und dem, was man tut

Nach Steward muss man die Handlung von dem unterscheiden, was man tut. Das, was man tut, ist beispielsweise, *das Bett zu machen, Tee zu trinken* oder *die Zähne zu putzen*. Damit wird aber nicht das genaue Ausführen einer Handlung ausgedrückt. Einzelne Handlungen bestehen nach Steward beispielsweise nicht darin, *mein Bett zu machen* (Steward 2012a, 152), sondern im *Machen meines Bettes* (Steward 2012a, 152) oder im *Trinken des Tees* (Steward 2012a, 152) oder im *Putzen der Zähne* (Steward 2012a, 152). Das, was ich also tue, ist: *Ich mache mein Bett*. Meine Handlung besteht aber im *Machen meines Bettes*, was streng genommen nichts ist, das man getan hat. Denn man kann die Frage, was man am Morgen getan hat, nicht mit der Antwort beantworten: Das *Machen meines Bettes*, denn damit wird nicht ausgesagt, was man getan hat, sondern eine Handlung beschrieben. Es geht hier also um das *Doing* von dem, was man getan hat, womit schon die Art und Weise impliziert ist, auf die etwas ausgeführt wird. Nach Steward können die eigenen Gründe dabei durchaus determinieren, *was man tut*. Die Gründe können also den Typ oder die Art der Handlung bestimmen. Aber die Gründe können nicht im Sinne von *Necessitation* die einzelnen *Doings* – also die Art und Weise, *wie* man etwas tut – bestimmen oder determinieren. Es geht Steward also um den Prozess und die Ausgestaltung einer Handlung, für die ein Handelnder verantwortlich ist (vgl. Steward 2012a, 152–153).

Dabei übt der Handelnde eine bestimmte Kraft aus, die von Kräften lebloser Objekte, die auch Wirkungen hervorbringen können, unterschieden werden müssen. Denn Handelnde haben *two-way Powers*, während Objekte nur *one-way Powers* haben.

4.1.3.2 *One-way Powers* von Objekten

Ähnlich wie Erasmus Mayr bezieht sich Steward auf die Kräfte (*Powers*) von Dingen und ist der Meinung, dass alle möglichen Objekte solche *Powers*[36] haben. So hat beispielsweise Magnesium die Kraft, sich in Säure zu lösen, und ein Herz verfügt über die Kraft, Blut durch den Körper einer Person zu pumpen. Doch all diese Dinge haben keine *two-way Powers*. Das bedeutet, dass solche Objekte nicht im selben Moment auch die Kraft haben, ihre entsprechende *Power* nicht auszuüben und sich *nicht* entsprechend zu verhalten. Damit verfügen solche Objekte über „one-way powers being *realized*" (Steward 2012a, 156). Denn Kräfte von Dingen wie Magnesium werden eher (auch durch bestimmte Umstände) auf passive Weise realisiert, als dass sie aktiv ausgeübt werden, wie es bei *two-way Powers* der Fall ist (vgl. Steward 2012a, 155–156).

4.1.3.3 *Two-way Powers* von Handelnden

Solche *two-way Powers* zu haben, ist dagegen das Charakteristikum eines Handelnden. Wobei die entsprechende Kraft eines Handelnden sich nicht unbedingt im

---

36 Da in der Debatte der Begriff *Powers* zentral ist, wird er hier teilweise beibehalten.

Moment seiner Entscheidung für eine bestimmte Handlung (oder vielmehr für einen bestimmten Handlungstyp) äußern muss.

Denn wir führen viele Handlungen aus, bei denen wir keine expliziten Entscheidungen treffen und die nichtsdestotrotz als Handlungen betrachtet werden können. So kann man gedankenverloren von einem Stück Toast oder Brot abbeißen, während man sich keiner expliziten Entscheidung dazu bewusst ist. Es gibt sehr viele solcher Handlungen, die offenbar spontan entstehen und nicht durch einen Prozess der Entscheidungsfindung zustande kommen. Aus diesem Grund kann es hier scheinbar auch keine ausschlaggebenden alternativen Möglichkeiten geben, die früher in der kausalen Geschichte der Handlung auftreten. In solchen Fällen gibt es nach Steward keine psychologische Geschichte der Handlung, was aber keineswegs bedeutet, dass sie deshalb nicht freiwillig ausgeführt wird. Mehr als die bewusste Entscheidung für eine Handlung spielt für Steward die Fähigkeit eines Handelnden zur Handlungskontrolle eine Rolle. Um von einer Handlung sprechen zu können, muss der Akteur zu jedem Zeitpunkt im Verlauf seiner Handlung in der Lage sein, bestimmte Details zu unterlassen, wodurch er immer in der Lage ist, seine Tätigkeit zu beenden. Das sind die für Steward entscheidenden alternativen Möglichkeiten, die ein Handelnder über die gesamte Handlung hinweg hat. Damit reduzieren sich die alternativen Möglichkeiten in ihrem Konzept nicht nur auf das Treffen einer Entscheidung, sondern ein Lebewesen hat solche Spielräume in jedem Moment seines wachen Lebens (vgl. Steward 2012a, 158–163).

Damit betrachtet Steward auch Tiere als Handelnde, die eine *two-way Power* besitzen und etwas festsetzen können (vgl. Steward 2012c, 252). Gegen diese *two-way Power* von Tieren könnte man argumentieren, dass diese in ihrem Handeln ihren Instinkten unterworfen sind und daher nicht wirklich etwas tun oder auch nicht tun können. Dass Tiere die *two-way Power* besitzen, bedeutet für Steward aber nicht, dass sie völlig frei von ihren Instinkten sind und sich immer auch gegen diese entscheiden können. Es bedeutet auch nicht, dass ein Tier nicht vor einer Gefahr davonlaufen, eine Beute jagen, oder trinken wird, wenn es durstig ist. Für Steward kann es durchaus Handlungen geben, die der Handelnde nicht vermeiden kann. Er kann nicht einmal vermeiden, die Handlung zu einem bestimmten Zeitpunkt zu tun. Instinkt ist dabei ein sehr wichtiger Faktor, der zu solchen unvermeidbaren Handlungstypen führt – Steward spricht hier von „act-types" (Steward 2012c, 253). So kann es für eine gelangweilte Katze unmöglich sein, nicht der Maus aufzulauern, die sie entdeckt hat. Doch in der Art und Weise, wie sie der Maus genau auflauert, gibt es viele unterschiedliche Möglichkeiten, die sie selbst festsetzen kann (vgl. Steward 2012c, 253).

Denn Steward betrachtet eine Handlung als einen *Strom oder Fluss anhaltender Tätigkeit* (vgl. Steward 2012a, 164), der durch das andauernde Vorhandensein von alternativen Möglichkeiten charakterisiert ist (vgl. Steward 2012a, 163–164).

Man hätte eine Tätigkeit immer schneller oder langsamer ausführen, die Richtung ändern, oder zwischendurch anhalten können. Dies sind Beispiele vieler Eigenschaften unserer körperlichen Aktivitäten, die wir in der Regel nicht bewusst wählen und zu denen wir uns nicht entscheiden. Daher kann man bei all diesen alternativen Möglichkeiten, bei denen man auch etwas anderes hätte tun können, nicht einfach sagen, dass man etwas anderes hätte tun können, wenn man etwas anderes gewollt oder anders entschieden hätte (vgl. Steward 2012a, 164).

4.1.3.3.1 Zum Handlungsspielraum – Ein Beispiel für die *two-way Power*

Der klassische Libertarier ist nach Mele (Steward bezeichnet diesen als *Meles Libertarier*) überzeugt davon, dass eine Entscheidung, die ein Handelnder zu einer bestimmten Zeit t getroffen hat, im selben Moment auch anders hätte ausfallen können. Hat sich der Handelnde in t tatsächlich für A entschieden, hätte er aus Sicht eines solchen Libertariers im selben Moment t aber auch *nicht* A tun können. Steward nennt solch einen Handelnden in ihrem Beispiel Joe. Joe hätte also in einer anderen möglichen Welt mit exakt derselben Vergangenheit und denselben Naturgesetzen *nicht* A tun können, auch wenn er sich tatsächlich in t dazu entschieden hat, A zu tun. Dieser Unterschied zwischen den Entscheidungen scheint dann aber nur eine Frage des Zufalls (in seiner extremen Form) – des Glücks – zu sein. Es scheint nicht wirklich von Joe abzuhängen, wie er wählt (vgl. Steward 2012a, 128).

In Stewards Beispiel muss sich Joe entscheiden, ob er mit seiner Freundin zusammenziehen will. Er überlegt und kommt zum Zeitpunkt t zum Entschluss, zusammenzuziehen, weil es dafür die besten Gründe gibt. Solch ein Fall ist nach Steward ein *klarer Fall*, denn hier kommt Joe zu einem klaren und offensichtlichen Ergebnis, das auf Gründen beruht. Darüber hinaus fallen Joe keine guten Gründe ein, die gegen diese Entscheidung sprechen würden. In diesem *klaren Fall* hängt Joes Entscheidung also nicht vom Zufall oder von Glück ab. Doch das Problem entsteht dadurch, dass ein Libertarier nach Mele davon ausgeht, dass Joe in t auch entscheiden hätte können, nicht mit seiner Freundin zusammenzuziehen (vgl. Steward 2012a, 129).

Hätte Joe tatsächlich in diesem *klaren Fall* zum Zeitpunkt t die Alternative gewählt, können wir nicht mehr so leicht sagen, dass die Entscheidung in seiner Hand lag. Fordert man also für Handlungsfreiheit solche alternativen Möglichkeiten, die viele klassische Libertarier als Voraussetzung für Freiheit betrachten, dann entzieht man dem Handelnden die Kontrolle über seine Handlungen, da diese dann nicht mehr in einer sinnvollen Verbindung zu Überzeugungen, Wünschen oder Überlegungen der Person stehen. Die Vertreter des Kompatibilismus liegen also nach Steward in diesem Punkt richtig, wenn sie davon ausgehen, dass man mit dieser Art von alternativen Möglichkeiten die Freiheit des Willens oder den Libertarismus nicht überzeugend verteidigen kann (vgl. Steward 2012a, 130–133).

In *klaren Fällen* (wie dem Fall Joes) hoffen wir nach Steward, dass wir eine „contrastive explanation" (Steward 2012a, 133) geben können, warum er sich dafür und nicht dagegen entschieden hat, mit seiner Freundin zusammenzuziehen. Es kann sich nicht um bloßen Zufall handeln, dass p tatsächlich vor q gewählt wird, wenn man wie in *klaren Fällen* erklären kann, *warum* p vor q gewählt wird. Denn es gibt rationale Überlegungen und motivierende Faktoren, die für p (mit der Freundin zusammenziehen) und nicht für q (nicht mit der Freundin zusammenziehen) sprechen (vgl. Steward 2012a, 133–134).

In einem anderen Beispiel für solche *kontrastiven Warumfragen* nimmt Alice ein Antibiotikum und überlebt. In solch einem Fall hängt es teilweise vom Glück ab, dass Alice nicht stirbt. Denn es gibt auch andere Personen, die sterben, obwohl sie das gleiche Medikament nehmen. Nun könnte man eine Stufe weiter gehen und eine weitere Erklärung dafür liefern, warum p (Alice überlebt) und nicht q (Alice überlebt nicht) passiert ist. So kann man beispielsweise erklären, dass Alice eine bestimmte Blutgruppe hat, bei der das Antibiotikum besonders gut wirkt. Auch hier kann man wieder fragen, ob diese Erklärung ausreicht. Schließlich kann es auch andere Personen mit derselben Blutgruppe geben, die gestorben sind, obwohl sie das Antibiotikum genommen haben. Auf diese Weise könnte man immer weiter fragen (vgl. Steward 2012a, 135).

In einem indeterministischen Szenario muss man nach Steward mit dem Fragen irgendwann jedoch zu einem Punkt kommen, an dem es für eine solche *Warumfrage* keine Antwort mehr gibt, weil an diesem Punkt etwas passiert ist, das auch anders hätte kommen können. An solch einem Punkt, bei dem keine weitere Erklärung mehr möglich ist, ist die Antwort dann offenbar tatsächlich Glück oder Zufall. An irgendeinem Punkt würde man dann also sagen: Alice hatte einfach Glück, dass sie überlebt hat (vgl. Steward 2012a, 136–137).

Denn es hätte auch die Alternative eintreten können und es wäre *möglich* gewesen, dass Alice stirbt, ebenso wie es für Joe *möglich* gewesen wäre, trotz seiner starken Gründe und Motive nicht mit seiner Freundin zusammenzuziehen. Das Entscheidende ist aber, dass es zwar möglich, aber nicht *wahrscheinlich* war.

4.1.3.3.2 Glück oder Zufall bei der unwahrscheinlicheren Wahl

Nach dem klassischen Libertarier (Meles Libertarier) ist es *möglich*, dass sich Joe doch für q (nicht mit der Freundin zusammenziehen) entscheidet. Steward betont, dass es durch seine Überlegungen und durch seine Wünsche und Überzeugungen einfach sehr unwahrscheinlich ist, dass er sich für q entscheidet. Aber es ist nicht *völlig ausgeschlossen*. Es gibt zwar Erklärungen, die seine Wahl sehr wahrscheinlich machen, was aber nicht bedeutet, dass es überhaupt keine Möglichkeit gab, dass die Dinge anders laufen. Man kann dann vielleicht sagen, dass es teilweise Glück oder Zufall war, *wenn* er sich anders entscheidet als es durch die Umstände am wahrscheinlichsten ist (vgl. Steward 2012a, 134–136).

Man muss außerdem nicht direkt von reduzierter Freiheit ausgehen, wenn es sehr wahrscheinlich ist, dass man auf eine bestimmte Weise handeln wird (vgl. Steward 2012a, 143). Es ist durchaus plausibel, dass Joes Handlung bei solchen Fällen durch seine Gründe und Motive einfach sehr wahrscheinlich ist. Entscheidet er sich dann doch für die unwahrscheinlichere Alternative, kann man eher von Zufall sprechen. Aber eine solche gegenläufige Entscheidung scheint nicht grundsätzlich ausgeschlossen zu sein. Es ist nicht ganz klar, ob Steward das tatsächlich auch so sieht, oder ob sie bei solchen *klaren Fällen* davon ausgeht, dass die Entscheidung durch die Gründe tatsächlich auf kompatibilistische Weise bestimmt und nicht nur wahrscheinlich ist.

Steward ist jedenfalls der Meinung, dass die Kompatibilisten Recht haben, wenn es darum geht, welche Art von Kraft, *anders zu handeln,* wir meinen, wenn wir davon sprechen, dass Joe sich auch anders hätte entscheiden können. So kann Joe beispielsweise einige Zeit später seine Entscheidung bereuen, weil er seine Freiheit und seinen alten Lebensstil vermisst, und ein Freund könnte dann zu ihm sagen, dass er selbst schuld ist, weil er sich ja auch anders hätte entscheiden können. Solch eine Aussage ist auch für einen Kompatibilisten möglich, weil sie sich nur darauf bezieht, dass Joe zu seiner Entscheidung nicht gezwungen wurde. Er war in der Lage, selbst eine Entscheidung zu treffen und seinem Willen dabei zu folgen. Er hätte die andere Entscheidung treffen können, wenn er das *gewollt* hätte (vgl. Steward 2012a, 140).

Man scheint also dem Kompatibilismus zugestehen zu müssen, dass bei *klaren Fällen* mit guten Gründen und deutlichen Motiven für eine Entscheidung keine *klassischen,* libertarischen alternativen Möglichkeiten vorliegen. Joe konnte sich zum Zeitpunkt t dann tatsächlich nicht anders entscheiden, wodurch er in seiner Entscheidung nicht frei war, die Alternative zu wählen. Freiheit hatte er dagegen nur im kompatibilistischen Sinn dadurch, dass er nicht durch äußere Einflüsse zu seiner Entscheidung gezwungen wurde. Van Inwagen ist daher der Meinung, dass wir zwar einen freien Wille haben, den wir allerdings nur in sehr wenigen (*unklaren*) Fällen ausüben, wenn es für unterschiedliche Handlungen gleich gute Gründe gibt. Seiner Meinung nach wird in anderen Fällen, bei denen die Alternativen nicht (wie bei Buridans Esel) gleichwertig sind, der freie Wille nicht ausgeübt, was für Steward aber eine zu extreme Position ist (vgl. Steward 2012a, 141–142).

Ihrer Meinung nach sind wir tatsächlich nicht immer in der Lage, zum Zeitpunkt t eine *gegenteilige* Entscheidung zu treffen, während man aber immer in der Lage ist, die Entscheidung *nicht in diesem Moment* zu treffen (vgl. Steward 2012a,

165–166). Es gibt also in Joes Fall viele andere mögliche Welten, in denen er sich *ein bisschen* anders entscheidet. Hier trifft er seine Entscheidung einige Sekunden oder einige Stunden oder Tage später. Dabei sind all diese unterschiedlichen Möglichkeiten durch die Vergangenheit, durch die Naturgesetze und durch Joes Eigenschaften zum Zeitpunkt t nicht ausgeschlossen (vgl. Steward 2012a, 168).

4.1.3.3.3 Alternative Möglichkeiten und *two-way Power* bei *klaren Fällen*

Denn auch wenn es starke Gründe für Joe gibt, die für das Zusammenziehen sprechen, muss es keine Gründe geben, die dafür sprechen, dass er genau zu diesem Zeitpunkt (und genau auf diese Weise) seine Entscheidung trifft (vgl. Steward 2012a, 170). Joe kann also zum Zeitpunkt t *nicht* entscheiden, mit seiner Freundin zusammenzuziehen. Das ist seine *two-way Power*. Durch die starken Gründe, die für ein Zusammenziehen sprechen, kann er aber nicht zum Zeitpunkt t entscheiden, *nicht* mit seiner Freundin zusammenzuziehen, weil das gegen seine eigenen Präferenzen sprechen würde – oder eine solche Entscheidung wäre zumindest sehr unwahrscheinlich. Er kann nur zum Zeitpunkt t *nicht* entscheiden, zusammenzuziehen, und sich stattdessen zu einem späteren Zeitpunkt dafür entscheiden.

Nun kann man entgegnen, dass es aber Fälle gibt, bei denen es auf den genauen Zeitpunkt ankommt und man wirklich zum Zeitpunkt t und nicht wenige Momente später entscheiden *muss*. So kann es beispielsweise sein, dass Joes Freundin ihm die *Pistole auf die Brust setzt* und sofort eine Entscheidung fordert, weil sie ihr Angebot sonst zurücknimmt. Entscheidet sich Joe dann in diesem Moment dafür, mit seiner Freundin zusammenzuziehen, dann kann man davon sprechen, dass er einen Grund hatte, sich *zu diesem Zeitpunkt* dafür zu entscheiden, mit seiner Freundin zusammenzuziehen. Doch nach Steward hätte der Handelnde auch in solchen Fällen die Entscheidung zu diesem Zeitpunkt nicht treffen und weiterhin zögern können. Damit wäre die Gelegenheit für ihn durch zu langes Zögern vielleicht verstrichen. Doch die Kontrolle darüber, wann und auf welche Weise er seine Entscheidung trifft, behält er immer. Entscheidet er sich, dann legt er damit im selben Moment fest, dass er nicht weiterhin mit seiner Entscheidung zögern wird. Die Kraft eines Handelnden besteht also darin, etwas *festzusetzen*, wobei er aber nicht immer auch die Macht haben muss, zu wählen (vgl. Steward 2012a, 171–173).

Die Beziehung zwischen Handlung und alternativen Möglichkeiten ist also in diesem Konzept etwas komplexer. Es gilt nicht einfach nur, dass jemand in der Lage gewesen sein muss, nicht p zu tun, damit *P-tun* als seine Handlung zählen kann. Damit *P-tun* als eine Handlung zählen kann, muss es hier eine Beschreibung (als *V-tun:* S bewegt seinen Körper nach exakt dem Muster M) geben, sodass der Handelnde in der Lage war, nicht V zu tun. Von dieser Art der *two-way Power* werden auch Tiere nicht durch ihren Instinkt ausgeschlossen (vgl. Steward 2012c, 253–254).

Jemand muss also in der Lage sein, Details so zu organisieren und zu ordnen, dass sie seinem Ziel zuträglich sind. Dann kann man davon sprechen, dass er handelt. Dabei ist es nicht entscheidend, wie die Ziele des Handelnden zustande kommen oder wie frei oder unfrei er in deren Wahl ist (vgl. Steward 2012a, 184).

4.1.3.3.4 Helen Stewards *two-way Power* und Frankfurt-Fälle

Wenn die Alternative für einen Handelnden also immer darin besteht, V nicht zu tun, während V bedeutet, dass der Handelnde seinen eigenen Körper im Muster M bewegt, stellt sich die Frage, ob auch das in einem Frankfurt-Fall durch jemanden, der eingreift, verursacht werden kann. Kann jemand, der eingreift, dafür sorgen, dass sich der Körper des Handelnden auf genau diese Weise bewegt und der Handelnde damit V tut, sodass es keine Beschreibung der Handlung gibt, unter der der Handelnde dieses Tun von V auch hätte unterlassen können? Das ist nach Steward nicht möglich. So kann beispielsweise der Neurochirurg Cosser die entscheidenden Körperbewegungen auslösen. Aber es ist nicht möglich, dass er auslöst, dass Gunnar seinen Körper auf genau diese Weise *bewegt*. „Cosser can bring about motions, but he cannot bring about movings-by-Gunnar that are actions" (Steward 2012a, 184–185). Cosser kann mit dem Gerät in Gunnars Gehirn also nur bewirken, dass Gunnar ein starkes Verlangen entwickelt, Ridley zu erschießen. Dennoch bleibt ihm die genaue Art und Weise der Erschießung überlassen (vgl. Steward 2012a, 184–185).

Steward führt das Verb „shoot$_A$" (Steward 2012c, 257) ein, das nur dann anwendbar ist, wenn jemand schießt (oder jemand anderen erschießt) und es sich dabei um seine Handlung handelt. In diesem Fall hat Gunnar weiterhin eine alternative Möglichkeit, auch wenn Cosser ihm ein Gerät ins Gehirn implantiert hat. Er kann zwar nicht anders, als Ridley zu erschießen (*shoot*), aber er kann anders, als Ridley zu erschießen und dabei zu handeln (*shoot$_A$*). Er hätte sich in der (wenn auch kurzen) Zeitspanne bis zum Eingreifen Cossers gegen das Erschießen$_A$ von Ridley entscheiden können. Was dann durch Cossers Eingreifen geschieht, ist nicht mehr Gunnars Schießen$_A$ und nicht mehr seine Verantwortung (vgl. Steward 2012c, 257).

Man könnte nun das Prinzip alternativer Möglichkeiten wie folgt umformulieren (vgl. Steward 2012c, 258): „for an agent to be morally responsible for φ$_A$-ing, it has to be the case that she have been able to refrain from φ$_A$-ing" (Steward 2012c, 258). Allerdings gibt es auch Fälle, die diesem Prinzip widersprechen. Denn es gibt Fälle, in denen eine Person nicht anders konnte als auf eine bestimmte Weise zu handeln. Solche Fälle würden für Frankfurt unter den Begriff *volitionale Notwendigkeiten* fallen. So kann es sein, dass Steward nicht anders kann, als in ein brennendes Haus zu laufen, um ihre Kinder zu retten, wenn sie weiß, dass diese anders nicht gerettet werden können. Es ist aber nicht plausibel, hier nicht von ihrer

Handlung zu sprechen. Daher ist es offenbar nicht möglich, an der Position „for an agent to be morally responsible for φ_A-ing, it has to be the case that she have been able to refrain from φ_A-ing" (Steward 2012c, 258) festzuhalten. Es könnte aber eine moderatere Position möglich sein (vgl. Steward 2012c, 258).

Es mag durchaus durch die Geschichte so angelegt sein, dass Steward in das brennende Haus läuft, die Katze eine Maus fängt, oder der Drogensüchtige sich einen Schuss setzt. Dennoch bleiben viele alternative Möglichkeiten übrig, wenn es sich dabei um eine Handlung handelt. So kann Steward auf ganz unterschiedliche Weisen in das Haus laufen. Sie kann durch die Hinter- oder die Vordertür hineinlaufen, zunächst oben oder unten suchen, dabei rufen oder nicht. Die Katze kann die Maus von links oder von rechts fangen, diesen oder jenen Weg dabei nehmen und diese oder jene Bewegungen machen. Der Drogensüchtige kann die Spritze in den linken oder rechten Arm und an unterschiedliche Stellen setzen und dabei unterschiedliche Bewegungen machen. Für eine Handlung ist es demnach entscheidend, dass alle Details eine Ausübung der *two-way Power* sind. Damit setzt das Lebewesen fest, welche Bewegungen und Veränderungen in seinem Körper auftreten, über den es eine gewisse Kontrolle hat. Wenn all diese Dinge schon im Voraus festgesetzt sind, dann trägt der Handelnde jedoch gar nichts bei und das, was passiert, ist nicht seine Handlung (vgl. Steward 2012c, 259).

So robust, wie Fischer und Pereboom fordern, sind diese alternativen Möglichkeiten freilich nicht. Ob Steward von vorne oder von hinten in das Haus läuft, ist nichts, wovon ihre moralische Verantwortung direkt betroffen ist. Ebenso wenig wird ein Süchtiger für sein Handeln moralisch verantwortlich, weil er die Spritze in den linken oder rechten Arm spritzt (vgl. Steward 2012c, 260).

Doch das ist für Stewards Argument nicht problematisch, denn bei ihr spielen alternative Möglichkeiten nicht deshalb eine Rolle für moralische Verantwortung, weil sie für die Fairness von Loben oder Tadeln relevant sind (vgl. Steward 2012c, 260). Dagegen spielen sie nur *indirekt* eine Rolle, weil sie für Handlungen relevant sind (vgl. Steward 2012c, 260). Ein Problem ist aber, dass Gunnar offenbar doch handelt, wenn er seine Tat mit unterschiedlichen Details ausführen kann. Dann scheint er ebenso wie ein Drogenabhängiger der Handelnde sein zu können, weil er die Details festsetzen kann, auch wenn Cosser ihn über das Gerät in seinem Gehirn zwingt, Ridley zu erschießen.

Wenn Gunnar tatsächlich über die Details der Erschießung entscheiden und diese selbst festlegen kann, dann kann man vielleicht sagen, dass Cosser Gunnar dazu gebracht hat, Ridley zu erschießen$_A$. Dennoch ist seine Handlung dann aber keine Tätigkeit, für die wir Gunnar moralisch verantwortlich machen können. Wenn nun allerdings das Gerät im Gehirn auch die vielen kleinen Absichten und Bewegungen hervorbringen und kontrollieren kann, mit Hilfe derer Gunnar die Erschießung durchführt, dann kann man gar nicht mehr davon sprechen, dass

Gunnar handelt. Löst das Gerät nur ein unwiderstehliches Verlangen in Gunnar aus, während ihm die Details überlassen und unter seiner Kontrolle bleiben, dann scheint man dennoch von seiner Handlung sprechen zu können, auch wenn man ihn dafür nicht moralisch verantwortlich machen kann (vgl. Steward 2012a, 185).

Doch müsste es dann für Gunnar nicht eine Möglichkeit geben, die Handlung zu unterlassen? Wenn ihm noch die Kontrolle bleibt, Details der Handlung festzusetzen, müsste es doch auch möglich sein, dem starken Verlangen zu widerstehen – auch wenn es vielleicht schwierig und unwahrscheinlich ist, dass ihm das gelingt. Ähnlich wie bei einem Süchtigen oder bei Personen, die aus einem Zwang heraus handeln, würde zumindest eine Möglichkeit bestehen, dass sie ihrem Zwang oder ihrer Sucht nicht nachgeben. Stellen solche Fälle für Stewards Konzept möglicherweise ein Problem dar, weil hier eigentlich auch ein Handelnder frei wäre, der zu einer Handlung gezwungen wird, so lange er die genauen Bewegungen und Details der Handlungsausführung selbst bestimmen kann? Man könnte dann auch Gunnars Handlung unter Eingreifen Cossers als frei bewerten, wenn dieser die exakten Bewegungen und Details selbst setzen kann. So könnte Cosser in Gunnars Gehirn nur den Handlungsbefehl *erschieße x* programmieren und die genauen Bewegungen und Details der Tat offen lassen. Diese Überlegungen stellen für Stewards Theorie allerdings kein Problem dar, weil sich all das immer auf Moral und nicht auf die metaphysische Freiheit bezieht.

Die bei Steward relevanten alternativen Möglichkeiten, die sie als *RRPs* bezeichnet, sind zwar für Handlungen notwendig aber sie scheinen einen Handelnden nicht (moralisch) für seine Handlungen verantwortlich machen zu können.[37] Diese alternativen Möglichkeiten kommen auch in allen möglichen Fällen vor, in denen der Handelnde für sein Tun nicht moralisch verantwortlich ist. Ebenso kommen sie auch bei Handlungen von Tieren vor, die wir für ihr Handeln nicht moralisch verantwortlich machen. Damit liefert das Prinzip alternativer Möglichkeiten nach Steward keine hinreichende, sondern nur eine notwendige Bedingung für moralische Verantwortung (vgl. Steward 2012a, 190–191).

Steward beschäftigt sich also nur mit den Voraussetzungen für Handlungen, die wiederum Voraussetzung für moralische Verantwortung sind. Aus diesem Grund ist der Einwand der Robustheit nicht gerechtfertigt, der sich darauf bezieht, dass Stewards alternative Möglichkeiten, die in den Details von Handlungen gegeben sind, für moralische Verantwortung zu schwach sind. Denn nach Steward sind ihre *RRPs* eine notwendige, jedoch keine hinreichende Bedingung für moralische

---

[37] Interessanterweise spricht Steward hier nur davon, dass diese alternativen Möglichkeiten einen Handelnden nicht für sein Handeln verantwortlich machen können, während Doyle – zu Recht – Verantwortung klar von moralischer Verantwortung trennt. Diese Trennung muss man hier meiner Meinung nach auch machen.

Verantwortung, da sie nicht auf die klassische Weise mit moralischer Verantwortung über ein Prinzip der *Fairness* oder über ein Prinzip der *Schuldigkeit* verbunden sind (vgl. Steward 2012a, 192–193).

Steward selbst ist der Meinung, dass ihre Position, vor allem was die moralische Verantwortung betrifft, kompatibilistischem Denken näher als inkompatibilistischem Denken ist. Dadurch, dass wir Werte immer in einem Kontext und durch den Einfluss sozialer und kultureller Prägung erlernen, kann es ihrer Meinung nach kein Konzept moralischer Verantwortung geben, bei dem man sich von all diesen Prägungen und Bindungen völlig frei machen könnte (vgl. Steward 2012c, 262).

Auf den Aspekt, dass moralische Verantwortung eventuell eher kompatibilistisch gedacht werden muss, werden wir vor allem im fünften Kapitel noch einmal zurückkommen. Obwohl Steward den Kompatibilisten also vor allem bei der Zuschreibung moralischer Verantwortung durchaus richtige Einsichten zugesteht, erachtet sie den Kompatibilismus im Ganzen als falsch. Denn aus Sicht eines Kompatibilisten besteht die *two-way Power* eines Handelnden darin, dass er p tut, wenn er es will oder wählt, und dass er p unterlässt, wenn er dies will oder wählt. Aber wenn es Handlungen ohne Wollen, Beabsichtigen oder Wählen gibt (subintentionale Fälle, einfache freiwillige Bewegungen bei Tieren), ist dies ein starkes Argument gegen den Kompatibilismus (vgl. Steward 2016, 163).

Durch die Kraft eines Handelnden, seine *two-way Power* in allen Details einer Handlung auszuüben und damit neue Anfänge zu machen, ist der Handelnde die Quelle seiner Taten und hat in all seinem Tun einen gewissen Spielraum. Daher kann Steward in ihrem Ansatz die *Leeway* und die *Source* Bedingung miteinander vereinen.

4.1.3.3.5 Verbindung der *Leeway* und der *Source* Bedingung

Der *Leeway Inkompatibilismus* (LI) wird von Pereboom charakterisiert und geht davon aus, dass eine Handlung nur dann im Sinne moralischer Verantwortung frei ist, wenn der Handelnde etwas anderes tun konnte, als er tatsächlich getan hat (es gab für ihn einen Spielraum). Der *Source Inkompatibilismus* (SI) geht dagegen davon aus, dass eine Handlung nur dann im Sinne moralischer Verantwortung frei ist, wenn sie nicht durch einen deterministischen Prozess hervorgebracht ist, der auf kausale Faktoren außerhalb der Kontrolle des Handelnden zurückgeht. Bei Stewards *Agency Inkompatibilismus* sind die *Leeway* und die *Source* Bedingung miteinander verbunden. Die Handelnden sind nicht determiniert und leiten Ketten von Ereignissen ein, wodurch sie die Quellen dieser Ketten sind (*Source*). Das machen sie, wenn sie handeln und nur durch ihr Handeln. Beim Handeln üben sie ihre *two-way Power* aus und haben dadurch (durch viele *Settlings*, die ihnen zuzuschreiben sind) einen gewissen Spielraum (*Leeway*) (vgl. Steward 2012c, 261).

4.1.4 *Settling*

Handlungen sind für Steward also Setzungen (*Settlings*) durch den Handelnden von etwas, was zuvor noch nicht festgesetzt war (vgl. Steward 2012c, 249–250). Wobei ihre genaue Formulierung „settles the details of precisely what will happen" (Steward 2012c, 250) nahelegt, dass etwas Vorhergehendes etwas in der Zukunft hervorbringen wird. Man müsste wohl vielmehr sagen, dass die Handlung selbst die genauen Details davon festsetzt, was *gerade passiert* (vgl. Steward 2012c, 249–250). „But on my view, actions are rather the *causings* of bodily movements by their agents, not the (wholly prior and seperate) causes of them. They are processes, not events" (Steward 2012a, 45). Man kann also nach Steward die Verursachung der Körperbewegungen bei einer Handlung nicht von dieser Handlung trennen. Sondern im Prozess der Handlung setzt man die genauen Bewegungen fest. Da Handlungen keine Ereignisse sind, werden auch die Bewegungen *bei* der Handlung nicht vor der Handlung verursacht.

Im gesamten Verlauf der Handlung kann diese vom Handelnden auch abgebrochen oder verändert werden, wodurch dieser andauernd und in jedem Moment etwas festsetzt. Seine Macht, etwas festzusetzen, übt der Handelnde sogar dann aus, wenn er die Handlung nicht abbricht oder verändert, sondern automatisch laufen lässt. Denn auch wenn man sich gegen die Ausübung der Macht, etwas abzubrechen oder zu verändern, entscheidet, setzt man freiwillig etwas fest (vgl. Steward 2012a, 46).

„The sorts of things that I normally suppose to be up to me are, for example, *whether* I shall φ, *when* I shall φ, *how* I shall φ, and *where* I shall φ" (Steward 2012a, 36–37). Es ist also ganz dem Handelnden überlassen, ob er etwas tut, wann und wie er es genau tut und wo er es tut. Das sind viele kleine Details einer Handlung, die er selbst festsetzen kann und worin seine *Settlings* bestehen. Dabei geht es wesentlich darum, auf welche genaue Weise der Handelnde seinen Körper bewegt. Von einer Bewegung (*Movement*) zu sprechen, ist allerdings (wie sich schon im dritten Kapitel gezeigt hat) mehrdeutig, wodurch auch das Sprechen von *bodily Movements* zu Verwirrung führen kann. Man kann dabei entweder von einer Bewegung$_T$ (nach Hornsby) sprechen, womit das Bewegen des eigenen Körpers gemeint ist. Oder man kann von Bewegung$_I$ sprechen, womit das Ergebnis solch eines Bewegens gemeint ist (der Körper oder Teile des Körpers bewegen sich). Um von Handlungen sprechen zu können, sind aber Bewegungen$_T$ und nicht Bewegungen$_I$ nötig, denn die Bewegungen$_I$ resultieren nur aus Bewegungen$_T$. Steward bezeichnet diese Bewegungen ebenso wie schon Mayr (siehe drittes Kapitel) als *Movings* (im Gegensatz zu *Movements*). Dabei sind Bewegungen$_I$ keine Tätigkeiten, sondern kommen nur durch Tätigkeiten zustande (vgl. Steward 2012a, 33–37).

Steward ist im Hinblick auf die Handlunsindividuation eine Vertreterin des *Anscombe-Davidson Ansatzes*, bei dem Handlungen unterschiedlich beschrieben werden können (vgl. Steward 2012a, 34). Tut ein Handelnder φ, indem er ψ tut, dann kann man φ-tun und ψ-tun miteinander identifizieren (vgl. Steward 2012a, 34). Bei einer Handlung muss es jedoch mindestens eine Beschreibung geben, unter der der Handelnde seinen Körper oder dessen Teile bewegt (vgl. Steward 2012a, 34). So muss jemand beispielsweise seinen Arm heben, um φ zu tun (vgl. Steward 2012a, 34). Ein wichtiges Charakteristikum einer Handlung ist es also, dass es mindestens eine Beschreibung dieser Handlung gibt, in der der Handelnde Teile seines Körpers bewegt. Kann eine Handlung nicht *auch* auf diese Weise beschrieben werden, dann kann sie nach Steward keine Handlung sein.

Doch was Steward zu diesen Handlungen zählt, bei denen Teile des Körpers bewegt werden, ist sehr weit gefasst. So betrachtet sie auch mentale Akte als Handlungen. Man kann beispielsweise aufgefordert werden, sich den Eiffelturm vorzustellen. Die Handlung, die darin besteht, dass man sich den Eiffelturm vorstellt, ist dann keine körperliche, sondern eine mentale Tätigkeit, wobei auch solche Handlungen eine Ausübung der Kraft sind, den eigenen Körper oder Teile davon zu bewegen. Denn auch bei mentalen Handlungen bringt man Teile des eigenen Gehirns (und damit Teile des eigenen Körpers) dazu, dass sie sich verändern. Einem Handelnden muss für die Ausübung dieser speziellen Kraft allerdings nicht bewusst sein, dass seine Handlung auch solch eine Beschreibung hat. Ihm muss also nicht bewusst sein, dass er durch sein Vorstellen des Eiffelturms bestimmte Teile seines Gehirns bewegt und dort Veränderungen bewirkt. Während bei Steward nicht jede Handlung bewusst oder absichtlich sein oder einen Grund haben muss, kommt bei der *Anscombe-Davidson Sicht*, wie schon im dritten Kapitel ausführlich beschrieben wurde, in der Regel hinzu, dass es mindestens eine Beschreibung der Handlung geben muss, unter der diese absichtlich ist (vgl. Steward 2012a, 32–34).

Dagegen betont Steward, dass es viele Handlungen gibt, die ohne bestimmten Grund ausgeführt werden. Man kann beispielsweise ohne Ziel in einem Raum auf und ab laufen, wobei die Wünsche und Überzeugungen der Handlung schwer zu bestimmen sind. Außerdem gibt es Handlungen, die geistesabwesend oder automatisch aufgrund von Gewohnheiten ablaufen und es gibt Handlungen, die „subintentional" (Steward 2012c, 245) sind. Zu dieser Kategorie gehören beispielsweise die *schlurfenden, rüttelnden oder drehenden* Bewegungen, die wir im Laufe eines Tages ausführen. Man könnte all diese Formen der Körperbewegungen aus der Klasse der Handlungen ausschließen, wodurch man allerdings einen großen Teil unserer alltäglichen Tätigkeiten und *Settlings* ausschließen würde (vgl. Steward 2012c, 245).

Im Moment eines *Settlings* wird etwas auf eine bestimmte Weise gelöst. Es gibt dann einen konkreten Zeitpunkt, zu dem es nicht mehr möglich ist, eine andere

Lösung zu wählen. Es kann dabei immer einen Spielraum an Dingen und Details geben, die noch nicht festgesetzt sind. Doch es gibt auch Dinge, die für den Handelnden ausgeschlossen sind und die er damit nicht im Moment der Handlung festsetzen kann. Er hat also nicht unbegrenzte Möglichkeiten. So kann es noch nicht feststehen, was Steward genau um 11 Uhr am Vormittag tun wird. Aber es steht fest, dass sie nicht in Australien oder in Barbados sein wird, weil sie sich eine Stunde vorher noch in London befindet (vgl. Steward 2012a, 39–41).

In einer schwächeren Konzeption von *Settling* muss nur eine kausale Verbindung bestehen, durch die etwas festgesetzt wird, ohne dass es einen konkreten Zeitpunkt geben muss, in dem es endgültig festgelegt ist. Das kann man am Beispiel fallender Dominosteine veranschaulichen. Dass ein Dominostein fällt, ist sowohl durch den Fall des vorhergehenden Steins, wie auch durch den Fall des ersten und aller dazwischenliegenden Dominosteine festgelegt. Es lässt sich also kein fester Zeitpunkt bestimmen, zu dem der Fall des Dominosteins eindeutig festgelegt wurde (vgl. Steward 2012a, 41–42).

Scheinbar plädiert Steward also dafür, dass man *Settling* in einem starken Sinn verstehen muss, in dem zu einem bestimmten Zeitpunkt etwas festgesetzt wird. Für ihr Verständnis von *Settling* reicht das schwache Verständnis nicht aus, bei dem nur eine kausale Verbindung bestehen muss. Man entscheidet beim *Settling* in einem Moment etwas, was zuvor nicht festgelegt war.

Es gibt allerdings auch Einwände gegen diese Form des *Settling*. So gibt es beispielsweise den Einwand der „impossibility of ensuring success" (Steward 2012a, 43). So kann eine Handlung zum Beispiel darin bestehen, dass man φ tut und φ ist, dass man ein Tor schießen will. In diesem Fall schießt man zu einem Zeitpunkt t einen Ball in Richtung des Tors. Doch man kann in solch einem Fall zum Zeitpunkt t nicht festlegen, ob zu einem späteren Zeitpunkt (t+1) ein Tor geschossen ist. Daraus lässt sich folgern, dass man zum Zeitpunkt t (und generell im Moment der Handlung) nicht festlegen kann, ob man zum Zeitpunkt t+1 wirklich, wie beabsichtigt, ein Tor geschossen hat. „So it is wrong to say, in general, that when I φ, I always settle the question whether or not I shall φ" (Steward 2012a, 43). Man kann also festhalten, dass in Fällen, bei denen man φ tut und φ durch weiter entfernte Konsequenzen beschrieben werden kann, erst zu einem späteren Zeitpunkt festgelegt wird, ob man wirklich φ tut, und dass das Gelingen hier nicht mehr unter der Kontrolle des Handelnden ist. Es scheint also nicht in der Hand des Handelnden zu liegen, ob er wirklich φ tut, wenn er beabsichtigt, φ zu tun (vgl. Steward 2012a, 43).

Dieses Argument ist aber nicht zutreffend, da es dabei nicht um die Handlung an sich, sondern nur um eine Beschreibung der Handlung geht. Es wird hier nur das Ziel und die Absicht der Handlung beschrieben. Ob wir beim Handeln unser Ziel erreichen und unsere Absicht umsetzen können, liegt allerdings nie allein in unserer Hand. Ob unsere beabsichtigte Handlung gelingt, stellt sich immer erst später heraus. Offenbar muss man also die Handlung *ein Tor schießen* einfach nur anders benennen. So könnte man sagen, dass der Handelnde im Zeitpunkt t *einen Ball mit der Absicht, ein Tor zu schießen, schießt*. Ob es dem Handelnden dann gelingt, ein Tor zu schießen, wird erst einen Moment später klar. Erst dann kann man sagen, dass seine Handlung daraus bestand, ein Tor zu schießen. Allerdings ist es auch wahr, dass der Handelnde im Moment t festlegt, ob er ein Tor schießt oder nicht. Er schießt den Ball in eine bestimmte Richtung und schon in dem Moment, in dem er den Ball abschießt, ist festgelegt, ob er im Tor landen wird, wenn es keine Faktoren gibt, die das noch verhindern können. Nur wenn beispielsweise ein Torwart im Tor steht, der den Ball fangen kann, ist zum Zeitpunkt t nicht festgelegt, ob der Handelnde zum Zeitpunkt t+1 wirklich ein Tor schießt. Das betrifft aber nur das Gelingen seiner Handlung.

Nach Steward ist ein Handelnder zumindest manchmal in der Lage, zum Zeitpunkt t festzusetzen, ob er zum Zeitpunkt t+1 ein Tor schießt. Denn in manchen Fällen kann der einmal abgeschossene Ball nicht mehr aufgehalten werden und in diesen Fällen ist bereits im Moment des Abschusses festgelegt, dass der Handelnde ein Tor schießt. Kann der Ball dagegen aufgehalten werden, dann ist zum Zeitpunkt t nicht festgelegt, ob der Handelnde ein Tor schießt. Doch nur weil es sein kann, dass er sein Ziel nicht erreicht, kann man nicht sagen, dass er keine Handlung ausführt. Da jede Handlung aus *Settlings* besteht, auch wenn nur die exakten Bewegungen des eigenen Körpers festgelegt werden, wird auch bei Handlungen, die nicht gelingen, im Moment der Handlung *etwas* festgesetzt (vgl. Steward 2012a, 44).

Der zweite mögliche Einwand gegen Stewards *Settling* ist der Einwand der „imperfect execution" (Steward 2012a, 49). Demnach können wir die Bewegungen unseres Körpers oft nicht so kontrollieren, wie wir es beabsichtigen. Aus diesem Grund müssen wir üben, um Fähigkeiten zu erlangen. Wir müssen beispielsweise mit viel Mühe die Bewegungen eines Tanzes oder die fürs Skifahren nötigen Bewegungen einüben. Daraus könnte man die Schlussfolgerung ziehen, dass man nicht in der Lage ist, festzusetzen, was der eigene Körper tut. Das Argument wäre dann, dass man nicht üben müsste, wenn man festsetzen könnte wie sich der eigene Körper bewegt. Doch die Bewegungen des eigenen Körpers kann man durchaus festsetzen, auch wenn man manche Praktiken und Bewegungen üben muss. Wenn man eine neue Fertigkeit erlernt, dann ist das ein sehr schmerzhafter und anstrengender Prozess, bei dem man die eigenen Bewegungen immer wieder bewusst kontrollieren muss. Man setzt also die ganze Zeit (und bewusster als wenn man die Fertigkeit bereits besitzt und sie automatisch ausüben kann) fest, wie sich der eigene Körper bewegt. Man legt seinen Fokus und seine Aufmerksamkeit bei solchen Prozessen ganz besonders auf die Details und auf die vielen kleinen Bewegungen. Es kann natürlich vorkommen, dass der Körper dabei nicht genau das tut, was man sich wünschen würde, weil kleine Details normalerweise automatisch ablaufen und vom Willen nicht bewusst kontrolliert werden. Dennoch kann man aber auch auf diese Details seine Aufmerksamkeit lenken und korrigierend eingreifen (vgl. Steward 2012a, 49).

Mit jeder Korrektur, mit jedem Eingreifen, mit allen Details einer Handlung und mit allen *Settlings*, die durch bestimmte Bewegungen zustande kommen, ist ein Handelnder in der Lage, neue Kausalketten zu beginnen und neue Anfänge (*fresh Starts*) zu machen.

4.1.5 Anfänge setzen und der Beginn neuer Kausalketten

Fresh Starts sind Ereignisse, die nicht vollständig auf Vorhergehendes zurückzuführen sind. Wenn der Determinismus wahr wäre, könnte man im Moment der Handlung nichts Neues setzen, weil alles schon festgesetzt wäre (vgl. Steward 2012a, 39). *Fresh Starts* sind dagegen der Beginn neuer Kausalketten, weil sie nicht *bis ins letzte Detail* durch Naturgesetze oder das Vorhergehende bestimmt sind (vgl. Steward 2015, 386–387). In ihrem Beispiel dazu weiß Helen Steward darum, dass sich ihre Kinder in einem brennenden Haus befinden und nur durch sie gerettet werden können, wodurch sie keine andere Wahl hat, als in das Haus zu laufen und ihre Kinder zu suchen. Obwohl sie nicht anders kann, als so zu handeln, kann man hier im Gegensatz zum Beispiel von Black und Jones von einer Handlung sprechen, für die sie auch verantwortlich ist. Auch wenn es für Steward durch ihre Vergangenheit und durch ihre Wünsche und Überzeugungen unvermeidlich ist, in das Haus zu laufen, ist sie dennoch nicht determiniert. Denn die Art und Weise, wie und zu welchem Zeitpunkt sie in das Haus läuft, welchen Weg sie dabei nimmt und wie sie sich genau bewegt, sind Sequenzen ihrer Handlung, die sie selbst festsetzen kann. Wichtig ist nicht, dass bei einer Handlung *nichts* durch Vorhergehendes bestimmt ist und alles neu gesetzt wird, sondern entscheidend ist, dass es *einige* Dinge gibt, die nicht festgesetzt sind. So kann sich Steward beim Hineinlaufen in das Haus beispielsweise entscheiden, ob sie zuerst in den rechten oder linken Raum läuft, um ihre Kinder zu suchen. Das ist ein Beispiel für Situationen, in denen man sich für A oder B entscheiden soll und für beides gute Gründe hat. Entscheidet man sich dann spontan für A anstelle von B (oder für rechts anstelle von links), macht man damit einen neuen Anfang und beginnt eine neue Kausalkette (vgl. Steward 2015, 387–388).

Doch das trifft nicht nur auf Situationen zu, in denen man links oder rechts abbiegen muss und eine bewusste Entscheidung für das eine oder das andere trifft. Bei Steward besteht dagegen der ganze Prozess einer Handlung aus vielen Momenten, in denen man spontan A anstelle von B wählt, wenn man den Arm in die eine Richtung bewegt, etwas früher oder später macht oder mit etwas fortfährt, statt es abzubrechen. Hier ist man sich nicht bewusst, dass man Entscheidungen trifft. Vieles läuft automatisch oder intuitiv ab und dennoch sind all diese Details *Settlings*, durch die neue Kausalketten beginnen und wodurch der universale Determinismus nicht mehr möglich ist. Diese Fähigkeit, neue Anfänge zu machen, haben allerdings nicht nur Menschen, sondern auch weniger komplexe Lebewesen wie Tiere. Dadurch ist die Fähigkeit, zu handeln, nichts dem Menschen eigenes, sondern eine Eigenschaft, die tief in der Natur verwurzelt und dort in vielen Varianten und in unterschiedlichen Graden zu finden ist.

4.1.6 Tiere als handelnde Wesen

In der derzeit vorherrschenden *Standardbetrachtung* wird Handlung als ein Phänomen angesehen, das vor allem im nicht-menschlichen Bereich deterministisch ist, während nur der Mensch freie Handlungen als besondere Form der Handlung ausführen kann (vgl. Steward 2017, 204). Dadurch gibt es sehr viele Handlungen in der Welt, die unfrei sind, und nur sehr wenige Handlungen, die frei ausgeführt werden (vgl. Steward 2017, 204). Nach Steward betrachtet beispielsweise Harry Frankfurt die Freiheit als spezifisch menschliche Kraft, die darin besteht, Wünsche zweiter Ordnung auszubilden (vgl. Steward 2012a, 4). Auch die Fähigkeit, eigene Wünsche und Überzeugungen zu bewerten, ist bei ihm eine rein menschliche Fähigkeit, an die Freiheit gebunden ist (vgl. Steward 2012a, 4). Dass sich Frankfurt aber nur auf die menschlichen Fähigkeiten bezieht, ist auch nicht weiter verwunderlich, weil er sich nicht hauptsächlich – wie Steward – mit freien Handlungen, sondern mit dem freien Willen und moralischer Verantwortung beschäftigt. Während nichtmenschliche Lebewesen frei handeln könnten, ist es aber durchaus fraglich, ob sie einen freien Willen haben können, worauf wir später noch einmal zurückkommen werden.

Nach Steward kann man entgegen der *Standardansicht* überhaupt nicht von unfreien Handlungen sprechen, weil das dem Konzept der Handlung grundlegend widerspricht. Die Freiheit im Handeln liegt bei ihr darin, den eigenen Körper mit bestimmten Zielen selbst bewegen zu können, was nicht bewusst erfolgen muss. Wir müssen den wichtigen Beitrag kleiner Details zur Erreichung unserer Ziele also nicht unbedingt zur Kenntnis nehmen (vgl. Steward 2012a, 5).

Ebenso können auch nicht-menschliche Lebewesen ihren Körper selbst bewegen, dabei Ziele verfolgen und etwas festsetzen, ohne dass sie sich darüber bewusst sein müssen. Steward ist zwar der Meinung, dass der Mensch durch bestimmte Fähigkeiten (wie sein Selbstbewusstsein) höhere Grade an Freiheit erlangen kann. Doch die menschlichen Fähigkeiten haben sich evolutionär aus den Fähigkeiten anderer Lebewesen entwickelt, die deshalb auch betrachtet werden müssen, um die metaphysischen Voraussetzungen von Freiheit verstehen zu können (vgl. Steward 2017, 199–200).

Die Fähigkeit, zu handeln, ist nicht nur auf den Menschen beschränkt, sondern kann auch im Tierreich beobachtet werden. Steward spricht hier von *Animals* und meint sicherlich in erster Linie Tiere. Dennoch scheint zunächst die Übersetzung mit *Lebewesen* noch geeigneter zu sein, da wir keine klare Grenze ziehen können, welche Lebewesen an diesen Fähigkeiten einen Anteil haben und welche Lebewesen ausgeschlossen sind, weil sie rein mechanistisch funktionieren.

Denn dadurch, dass Stewards Konzept von Handlung ein graduelles Konzept ist, kann nicht so leicht definiert werden, welche Dinge in der Welt zu den Handelnden gehören und welche man dieser Kategorie nicht zuordnen kann. Sogar unter den unbelebten Entitäten gibt es schließlich Dinge wie das Meer oder ätzende Säure, denen man Handeln zuschreiben *könnte*. Solche Dinge sind in Bewegung, bewegen sich selbst und können sogar Veränderungen in den Körpern auslösen, die mit ihnen in Kontakt kommen. Aber nach Steward handeln solche Entitäten nicht wirklich, da es nichts gibt, was ihnen freisteht. Es steht dem Meer nicht frei, wie es sich an den Felsen bricht. Ebenso steht es der Säure nicht frei, ob und wie sie das Metall auflöst. Steward verwendet hier die Formulierung „for nothing is ever *up to them*" (Steward 2016, 162). Denn die Wirkungen dieser Dinge sind nur durch physikalische oder chemische Gesetze oder durch eine Kombination solcher Gesetze mit dem Zufall bestimmt (vgl. Steward 2016, 161–162).

Aber kann man das nicht ebenso auf Tiere übertragen und sagen, dass es dem Löwen nicht freisteht, das Zebra zu jagen, dass die Katze nicht anders kann, als die Maus zu fangen, oder dass der Kuckuck nicht anders kann, als Vögel aus fremden Nestern zu werfen? All diese Aussagen sind völlig richtig und doch kann auch ein Löwe durch das, was Steward *Settling* nennt, festlegen, wie sich die Welt weiterentwickeln wird. Während komplexere Lebewesen eine Form von Spontaneität besitzen, die Steward als Willen bezeichnet, werden Tiere meist von natürlichen Trieben und einem Überlebensdrang geleitet. Dadurch leiten bestimmte Naturgesetze das tierische Verhalten. So kann ein hungriger Hund beispielsweise nicht anders, als Nahrung zu fressen, wenn ihm diese angeboten wird. Dieses Verhalten hängt damit zusammen, wie sich verschiedene Arten von Tieren in bestimmten Situationen *normalerweise* verhalten. Es gibt also so etwas wie typische Handlungsweisen für bestimmte Tiere, die sich wie Gesetze aus deren spezifischer Natur ergeben. Doch das bedeutet nicht, dass die Details oder Besonderheiten der Handlungen festgelegt sein müssen. Es kann also bestimmt sein, *dass* der Hund das Essen frisst. Aber *wie* genau er es frisst und welche Bewegungen er dabei macht, sind *Sequenzen seiner Handlung, die er selbst setzt*. Wie sich die Welt exakt entwickelt, hängt also auch von solch ständigen Setzungen von Tieren ab (vgl. Steward 2017, 203–204).

Darüber hinaus gibt es nicht nur Handlungen (oder eher Handlungstypen), die für bestimmte Tiere zwingend sind. Tiere schlafen, fressen und suchen einen Partner, ähnlich wie das auch bei den Menschen der Fall ist. Ebenso ähnlich wie beim Mensch sind aber auch Tiere in der Lage, zu spielen, sich in der Sonne auszuruhen, oder ihr Fell zu pflegen. Damit gehen sie Tätigkeiten nach, die sich nicht notwendig aus ihrer Natur ergeben. Aber bis zu welchem Komplexitätsgrad kann man nun von einem Lebewesen sprechen, das handeln kann? Tiere wie Delfine, Hunde und Pferde gehören für Steward eindeutig in den Bereich der handelnden Wesen. Doch es gibt auch viele Arten, die nicht so leicht zuzuordnen sind (vgl. Steward 2017, 204–207).

4.1.7 Wer gehört zum Bereich der *self-moving Animals*?

Um die Frage klären zu können, welche Lebewesen zu den handelnden Wesen zählen, versucht Steward zu klären, welche Lebewesen zu den *self-moving Animals* gehören. Ein klarer Fall ist hier ein festgewachsener Schwamm. Er gehört nicht zu den *self-moving Animals*, da er nie etwas planen oder entscheiden muss. Der Schwamm bleibt immer an derselben Stelle im Wasser. Durch das Wasser, das durch seine Poren fließt, erhält er Nahrung und Sauerstoff und muss dabei nie selbst aktiv sein und etwas tun (vgl. Steward 2012a, 14).

Ein nicht ganz so offensichtlicher Fall ist dagegen das Pantoffeltierchen, das zunächst zu den *self-moving Animals* zu gehören scheint, wenn man es beobachtet. Denn dieses einzellige Lebewesen bewegt sich selbst vorwärts durch das Wasser indem Flimmerhärchen (Wimpern) an seinem Körper schnell schlagen. Immer wenn dem Pantoffeltierchen dabei ein Hindernis in den Weg kommt, stoppt und dreht es sich und bewegt sich solange weiter, bis es wieder wegen eines Hindernisses den Weg ändern muss. Allerdings sind für die Bewegungen dieses Einzellers nur grundlegende physio-chemische Reaktionen nötig. Da ein *Self-mover* aber nur ein Lebewesen sein kann, das sich durch sich selbst bewegt, ohne dabei durch äußere Einflüsse bewegt zu werden, qualifiziert sich nach Steward das Pantoffeltierchen nicht als *self-moving Animal* (vgl. Steward 2012a, 14–15).

Der Sohn des Physikers Werner Heisenberg, der selbst Neurobiologe und Genetiker ist, fand allerdings 2009 Beweise dafür, dass es bei Tieren – aber auch bei Einzellern – eine Mischung aus zufälligem und gesetzmäßigem Verhalten gibt. Es handelt sich dabei nicht nur um Mechanismen, die auf Impulse reagieren können, sondern es werden zufällig so etwas wie Handlungen erzeugt, die keine bloßen Reaktionen sind, weil sie nicht von äußeren Reizen abhängen. Solche zufällig erzeugten Handlungen kann man nach Heisenberg schon bei Einzellern – wie beispielsweise bei den Bewegungen des Bakteriums *Escherichia coli* – finden. Möglicherweise gibt es also doch schon Einzeller, die sich anders als das Pantoffeltierchen durch sich selbst bewegen können (vgl. Doyle 2016, 111).

Das Kolibakterium *Escherichia coli* hat Geißeln, durch die es sich fortbewegen kann. Dabei bewegt sich das Bakterium vorwärts und taumelt immer wieder zufällig, so dass es einer neuen Richtung zugewandt ist, in die es sich dann weiter fortbewegt. Es folgt also einem zufälligen Weg, um beispielsweise Nahrung zu finden. Dabei kann der Weg jedoch durch sensorische Rezeptoren beeinflusst werden. Nach Heisenberg sind diese Ansätze auch in höheren Organismen noch im Gehirn zu finden. Denn dort gibt es seiner Meinung nach Elemente, die einen zufälligen Gang durch unterschiedliche Möglichkeiten für Handlungen unternehmen, wodurch die möglichen Handlungsfolgen evaluiert werden (vgl. Doyle 2016, 111).

Doch reicht eine solche von Heisenberg beschriebene Mischung aus gesetzmäßigem und zufälligem Verhalten wirklich aus, um von einem handelnden Wesen sprechen zu können? Die Beispiele zeigen, dass *Ansätze* von Selbstbewegung und damit von Handlung schon in der wenig komplexen Natur und auf Ebene der Einzeller gefunden werden können. Auch wenn das verdeutlicht, wie schwierig eine eindeutige Grenzziehung ist, muss mehr erfüllt sein, um von einer richtigen Handlung sprechen zu können.

In einem starken Sinn kann ein Lebewesen nur ein *Self-mover* sein, wenn es dafür verantwortlich ist, dass es sich bewegt, oder dass sich Teile von ihm bewegen. Doch in einem schwachen Sinn von Sich-selbst-bewegen kann nach Steward sogar das Pantoffeltierchen ein *Self-mover* sein, da es nicht nur im Wasser treibt und von den Strömungen hin- und hergetrieben wird, sondern einen Beitrag zu seinem eigenen Vorankommen in der Welt leistet (vgl. Steward 2012a, 15):

> It makes a contribution, of a kind, to its own progress through the world, in virtue of the fact that at least some important parts of the processes which cause it to respond to such things as obstacles, detected sources of light, food, warmth, etc. are internal to the cell that constitutes it. (Steward 2012a, 15)

In einem schwachen Sinn sind also auch das Pantoffeltierchen oder das Kolibakterium *Self-mover*, weil sie sich durch sich selbst bewegen können: „it can move by itself" (Steward 2012a, 15). Aber sie können keine *Self-mover* in einem für Handlung nötigen starken Sinn sein, da sie sich nicht selbst bewegen und dafür verantwortlich sein können: „it does not make itself move" (Steward 2012a, 15). Das ist nach Steward aber nötig, um von einem Handelnden sprechen zu können, dessen vier wesentlichen Eigenschaften sie folgendermaßen definiert (vgl. Steward 2012a, 15):

> (i) an agent can move the whole, or at least some parts, of something we are inclined to think of as *its* body;
> (ii) an agent is the centre of some form of subjectivity;

(iii) an agent is something to which at least some rudimentary types of intentional state (e.g. trying, wanting, perceiving) may be properly attributed;
(iv) an agent is a settler of matters concerning certain of the movements of its own body in roughly the sense described […], i.e. the actions by means of which those movements are effected cannot be regarded merely as the inevitable consequences of what has gone before. (Steward 2012a, 71–72)

Um von Handlungen sprechen zu können, muss ein in gewisser Weise zielgerichtetes Verhalten vorliegen. So kann man nach Steward nicht unbedingt von einer Motte sagen, die immer wieder ins Licht fliegt, dass sie dabei handelt. Denn bei zielgerichteten Handlungen ist es nötig, dass etwas offensichtlich für die Bewegung verantwortlich ist und diese in Relation zu einem Ziel steht, was bei der ins Licht fliegenden Motte – aber auch bei einem Kolibakterium – nicht offensichtlich ist (vgl. Steward 2012a, 92–93).

Andererseits betont Frankfurt, dass sich Lebendiges, wie eine Sonnenblume, die sich zum Licht wendet, zielgerichtet verhalten kann, während sich beispielsweise Metall nicht zielgerichtet verhält, wenn es heiß wird. Während beide (das Metall und die Sonnenblume) auf Umweltreize reagieren, kann die Sonnenblume nach Frankfurt aber „Unterscheidungen zweiter Ordnung" (Frankfurt 2001c, 121) treffen. Dem Metall ist es egal, was mit ihm passiert. Es ist indifferent und empfindungslos. Doch ein Lebewesen, das reagieren kann, „überwacht seine eigene Lage" (Frankfurt 2001c, 121), wodurch es grundsätzlich möglich ist, etwas an dieser Lage zu verändern. Auch Frankfurt bettet also das zielgerichtete Verhalten schon in die Natur ein (vgl. Frankfurt 2001c, 120–121).

Um ein Handelnder sein zu können, muss man aber nach Steward die Kriterien (i) bis (iv) erfüllen, was bei Lebewesen nicht möglich ist, die zu wenig komplex sind, um kognitive Fähigkeiten besitzen zu können. Problematisch ist allerdings, dass es auch bei kognitiven und emotionalen Fähigkeiten im Reich der Tiere und Lebewesen eine Kontinuität und keine scharfen Trennlinien gibt. Um zu klären, wer zum Reich der Handelnden gehört und wer nicht, beschäftigt sie sich zunächst mit dem dritten Kriterium (dem Besitz intentionaler Zustände) und versucht über Dennetts Überlegungen zur *intentionalen Haltung* zu klären, wem man intentionale Zustände zuschreiben kann (vgl. Steward 2012a, 100).

4.1.7.1 Intentionale Haltung bei Dennett
In Dennetts Konzept muss man ein *intentionales System* sein, um intentionale Zustände haben zu können. Ein Objekt zählt dann als solch ein intentionales System, wenn es für die Erklärung und für die Voraussage seines Verhaltens nützlich ist, es so zu behandeln, als wäre es ein rationaler Handelnder mit intentionalen Zuständen wie Wünschen und Überzeugungen, der mit seinem Handeln eine Strategie

verfolgt. Einem Objekt können also Wünsche und Überzeugungen und damit mentale Zustände zugeschrieben werden, wenn solch eine Zuschreibung für das Verständnis des Objektes hilfreich ist. Auch Dennett ist der Meinung, dass die Grenzen hier nicht scharf sind und es ein Kontinuum mit klaren und unklaren Fällen gibt. Bei manchen Fällen können wir sicher sein, dass die Zuschreibung von Überzeugungen oder mentalen Zuständen gerechtfertigt oder nicht gerechtfertigt ist. Doch dazwischen gibt es viele Graubereiche (vgl. Steward 2012a, 101–102).

Durch Dennetts Überlegungen lässt sich zwar erklären, warum unbelebte Dinge wie Wellen oder die Sonne, die eine gewisse kausale Kraft ausüben können, nicht als intentionale Handelnde zählen. Denn bei solchen unbelebten Dingen gewinnen wir für die Erklärung oder Vorhersage des Verhaltens nichts, wenn wir ihnen bei ihrem Tätigsein eine intentionale Haltung zuschreiben. Aber mit diesem Konzept könnte man bis auf einige klare Fälle nahezu allen Dingen intentionale Zustände zuschreiben. Dennett schlägt sogar vor, dass man mit der intentionalen Strategie das Verhalten und die nächsten Züge eines Schachcomputers vorhersagen kann. Es ist demnach nützlich, sich den Schachcomputer als einen Akteur vorzustellen, der das Spiel gewinnen will und die dafür nötigen Schritte geht. Auch das Verhalten eines Thermostats könnte dann erklärt und vorhergesagt werden, indem man es als intentionales System beschreibt. So könnte das Thermostat davon überzeugt zu sein, dass ein Raum 19 Grad warm ist. Man könnte dem Thermostat dann den Wunsch zuschreiben, den Raum auf 20 Grad zu erwärmen. Da man auf diese Weise nahezu alles als intentionales System beschreiben kann, ist Dennetts Vorschlag ohne weitere Ergänzungen nicht überzeugend. Außerdem berücksichtigt er nicht, dass wir vor allem Systemen mit Bewusstsein Wünsche und Überzeugungen zuschreiben. Bei ihm ist es reine Interpretationssache, was als intentionales System betrachtet werden kann, und Handlungen sind für ihn nichts anderes als bloße Körperbewegungen. Dass Handlungen vom Handelnden auf die richtige Weise verursacht werden müssen, spielt bei ihm keine Rolle (vgl. Steward 2012a, 101–104).

Nach Steward kann ein Wesen die Bedingung (iii), die darin besteht, gewisse intentionale Zustände zu besitzen, nicht erfüllen, wenn es nicht auch die Bedingungen (i), (ii) und (iv) erfüllt. Ein Handelnder erfüllt also immer alle vier Bedingungen als gesamtes Paket. In Weiterentwicklung des Konzeptes von Dennett kann man dann von einem Handelnden sprechen, wenn die Zuschreibung einer teleologischen Haltung für das Verständnis seines Verhaltens notwendig ist. Auch bei Dennett ist zwar für das Verständnis komplexer Wesen eine intentionale Haltung *nötig*. Doch darüber hinaus werden auch Objekte als intentionale Systeme betrachtet, bei denen solch eine Haltung nicht notwendig wäre, weil ihr Verhalten auch anders erklärt werden kann. Das ist bei Steward ausgeschlossen (vgl. Steward 2012a, 104–105).

Es muss also die Komponente der Notwendigkeit hinzukommen. Damit sich etwas als Handelnder qualifiziert, muss es notwendig sein, dessen Verhalten auf intentionale Weise zu beschreiben, um es erklären oder voraussagen zu können. Pantoffeltierchen bestehen diese Art von Test nicht und erweisen sich daher nicht als Handelnde. Denn man kann alle ihre Bewegungen durch Veränderungen der Wassertemperatur, Veränderungen des pH-Werts oder durch den Einfluss von Licht erklären. Ebenso bestehen auch Computer und Roboter den Test nicht, wodurch sie vom Reich der Handelnden ausgeschlossen sind (vgl. Steward 2012a, 105).

Denn es gibt andere als intentionale Erklärungen dafür, was in einem Computer oder in einem Roboter passiert und wie sich ein Pantoffeltierchen bewegt. Es ist vielleicht möglich, das entsprechende Verhalten *auch* teleologisch oder intentional zu beschreiben, aber solche Beschreibungen sind für das Verständnis dessen, was passiert, nicht nötig. Man kann alles, was sich in einem Computer verändert, mechanistisch erklären, ohne dabei auf Ziele oder Absichten des Computers zurückgreifen zu müssen.

Was im Computer passiert, kann also auf nichtintentionale Weise beschrieben werden. Man kann hier jede Veränderung durch vorhergehende Zustände und Ereignisse erklären, die die Veränderung bewirkt haben, oder es ist möglich, die Veränderung auf ein völlig zufälliges Ereignis zurückzuführen (vgl. Steward 2012a, 105). Im Gegensatz dazu ist es bei der teleologischen Haltung notwendig, etwas intentional zu beschreiben. Sonst könnte man es nicht verstehen. Auch nach Mayr gibt es eine *teleologische Struktur* einer Handlung, die sich im Muster von Tätigkeiten zeigt. Ein Handelnder muss hier auf Ereignisse in seiner Umgebung reagieren und spontan neue Mittel ergreifen, um seine Ziele erreichen zu können. Er muss also immer wieder Hindernisse überwinden. Durch das Beobachten des dadurch entstehenden Handlungsmusters (der *teleologischen Struktur*) kann man Ziele des Handelnden erschließen und erkennen, dass er sich intentional verhält (vgl. Mayr 2011, 271–273).

Ein wesentliches Charakteristikum einer teleologischen Struktur und absichtlichen Verhaltens besteht also darin, spontan und nach eigenem Ermessen *unterschiedliche Mittel zur Erreichung eines Zieles* ergreifen zu können. Das können Computer und Pantoffeltierchen offenbar nicht. Aber welchen Lebewesen kann man diese Fähigkeit zuschreiben? Um festzustellen, welche Tiere zu den in diesem Sinne handelnden Wesen gehören, untersucht Steward zunächst die Gattung Portia, die zu den Springspinnen gehört und deren Verhalten Stim Wilcox und Robert Jackson detailliert beschreiben. Diese Spinnen können sich scheinbar sehr intelligent verhalten und könnten damit im Gegensatz zu anderen Tieren, wie den Regenwürmern, zu den klaren Fällen gehören (vgl. Steward 2012a, 107–108).

4.1.7.2 Portia als ein klarer Fall eines handelnden Wesens

Portia jagt andere Spinnen und bewegt sich dabei vorsichtig am Rande des Netzes, in dem die andere Spinne sitzt. Sie ahmt dabei die Bewegungen eines gefangenen Insektes im Netz nach, um die Spinne aus der Mitte fortzulocken. Wenn Portia feststellt, dass diese Strategie nicht erfolgreich ist, dann verändert sie die Stärke und den Rhythmus der Bewegungen. Sie gibt dabei unterschiedliche Signale in der Hoffnung, dass sich das Zielobjekt zu ihr dreht. Dabei wiederholt sie ein Signal immer wieder und kehrt zu der zufälligen Abfolge von Signalen zurück, wenn sie keine Antwort erhält. Wenn all das nicht funktioniert, ändert sie ihre Strategie und bewegt sich langsam und vorsichtig über das Netz. Dabei nutzt sie den Wind, indem sie schneller läuft, wenn dieser das Netz bewegt. Wenn sich das Opfer schnell und aggressiv auf sie zubewegt, dann kehrt sie wieder zum Rand des Netzes zurück. In diesem Fall verändert sie erneut ihre Strategie, indem sie einen großen Umweg macht, sich dabei von ihrem Opfer wegbewegt und dieses sogar aus den Augen verliert. Erst Stunden später kommt sie zurück, platziert sich auf einem kleinen Felsen über dem Netz und seilt sich zu ihrem Opfer ab, um es zu fangen (vgl. Steward 2012a, 108).

Es scheint plausibel zu sein, die Spinne als Handelnde zu betrachten, da sie ihr Verhalten flexibel plant und Strategien verfolgt. Darüber hinaus ist sie in der Lage, räumliche Relationen zu erkennen und sie kann Absichten über eine gewisse Zeit hinweg aufrechterhalten. Ihr Ziel ist es, die Spinne zu fressen und sie ist in der Lage, unterschiedliche Mittel zu wählen und unterschiedliche Pläne zu entwerfen, um dieses Ziel zu erreichen. Dabei kann sie auf Hindernisse flexibel reagieren und zufällige Hilfen (wie den Wind) für sich nutzen, indem sie diesen spontan als Mittel in ihre Strategie integriert (vgl. Steward 2012a, 108).

Steward betont zwar, dass einiges am Verhalten von Portia durch ihren Instinkt geleitet ist, aber sie kann die Mittel zur Erreichung ihres durch den Instinkt festgelegten Ziels relativ frei und spontan wählen. Steward ist daher der Meinung, dass Portia urteilt und hier eine Form von Denken vorliegt, da sie sich an die Besonderheiten sehr gut anpassen und ihr Vorankommen überprüfen kann. „There is evidence of a moment-to-moment control in the face of evolving environmental circumstances that cannot be understood except in terms of a form of agency. The mind module is in business" (Steward 2012a, 108). Für Steward ist also der Fall der Spinne Portia ein klarer Fall, während es andere Fälle wie den Fall des Regenwurms gibt, bei denen sehr viel weniger offensichtlich ist, ob ein Tier oder Lebewesen handeln kann (vgl. Steward 2012a, 108–110).

4.1.7.3 Der Fall des Regenwurms als ein unklarer Fall

Charles Darwin beobachtete den Regenwurm und entdeckte dabei einige Verhaltensweisen der Würmer, die ihn glauben ließen, dass diese Würmer einen gewissen (wenn auch geringen) Grad an Intelligenz und mentalen Kräften besitzen. Die Würmer bewegten sich beispielsweise schnell in ihre Erdlöcher zurück, wenn sie direkt beleuchtet wurden. Dieses Verhalten könnte man noch als einen bloßen Reflex betrachten. Doch erstaunlicherweise führt Licht bei anderen Gelegenheiten zu einem völlig anderen Verhalten der Würmer. So scheint ein Wurm auf das Licht keine Rücksicht zu nehmen und sich davon auch nicht aus der Ruhe bringen zu lassen, wenn er gerade beschäftigt ist. Ähnlich wie bei höheren oder komplexeren Lebewesen, deren Aufmerksamkeit sich auf eine Sache richtet, in die sie vertieft sind, wodurch sie andere Eindrücke nicht mehr oder weniger wahrnehmen, ergeht es auch den beschäftigten Würmern. Bei höheren Lebewesen führt man dieses Verhalten nach Darwin darauf zurück, dass man mit der Aufmerksamkeit ganz bei etwas anderem ist. Doch jemandem Aufmerksamkeit zuzuschreiben impliziert das Vorhandensein eines Geistes (vgl. Steward 2012a, 109–110).

Darüber hinaus verstopfen die Würmer ihre Höhlen mit Blättern. Diesem Verhalten schreibt Darwin unterschiedliche Absichten zu. Die Blätter können dafür sorgen, dass kein Dreck und Wasser in die Höhle gelangen. Auch der Luftzug wird durch sie aufgehalten und sie bieten einen gewissen Schutz vor Gefahren. Die Würmer können dabei offensichtlich beurteilen, auf welche Weise sie die getrockneten Blätter am besten in die Höhle ziehen sollten. Bei Darwins Beobachtungen lagen sie zu einem hohen Grad mit ihrem Urteil richtig. Um ihr Ziel zu erreichen und um die Blätter bestmöglich in ihre Höhle zu bringen, waren sie außerdem in der Lage, von ihrer Gewohnheit, den Stiel der Blätter zu vermeiden, abzuweichen (vgl. Steward 2012a, 110–111).

Darwin beobachtete, wie sich die Würmer bei den nicht heimischen Nadeln der schottischen Kiefer verhielten, die jeweils aus zwei Nadeln mit einem gemeinsamen Fuß bestehen. Die Würmer zogen hier im Gegensatz zu ihrer eigentlichen Gewohnheit die Nadeln mit dem Fuß in die Höhle und drückten die spitzen Enden, die sonst gefährlich werden könnten, in die Erde. Da die Kiefer und ihre Nadeln jedoch dort, wo die Würmer lebten, nicht vorkamen, kann das Verhalten der Würmer nicht einfach über ihren Instinkt und natürliche Selektion erklärt werden. Darwin erachtete die Art und Weise, wie die Würmer vorgingen, für zu flexibel, als dass es sich dabei um rein instinktives Verhalten handeln könnte. Denn die Würmer erfühlten zunächst die Form der Blätter, bevor sie diese mit sich zogen. Daher scheinen sie zu beurteilen, auf welche Weise sich die entsprechenden Blätter am besten ziehen lassen, was Darwin zu der Annahme verleitete, dass die Würmer über einen gewissen Grad an Intelligenz verfügen. Auch dass die Würmer die Spitzen der Nadeln in die Erde steckten, kann nicht evolutionär erklärt werden, da sich dieses Verhalten nicht auf die Erfahrungen der Vorfahren zurückführen lässt. Schließlich konnten diese keine Erfahrungen mit der schottischen Kiefer und ihren Nadeln sammeln (vgl. Steward 2012a, 111–112).

Es kann sich bei diesem Wurm also nicht um ein bloßes mechanistisches System handeln. Denn er kann Entscheidungen von Moment zu Moment treffen und er scheint über eine sehr niedrige Form von Bewusstsein zu verfügen. Sicherlich ist sein Verhalten zu einem großen Teil durch seinen Instinkt geleitet. Aber dennoch kann er flexibel auf seine Umwelt eingehen. Man könnte ihn also als ein Wesen betrachten, das auf einer sehr niedrigen Ebene seinen eigenen Körper kontrollieren kann (vgl. Steward 2012a, 112).

Es hat sich also gezeigt, dass es zwischen Wesen, die handeln können, und Wesen, die nicht handeln können, ebenso wenig eine klare Grenze gibt, wie zwischen Wesen mit Bewusstsein und Wesen ohne Bewusstsein. Die Verläufe sind hier fließend. So geht Bewusstsein fließend in Formen über, bei denen kein Bewusstsein vorhanden ist – es nimmt immer weiter ab, bis es scheinbar nicht mehr vorhanden ist. Ebenso verhält es sich mit dem Übergang von dem Vorhandensein von Geist zu bloßem Mechanismus. Man kann bei den Übergängen und Graubereichen nach Steward nicht genau sagen, welche Dinge auf die eine und welche Dinge auf die andere Seite gehören (vgl. Steward 2012a, 113).

Doch das ist keineswegs problematisch für Stewards Handlungstheorie, sondern verdeutlicht, dass Handlung bei ihr tief in der Natur verwurzelt und keine besondere und schwer zu erklärende rein menschliche Fähigkeit ist. Anlagen für Handlung und damit auch für Freiheit sind überall in der Natur zu finden.

4.1.8 Handlung und Freiheit in der Natur

Darwin erklärte 1859 die biologische Entwicklung dadurch, dass durch Zufall neue Variationen in einem Genpool entstehen. „Darwin's work confirmed that Becoming was as real and important as Being (another great dualism)" (Doyle 2016, 92). Das Werden und der Prozess spielen also in der biologischen Welt und in der Natur eine große Rolle, was auch bedeutet, dass die Zukunft offen und nicht festgelegt ist, sonst könnte nichts Neues entstehen (vgl. Doyle 2016, 92).

Wie sich bei Stewards Handlungstheorie schon zeigte, können Lebewesen spontan etwas festsetzen und damit neue Wege hervorbringen. Da ihre Setzungen durch nichts bestimmt sind, beinhalten sie offenbar einen „Moment des Zufälligen" (Brüntrup 2019, 129). Doch lässt sich diese Idee auch in ein naturwissenschaftliches Weltbild einbinden und welche Metaphysik liegt dieser Annahme zugrunde? Um diese Fragen zu beantworten, soll zunächst kurz untersucht werden, welche Entdeckungen und Theorien der Physik diese Handlungstheorie stützen können, um diese im Anschluss metaphysisch einzubetten. Natürlich passt dieses Konzept von Handlung nur mit dem Indeterminismus und mit einer Welt zusammen, in der sich durch Zufall und Spontaneität Neues entwickeln kann.

Die Physik, die sich besonders mit Instabilitäten beschäftigt und die die klassische oder moderne Physik ergänzen soll, ist die *nachmoderne Physik* (vgl. Schmidt 2008, 1–4). Dabei wird kein klassischer Physikalismus mehr vertreten und zum Bereich dieser nachmodernen Physik zählen auch Entitäten, die in der klassischen Physik keine physischen Objekte sind (vgl. Schmidt 2008, 1–4). Während Phänomene wie Selbstorganisation, Prozessualität und Zeitlichkeit in der klassisch-modernen Physik zum Randbereich der Forschung gehören, rücken sie in der *nachmodernen Physik* ins Zentrum der Aufmerksamkeit (vgl. Schmidt 2008, 73). Dabei wird angenommen, dass es Evolution, Zeitlichkeit, Dynamiken, Entwicklungen und Selbstorganisation nur gibt, weil es Instabilität gibt (vgl. Schmidt 2008, 83). Der Ursprung der Forschung zu Instabilitäten war die in den 70er Jahren entstandene Chaostheorie, wobei der von Ruelle und Takens eingeführte Begriff *Chaos* scheinbar irreguläres Verhalten (im Bereich physikalischer Strömungen und Turbulenzen) beschreiben soll (vgl. Schmidt 2008, 77–78). „Die *Chaostheorie* untersucht Sensitivitäten und Instabilitäten im Langzeitverhalten von Systemdynamiken [...]. Berühmt ist der so genannte Schmetterlingseffekt: Kleinste Ursachen können durch Instabilitäten Makrophänomene herbeiführen" (Schmidt 2008, 83–84). Inzwischen geht man davon aus, dass Instabilität Phänomene wie Selbstorganisation und Dynamik erst möglich macht und eine vermittelnde Rolle zwischen Mikroeigenschaften und Makrophänomenen einnimmt (vgl. Schmidt 2008, 1).

Mikroeigenschaften und Instabilitäten auf der Mikroebene können Phänomene im Makrobereich beeinflussen (vgl. Schmidt 2008, 84). Dabei werden Instabilitäten nach Schmidt als notwendige (aber nicht hinreichende) Bedingung für Veränderungen von Strukturen und Selbstorganisation betrachtet, was man anhand des biologischen Zusammenhangs von Genotyp und Phänotyp verdeutlichen kann. Instabilitäten im Genotyp erzeugen Dynamiken, Entstehung von Strukturen und Zufälle im Phänotyp. Die Instabilitäten am Ausgangspunkt, dem Genotyp, sind also gewissermaßen die Bedingung der Möglichkeit der Veränderungen im Phänotyp. Sonst müsste der Phänotyp dem Genotyp vollständig entsprechen und wir wissen inzwischen, dass das nicht stimmt (vgl. Schmidt 2008, 82–83).

„Wo Instabilitäten dominieren, steht es – um es in der Alltagssprache auszudrücken – ‚auf des Messers Schneide'. Das ist jedoch nicht nur negativ zu konnotieren. Denn ohne Instabilitäten gäbe es kein Wachstum und kein Werden; durch Instabilitäten kann Neues entstehen" (Schmidt 2008, 3). Bei der Physik der Instabilitäten, die ein starkes Argument für den Indeterminismus ist, spielt also der Zufall, ähnlich wie schon Darwin feststellte, eine bedeutende Rolle für das Entstehen von etwas Neuem.

Auch Bob Doyle, der die Entdeckung Darwins als die erste wissenschaftliche Erschütterung des Determinismus betrachtet, beschreibt, dass immer mehr Informationsstrukturen im Universum entstehen (vgl. Doyle 2016, 12–13). Ebenso steigen die Entropie und Unordnung andauernd, wodurch die Zukunft offen ist und das Universum nicht determiniert sein kann (vgl. Doyle 2016, 12–13). Diesen Schluss legt auch die Entdeckung der Thermodynamik nahe, die Doyle als zweite große wissenschaftliche Bedrohung des Determinismus ansieht und auf die sich Steward, wie sich noch zeigen wird, explizit bezieht. Nach den Entdeckungen Ludwig Boltzmanns (ab 1866) im Bereich der Thermodynamik wurden die zuvor als sicher betrachteten physikalischen Gesetze zu statistischen Gesetzen (vgl. Doyle 2016, 92–93).

Die dritte bedeutende Erschütterung des Determinismus ist schließlich die Entdeckung der Quantenmechanik. Während Newtons Mechanik und die Newtonschen Gesetze noch einen absoluten Determinismus nahelegten, scheint Heisenberg mit seinem Unschärfeprinzip oder auch *heisenbergsche Unschärferelation* (1927) bewiesen zu haben, dass dieser absolute Determinismus nicht existiert. Zuvor hatte Max Born im Jahr 1926 gezeigt, dass man nur die Wahrscheinlichkeiten für die Wege der Atome voraussagen kann, wenn atomare Teilchen kollidieren. Diese Entdeckung bestätigte die Zufälligkeit auf der mikroskopischen Ebene (vgl. Doyle 2016, 93).

Genau dieser Bereich der Quantenmechanik wurde häufig betrachtet, um gegen den Determinismus zu argumentieren. Der Indeterminismus auf der Ebene der Quanten führt nach Auffassung einiger Philosophen zum freien Willen auf der Makroebene. Libertarische Überlegungen, die in diese Richtung gehen, werden vor allem im fünften Kapitel noch betrachtet werden. Nach Steward lässt sich auf diese Weise der freie Wille aber nicht erklären. Die ihrer Meinung nach dafür nötige Physik ist die Physik, die sich mit offenen Systemen befasst, die kontinuierlich mit ihrer Umgebung interagieren. Solche Systeme haben für Energie und Masse durchlässige Systemgrenzen. Steward beschäftigt sich also mit dem Bereich der Biophysik und vor allem mit dem zweiten Gesetz der Thermodynamik, demnach die Entropie (Zustand der Unordnung) eines isolierten Systems nie abnimmt (vgl. Steward 2016, 160).

Ein Beispiel für ein System im thermodynamischen Gleichgewicht wäre Sahne, die sich gleichmäßig im Kaffee verteilt hat. Von diesem Gleichgewicht ist ein System dagegen weit entfernt, wenn seine Teile hoch geordnete Strukturen bilden. Ein Beispiel für ein solches System im Nicht-Gleichgewicht wäre ein Eiswürfel, der im Tee schwimmt. Solche Systeme bestehen aus vielen Teilchen und sind in hohem Maße strukturiert und geordnet. Die Teilchen können sich kollektiv verhalten, das System hat neu entstehende Eigenschaften und ist unumkehrbar. All diese Eigenschaften hat auch ein Gehirn, wodurch man es als System betrachten kann, das sich weit entfernt vom thermodynamischen Gleichgewicht befindet (vgl. Bishop 2002, 120).

Nun gibt es nach Steward nichts, was innerhalb der Physik den Determinismus auf der makroskopischen Ebene beweisen könnte. Was in der Physik dagegen als deterministisch angesehen wird, sind *geschlossene Systeme*, bei denen man den Zustand des Systems zu jedem beliebigen Zeitpunkt berechnen kann, wenn man den Zustand des Systems zu einem Zeitpunkt kennt. Das ist allerdings nur möglich, wenn das System immer geschlossen bleibt und weder Energie noch Masse aufnimmt oder verliert. Solche Systeme sind ideal und Teile der Wirklichkeit können durch die entsprechenden deterministischen Gesetze nur *ceteris paribus* beschrieben werden (vgl. Steward 2016, 164–165).

Die nicht-ausgeglichene Thermodynamik, über die nach Steward der Indeterminismus auf der Makroebene erklärt werden kann, bezieht sich dagegen auf Systeme, die sich nicht im Gleichgewicht befinden. Lebewesen, die sich ständig verändern und Energie und Masse mit der Umgebung austauschen, fallen in diesen Bereich. Offene Systeme wie Lebewesen müssen sich also ständig bemühen, damit sie weiterhin als System existieren können. Dafür müssen sie beispielsweise Nahrung finden und damit die verlorene Energie immer wieder ersetzen. Dabei gibt es für die Lebewesen unterschiedliche Möglichkeiten, ihre Mühe zu konzentrieren. Welche dieser Möglichkeiten sie realisieren, ist nach Steward eine komplexe Frage, bei der sich Lebewesen immer wieder von Neuem an die Situation anpassen und neues Wissen generieren müssen. Es gibt zwar in der Natur Entitäten, die durch ihre individuelle Situation nur eine Möglichkeit haben, wie sie sich verhalten können. Doch vor allem komplexere Lebewesen haben verschiedene Möglichkeiten, ihre Zukunft zu beeinflussen. Die Optionen werden zwar durch Gründe oder Präferenzen eingeschränkt. Doch das bedeutet nicht, dass solche Lebewesen nur eine Handlungsoption haben, wodurch ihre Handlungen weder determiniert, noch rein zufällig sind (vgl. Steward 2016, 165–167).

4.1.9 Spontaneität und Zufall als Spielraum für die Freiheit

Eine Entscheidung, mit der ein Handelnder einen neuen Anfang setzt, beinhaltet nach Brüntrup einen „Moment des Zufälligen" (Brüntrup 2019, 129), da sich die Person mit der Entscheidung selbst bestimmt und diese von der Vergangenheit nicht völlig determiniert ist (vgl Brüntrup 2019, 129–130). „Dieses unverfügbare Moment der Entscheidung ist aber nicht irrational und damit gerade nicht bloß zufällig, sondern es ist das sich selbst bestimmende Ergreifen von vorher durchdachten Gründen" (Brüntrup 2019, 130). Die Entscheidung wird im Falle eines Menschen also durchaus auf der Basis von Gründen getroffen. Welche Gründe in diesem Moment jedoch als besser erachtet werden, lässt sich nicht vollständig aus Vorherigem und auch nicht aus dem Abwägungsprozess ableiten (vgl. Brüntrup 2017, 255–256).

„Die Aneignung und Bejahung der Gründe liegt also nicht *vor* der Entscheidung für eine Handlung, sondern die Gründe werden *gleichzeitig* mit der Entscheidung ergriffen und bejaht" (Brüntrup 2017, 255). Dadurch übt der Handelnde Kontrolle über sich selbst und seine Entscheidungen aus und das ist es, was man unter Akteursverursachung versteht. Diese verortet Brüntrup über den Panpsychismus in der Natur. Demnach gibt es überall in der Natur Geist und geistige Eigenschaften. Im 20. Jahrhundert war Alfred N. Whitehead der wichtigste Vertreter des Panpsychismus. Er ging davon aus, dass sich diese Sichtweise gut mit dem Evolutionsparadigma vereinbaren lässt. Dem liegt die Annahme zugrunde, dass Geist immer schon – zumindest in einer primitiven Form – vorhanden war. Brüntrup beschreibt Materie und Geist hier als zwei Seiten einer Medaille, die nicht völlig identisch sind, ohne jedoch – wie der Dualismus annimmt – völlig voneinander unabhängig zu sein. Brüntrup betont, dass es zwei Formen des Panpsychismus gibt und dass nur eine der beiden Formen die Grundlage für Handlungskausalität sein kann. Beide Formen unterscheidet er am Begriff der Emergenz (vgl. Brüntrup 2019, 130–131).

Emergenz bedeutet, dass in der Natur plötzlich neue und höherstufige Eigenschaften auftreten. Können diese neuen Eigenschaften über ein „Zusammenspiel der Basiseigenschaften" (Brüntrup 2019, 131) erklärt werden, dann handelt es sich um *schwache Emergenz*. Treten dagegen plötzlich Eigenschaften auf einer höheren Ebene auf, die aus der unteren Ebene (und der vollständigen Kenntnis all ihrer Elemente und Eigenschaften) nicht abgeleitet werden können, dann handelt es sich um *starke Emergenz*. Von solch einer *starken Emergenz* kann man immer dann sprechen, wenn das Ganze mehr als die Summe seiner Teile ist und wenn auf einer höheren Ebene kausale Kräfte zu finden sind, die durch die bloße Verbindung der kausalen Kräfte auf der niedrigeren Ebene nicht erklärt werden können. Darüber hinaus kann man von *radikaler Emergenz* sprechen, wenn es eine „Art metaphysischer Sprung von einer ontologischen Grundkategorie auf eine andere" (Brüntrup 2019, 131) gibt. So kann man beispielsweise das plötzliche Zustandekommen von Bewusstsein aus der Materie, die eigentlich ohne Bewusstsein ist, als *radikale Emergenz* betrachten (vgl. Brüntrup 2019, 131).

Die Vertreter des Panpsychismus halten diese Form der Emergenz für nicht möglich, da ihrer Meinung nach nicht etwas aus etwas anderem entstehen kann, wenn es nichts davon besitzt. Während die *schwache Emergenz* von panpsychistischer Seite als harmlos und metaphysisch unproblematisch erachtet wird, meinen Vertreter eines *konstitutiven Panpsychismus*, dass es keine *starke Emergenz* geben kann. Lässt man demnach zu, dass es in der Natur Phänomene gibt, bei denen das Ganze mehr als die Summe seiner Teile ist, läuft man Gefahr, sich in Richtung einer *radikalen Emergenz* zu bewegen. In diesem Falle könnte grundsätzlich alles aus allem entstehen und der Panpsychismus könnte eigentlich nichts mehr erklären (vgl. Brüntrup 2019, 132–133).

Diese Form des Panpsychismus passt zwar zu naturwissenschaftlichen Ansichten, bei denen Phänomene der Makroebene durch die Determination der Mikroebene völlig erklärt werden können. Nach Brüntrup muss man hier aber auch erklären können, wie „die Einheit des Bewusstseins als die Summe vieler kleiner Bewusstseinszentren verstanden werden" (Brüntrup 2019, 132) kann. Beim *nicht-konstitutiven Panpsychismus*, den auch Whitehead vertritt, wird die starke Emergenz dagegen zugelassen. Hier emergiert der Geist nicht plötzlich aus reiner Materie, da schon auf der untersten Ebene physische und mentale Eigenschaften existieren. Dennoch gibt es dann bei höheren Lebewesen kausale Kräfte, die mehr sind als die Summe ihrer Teile und nicht nur aus den Wechselwirkungen der untersten Ebene resultieren (vgl. Brüntrup 2019, 132–133).

Bei dieser Form des Panpsychismus, die auch *emergenter Panpsychismus* genannt werden kann, kann es also Handelnde mit eigenen kausalen Kräften geben (vgl. Brüntrup 2019, 133–134). Das deckt sich wiederum auch mit wissenschaftlichen Ergebnissen. So entdeckte die Brussels-Austin Gruppe beispielsweise, dass sich Erklärungen von einem Set von Partikel-Flugbahnen hin zur Anordnung des ganzen Sets von Teilchen und damit von einem lokalen zu einem globalen Kontext verlagern. Das bedeutet aber, dass ein als Ganzes agierendes System Wirkungen hervorbringt, die nicht auf die Summe seiner Teile reduzierbar sind. Ein solches System ist nach Schmidt das Gehirn. Damit scheint die für Handlungsverursachung nötige *Abwärtsverursachung* (*Downward Causation*) möglich zu sein (vgl. Bishop 2002, 121).

Aus einem starken Supervenienzbegriff folgt, dass durch die unterste Ebene alles und damit auch das gesamte Kausalgeschehen festgelegt wird. „Starke Supervenienz impliziert Mikrodetermination von unten nach oben" (Brüntrup 2019, 135). Daraus folgt allerdings, dass der Handelnde selbst nichts verursachen kann, da die höhere Ebene „kausal epiphänomenal" (Brüntrup 2019, 135) bleibt. Da also starke Emergenz durch den Supervenienzbegriff nicht erklärt werden kann, übernimmt Brüntrup den kausalen Emergenzbegriff von Timothy O'Connor und Hong Yu Wong. Demnach ist die Emergenzbeziehung selbst eine kausale Beziehung. Haben niedrigere Ebenen einen gewissen Komplexitätsgrad erreicht, dann besteht eine bestimmte Wahrscheinlichkeit, dass ein höherstufiges Individuum emergiert. Dabei handelt es sich um eine indeterministische Kausalbeziehung von unten nach oben. Ein bestimmter Mikrozustand kann also mehr als eine emergente Wirkung haben. „Wenn die Kausalgesetze auf der Mikroebene indeterministisch sind, dann können die neu entstandenen höherstufigen Individuen auf diese untere Ebene kausal zurückwirken, wenn auch nur in eng gesetzten Grenzen" (Brüntrup 2019, 136). Obwohl die unterste Ebene dabei ontologisch grundlegend ist, können die

Ebenen demnach miteinander interagieren. Dafür muss man aber den Kausalitätsbegriff etwas anders als üblich bestimmen (vgl. Brüntrup 2019, 135–136).

Unser geläufiges Modell der Kausalität, bei dem durch das Übertragen von Energie etwas hervorgebracht wird, kann die Akteursverursachung nicht hinreichend erklären, bei der durch den Handelnden eine von mehreren möglichen Alternativen gewählt wird. Brüntrup schlägt daher mit Rosenberg vor, das Modell kausaler Hervorbringung durch ein Modell *kausaler Signifikanz* zu ersetzen. Was das bedeutet, wird deutlich, wenn man zwei quantenmechanisch miteinander verschränkte Teilchen betrachtet. „Sie sind wie zwei Seiten einer Medaille, die ein Bedingungsverhältnis teilen" (Brüntrup 2019, 137–138). Wirft man eine Münze, dann fällt sie immer so, dass eine Seite unten und damit die andere Seite oben liegt. Dabei ist der Zustand der einen Seite für den Zustand der anderen Seite kausal signifikant, wodurch andere mögliche Zustände ausgeschlossen werden (vgl. Brüntrup 2019, 137–138).

Zwei Teilchen, die quantenmechanisch miteinander verschränkt sind, sind genau auf diese Weise füreinander kausal signifikant. Denn wenn das eine der Teilchen im Zustand *Spin up* ist, dann ist das andere Teilchen im Zustand *Spin down* und andere mögliche Zustände, wie der Zustand, dass sich beide Teilchen im *Spin down* befinden, sind ausgeschlossen. „Kausale Signifikanz bedeutet die Anwesenheit von bestimmenden Bedingungen, nicht aber die zeitliche Vorgängigkeit oder das Hervorbringen des einen aus dem anderen" (Brüntrup 2019, 138). Während das Konzept des Hervorbringens ein asymmetrisches Konzept ist, handelt es sich bei der kausalen Signifikanz um ein symmetrisches Konzept ohne zeitliche Richtung (vgl. Brüntrup 2019, 138).

Damit ergeben sich aber die Probleme nicht, die durch die Humesche Vorstellung von Kausalität entstanden sind und die im dritten Kapitel ausführlich betrachtet wurden. Das Konzept der kausalen Signifikanz kann darüber hinaus auch Einsteins Problem mit der Nichtlokalität lösen. Albert Einstein, Boris Podolsky und Nathan Rosen entdeckten, dass man ein quantenmechanisch verschränktes Teilchen augenblicklich an der linken Seite des Raums lokalisieren könnte, wenn das damit verschränkte Teilchen an der rechten Seite des Raums gefunden wird. Doch wie kann die Information so schnell von der rechten zur linken Seite gelangen und das Teilchen dort beeinflussen? Einstein mutmaßte, dass die Quantenrealität eine nicht-lokale Eigenschaft besitzt. Diese Eigenschaft der Quantenrealität akzeptierte er selbst zwar nie wirklich, inzwischen konnte die Nichtlokalität aber in vielen Experimenten (beispielsweise durch die Tests von John Bell) bestätigt werden (vgl. Doyle 2016, 140–141).

Die Wellenfunktion eines Teilchens zeigt die Wahrscheinlichkeiten an, mit denen es an einem bestimmten Ort lokalisiert werden kann. Bewegt sich die Wellenfunktion beim Doppelspaltexperiment durch die beiden Spalten, dann interferiert sie mit sich selbst und es entsteht ein Interferenzmuster. Beim Kollaps der Wellenfunktion wechseln nun nach Doyle aber nicht Materie und Energie den Ort, sondern die Informationen über die Wahrscheinlichkeiten verändern sich. Denn beim Lokalisieren eines bestimmten Teilchens an einem Ort durch die Messung wird neue Information erzeugt und im selben Moment (also augenblicklich) fällt die Wahrscheinlichkeit, das Teilchen an einem anderen Ort zu finden, zu Null zusammen. Um das zu veranschaulichen, beschreibt Doyle ein Pferderennen, bei dem ein Pferd das Rennen gewinnt, indem es mit seiner Nasenspitze die Ziellinie erreicht. In diesem einen Moment wird die Wahrscheinlichkeit, dass dieses Pferd das Rennen gewinnt, eine Sicherheit, während im selben Moment die Wahrscheinlichkeiten der anderen Pferde, das Rennen zu gewinnen, auf Null fallen. Diese Ereignisse (oder auch die Veränderung der Wahrscheinlichkeiten) passieren gleichzeitig und dabei verändert sich die Wahrscheinlichkeit für das zweite Pferd, das Rennen zu gewinnen, ebenso wie die Wahrscheinlichkeit für das allerletzte Pferd, das Rennen zu gewinnen, im exakt selben Moment und auf dieselbe Weise (bei beiden ist die Wahrscheinlichkeit nun augenblicklich Null) (vgl. Doyle 2016, 141– 142).

Möglichkeiten und *potentielle Zustände* (wie das Verlieren eines Rennens) verwirklichen sich also immer in Abhängigkeit und in Wechselwirkung zu anderen Zuständen (vgl. Brüntrup 2019, 138). Dass das zweite Pferd das Rennen nicht gewinnt, ist im selben Moment *bestimmt*, in dem das erste Pferd die Ziellinie erreicht. Gibt es keinen Indeterminismus auf der untersten Ebene, dann muss nichts weiter kausal bestimmt werden (vgl. Brüntrup 2019, 138–139). Dagegen ist weitere kausale Bestimmung nötig, wenn es auf der untersten Ebene Indetermination gibt (vgl. Brüntrup 2019, 138–139). Hier muss also ein möglicher „Verlauf der Welt" (Brüntrup 2019, 139) gewählt werden, während es mehrere Alternativen gegeben hätte, was auch mit Eppersons Interpretation der Quantenmechanik übereinstimmt (vgl. Brüntrup 2019, 138–139): „Aus einer Matrix von sich gegenseitig ausschließenden Möglichkeiten wird eine realisiert, die dadurch für alle damit in Beziehung stehenden physikalischen Entitäten im oben beschriebenen Sinne kausal signifikant wird" (Brüntrup 2019, 139). Handeln wird also als das Verwirklichen einer Möglichkeit betrachtet (vgl. Brüntrup 2019, 140). Es ist aber der genaue Verlauf der Handlung und die Art und Weise, wie sie ausgeführt wird, die zuvor nicht bestimmt sind und wobei es sich um Möglichkeiten handelt, die durch den Handelnden realisiert werden (vgl. Brüntrup 2019, 141): „Eine Handlung ist immer der ‚Kollaps' einer Vielzahl von Möglichkeiten in genau eine Realität. Sie ist die Auswahl einer raumzeitlichen Realisation aus einer Vielzahl von noch nicht realisierten, aber doch abstrakt gegebenen Möglichkeiten" (Brüntrup 2019, 141). Dadurch können Handlungen spontan sein und etwas Zufälliges beinhalten. Womit allerdings keineswegs gemeint ist, dass sie völlig willkürlich sind und nicht zum Handelnden passen. Die

Spontaneität und der Zufall kommen dadurch zustande, dass nicht *im Voraus* festgelegt ist, welche der abstrakt gegebenen Möglichkeiten sich realisieren wird. Welche Rolle der Zufall bei Handlungen spielen kann und darf, werden wir vor allem im fünften Kapitel noch einmal ausführlich betrachten. Hier soll aber festgehalten werden, dass Freiheit etwas Mittleres zwischen reinem Zufall und völliger Bestimmtheit zu sein scheint. Wenn Handlungen allerdings spontan sein können, aus vielen kleinen Details bestehen, über die wir nicht bewusst nachdenken müssen und einen *Moment des Zufälligen* beinhalten, wie Brüntrup sagt, stellt sich die Frage, wie sich spontane Handlungen von bloßen Reflexen abgrenzen lassen.

4.1.10 Reflexe und spontane Handlungen

Zunächst einmal kann man Reflexe von absichtlichen Handlungen unterscheiden. Eine absichtliche Handlung zeichnet sich nach Anscombe durch eine bestimmte Weise aus, auf die Frage zu antworten, *warum* sie durchgeführt wurde. Es geht also um das Angeben von Handlungsgründen, was beispielsweise beim Zusammenzucken nicht möglich ist. Denn das Zusammenzucken ist keine Handlung, sondern ein Reflex, der keinen Grund, aber eine kausale Ursache hat (vgl. Anscombe 1986, § 5).

Die *Warum*frage wird außerdem nicht sinnvoll beantwortet, wenn einem Handelnden nicht bewusst war, was er tut (vgl. Anscombe 1986, § 6). Anscombe ordnet die absichtlichen Handlungen der „Klasse der ohne Beobachtung gewußten Tatsachen" (Anscombe 1986, § 8) (wir wissen beispielsweise, wo sich unsere Hände oder Ohren befinden, ohne dass wir dies beobachten müssten) zu (vgl. Anscombe 1986, § 8). Man kann also Handlungen, die dem Handelnden ohne Beobachtung bewusst sind, und Handlungen, die ihm erst durch Beobachtung bewusst werden, unterscheiden (vgl. Anscombe 1986, § 16). Etwas zu tun und sich darüber nicht bewusst zu sein und etwas zu tun und nur zu wissen, dass man es tut, weil man es beobachtet, sind Arten des Tuns, die die Warumfrage zurückweisen. Des Weiteren wird die Warumfrage bei unwillkürlichen Handlungen, die zur Klasse der ohne Beobachtung gewussten Tatsachen gehören, zurückgewiesen. So kann das Knie unwillkürlich hochschnellen, wenn ein Arzt darauf klopft und die Reflexe testet und diese Tatsache kann mir bewusst sein, auch wenn ich mein Knie nicht beobachte. Die Körperbewegungen weiß man hier also auch ohne Beobachtung, während man die Ursache für die Körperbewegung *nicht ohne* Beobachtung weiß (vgl. Anscombe 1986, § 8).

Bei der Schwierigkeit der Unterscheidung von Ursachen und Gründen spielt nun gerade diese Klasse eine wichtige Rolle. Denn die Schwierigkeiten treten immer dann auf, wenn die Ursache zu den Tatsachen gehört, die man ohne Beobachtung weiß. So kann man auf die Frage, warum man eine Tasse umgeworfen hat, beispielsweise antworten, dass man durch etwas zusammengezuckt ist, was man gesehen hat. Solche Ursachen nennt Anscombe *geistige Ursachen* (Anscombe 1986, § 10), die sowohl Handlungen wie auch Gedanken oder Gefühle auslösen können. Eine geistige Ursache muss dabei nicht auch ein geistiges Ereignis sein, sondern kann nur etwas sein, was von einer Person (wie das Klopfen an der Tür) wahrgenommen wird. Eine geistige Ursache ist also ganz einfach etwas, was einen Gedanken oder ein Gefühl oder eine Handlung in einer Person verursacht und kann von einem Motiv, das zu einer Handlung bewegt, unterschieden werden (vgl. Anscombe 1986, §§ 9 – 11).

So ist Rache beispielsweise ein Motiv, bei dem es ein Ereignis in der Vergangenheit gibt, das die Handlung in der Gegenwart motiviert und auslöst (vgl. Anscombe 1986, § 13). Daher nennt Anscombe Motive wie Rache, Dankbarkeit, Reue und Mitleid *rückschauende Motive*, während *vorwärtsschauende* Motive für sie Absichten sind (vgl. Anscombe 1986, § 13). Haben wir eine Absicht, richtet sich diese auf die Zukunft, während eine absichtliche Handlung aber nicht auf die Zukunft gerichtet sein muss. Eine absichtliche Handlung und eine *Absicht* können also unterschiedliche Bedeutungen haben und eine Handlung, die wir absichtlich ausüben, muss nicht auch eine Absicht enthalten (vgl. Anscombe 1986, § 1).

Bei einer absichtlichen Handlung kann die Frage, warum diese Handlung ausgeübt wurde, entweder durch ein vergangenes Ereignis, durch ein Interpretieren der Handlung, oder durch etwas, das sich auf die Zukunft bezieht, beantwortet werden. Bei einer Interpretation oder einer Erklärung der Handlung durch etwas Zukünftiges wird ein Handlungsgrund und damit eine adäquate Antwort auf die Frage nach dem Warum der Handlung angegeben. Wenn die Handlung über ein vergangenes Ereignis erklärt wird, handelt es sich dann um eine adäquate Antwort, wenn Nutzen und Schaden eine Rolle spielen (vgl. Anscombe 1986, § 16).

Es scheint also zwei Arten zu geben, auf die eine Handlung absichtlich sein kann: Einmal hinsichtlich der beabsichtigten Handlungsfolgen (der Absicht) und einmal hinsichtlich des Aktes der Handlung selbst. Wenn nicht jede absichtliche Handlung auch eine explizite Absicht (im Sinne eines konkreten Ziels) enthalten muss, können auch Bewegungen, die dem Handelnden nicht bewusst sind, zu einer absichtlichen Handlung gehören.

Wenn wir uns bei solchen Handlungen bewegen, kontrahieren unsere Muskeln. Allerdings ist nicht diese Kontraktion der Muskeln die absichtliche Handlung, obwohl natürlich das Kontrahieren der Muskeln auch nicht unabsichtlich geschieht, weshalb Anscombe die *Muskelkontraktionen bei einer Handlung* „vor-absichtlich" (Anscombe 1986, § 19) nennt. Diese vorabsichtlichen Tätigkeiten sind dem Handelnden meist nicht bewusst. Während in der Antike und vor allem bei Aristoteles eine Handlung als auf ein Ziel gerichtet betrachtet wird, ist Anscombe dagegen der Meinung, dass Menschen die meiste Zeit Tätigkeiten ohne weiteren Grund ausführen. Damit muss also eine absichtliche Handlung nicht unbedingt ein Ziel haben, sondern es muss nur die Warumfrage beantwortet werden können und dabei ist es auch möglich, dass die Antwort *„Ich habe es eben getan"* ist und es keinen weiteren Grund gibt (vgl. Anscombe 1986, §§ 19–21).

Anscombe gibt zudem zu bedenken, dass man bei einer Handlung weder um jede exakte Bewegung, die man vollzieht, genau weiß, noch dass die Absicht einer Handlung allein das gewollte Ergebnis oder die Folge einer Handlung ist. Viele Einzelheiten der Bewegungen beachtet man bei Handlungen nicht und lässt sie automatisch passieren – vor allem, wenn man eine Fertigkeit erworben und damit eine bestimmte Tätigkeit erlernt hat (vgl. Anscombe 1986, § 30).

> Daher folgt aus der Aussage, daß ein Mensch weiß, daß er X tut, nicht die Aussage, daß er weiß, daß er irgendetwas tut, worin sein X-Tun außerdem noch besteht. Zu sagen, ein Mensch wisse, daß er X tut, ist daher soviel wie eine Beschreibung seines Tuns zu geben, *in der* er es weiß. (Anscombe 1986, § 6)

Dadurch ist es möglich, Stewards Handlungen und Details, die nicht absichtlich und bewusst sein müssen, über Anscombes Definition einer *absichtlichen Handlung* von bloßen Reflexen abzugrenzen. Denn hier muss keine explizite *Absicht* bei einer Handlung enthalten sein und es kann viele Einzelheiten der Handlung geben, über die man nicht nachdenken muss und die automatisch ablaufen. Damit sind auch all die kleinen Bewegungen (wie das Verändern der Position auf dem Stuhl oder das Wackeln mit dem Fuß) beinhaltet, die wir nach Steward andauernd ausführen und die mit keiner expliziten Absicht verbunden sind. Sie sind keine bloßen Reflexe und fallen in den Bereich von Handlungen, die nicht explizit, sondern vielleicht eher implizit absichtlich sind. Sie können auch als *subintentional* bezeichnet werden.

Auch bei O'Shaughnessy gibt es solche *subintentionalen* Tätigkeiten, die zu unseren Handlungen gehören und von unbeabsichtigten Bewegungen unterschieden werden müssen. Denn Bewegungen wie unser Herzschlag, Reflexe, oder Bewegungen in unserem Magen können nicht als unsere Handlungen bezeichnet werden.[38] Was die *subintentionalen Tätigkeiten* von bloßen Reflexen oder den Bewegungen des Herzmuskels unterscheidet, ist nach Steward, dass man bei den

---

[38] Ein interessanter Sonderfall könnten allerdings Placeboeffekte sein, bei denen man als Handelnder oder Denkender einen Einfluss auf Bewegungen und Abläufe im eigenen Körper hat, die man normalerweise nicht beeinflussen kann. Auch durch bestimmte Gedanken kann man beispielsweise den Herzschlag beschleunigen, was durchaus als Handlung betrachtet werden könnte. Man könnte also auch dann von einer Handlung sprechen, wenn man durch sein Denken Prozesse und Bewegungen im eigenen Körper verändert, weil man davon ausgeht, ein Medikament mit entsprechender Wirkung einzunehmen.

subintentionalen Tätigkeiten grundsätzlich in der Lage ist, Bewegungen absichtlich zu kontrollieren. Man kann sie zum Fokus der Aufmerksamkeit machen und seine Kontrolle als Handelnder über sie ausüben. Aus diesem Grund zählen sie für Steward zu den freiwilligen Bewegungen. Solch eine Kontrolle hat ein Handelnder nicht über die Bewegungen in seinem Magen oder über die Bewegungen seines Herzmuskels. Auch über den Reflex, der auftritt, wenn man mit einem Hammer gegen ein Knie schlägt, hat man keine solche Kontrolle. Man kann also nicht von einer Handlung sprechen, wenn eine Person Bewegungen nicht bewusst kontrollieren oder steuern kann (vgl. Steward 2012a, 50–51).

Korsgaard stellt allerdings richtigerweise fest, dass auch hier keine eindeutige Grenzziehung möglich ist. Auch hier gibt es also ein Kontinuum zwischen bloßen Reaktionen und Handlungen. So kann einem beim Geruch von Essen das Wasser im Mund zusammenlaufen (eine reine Reaktion oder ein Reflex). Man kann blinzeln, wenn sich etwas dem Auge nähert (da ist es schon nicht mehr ganz so eindeutig, aber offenbar handelt es sich noch eher um eine Reaktion). Man kann sich ducken, wenn etwas auf einen zufliegt, was schon eher eine Handlung, aber auch eine Reaktion ist, und man kann vor einem Raubtier davonlaufen, was eher eine Handlung ist. Denn normalerweise können wir uns dazu entscheiden, ob wir laufen wollen, oder nicht. Das Ducken vor etwas, das auf einen zufliegt, ist dagegen ein unklarer Fall, der weder der einen, noch der anderen Seite so einfach zugeordnet werden kann. Es kann eine bloße Reaktion sein und doch ist es solch eine Reaktion, die man vermeiden könnte, wenn man wollte. Während man auf das Wasser, das im Mund zusammenläuft, keinen Einfluss hat, weshalb es sich hier auch um eine bloße Reaktion handelt (vgl. Korsgaard 2009, 119–120).

Doch auch wenn es unklare Fälle und ein Kontinuum zwischen Handlungen und bloßen Reflexen gibt, werden Handlungen (und auch spontane Handlungen) im Gegensatz zu Reflexen vom Handelnden selbst und nicht nur von subpersonalen Mechanismen verursacht. Dafür müssen sie zumindest grundsätzlich unter der Kontrolle des Handelnden sein. Bewegungen, die er nicht kontrollieren *könnte* (wie das Hochschnellen des Knies oder das Zusammenlaufen des Wassers im Mund), fallen damit eindeutig in den Bereich bloßer Reflexe und Reaktionen. Da die Zuschreibung einer Handlung hier wesentlich an der Kontrolle des Handelnden über seine Tätigkeiten liegt, ist damit natürlich die Frage verbunden, ob und auf welche Weise ein Wesen seine Handlungen verursachen kann.

4.1.11 Können wir unsere Handlungen verursachen?

Wie sich bereits im dritten Kapitel zeigte, können Ereignisverursachung und Akteursverursachung unterschieden werden. Bei der Ereignisverursachung bewirken

Ereignisse im Handelnden (wie seine Wünsche und Überzeugungen) Handlungen, die dieser dann ausübt. Doch diese Position ist der schon kurz angesprochenen Verursachung durch subpersonale Mechanismen sehr ähnlich. Wie im dritten Kapitel gezeigt wurde, ist es hier nicht der Handelnde selbst, der etwas verursacht, sondern er wird zum bloßen Schauplatz seiner Wünsche und Überzeugungen, die allein kausal wirksam sind. Er selbst und als Ganzes spielt keine kausale Rolle. Im Gegensatz dazu ist es bei der Akteursverursachung dieser Handelnde als Ganzer, der seine Handlungen ursächlich hervorbringt. Doch auch diese Position führt zu Problemen für ihre Vertreter. Voraussetzung für die Akteursverursachung ist die nicht unproblematische Substanzverursachung, bei der sich die Frage stellt, durch welche sonderbare Kraft der Handelnde seine Handlungen verursachen kann. Welche dieser beiden Positionen vertritt nun Steward mit ihrer Handlungstheorie? Da bei ihr der Handelnde zentral ist, scheint es nahezuliegen, dass sie eine Vertreterin der Akteursverursachung ist. Doch das stimmt nur teilweise.

4.1.11.1 Ereignisverursachung und Akteursverursachung

Steward betrachtet Handlungen nicht als etwas durch die Ausübung der *Akteursverursachung* Verursachtes, sondern Handlungen *sind* das Ausüben dieser Kraft eines Handelnden. Dadurch *werden sie nicht vom Handelnden verursacht*, sondern sind seine *Verursachungen*. Durch die Verursachung von Veränderungen und Bewegungen im Körper des handelnden Wesens, wirkt dieses auf die Welt ein. Der Satz „[I]f John shook$_T$ his leg then John caused his leg to shake$_I$" (Steward 2012a, 201) verdeutlicht diesen Unterschied und es gibt viele Verben, die auf diese Weise funktionieren. So kann auch jemand seinen Körper bewegen$_T$ und dadurch verursachen, dass sich sein Körper bewegt$_I$. Oder jemand kann seinen Kopf drehen$_T$ und dadurch verursachen, dass sich sein Kopf dreht$_I$ (vgl. Steward 2012a, 199–201).

Indem Steward Handlungen als die Verursachungen von Bewegungen des Handelnden versteht, muss sie nicht zwangsläufig gegen die Position argumentieren, dass diese Verursachung eine Verursachung durch Ereignisse ist. Denn das, was ein Handelnder aktiv bewirkt, besteht aus einer Verursachung durch Handlungen. Nach Clarkes Definition würde solch eine Sicht jedoch nicht als Akteursverursachung zählen. Dagegen würden nur Positionen in diesen Bereich fallen, bei denen ein Handelnder eine gewisse Kraft besitzt, die es ihm erlaubt, Handlungen zu verursachen. Nach Steward ist jedoch im Gegensatz zu dieser Definition die Definition der Akteursverursachung durch Chisholm zutreffender. Demnach kann der Satz *Jones tötet seinen Onkel* in den Satz *Jones Töten seines Onkels tötete seinen Onkel* umgewandelt werden. Dieser Satz ist wiederum äquivalent zum Satz *Jones Töten seines Onkels verursachte den Tod seines Onkels,* was einen ereigniskausalen Charakter hat. Obwohl wir in der Regel nicht so sprechen, weil Aussagen dieser Art redundant sind, kann man *Jones Töten seines Onkels* als ein Ereignis ansehen. Doch da dieses Ereignis die Verursachung des Todes durch Jones voraussetzt, kann die Akteursverursachung als Voraussetzung für Ereignisverursachung betrachtet werden (vgl. Steward 2012a, 203–204).

Darüber hinaus kann Jones den Tod seinen Onkels auf unterschiedliche Weise herbeiführen. So kann sein Onkel beispielsweise bettlägerig sein und Jones gibt seinem Onkel über längere Zeit nichts zu essen, wodurch dieser schließlich stirbt. In solch einem Fall gibt es kein (einzelnes) Ereignis, das den Tod des Onkels verursacht. Ein Handelnder bewirkt also immer auf eine bestimmte Weise etwas durch sein Handeln (vgl. Steward 2012a, 204–205).

4.1.11.2 Zur Möglichkeit der Substanzverursachung

Da der Handelnde also als Ganzes eine wesentliche Rolle spielt, betrachtet Steward die nicht ganz unproblematische Frage, inwiefern Substanzen etwas verursachen können. Substanzverursachung sieht Steward dabei als allgegenwärtig in der Natur an. Ihrer Meinung nach liegt diese auch vor, wenn Lebewesen durch *top-down Kausalität* etwas verursachen. Außerdem können sowohl belebte, als auch unbelebte Substanzen etwas bewirken. So kann beispielsweise ein Ball ein Fenster oder Wasser einen Damm brechen, wobei es dann immer auch Ereignisse gibt (beispielsweise das Zusammentreffen des Balls mit dem Fenster). Ebenso gibt es auch bei Handlungen immer Ereignisse, was zur Schlussfolgerung verleitet, dass man Substanz- auf Ereignisverursachung reduzieren könne (vgl. Steward 2012a, 206–207).

Doch schon im Fall des Balles, der das Fenster zerbricht, ist das nicht möglich. Denn obwohl der Ball das Fenster nicht zerbrochen hätte, wenn er beispielsweise nur auf der Wiese gelegen hätte und man daraus folgern könnte, dass die Ursache des Zerbrechens nicht der Ball (das Objekt) allein sein kann, so erhält man dennoch eine bessere Erklärung, wenn man etwas darüber sagen kann, *wie* der Ball das Fenster zerbrochen hat (vgl. Steward 2012a, 208). Unbelebten Objekten muss in der Regel etwas passieren, damit sie eine Kraft ausüben oder eine Wirkung erzielen können (vgl. Steward 2012a, 208). Es ist also ein weiteres Ereignis nötig, durch das man erklären kann, warum ein Objekt wie ein Ball auf bestimmte Weise wirken konnte (vgl. Steward 2012a, 208). Für viele Geschehnisse gibt es also keine einzelnen Ereignisse, die als die alleinige Ursache einer Wirkung identifiziert werden können. Die kausale Geschichte eines Geschehnisses ist also (wie sich schon beim Tod von Jones Onkel zeigte) meist deutlich komplexer.

Steward plädiert daher für drei ontologische Kategorien, um die so unterschiedlichen Arten von Ursachen abbilden zu können. Ursachen teilt sie daher in die Kategorien „*movers, matterers,* and *makers-happen*" (Steward 2012a, 210–211) ein, wobei keine Art der Ursache auf die anderen reduziert werden kann. In die Kategorien *Movers* und *Makers-happen* fallen dabei raumzeitliche *Particulars* (Einzeldinge). Die *Matterers* sind dagegen Ursachen, die mit Eigenschaften oder Merkmalen und daher mit allgemeinen Faktoren verbunden sind. Interessant und wichtig für Erklärungen sind all diese Arten von Ursachen. Denn nach Steward ist sowohl das Allgemeine, wie auch das Besondere für die Erklärung von Ursachen relevant (vgl. Steward 2012a, 210–211).

Movers sind in der Regel einzelne Substanzen oder eine Sammlung an Substanzen, die kausale Kräfte besitzen. Im Fall von unbelebten *Movers* muss es zusätzlich einen Auslöser geben, damit sie ihre Wirkung entfalten können. Um eine Wirkung und damit ein Ereignis verursachen zu können, muss es in diesem Fall also ein weiteres Ereignis geben, das den Prozess auslöst. Dieses Ereignis kann sich entweder im Objekt selbst ereignen, oder dem Objekt auf andere Weise die Ausübung seiner kausalen Kraft ermöglichen. So kann das Ereignis beispielsweise ein Hindernis für die Ausübung dieser Kraft beseitigen. *Makers-happen* sind dagegen Ereignisse im Sinne Davidsons, die Handlungen bei Substanzen auslösen. Nach Steward zählt zum Beispiel das Streichen eines Streichholzes zu den *Makers-happen* (vgl. Steward 2012a, 212).

Ein Stein, der zu den *Movers* gehört, kann das Zerbrechen eines Fensters geschehen machen (im Sinne von *make it happen*). Ebenso kann die Tatsache, dass ein Streichholz trocken war, *es geschehen machen*, dass es entzündet wird. Obwohl in beiden Fällen etwas passiert (im Sinne von *make it happen*), handelt es sich bei diesen Dingen nach Steward nicht um *Makers-happen*, da nur ein einzelnes Ereignis in diese Kategorie fallen kann. Ein solches einzelnes Ereignis kann der Auslöser sein, der einen *Mover* zu einer Handlung bringt, und es kann beispielsweise aus einem Anstoß oder Einfluss einer anderen Substanz bestehen. So kann ein Erhitzen, ein Tritt oder ein Stoß einer anderen Substanz ein Objekt in Bewegung versetzen, so dass dieses seine kausale Kraft ausüben kann (vgl. Steward 2012a, 212).

Tatsachen oder Fakten fallen dagegen in den Bereich der *Matterers*, wobei diese in Sätzen mit *weil* formuliert werden können. Sie sind also kausale Erklärungen, wofür der Satz *Das Streichholz brannte nicht, weil es feucht war* ein Beispiel ist. Hier geht es immer um die kausale Relevanz (*it matters*) einer Tatsache für eine andere Tatsache. An diesem Zusammenhang und dieser Art der Ursache ist nach Steward die Wissenschaft hauptsächlich interessiert, da die Wissenschaft vor allem Interesse an Verallgemeinerungen hat (vgl. Steward 2012a, 213–214).

Anhand eines Beispiels veranschaulicht Steward, warum solch eine Aufteilung in unterschiedliche Kategorien von Ursachen sinnvoll ist: Zwei Mörder (Mörder A und Mörder B) wollen ihr Opfer C töten. B beobachtet allerdings, dass A zuerst auf das Opfer schießt und dieses tödlich trifft. Er selbst unterlässt daraufhin die Ermordung des Opfers, die er aber ohne das Zutun von A ausgeführt hätte. In diesem

Fall wurden die Chancen, dass C ermordet wird, durch das Schießen des Mörders A nicht erhöht. Denn C wäre ebenso wahrscheinlich ermordet worden, wenn A nicht auf ihn geschossen hätte. Dann hätte nämlich Mörder B ihn getötet. Dennoch war der Schuss von A die Ursache für Cs Tod. Nach Steward kann man diesen Fall durch ihre pluralistische Ontologie leicht klären (vgl. Steward 2012a, 215).

Dass die Wahrscheinlichkeit einer Wirkung durch die Ursache erhöht wird, ist eine Tatsache, die zum Bereich der *Matterers* gehört. Doch das muss nicht für alle Ursachen gelten, da nicht alle Ursachen solche *Matterers* sind. Auch das Schießen von Mörder A ist kein *Matterer*, sondern fällt in den Bereich der *Makers-happen*. Denn der Tod des Opfers wurde hier durch ein einzelnes Ereignis verursacht. Dennoch wäre die Tatsache, dass C an diesem Tag ermordet wird, auch ohne dieses Ereignis zustande gekommen. Dass A das Opfer erschossen hat, ist also keine Tatsache, die für die Ermordung von C an diesem Tag eine Rolle spielt. Denn das Schießen von A erhöht die Chancen, dass C am Ende tot ist, nicht.[39] Bei den Ursachen der Art, die Steward *Matterers* nennt, ist die Annahme verlockend, dass diese die Wahrscheinlichkeit ihrer Wirkungen erhöhen müssen. So ist beispielsweise die Tatsache, dass man keinen Gurt trägt, kausal relevant dafür, dass man bei einem Autounfall schwer verletzt wird, da diese Tatsache die *Wahrscheinlichkeit* einer schweren Verletzung erhöht. Bei solch einem Unfall wären die Glasscherben der Windschutzscheibe, die die schwere Verletzung verursachen, die *Movers*. Diese Art von Ursachen übernimmt in solchen Fällen die kausale Arbeit, obwohl man nicht sagen kann, dass durch sie die Wahrscheinlichkeit der Wirkung erhöht wird. Denn nicht das zerbrochene Glas an sich konnte die Wahrscheinlichkeit einer schweren Verletzung erhöhen. Es war dagegen die Tatsache, dass das Glas beim Autounfall zerbrach, durch die die Wahrscheinlichkeit einer schweren Verletzung erhöht wurde (vgl. Steward 2012a, 215–221).

So ist es nach Steward nicht sinnvoll, sich die Frage zu stellen, ob das Zerbrechen des Fensters durch den Ball oder durch das Werfen des Balls verursacht wurde. Beides verursachte das Zerbrechen des Fensters. Es ist möglich, beide Erklärungen zu verwenden, ohne dass man deshalb eine Überdetermination des Ereignisses erhält. Steward betont, dass man Verursachung und Zwang (*Necessitation*) klar voneinander unterscheiden muss. Solange man eine Ursache nicht, wie schon MacIntyre betonte (siehe drittes Kapitel), mit einer hinreichenden Bedingung gleichsetzt, muss man Ereignisse als Ursachen nicht ausschließen. Solch ein ein-

---

39 Doch da scheint Steward nicht ganz recht zu haben. Wenn es zwei Mörder gibt, die das Opfer erschießen wollen, erhöht sich offenbar die Chance, dass das Opfer am Ende wirklich tot ist. Hätte der erste Mörder – ohne es zu bemerken – das Opfer nicht richtig getroffen, hätte der zweite Mörder noch einmal schießen können. Richtig ist aber, dass das Opfer in diesem Fall am Ende mit hoher Wahrscheinlichkeit tot gewesen wäre.

zelnes Ereignis als Ursache ist dabei nach Steward niemals eine hinreichende Bedingung einer Handlung. Es kann bei einer Handlung keine Ursache geben, die die Handlung erzwingt (im Sinne von *Necessitation*) und unausweichlich macht. Denn in diesem Fall könnte der Handelnde im Moment der Handlung nichts festsetzen und damit keine Handlung ausführen (vgl. Steward 2012a, 217–224).

Substanzen können also durchaus etwas zu kausalen Erklärungen beitragen, obwohl man meist noch mehr erklären kann, als dass eine bestimmte Substanz für eine Wirkung verantwortlich war. So kann man zum Beispiel zusätzlich beschreiben, *wodurch* die Substanz kausal relevant war, wofür die *Makers-happen* oder *Matterers* interessant sind (vgl. Steward 2012a, 219–220).

4.1.11.3 Handlungsverursachung und *Powers* von Substanzen

Powers sind nach Mayr Eigenschaften von Substanzen und immer „powers to X" (Mayr 2011, 161). Etwas hat also die Kraft, sich auf bestimmte Weise zu verhalten, die Wirkung X hervorzubringen, oder die Veränderung X durchzumachen. Zu solchen Kräften gehören auch Dispositionen als Eigenschaften, sich unter bestimmten Umständen auf die Weise X zu verhalten. Dabei gibt es auslösende Bedingungen oder Stimuli, die die Manifestationen des Verhaltens herbeiführen. Mayr beschreibt dazu, dass ein wasserlösliches Objekt sich beispielsweise immer auflöst, wenn es in Wasser gerät. Das würde jedoch nicht passieren, wenn das Wasser im selben Moment zu einem Eisblock gefrieren würde. Denn dann gäbe es einen eingreifenden Faktor, der das charakteristische Verhalten verhindert (vgl. Mayr 2011, 161.)

Die Kraft des Wassers, bestimmte Objekte aufzulösen, ist eine aktive Kraft. Doch wenn Wasser in einer Schüssel ein Stück Zucker auflöst, verändert sich nicht nur dieser, sondern auch das Wasser selbst: Es verwandelt sich von klarem Wasser in Zuckerwasser. Alle aktiven Kräfte sind also gleichzeitig auch passive Kräfte, die Veränderungen erleiden, wodurch man aktive und passive Kräfte nicht mehr so leicht unterscheiden kann. Nach Mayr handelt es sich daher bei dem Unterschied zwischen aktiven und passiven Kräften um einen graduellen Unterschied. Dabei befinden sich die Kräfte auf einem Kontinuum von mehr oder weniger aktiven oder passiven Kräften (vgl. Mayr 2011, 203–204).

„When its powers are crucial to the explanation and the external circumstances are not, the object is active; and the more important external circumstances become for the explanation, the less active and more passive the object is with regard to the effect" (Mayr 2011, 204). Bei der Akteursverursachung übt nun ein Handelnder seine *aktive* Kraft aus, die in seiner Fähigkeit besteht, seinen Körper auf bestimmte und beabsichtigte Weise zu bewegen. Er führt also physische Handlungen aus, wozu er auf die Teile seines Körpers einwirken können muss. Die Fähigkeit, Teile des eigenen Körpers willentlich zu bewegen, ist eine aktive Kraft, weil ihre Manifestation von externen Umständen weitgehend unabhängig ist. Denn es gibt viele verschiedene Möglichkeiten, den Arm zu heben, den Kopf zu schütteln, oder den Fuß zu bewegen. Diese Möglichkeiten sind für eine Person nur unter besonderen Umständen eingeschränkt – beispielsweise, wenn der Fuß der Person eingeklemmt ist und sie ihn deshalb nicht bewegen kann. Unter normalen Umständen kann der Handelnde aber willentlich auf diese Teile seines Körpers einwirken und sie kontrollieren (vgl. Mayr 2011, 219–221).

Während die Annahme nicht problematisch ist, dass eine Substanz auf eine andere Substanz einwirken kann (wie der Wind, der ein Blatt bewegt), ist es dagegen schwieriger zu verstehen, wie eine ganze Substanz – wie ein Lebewesen – auf seine eigenen Teile einwirken kann, wie es bei der Akteursverursachung der Fall ist. Die *top-down* Verursachung ist also für die Akteursverursachung grundlegend. Man kann dabei nicht auf eigene Teile einwirken und physische Wirkungen erzielen, ohne dass dies durch physische Ereignisse niedrigerer Ebenen realisiert wird (vgl. Steward 2012a, 225–227).

Doch auch wenn die Abwärtsverursachung (*Downward Causation*) eine Voraussetzung für die Akteursverursachung ist, muss das nach Mayr nicht bedeuten, dass jedes Ereignis auf der niedrigeren (beispielsweise neurophysiologischen) Ebene ausschließlich vom Handelnden verursacht wird (vgl. Mayr 2011, 242). Dagegen muss der Handelnde mit seinen Kräften aber für das, was auf niedrigeren Ebenen passiert, *kausal relevant* sein. Denn nur dann kann er physisch etwas bewirken und seinen Körper kontrollieren (vgl. Mayr 2011, 242). Damit der Handelnde also im Sinne der Akteursverursachung als Ganzer seine Handlungen verursachen kann, muss er im Prozess der Handlung Kontrolle über seine Handlung und damit über seine Bewegungen haben. Doch bis zu welchem Grad und in welchem Maß kann ein Handelnder seinen Körper und dessen Teile kontrollieren?

4.1.12 Können wir unsere Handlungen kontrollieren?

Um Körperbewegungen ausführen zu können, braucht Handlung eine physische Realisation. Doch welche Rolle spielt ein Handelnder, wenn all die kleinen Teile auf einer niedrigeren Ebene (beispielsweise neuronale Prozesse) für die Umsetzung nötig sind? Das, was ein Lebewesen als Ganzes beiträgt, darf man nach Steward nicht als etwas betrachten, was *vor* einem neuronalen Prozess passiert und diesen dann im Sinne einer *vorausgehenden Intervention* auslöst. Der Handelnde hat dagegen während der gesamten Handlung *top-down* Kontrolle über solche Prozesse und über seine Teile. Der Schlüssel für solch eine *top-down* Kausalität liegt nach Steward in den Phänomenen „*coincidence*" (Steward 2017, 209) und „*ordering*" (Steward 2017, 209) (Übereinstimmung und Ordnung). Denn das Verhalten vieler

Dinge kann nur zustande kommen, weil diese Dinge auf bestimmte Weise räumlich und zeitlich geordnet sind. Das zeigt sich beispielsweise bei Molekülen, die in einer bestimmten Anordnung verbunden sind. Erst durch diese Anordnung entsteht ein makroskopisches Objekt mit bestimmten Eigenschaften (vgl. Steward 2017, 208– 209).

Wie sich ein makroskopisches Objekt verhält, hängt also davon ab, wie es geordnet ist, während Übereinstimmung und Ordnung auf einer höheren Ebene und im makroskopischen Bereich zustande kommen. Aus diesem Grund wirkt die Kontrolle nach Steward von oben nach unten und ein Lebewesen kann somit Abwärtsverursachung (*Downward Causation*) über seine Teile ausüben.

4.1.12.1 Abwärtsverursachung (*Downward Causation*)

Der Neuropsychologe Roger Sperry war ein Vertreter der *Downward Causation*, die er als ausschlaggebend für Bewusstsein ansieht. Er beschreibt diese Art der Verursachung über ein Rad, das einen Berg hinabrollt. Dabei bewegen sich alle Teile des Rads (alle Moleküle und Atome) mit den Bewegungen des Rads den Berg hinab. Seine Teile (Moleküle und Atome) und ihre Eigenschaften bestimmen die makroskopischen Eigenschaften des ganzen Rads. Doch auch die makroskopischen Eigenschaften des Rads als Ganzes (beispielsweise seine Form) bestimmen, wie sich die einzelnen Moleküle verhalten (vgl. Steward 2017, 209–210).

Jaegwon Kim argumentierte gegen die Idee der *Downward Causation*. Er ist der Meinung, dass man die Phänomene höherer Ebenen eigentlich auch durch mikroskopische Phänomene niedrigerer Ebenen erklären kann. Kim bringt die Probleme der *Downward Causation* in folgendem Argument auf den Punkt: Wenn grundlegende Bedingungen (C) etwas (M) hervorbringen, kann C als Ursache für alle Effekte von M dieses M ersetzen. Damit kann C erklären, warum M eine bestimmte Wirkung hervorbringt. Überträgt man das auf das Beispiel des Rads, ist fraglich, ob das Rad als Ganzes eine kausale Rolle spielt. Denn man könnte einfach das Rad durch die Moleküle und ihre Verbindungen, aus denen es besteht, ersetzen. Diese Teile und ihre Verbindungen bringen schließlich die Form des Rads hervor, durch das es sich auf bestimmte Weise verhält. Daher könnte man den Molekülen (und ihren Verbindungen) auch alle Wirkungen zuschreiben, die auf die Form des Rads zurückzuführen sind (vgl. Steward 2017, 210).

Zutreffend an Kims Argument ist, dass die zu einem Rad verbundenen Moleküle Wirkungen hervorbringen, die für ein Rad charakteristisch sind. Entscheidend ist nach Steward aber, dass sich Moleküle nicht selbst zu Rädern verbinden. Räder werden hergestellt, wozu viele Übereinstimmungen und Ordnungen nötig sind: Es muss einen Radmacher, eine entsprechende Absicht und die nötigen Materialien geben. Zudem müssen sich der Radmacher und die Materialien am selben Ort befinden und beim Herstellen des Rads sind komplexe Hirnprozesse des Herstellers nötig. Es sind also viele Ereignisse nötig, die in der richtigen Reihenfolge und am selben Ort stattfinden, damit Moleküle zu Rädern geformt werden können. Es gibt damit eine Geschichte, die erklärt, wie eine Form zustande kommt. Dieses Zustandekommen kann man durch Phänomene niedrigerer Ebenen nicht erklären, denn es muss bei diesem Beispiel jemanden geben, der dem Rad seine Form gibt. Die Moleküle und das Material allein können das nicht, weshalb man auf die makroskopische Ebene blicken muss (vgl. Steward 2017, 211–212).

Nun könnte man aber entgegnen, dass man sich statt eines Rads einen runden Fels vorstellen kann, bei dem es keinen Schöpfer mit bestimmten Absichten geben muss. Die Form des Felsens kann nämlich allein durch seine Interaktion mit anderen Objekten wie Steinen oder Wasser erklärt werden. Doch auch hier ist eine Erklärung der Form des Felsens als Ganzem nicht möglich, ohne sich dabei auf makroskopische Phänomene zu beziehen. Ein Fels, der von einer Klippe ins Meer stürzt, wird beispielsweise über viele Jahre hinweg immer runder, weil er von den Wellen gegen die Klippen gespült wird. Hier spielen die ursprüngliche Form des Felsens und die Form der Objekte, gegen die er gespült wird, eine Rolle. Das sind aber makroskopische Eigenschaften. Wie die Teile des Felsens also geordnet werden und wie seine Form zustande kommt, kann nur über das Wirken makroskopischer Kräfte erklärt werden (vgl. Steward 2017, 212).

Die Veränderungen, die ein Fels durch makroskopische Kräfte durchmacht, wirken sich dann auf seine Moleküle aus und sind damit nicht unabhängig von Veränderungen mit molekularer Beschreibung. Entscheidend ist aber, dass wir diese Veränderungen über Makrogesetze (nicht über Mikrogesetze) verstehen. Nach Steward wird daraus ersichtlich, wie das Wesen des Ganzen zu einer vollständigen kausalen Beschreibung dessen beiträgt, wie sich die Teile eines solchen Ganzen durch die Welt bewegen. Die *top-down* Verursachung wird nach Steward aber vor allem im biologischen und psychologischen Bereich relevant. Denn in diesen Bereichen sind Übereinstimmung und Ordnung viel wichtiger als bei unbelebten Objekten. Dabei betrachtet sie jedes Lebewesen, das komplexer als eine einzelne Zelle ist, als hierarchisch organisiert. So sind beispielsweise Zellen in Gewebe, Gewebe in Organe und Organe in Systeme (wie das Kreislaufsystem oder das Verdauungssystem) organisiert. Solche Systeme arbeiten wiederum als Subsysteme eines Organismus zu dessen Wohl zusammen. Auf jeder Ebene dieses biologischen Systems dominieren und beschränken Entitäten einer höheren Ebene Prozesse, die auf niedrigeren Ebenen auftreten (vgl. Steward 2017, 212–213).

Handlungen solcher Lebewesen sind nun Phänomene, bei denen viele Übereinstimmungen und Ordnungen erforderlich sind, die nicht ausschließlich durch Instinkte und Gewohnheiten im Voraus geplant werden können. Daher brauchen Subsysteme einen Koordinator, der auf Unerwartetes, Unvorhersehbares, Kontingentes und Fehlerhaftes spontan reagieren kann. Bei Handlungen kann ein Lebewesen also durch eigenes Ermessen auf seine Subsysteme einwirken, wozu es in der Lage sein muss, Subsysteme zu kontrollieren und einzugreifen, wenn neue Informationen auftauchen. Damit erhöht ein Lebewesen, besonders in einer sich schnell verändernden Umgebung, seine Chance aufs Überleben. Besonders komplexere Lebewesen brauchen eine solche Ermessenskontrolle über ihre eigene Fortbewegung, da ihr Leben entscheidend davon abhängt, wohin sie sich bewegen (wenn sie beispielsweise jagen, fliehen, oder sich verstecken) (vgl. Steward 2017, 214–215).

> *Action* thus emerges when the need for *discretion* enters the biological hierarchy – when a creature itself evolves the power selectively to control certain of its own sub-systems in the light of incoming information, in such a way (roughly) as to optimise its chances of survival and success. (Steward 2017, 214)

Die Tätigkeiten von sehr einfachen Lebewesen müssen nicht durch etwas anderes als durch Subsysteme erklärt werden, die selbstreguliert miteinander interagieren. Doch komplexere Lebewesen können spontan auf Veränderungen in der Umgebung reagieren. Durch die unberechenbare Umwelt ist es nötig, dass solche Lebewesen ihre Subsysteme durch *top-down* Kontrolle organisieren können. Das dafür nötige System der höchsten Ebene unterscheidet sich dabei von den anderen Systemen, da es über die wichtige Eigenschaft des Ermessens oder des Urteils (*Discretion*) verfügt (vgl. Steward 2012a, 245).

Bestimmte Arten ganzer Organismen können also auf die Tätigkeiten ihrer Subsysteme einwirken, was ihr Überleben sichert, da Lebewesen häufig spontan auf ihre Umgebung reagieren müssen (vgl. Steward 2017, 214–215). Deshalb ist bei Steward die Fähigkeit zentral, sehr detaillierte Aspekte einer Handlung festzusetzen. Levy aber meint, dass wir über diese Details nur indirekte Kontrolle haben, indem wir kontrollieren, welchen „action *type*" (Levy 2013a, 387) wir ausführen wollen (vgl. Levy 2013a, 387).[40]

4.1.12.2 Kontrolle über Handlungstypen

Kontrollieren können wir nach Levy nur unsere Handlungstypen und Steward gibt (richtigerweise) zu, dass die Kompatibilisten die plausibelste Theorie für die Kontrolle über diese Handlungstypen haben. Denn in der so genannten „*delegation view*" (Levy 2013a, 389) wählt der Handelnde nur Handlungstypen. Hier kauft er

---

[40] Dieser Gedanke findet sich auch in meinem Artikel *Können Maschinen handeln? Über den Unterschied zwischen menschlichen Handlungen und Maschinenhandeln aus libertarischer Perspektive* (Rutzmoser 2022) wieder.

beispielsweise Kaffee und dadurch, dass er solche Typen von Handlungen ausführt, werden bestimmte Dinge eines niedrigeren Levels festgesetzt. Dadurch, dass der Handelnde Kaffee kauft (Handlungstyp), sorgt er dafür, dass sich sein Arm auf eine bestimmte Weise bewegt. Aber das ist nichts, was er *absichtlich* macht, sondern er überlässt solche Details subpersonalen Mechanismen (er delegiert). Das, was für einen Handelnden hier eine Rolle spielt, ist nur seine Absicht (einen Kaffee zu kaufen). Das ist es nach Levy auch, wofür wir Verantwortung haben und worin wir frei sein wollen (vgl. Levy 2013a, 387–389).

Steward ist aber der Meinung, dass man die Subsysteme, die solche automatisch ablaufenden Bewegungen hervorbringen, jederzeit zum Fokus seiner Aufmerksamkeit machen kann. Dadurch kann man bewusst und absichtlich in die Bewegungen eingreifen, *um* beispielsweise Probleme *zu* korrigieren. Diese Fähigkeit ist ihrer Meinung nach für ein Lebewesen entscheidend, da die Subsysteme nicht auf alles Spontane und Unerwartete in jeder konkreten Situation automatisch und angemessen reagieren können. Wenn alles „normal" läuft, überlassen wir den automatischen Abläufen das Regime. Aber wir können jederzeit eingreifen, wenn es die Situation erfordert. Deshalb sind wir nicht von den Abläufen unserer Subsysteme bestimmt (vgl. Levy 2013a, 391).[41]

4.1.12.3 Kontrolle über Details von Handlungen

Lenkt ein Handelnder seine Aufmerksamkeit auf Details seiner Körperbewegungen, kann er nach Steward also Fehler beheben. Doch ein Problem besteht nach Levy darin, dass man beim korrigierenden Eingreifen nicht die Bewegungen kontrolliert, die zuvor von subpersonalen Mechanismen hervorgebracht wurden (vgl. Levy 2013a, 392). Dagegen bringt man dann andere Bewegungen hervor, wenn man sich beispielsweise beim Klavierspielen auf eine Hand konzentriert, um ein Problem mit den Fingern zu beheben (vgl. Levy 2013a, 392). Doch das Entscheidende ist hier nicht, ob man dieselbe Bewegung verändern kann, sondern entscheidend ist, dass man in der Lage ist, *diese* durch subpersonale Mechanismen ausgeführte Bewegung bewusst zu *unterbrechen*, wie sich im Folgenden noch zeigen wird.

Wie sollen wir aber die Aufmerksamkeit auf das Feuern bestimmter Neuronen lenken können, wenn wir nicht wissen, welche Neuronen es sind, die gerade feuern? Ohne solch ein Wissen ist ein kontrollierendes Eingreifen offenbar nicht möglich. Daraus folgt nach Levy, dass der Handelnde Ereignisse niedrigerer Ebenen wie das Feuern der Neuronen (oder andere *Settlings* niedrigerer Ebenen) nicht

---

[41] Dieser Gedanke findet sich auch in meinem Artikel *Können Maschinen handeln? Über den Unterschied zwischen menschlichen Handlungen und Maschinenhandeln aus libertarischer Perspektive* (Rutzmoser 2022) wieder.

direkt kontrollieren kann, auch wenn er dieses Feuern möglicherweise tatsächlich über die *Downward Causation* verursachen kann. Handlungskontrolle kann dann nicht durch die Kontrolle über Details von Handlungen, sondern nur durch die Kontrolle über höherstufige Tätigkeiten wie Handlungstypen zustande kommen (vgl. Levy 2013a, 391).

Allerdings gilt nach Anscombe, wie sich schon zeigte:
Es

> [...] folgt aus der Aussage, daß ein Mensch weiß, daß er X tut, nicht die Aussage, daß er weiß, daß er irgendetwas tut, worin sein X-Tun außerdem noch besteht. Zu sagen, ein Mensch wisse, daß er X tut, ist daher soviel wie eine Beschreibung seines Tuns zu geben, *in der* er es weiß. (Anscombe 1986, § 6)

Ein Handelnder muss also nicht wissen, welche Neuronen es sind, die in ihm feuern, um auf diese einen Einfluss haben und Kontrolle ausüben zu können.

Der Handelnde hat beim Klavierspielen Kontrolle über die Bewegungen seiner Finger, weil er bestimmte Klavierstücke spielen wollte und mit viel Mühe die dafür nötigen Bewegungen erlernt hat, wodurch die vielen Details absichtlich an subpersonale Mechanismen delegiert wurden. Dabei *kann* er beispielsweise das Feuern der Neuronen durch *top-down* Verursachung bewirken. Doch *feinkörnige* und direkte Kontrolle kann er über solche Details und Setzungen aus Levys Sicht nicht haben. Er hat dagegen durch das Ausüben von Handlungstypen *grobkörnige* und indirekte Kontrolle über diese Details, was nach Levy ausreicht, um ihm die Kontrolle über seine Handlungen zuzuschreiben (vgl. Levy 2013a, 393–394).

Dafür gibt es auch empirische Beweise: Erlernt jemand eine neue Fertigkeit, sinkt die Gehirnaktivität im kortikalen Bereich bei der Ausübung dieser Tätigkeit zunehmend, je mehr Kompetenz der Handelnde in der Ausübung erwirbt. Ein Anfänger, der noch lernen und sich auf alle Details der Bewegungen konzentrieren muss, kann eine bessere Leistung erbringen, je mehr er sich auf die Bewegungen konzentriert. Doch je mehr er eine bestimmte Fertigkeit wie das Klavierspielen beherrscht, umso mehr dreht sich dieser Effekt um und die Konzentration auf einzelne Bewegungen verringert seine Leistung sogar. Ist er bereits fortgeschritten oder ein Profi, erhöht sich seine Leistung, wenn er Details subpersonalen Mechanismen und Systemen überlässt. Denn diese können auf Erlerntes und auf Erfahrung zurückgreifen und damit Handlungssequenzen anstoßen, ohne dass der Handelnde diese bewusst kontrollieren muss. Dadurch kann er sich auf andere Dinge konzentrieren und somit immer komplexere Tätigkeiten ausüben. Ist jemandem eine Handlung also *in Fleisch und Blut übergegangen* und zu einer flüssigen, kompetenten Bewegung geworden, wird diese durch subpersonale Mechanismen realisiert, die der Handelnde nach Levy nicht direkt kontrollieren kann.

Was er dagegen kontrollieren kann, sind nur deren *unbeholfene Vorbereitungen* (vgl. Levy 2013a, 393).

Doch dies sind eben nicht nur *unbeholfene Vorbereitungen*, die nicht als Handlungen betrachtet werden können. Lernt ein Handelnder etwas Neues, dann führt er solche Handlungen ganz bewusst aus und ist dabei in der Lage, Details zu kontrollieren. Hat er neue Handlungsweisen und Bewegungsabfolgen einmal erlernt, kann er sich auf seinen Körper und dessen Erfahrung verlassen, die Details subpersonalen Prozessen überlassen und sich auf Wichtigeres konzentrieren. Doch das bedeutet nicht, dass er nicht mehr eingreifen und diese Prozesse kontrollieren *kann*. Sondern das ist etwas, was er in der Regel einfach nur nicht *will*, weil es keinen Grund für ihn gibt, seinen Körper zu kontrollieren, wenn dieser tut, was er tun soll.

4.1.12.3.1 Automatische Abläufe

Das ist auch der Grund, warum Levys weiteres Argument gegen Stewards Kontrolle über Setzungen nicht greift. Demnach gibt es weitere empirische Beweise wie das Phänomen des Automatismus, die die Delegationssicht unterstützen. So gibt es offensichtliche Fälle, bei denen ein Handelnder viele Details festsetzt und dennoch nur subpersonale Mechanismen wirken, während der Handelnde selbst keinerlei Kontrolle hat. Beispiele dafür sind Absence-Anfälle oder Schlafwandeln, wo komplexe Tätigkeiten wie Klavierspielen, Autofahren oder Essen ausgeführt werden können. Wenn aber in solchen Fällen subpersonale Systeme die volle Kontrolle übernehmen, ist es nach Levy sehr wahrscheinlich, dass sie dasselbe auch in normalen Fällen tun (vgl. Levy 2013a, 397–398).

Zum einen kann man dieses Argument aber auch gegen Levys Theorie der Handlungstypen wenden, denn hier werden komplexe Handlungstypen wie Essen oder Klavierspielen ausgeführt, ohne dass der Handelnde sie kontrollieren kann. Was sollte dann in normalen Fällen anders sein? Warum sollte er solche Tätigkeiten in normalen Fällen kontrollieren können? Zum anderen trifft hier ein ähnliches Argument wie schon bei den erlernten Fertigkeiten zu: Der Handelnde greift hier – sicherlich nicht bewusst und absichtlich – auf Erlerntes und auf seine Erfahrung zurück und die Kontrolle haben in diesem Moment scheinbar subpersonale Prozesse. Doch auch das ist nicht klar. Denn es ist auch denkbar, dass der Handelnde als Ganzer die Handlung ebenso wie im *normalen* Zustand kontrolliert, obwohl diese nicht freiwillig ausgeführt wird und auf Unbewusstes zurückzuführen ist. Doch angenommen die Kontrolle läge tatsächlich völlig bei den subpersonalen Prozessen, dann bedeutet das nicht, dass die betreffende Person über solche Prozesse im wachen Zustand keine Kontrolle hat. Auch hier ist es wie im zuvor beschriebenen Fall so, dass die Person automatische Abläufe zulässt, weil sie nicht eingreifen *will*.

Denn in diesem Moment scheint es kein bewusstes Ich zu geben, das etwas wollen kann. Die subpersonalen Mechanismen agieren also so, wie sie es im wachen Zustand tun würden, so lange die handelnde Person das billigt und nicht eingreifen will. Doch das bedeutet nicht, dass dieselbe Person *im wachen und normalen Zustand* nicht kontrollierend eingreifen *kann*.

Aber folgt aus all dem nun nicht, dass wir zwar eingreifen und auf subpersonale Prozesse kontrollierend einwirken können, dass wir aber die meiste Zeit auf solche Prozesse und Mechanismen vertrauen und nur Handlungstypen wählen? Hat also van Inwagen möglicherweise doch mit seiner Überlegung Recht, dass wir nur sehr selten unsere libertarische Freiheit tatsächlich ausüben? Das ist eine Frage, auf die wir im fünften und letzten Kapitel noch einmal zurückkommen müssen. An dieser Stelle reicht die Feststellung, dass wir diese libertarische Freiheit haben und dass wir im Gegensatz zu Levys Position nicht nur Kontrolle über Handlungstypen, sondern auch über Details von Handlungen haben *können*. Es gibt also durchaus Prozesse, die unbewusst ablaufen. Doch das muss weder bedeuten, dass diese unfreiwillig sind, noch muss es bedeuten, dass sie der Handelnde nicht unter seine absichtliche Kontrolle bringen kann, indem er bewusst eingreift oder bewusst *nicht* eingreift.

4.1.12.3.2 Bewusstes Eingreifen in unbewusste Prozesse

Brüntrup betrachtet die Selbstkontrolle als notwendige, aber nicht hinreichende Bedingung von Freiheit. Diese Selbstkontrolle kann sowohl von außen als auch von innen behindert und die Freiheit des Akteurs damit eingeschränkt werden. Wird die Selbstkontrolle von innen behindert, handelt es sich meist um Defekte oder um einen Mangel an Impulskontrolle, wie er beispielsweise bei Kindern vorkommt. Daher spricht man diesen auch nicht die volle Verantwortung für ihre Taten zu (vgl. Brüntrup 2017, 251).

Doch auch ein Erwachsener, der seine Bedürfnisse und Affekte kontrollieren kann, kann durch ihm Unbewusstes innerlich eingeschränkt sein, wobei dieses Eingeschränkt-sein durch Unbewusstes nicht dasselbe wie Zwang ist. Denn wie sich bereits gezeigt hat, führt die Tatsache, dass manche Alternativen für einen Handelnden ausgeschlossen sind, nicht dazu, dass es nur eine mögliche Alternative für ihn geben kann. Es kann also durchaus sein, dass auch durch Unbewusstes Möglichkeiten und Alternativen reduziert werden. Daraus folgt aber nicht, dass es nur eine Alternative für den Handelnden gibt.

Durch Ergebnisse der empirischen Forschung zweifeln einige unsere Freiheit jedoch grundsätzlich an, da die empirische Forschung zeigen konnte, dass viele unserer Handlungen von unbewussten Prozessen gesteuert werden. „Die These, dass nur dasjenige frei getan werden könne, was unter bewusster Kontrolle stehe, ist aber begründungsbedürftig" (Brüntrup 2017, 258). Es gibt schließlich einige Dinge, die wir unbewusst und automatisch und doch nicht unfreiwillig tun. Das deckt sich genau mit der These Stewards. Ihrer Meinung nach müssen wir uns oft darauf verlassen, dass subpersonale Mechanismen automatisch funktionieren, wenn wir handeln wollen. Das bedeutet aber nicht, dass die Handlung unfrei oder unabsichtlich ist. So kann eine Läuferin durchaus nach dem Startschuss ohne bewusste Entscheidung automatisch loslaufen. Doch das bedeutet nicht, dass sie unfreiwillig losläuft. Auch beim Autofahren gibt es viele kleine Dinge, die wir automatisch und ohne bewusstes Nachdenken tun. Doch auch diese Einzelheiten muss man erst lernen, denn man muss sich an bestimmte Abläufe (Schalten, Lenken, etc.) zunächst gewöhnen, bis man all diese Dinge irgendwann aus Gewohnheit automatisch und ohne bewusstes Nachdenken tun kann. Erst dann können wir unsere Aufmerksamkeit voll und ganz auf den Straßenverkehr richten und möglichst sicher und unfallfrei fahren (vgl. Brüntrup 2017, 258).

„Erst dann, wenn Schwierigkeiten auftreten, richtet man seine Aufmerksamkeit bewusst auf das Schalten, Bremsen oder Lenken. Wenn das Bewusstsein sich einschaltet, dann kann eine unbewusst begonnene Tätigkeit unterbrochen und kontrolliert werden" (Brüntrup 2017, 258). Das ist offenbar auch auf die schwierigeren Fälle Freuds anwendbar, bei denen das Unbewusste Verhaltensweisen steuert, die uns nicht bewusst sind. Auch hier kann man sich die Abläufe bewusst machen und dann eingreifen. Das ist der Ansatz der Psychotherapie.

Wir schreiben Menschen für unabsichtliche Handlungen zwar in der Regel weniger moralische Verantwortung zu, aber dennoch sind nicht alle unabsichtlichen Handlungen unfrei und es gibt Fälle, bei denen wir Personen auch für ihre unabsichtlichen Handlungen moralisch verantwortlich machen (zum Beispiel, wenn sie durch Unaufmerksamkeit einen Fehler begehen, den sie mit etwas mehr Aufmerksamkeit hätten verhindern können). So ist nach Brüntrup beispielsweise ein müder Apotheker, der dem Kunden ein falsches Medikament gibt, für seine Handlung verantwortlich, auch wenn er dem Kunden nicht absichtlich ein falsches Medikament gegeben hat (vgl. Brüntrup 2017, 258).

Wenn der unbewusste Prozess in einem bewussten Kontext steht, können auch die Handlungen, die vom unbewussten Prozess ausgelöst werden, frei sein. So ist das automatische Loslaufen der Läuferin frei, denn sie hat sich basierend auf Gründen zur Teilnahme am Wettlauf entschieden und sich mit der Intention, beim Startschuss loszulaufen, an die Startposition gestellt. Das Loslaufen an sich (und all die kleinen Details, die dafür nötig sind) geschieht aber durchaus automatisch und reflexartig, was den schnellen Start überhaupt ermöglicht. Müsste die Läuferin erst bewusste Entscheidungen treffen, bevor sie beim Startsignal losläuft, könnte sie den Lauf sicher nicht gewinnen (vgl. Brüntrup 2017, 258–259).

4.1.12.3.3 Das Libetexperiment als Beweis für die Kontrolle durch unbewusste Prozesse?

Im so genannten Libetexperiment werden Testpersonen dazu aufgefordert, zu einem beliebigen Zeitpunkt den Finger zu bewegen und die Position der Uhr zu dem Zeitpunkt zu notieren, zu dem sie sich das erste Mal der Entscheidung zum Fingerheben bewusst sind. Das Ergebnis zeigt, dass das Bereitschaftspotential im Gehirn allerdings schon in etwa 300 bis 400 ms bevor sich die Testperson darüber bewusst ist, gemessen werden kann (vgl. Steward 2012a, 46–47).

Libet fand also in seinen Experimenten heraus, dass freien und willentlichen Taten (*Acts*) eine elektrische Veränderung im Gehirn (das Bereitschaftspotential) vorausgeht. Es ist hier entscheidend, dass Libet von *Acts* im Gegensatz zu *Actions* spricht. Diese Unterscheidung wird uns vor allem bei den Überlegungen Korsgaards wieder begegnen. Es sind also die einzelnen Taten, wie eine Handbewegung, die von Libet untersucht werden und nicht die Handlung als Ganze und als Prozess.[42] Die Veränderung im Gehirn kann nach Libet 550 Millisekunden vor der Tat gemessen werden, während die Absicht, zu handeln, allerdings erst etwa 350 bis 400 Millisekunden später und damit in etwa 200 Millisekunden vor der Tat wahrgenommen wird (vgl. Libet 2002, 551).

Die Ergebnisse der Experimente legen also den Schluss nahe, dass unbewusste Prozesse im Gehirn, auf die der Handelnde keinen Einfluss hat, eine Handlung auslösen. Allerdings sind die Messungen beim Libetexperiment nicht sehr zuverlässig. Denn die Person muss sich den subjektiven Zeitpunkt der Entscheidung merken und mit einer objektiven Uhr abgleichen. Hier kann es offenbar zu einer zeitlichen Verzögerung kommen (man muss erst feststellen, dass man eine bewusste Entscheidung getroffen hat und sich dann die genaue Uhrzeit merken). Das könnte erklären, warum das Bereitschaftspotential im Gehirn kurze Zeit vor dem festgestellten Zeitpunkt auf der Uhr gemessen werden konnte (vgl. Brüntrup 2017, 259).

Um die Innen- und Außenperspektive besser abgleichen und dieses Problem umgehen zu können, löste Libet bei seinen Versuchspersonen eine Hautreizung aus,

---

[42] Nach Mele haben die Studien Libets keine große Bedeutung für die Frage nach dem freien Willen. Bestenfalls spielen sie eine Rolle für einige sehr kleine und unbedeutende freie Entscheidungen, die sich im Bereich der *Liberty of Indifference* befinden. Von solchen Handlungen kann man nach Mele nicht auf die wichtigen Lebensentscheidungen schließen, die uns wirklich interessieren, wenn wir die Frage nach dem freien Willen stellen. Sogar Libet gibt nach Mele zu, dass sich seine Ergebnisse auf einfache Taten beziehen. Wie sich aber bei Steward gezeigt hat und auch im fünften Kapitel noch einmal vertieft werden wird, sind diese kleinen Details von Handlungen die Voraussetzung für Verantwortung und damit auch für Lebensentscheidungen nicht unbedeutend (vgl. Mele 2015, 399).

während diese sich den genauen Zeitpunkt auf derselben Uhr merken sollten, zu dem sie die Reizung bewusst wahrnahmen. Durch diesen Test stellte Libet den zeitlichen Unterschied zwischen der gemerkten Uhrzeit und der Hautreizung fest, um den Unterschied in der Wahrnehmung auf die Entscheidung zur Bewegung des Fingers zu übertragen. Allerdings ist fraglich, ob man den einen Fall auf den anderen projizieren kann. Denn eine Reizung der Haut ist nicht dasselbe wie eine Handlungsentscheidung und zwischen diesen beiden Fällen könnte es durchaus einen zeitlichen Unterschied geben (vgl. Brüntrup 2017, 259).

> Vielleicht geschieht die bewusste Wahrnehmung einer äußeren Reizung der Haut schneller als die bewusste Selbstreflexion auf das Bedürfnis, die Hand zu bewegen? Letzteres ist ein künstliches, unnatürliches Verhalten, ersteres ein evolutionär sehr wichtiges Geschehen, um Verletzungen vom Körper fernzuhalten. (Brüntrup 2017, 259)

Weitere Experimente von William Banks legen zudem nahe, dass die Teilnehmer in solch einem Experiment „den Zeitpunkt der bewussten Entscheidung nicht verlässlich berichten können" (Brüntrup 2017, 259). So kann man die Wahrnehmung des Zeitpunktes durch einen Signalton manipulieren. Man lässt dabei immer bei der Fingerbewegung einen Signalton erklingen. Wenn nun dieser Ton kurze Zeit nach der Fingerbewegung erklingt, „datieren die Versuchspersonen ihre bewusste Entscheidung, den Finger zu bewegen, entsprechend der Verzögerung nach vorne" (Brüntrup 2017, 260). Das zeigt, dass solche zeitlichen Bestimmungen eher Konstruktionen und weniger direkte Wahrnehmung sind (vgl. Brüntrup 2017, 259–260).

Außerdem sind auch Libets Daten nicht ganz eindeutig, da er im Schnitt das Bereitschaftspotential zur Bewegung um die 500 ms vor der bewussten Bewegung feststellt (bei 40 Wiederholungen des Versuchs). Diese Ergebnisse weichen bei anderen Autoren ab, die den Versuch nachstellen. „Interessanterweise zeigte sich bei einigen Versuchsreihen das Bereitschaftspotential statistisch signifikant häufig auch *nach* der Bewegung und nicht vorher" (Brüntrup 2017, 260). Hier ist es ausschlaggebend, dass die eigene Wahrnehmung der Zeit dadurch verändert wird, dass man sie bewusst zum Gegenstand der Aufmerksamkeit macht. Entscheidend ist, ob die Versuchsperson ihre Aufmerksamkeit der Uhr oder der Selbstwahrnehmung widmete. Dies machte im Experiment einen Unterschied (vgl. Brüntrup 2017, 260).

Ungeachtet dieser Probleme könnte man aus den Ergebnissen schließen, dass eine Handlung doch nichts anderes als das Feuern der Neuronen und ein Gehirnzustand dafür verantwortlich ist, dass sich der Finger bewegt. Für Steward ist dies nicht der Fall. Für sie ist das messbare Bereitschaftspotential nicht ein Ereignis, das vor der Handlung steht und diese erzeugt, sondern der Beginn der Handlung selbst. Es ist der Beginn eines Prozesses, in dem die Körperbewegung hervorgebracht wird und während dem man sich immer noch umentscheiden kann, was neuere Studien bereits belegen. Mit diesem Verwerfen der Entscheidung und mit dem spontanen Umentscheiden kann man aber Anfänge neuer Kausalketten setzen (vgl. Steward 2012a, 46–47).

4.1.12.3.4 Verwerfen der Entscheidung und ein Veto einlegen

Für Stewards Konzept der Freiheit ist es entscheidend, dass man in unbewusste Abläufe bewusst eingreifen kann. Nun gibt es aber neuere Experimente, die genau diese Fähigkeit belegen: Hier kann sich die Versuchsperson bewusst gegen das bereits bestehende Bereitschaftspotential entscheiden (vgl. Brüntrup 2017, 260).

Es gibt also offensichtlich die Möglichkeit, ein Veto einzulegen und die Handlung abzubrechen. So berichteten Teilnehmer in den Experimenten, dass sie einen bewussten Wunsch, zu handeln, verspürten, diesen aber unterdrücken oder ablehnen konnten. Darüber hinaus konnte kein eigenes Bereitschaftspotential festgestellt werden, das dieses Veto ausgelöst hat. Ein Veto konnten die Teilnehmer im Schnitt 100 bis 200 Millisekunden vor der vorgegebenen Zeit der Tat einlegen und damit die Handlung abbrechen (vgl. Libet 2002, 557).

Bei einem weiteren dieser neuen Experimente saßen Versuchspersonen vor einem Bildschirm, auf dem nacheinander die Farben Rot und Grün erschienen. Wenn die Farbe Grün auftauchte, sollten die Versuchspersonen ein Pedal mit dem Fuß betätigen, während sie dieses bei der Farbe Rot nicht betätigen sollten. Die dabei auftretenden Hirnsignale speicherte ein Rechner, der die vor der Bewegung auftretenden Muster erfasste. Damit konnte der Rechner das Bereitschaftspotential vor der Bewegung und der eigenen Wahrnehmung einer bewussten Entscheidung erkennen. Im weiteren Verlauf des Experimentes wurde immer dann der Bildschirm Rot, wenn der Rechner das Bereitschaftspotential zur Bewegung (eigentlich bei Grün) erkannte. Da bei der Farbe Rot das Pedal nicht betätigt werden soll, mussten die Probanden also den unbewusst bereits initiierten Prozess wieder abbrechen, was vielen Versuchspersonen gelang. Eine Person hat hier also nicht die Kontrolle über unbewusste Prozesse verloren, sondern kann in diese durchaus noch absichtlich und willentlich eingreifen (vgl. Brüntrup 2017, 260–261).

„The volitional process is therefore *initiated* unconsciously. But the conscious function could still control the outcome; it can veto the act. Free will is therefore not excluded" (Libet 2002, 551). Der freie Wille funktioniert nach Libet also anders als angenommen, indem er einen willentlichen Akt nicht einleiten, aber seine Ausführung kontrollieren kann (vgl. Libet 2002, 551). Das Nachdenken über eine Handlung muss zudem von der endgültigen Absicht, genau *jetzt zu handeln*, unterschieden werden. Manchmal kommt es vor, dass wir stundenlang über eine Entscheidung nachdenken, ohne am Ende eine Handlung auszuführen, wodurch es nicht zu einem *willentlichen Akt* kommt. Auch bei den Experimenten versuchten

Probanden durch Nachdenken und Planen, den Zeitpunkt der Bewegung festzulegen. Manche Teilnehmer planten zum Beispiel, in der nächsten Sekunde das Handgelenk zu bewegen. Doch auch hier konnte das Bereitschaftspotential ähnlich wie bei spontanen willentlichen Akten ohne vorheriger Planung vor der bewussten Absicht, *jetzt zu handeln*, gemessen werden. Diese Reihenfolge kommt also sowohl bei spontanen, wie auch bei geplanten willentlichen Akten vor (vgl. Libet 2002, 560).

> The role of conscious free will would be, then, not to initiate a voluntary act, but rather to *control* occurrences of the act. We may view the unconscious initiatives for voluntary actions as 'bubbling up' in the brain. The conscious-will then selects which of these initiatives may go forward to an action or which ones to veto and abort, with no act appearing. (Libet 2002, 560)

Damit vertritt Libet so etwas wie ein *Zwei-Phasen-Modell* des freien Willens, auf das wir im fünften Kapitel noch einmal zurückkommen werden. Entscheidend ist aber, was die Ergebnisse der empirischen Forschung nahelegen: Ähnlich wie Steward annimmt, besteht die Kontrolle eines Handelnden wesentlich darin, dass er unbewusste Prozesse oder subpersonale Mechanismen zum Fokus seiner Aufmerksamkeit machen und sie entweder weiter automatisch ablaufen lassen oder korrigierend eingreifen kann.

Besonders interessant an den Ergebnissen und Überlegungen Libets ist, dass er mit seinen Experimenten nur *Acts* und keine *Actions* im Sinne Korsgaards untersucht (vgl. Korsgaard 2009, 12 – 13). Da die *Acts* bei Korsgaard so etwas wie die Details einer Handlung bei Steward sind, haben die Ergebnisse Libets keine Auswirkung auf die Handlung als Ganze. Denn die Absicht, zu handeln, und der Beginn der Handlung als Ganze liegen weit vor dem Bewegen des Handgelenks oder vor der bewussten Entscheidung, das Handgelenk nun so und auf diese Weise zu bewegen. Die Handlung beginnt in dem Moment, in dem man bewusst den Versuch gestartet und am Experiment teilgenommen hat. Unseren freien Willen betrifft das Libetexperiment also gar nicht, denn der liegt vor diesen Details und bezieht sich auf die Handlung als Ganze und die damit verbundene Absicht. Nun stellt sich natürlich die Frage, ob die Ergebnisse Libets gegen Stewards Theorie sprechen, weil sie nahelegen, dass man gerade in den Einzelheiten der Handlung doch nicht frei ist. Das ist aber nicht der Fall. Vielmehr können Libets Ergebnisse die Sicht Stewards unterstützen: Wir überlassen die Einzelheiten unserer Handlungen oft subpersonalen Systemen, können aber bewusst und verändernd eingreifen, wenn es die Situation erfordert oder wir es wollen. Das ist es auch, was unsere Möglichkeit, ein Veto einzulegen, ausmacht.

Außerdem kann man in Frage stellen, ob es sich beim Libetexperiment wirklich um eine Handlungsentscheidung handelt, wenn die Versuchsperson sich dazu entschließt, den Finger zu heben. Die Entscheidung, den Finger zu heben, hat sie schon zu Beginn des Experimentes und vor den 20 Sekunden getroffen, in denen sie eine Bewegung ausführen soll. Es geht dann also nicht mehr um die Handlungsentscheidung, sondern nur noch um das Wie der Handlung und vor allem um den Zeitpunkt, zu dem diese Handlung ausgeführt wird. Dieser Fall ist einerseits sehr konstruiert und andererseits im Zusammenhang mit Stewards *fresh Starts* sehr interessant. Würde solch eine spontane Bewegung des Fingers, die zuvor schon entschieden und geplant wurde, schon als *fresh Start* gelten, nur weil es sich dabei um ein Detail der Handlung handelt, das festsetzt, zu welchem genauen Zeitpunkt der Finger bewegt wird? Diese Frage ist nicht leicht zu beantworten. Denn Steward betont durchaus den genauen Zeitpunkt, zu dem etwas festgesetzt wird, was zuvor nicht festgesetzt war. Eine mögliche Antwort auf die Frage scheint mir aber zu sein, dass es bei Steward um weit mehr als um einen bestimmten Zeitpunkt geht. Die Person legt in diesem Moment nämlich nicht *nur* den Zeitpunkt fest, zu dem sie den Finger bewegt, sondern sie legt auch das genaue Muster fest, *wie* sie ihn bewegt. Auch wenn sie in diesem speziellen und konstruierten Fall vielleicht nicht völlig frei ist, was den konkreten Zeitpunkt betrifft, so ist sie doch in den anderen Details der Bewegung nicht festgelegt.

> Es ist nicht bedeutsam, wenn sie [die Bewegung; C.R.] weitgehend automatisch abläuft. Sie ist vergleichbar dem automatischen Start der oben erwähnten Läuferin oder auch den automatisierten Vorgängen beim Autofahren. Die Freiheit ist in dem größeren Handlungskontext zu verordnen, nicht in den untergeordneten Prozessen, die gar nicht rational abgewogen werden. (Brüntrup 2017, 261)

Doch mit Steward müsste man diese Aussage eher wie folgt präzisieren: Die moralische Verantwortung (und der freie Wille) sind im größeren Handlungskontext zu verorten. Die metaphysische Freiheit liegt dagegen in den Details. Viele dieser Details kann ein Handelnder, wie sich zeigte, automatischen Abläufen überlassen. Aber er ist in der Lage, in den *Prozess der Handlung* einzugreifen und viele Einzelheiten der Handlung zu kontrollieren und festzulegen. Das macht seine Handlungsfreiheit aus.

4.2 Die Handlung als Prozess

Bisher lag der Fokus in der Philosophie des Geistes hauptsächlich auf *mentalen Zuständen* und *mentalen Ereignissen*, während Prozesse vor allem in Bezug auf das Phänomen der Handlung wenig beachtet wurden. Das ändert sich nach Steward allmählich (vgl. Steward 2018, 102).

Steward betrachtet Handlungen als Prozesse. Doch in der Debatte wurde ihrer Meinung nach der entscheidende Unterschied zu Ereignissen bisher zu wenig betont. Auch wird nicht immer deutlich, *was* Prozesse grundlegend von Ereignissen unterscheidet. Denn häufig betrachtet man eine Aneinanderreihung von Ereignissen als Prozess, was zu der Annahme verleitet, dass ein Prozess nur ein lange andauerndes Ereignis ist, das in kürzere Ereignisse unterteilt werden kann (vgl. Steward 2012b, 373).

Aber das ist so nicht richtig. Denn Tätigkeiten und Handlungen können sich über die Zeit hinweg beispielsweise in Bezug auf ihre Intensität oder Qualität verändern. Wenn eine Person etwas über eine Zeitspanne hinweg tut, dann tut sie es auch in jedem Moment dieser Zeitspanne – auch wenn sich dabei die Qualität verändern und es somit Varianten in der Tätigkeit geben kann (vgl. Steward 2018, 115). Jemand kann sich über einen gewissen Zeitraum im Zustand des Lesens befinden, wobei er auch in jedem Moment des Zeitraums in diesem Zustand ist. Dennoch können dabei verschiedene Dinge passieren, obwohl der Prozess homogen bis in die Momente hinab ist. So ändert sich nichts an der Tatsache, dass ein Ding über eine gewisse Zeit hinweg in jedem Moment rot ist, nur weil sich die Intensität der Farbe über die Momente hinweg verändert. Veränderungen passieren immer in einem Prozess und können in einzelnen Momenten nicht erfasst werden. Man kann beispielsweise nur sagen, dass jemand ein Ding verschwinden sieht, wenn er in einem Zustand ist, *in dem er damit beschäftigt war, zu beobachten, wie es verschwindet*. Dabei handelt es sich aber um einen kontinuierlichen Prozess, der nicht einfach ein lange andauerndes Ereignis sein kann (vgl. Steward 2018, 117–118).

Spricht man von Veränderungen wie *schnellerem* Laufen oder *stürmischerem* Winken, dann scheint man damit zu sagen, dass ein Ereignis in einer späteren Phase anders ist (eine andere Qualität hat), als in einer früheren Phase. Spricht man davon, dass eine Schlacht immer lauter wird, bedeutet das, dass die früheren Phasen der Schlacht leiser waren als ihre späteren Phasen. Allerdings beschreibt man damit keine Veränderung mehr, da sich hier nur noch die Eigenschaften von Teilen des Ereignisses unterscheiden. Die Veränderung besteht hier nur in einem Aufeinanderfolgen verschiedener zeitlicher Abschnitte (vgl. Steward 2012b, 377–378).

Doch erfasst man damit das Phänomen noch richtig? Es scheint einen Unterschied darin zu geben, ob die Schlacht gegen Ende lauter ist als am Anfang, oder ob die Schlacht *zunehmend* lauter wird. Ein bloßes Aufeinanderfolgen unterschiedlicher Abschnitte kann das nicht adäquat abbilden. Denn hier ist es nicht möglich, dass man etwas immer wütender oder immer schneller tun kann. Solche direkten und geradlinigen Veränderungen können durch ein bloßes Aufeinanderfolgen nicht plausibel beschrieben werden. Auch sanfte und flüssige Veränderungen wären nicht möglich, wenn eine Veränderung nur ein Aufeinanderfolgen ist. So kann jemand zum Beispiel kontinuierlich fester gegen eine Tür drücken. Solch eine kontinuierliche Veränderung über die Zeit hinweg ist bei einem Ereignis, das sich verändert, aber nicht möglich. Denn ein Ereignis kann sich selbst nicht verändern, sondern ist Veränderung. Daher kann sich auch die Phase eines Ereignisses nicht verändern und das Drücken kann innerhalb einer Phase nicht zunehmen. Um das zunehmende Drücken beschreiben zu können, müsste man die Phase dann wiederum in weitere Phasen mit unterschiedlicher Intensität des Drückens unterteilen, die man wiederum in unterschiedliche Phasen unterteilen müsste (vgl. Steward 2012b, 378–380).

Man könnte die Phasen so immer kleiner machen und sich damit immer weiter an die flüssige Veränderung annähern. Doch fraglich ist, ob man dann überhaupt noch sinnvoll von einem Ereignis im Ganzen sprechen kann, wenn es aus lauter kleineren Ereignissen besteht und aus diesen zusammengesetzt ist. Ist es dann mehr als die Summe seiner Teile?

Substanzen (wie beispielsweise Bäume oder Pferde) bleiben dieselben, obwohl sie sich verändern und entwickeln, etwas dazugewinnen oder Teile verlieren und anders hätten werden können. Anders als Ereignisse sind sie daher modal und mereologisch robust. Ereignisse sind Veränderungen im Sinne von *Changes*, die sich selbst nicht verändern können. Individuelle Prozesse wie Handlungen sind dagegen *Changings*, die sich selbst verändern und die wachsen können. Solch ein individueller Prozess kann zu einem Zeitpunkt aus bestimmten zeitlichen Teilen und zu einem späteren Zeitpunkt aus mehr zeitlichen Teilen bestehen. Die Veränderung im Sinne von *Changing* hält an, obwohl im Prozess weitere Dinge passieren und sich dieser so verändert, dass er andere Eigenschaften entwickelt. Ist der Prozess mit einer bestimmten Menge zeitlicher Teile abgeschlossen, kann man von einem Ereignis sprechen, das nur eine Veränderung als abgeschlossene Einheit sein kann (vgl. Steward 2012b, 383–384).

Eine Substanz wie ein Pferd behält seine Identität über die Zeit hinweg nicht dadurch, dass sich dessen Materie nicht verändert, sondern durch sein kontinuierliches Leben. Genauso ist es bei Prozessen, die durch bestimmte *Normen der Entwicklung* individuiert werden, was bei Handlungen beispielsweise Absichten und Ziele sind. Die Absicht oder das Ziel sind für den Prozess wesentlich, wodurch eine Handlung als Prozess derselbe Prozess bleibt, auch wenn Teile wegfallen oder hinzukommen. Ein Prozess hätte auch immer andere Teile haben können, ohne dass er dadurch gleich zu einem anderen Prozess wird (vgl. Steward 2012b, 384).

Auf Stewards Handlungstheorie übertragen bedeutet das, dass man manche Details und Bewegungen einer Handlung auch anders hätte machen können (hier gibt es immer einen Spielraum, durch den der Handelnde etwas festsetzen kann), ohne dass dadurch die Handlung (oder vielmehr der Handlungstyp) eine andere wird. So kann man eine Meile auf ganz unterschiedliche Weise laufen und dabei verschiedene Bewegungen machen und doch läuft man immer noch eine Meile. Die Absicht und das Ziel einer Handlung werden also von den unterschiedlichen Details, die zur Ausführung dieser Handlung passen, nicht verändert. Da bei Steward Absichten und Ziele aber durch die Geschichte einer Person bestimmt sein können, hat diese hauptsächlich im Prozess der Handlung einen Spielraum und Freiheit. Nur der griechische und von Aristoteles verwendete Begriff *Praxis* meint diese Handlung als Prozess und muss von der *Poiesis* unterschieden werden.

4.2.1 Der Unterschied zwischen *Poesis* und *Praxis*

Bei Aristoteles wird *Poiesis* und *Praxis* unterschieden. Handeln und Hervorbringen sind für ihn zwei verschiedene Dinge. Das Hervorbringen hat ein äußeres Ziel, während bei Handlungen das Ziel in der Handlung selbst liegt (vgl. Korsgaard 2009, 9). Hier ist nicht nur das Umsetzen einer Absicht, sondern auch die Art und Weise der Umsetzung entscheidend (vgl. Korsgaard 2009, 9–10). Die *Poiesis* bezieht sich immer nur auf ein Endresultat und damit auf das, was letztendlich hergestellt oder bewerkstelligt wird (vgl. Höffe 2013, 46–47). Bei der Praxis, dem Prozess der Handlung, die im Ausführen schon ihr Ziel enthält, geht es dagegen wesentlich darum, *wie* eine Handlung oder Tätigkeit ausgeführt wird (vgl. Höffe 2013, 46–47):
„He chooses this whole package, that is, to-do-this-act-for-the-sake-of-this-end – he chooses *that*, the whole package, as a thing worth doing for its own sake, and without any further end" (Korsgaard 2009, 10). Dieses gesamte Paket, das wir wählen, wenn wir eine Handlung ausführen, ist dabei die *Action*[43], die Korsgaard klar von den einzelnen *Acts*, die zu unserer Handlung gehören, unterscheidet. Denn wenn wir wählen, dann wählen wir Handlungen – also das ganze Paket – und darin, welche Handlungen (*Actions*) wir wählen, zeigt sich nach Aristoteles unser Charakter (vgl. Korsgaard 2009, 11–12). Ein *Act* kann dabei wegen einer bestimmten Absicht ausgeführt werden. Die Handlung als Ganze (die *Action*) wird dagegen um ihrer selbst willen ausgeführt (vgl. Korsgaard 2009, 12–13).

So kann man beispielsweise eine Handlung wie das Hinabsteigen von einem Berg ausführen, *um* noch vor Sonnenuntergang nach Hause *zu* kommen. Dies ist dann die Handlungsmaxime und das Konzept eines Gesetzes, das man sich selbst gibt. Die Bewegungen, die man ausführt, um den Berg hinabzukommen und die Mittel zur Erreichung eines Zieles sind, zählen dann deshalb als gewollt, weil diese Maxime determiniert, was man tut. Dadurch kann man die Bewegungen als Handlungen ansehen (vgl. Korsgaard 2009, 68–69).

---

[43] Korsgaard unterscheidet klar *Acts* und *Actions* voneinander. Da die Übersetzung mit Taten und Handlungen nicht ganz das trifft, was Korsgaard mit den beiden Begriffen meint, wird im Folgenden immer *Acts* und *Actions* verwendet, wenn es um Korsgaards Handlungen und deren Details geht.

„In other words, it is because I determine myself to go back down that my movement is attributable to me" (Korsgaard 2009, 69). Die Einzelheiten und Bewegungen des Handelnden sind also weder rein zufällig, noch willkürlich. Sie sind ihm ganz zuzuschreiben, weil sie zu einem größeren Handlungskontext gehören und er sie freiwillig mit einer bestimmten Absicht ausübt. Über die Absicht der ganzen Handlung werden sie also miteinander als vernünftig und sinnvoll verbunden. Es ist aber scheinbar die *Action* als Ganze und das damit verbundene Ziel, die moralisch bewertet werden können und für die wir moralisch verantwortlich sein können – nicht die vielen kleinen Details der Handlung. Diese spielen für die moralische Bewertung nur indirekt eine Rolle, weil sie als Einzelheiten der Handlung, die als Ganze bewertet wird, natürlich in diese Bewertung auch eingehen. Dennoch liegt unser Augenmerk bei moralischen Fragen eher auf der Absicht, dem Handlungsgrund und der Handlung im Gesamten. Das Ziel der *Action* kann auch hier durch unsere Geschichte und unsere Überzeugungen bestimmt sein. Doch bei den vielen kleinen Details, mit denen wir unsere Absichten umsetzen, können wir etwas Neues beginnen.

4.2.2 Korsgaard und die Handlung als Prozess (*Acts* und *Actions*)

Man kann beispielsweise ein falsches Versprechen geben, um Geld zu erhalten. Das ist als Ganzes eine *Action*, während das Geben des falschen Versprechens ein *Act* ist. Darüber hinaus gibt es aber auch *Acts*, die man um ihrer selbst willen tut und deren Ziel damit im *Act* selbst liegen. Auch in diesen Fällen kann man zwischen *Act* und *Action* unterscheiden. Für die *Action* spielt die Tatsache eine Rolle, dass der *Act* um seiner selbst willen getan wird. Diese Tatsache gehört zur *Action*. So wäre *Tanzen* an sich ein *Act*. *Tanzen um des Tanzens willen, weil es Freude bereitet*, wäre eine *Action*. Diese Unterscheidung macht Sinn, da man denselben *Act* auch mit einem anderen Ziel und nicht nur um seiner selbst willen, sondern beispielsweise zum Gelderwerb ausführen kann. Für die gesamte Handlung spielt also auch die Beschreibung der Situation eine gewisse Rolle. Sie sagt uns mehr über die Welt als der *Act* allein. Sowohl bei Kant als auch bei Aristoteles sind es die *Actions*, die moralisch gut oder schlecht sein können (vgl. Korsgaard 2009, 11–12).

Hier wird Korsgaard allerdings etwas widersprüchlich. Einerseits kann die *Action* als Ganze offenbar nur um ihrer selbst willen gewählt werden. Andererseits wird auch das Geben eines falschen Versprechens, um Geld zu erhalten, als solch eine *Action* betrachtet. Bei Letzterem wird die *Action* aber offenbar nicht um ihrer selbst willen gewählt. Allerdings geht es bei Korsgaard wohl weniger darum, dass eine *Action* als Ganze in dem Sinne um ihrer selbst willen gewählt wird, dass sie als moralisch richtig erkannt wurde. Sondern es geht vielmehr um die Unterscheidung, dass *Acts* einer bestimmten Absicht wegen gewählt werden, während die *Action* als Ganze nicht dieser Absicht wegen gewählt wird, weil die Absicht und das Ziel hier Teil der ganzen Handlung sind. Dennoch ist fraglich, ob Korsgaard Recht hat, wenn sie sagt, dass eine *Action* als Ganze kein weiteres, außerhalb dieser Handlung liegendes Ziel hat. Denn wie wir bei Aristoteles im zweiten Kapitel gesehen haben, sind viele unserer Handlungen, die wir um ihrer selbst willen wählen, zugleich aber auch Mittel zu etwas anderem. Ich denke, dass das auch bei Korsgaards *Actions* nicht ausgeschlossen sein muss. Auch wenn das Ziel einer bestimmten Handlung Teil dieser Handlung ist, kann sich doch auch diese Handlung als Ganze wieder in ein größeres Ganzes und in eine Abfolge von Handlungen einordnen, die über eine Mittel-Ziel-Relation miteinander verbunden sind.

Wenn wir nach dem Grund für eine Handlung fragen, wollen wir eine Absicht oder einen Zweck erfahren, durch den die Handlung (*Action*) Sinn macht. Die Erklärung der Handlung und die Erklärung des Grundes sind also dasselbe, wodurch der Grund nichts der Handlung äußerliches ist. Außerdem sind es auch bei Aristoteles nicht die Einzelteile, die eine Handlung gut machen, sondern das Zusammenspiel dieser Teile. So ist es nicht der richtige Ort, die richtige Zeit, die richtige Person oder der richtige *Act* allein, die die Handlung gut machen, sondern deren Zusammenwirken (vgl. Korsgaard 2009, 14–17).

Die Mittel sind die *Acts*, die man ausführt, um ein bestimmtes Ziel zu erreichen, was in Summe die *Action* ausmacht. Die Definition von Handlung bei Korsgaard passt also sehr gut zu Steward. Doch auch hier müssen wir noch einmal etwas genauer hinsehen. Denn ein *Act* kann bei Korsgaard auch das Tanzen sein, während das Tanzen bei Steward eher als Prozess mit weiteren kleinen Einzelheiten und Details verstanden werden kann. Es scheint also so, als könnten die *Acts*, aus denen die *Action* besteht, in weitere *Acts* aufgeteilt werden und damit ist natürlich die Frage verbunden, was die grundlegenden *Acts* sind oder sein können. Außerdem könnte man jeden *größeren Act* in einer *Action* als eigene *Action* mit weiteren *Acts* betrachten. Auch hier stellt sich die Frage, wann man nicht mehr tiefer gehen kann: Wann bleibt nur noch ein *Act* übrig, der nicht mehr als *Action* angesehen werden kann? Diese Probleme beziehen sich aber nicht nur auf Korsgaard, sondern illustrieren auch Fragen, die man an Stewards Ansatz stellen kann. Was genau sind die Details, in denen wir frei sind? Ist ein solches Detail einer Handlung, dass ich meinen ganzen Körper in einem Moment bewege, während diese Bewegung aus vielen weiteren kleinen Details besteht? Oder sind die Details die allerkleinsten Setzungen und damit die kleinsten Bewegungen, die ich machen kann? Landet man dann doch wieder bei den Neuronen im Gehirn als kleinteiligste Veränderungen? Das ist nicht der Fall, denn unsere Setzungen werden *top-down* verursacht und wirken damit natürlich immer von einer größeren auf eine kleinere Ebene. Bei der Frage, welche Details es nun sind, die der Handelnde festsetzt, ist die Antwort also:

sowohl die größeren, wie *auch* die kleineren Details, die durch die größeren Details festgesetzt werden. Das verdeutlicht auch, dass Handlungen als *Prozesse* betrachtet werden müssen. Denn die beschriebenen Probleme entstehen vor allem, wenn man eine Handlung als reine Abfolge von *Acts* ansieht. Analog zur *top-down Verursachung* bei Steward können natürlich auch *Acts* einer Handlung durch kleinere Einzelheiten und damit durch weitere *Acts* realisiert werden. Entscheidend ist, dass sie durch eine Absicht oder einen Handlungsgrund miteinander (in einen gemeinsamen Prozess) verbunden werden. So einen *Act* kann man dann natürlich selbst als *Action beschreiben*, wenn er aus weiteren *Acts* und einer eigenen Absicht besteht. Wie sich bei Anscombe bereits gezeigt hat, kann bei einer absichtlichen Handlung allerdings die Warumfrage auch damit beantwortet werden, dass man es einfach getan hat, weil man es tun wollte. Auch über solch eine Begründung kann man also eine *Action* erklären. Die *Acts* sind also die Details und all die kleinen Körperbewegungen und Tätigkeiten, die man wählt, *um eine bestimmte Handlung auszuführen.*

Doch Korsgaard gibt zu bedenken, dass wir nicht bei all unseren Handlungen solche Mittel oder Methoden benötigen. Wenn man zum Beispiel den Arm hebt, dann gibt es ihrer Meinung nach dabei keine Methoden oder Mittel, sondern man tut es einfach (vgl. Korsgaard 2009, 95). Doch auch hier kann es mit Steward unterschiedliche Wege geben. Man kann den Arm zu unterschiedlichen Zeitpunkten heben und sich dabei unterschiedlich energisch oder schnell bewegen. Außerdem spricht Korsgaard hier nicht von einer Handlung, sondern nur von einem *Act*. Nur wenn man das Heben des Arms als Handlung im Sinne von *Action* betrachtet und den Arm um seiner selbst willen hebt, um beispielsweise zu beobachten, ob das Heben des Arms eine Handlung sein kann, dann kann man *wählen, wie genau* man den Arm hebt – das sind dann die Mittel, die Details und die *Acts*. Denn in diesem Fall hebt man den Arm bewusst und lenkt seine Aufmerksamkeit beim Heben des Arms auf den Arm. Hebt man den Arm dagegen sonst, *um* etwas damit zu machen, dann ist das Heben des Arms der *Act*, den man ausführt, um etwas zu erreichen, was in Summe die Handlung ist. In diesem Fall heben wir unseren Arm meist automatisch. Das ist einer der Fälle, bei denen wir uns, wie Steward sagt, auf unsere Subsysteme verlassen würden und ihnen keine gesonderte Aufmerksamkeit schenken. Deshalb brauchen wir dann auch keine expliziten weiteren Mittel und Wege, wie wir den Arm heben – wir tun es einfach und der Prozess läuft automatisch ab.

Das Ergreifen und Wählen von Mitteln hängt eng mit dem Beginn einer *Action* zusammen. Denn wenn man sich für ein Vorhaben in der Zukunft entscheidet (beispielsweise im nächsten Sommer nach Rom zu fahren), kann man nicht gleich so handeln, wie man sich entschieden hat. Daher gehen viele Philosophen davon aus, dass man in diesem Fall eine Absicht gebildet hat, die man irgendwo für die

Zukunft aufbewahrt. Doch nach Korsgaard beginnt eine Handlung in dem Moment, in dem man eine Entscheidung trifft und in dem man beginnt, Mittel zu ergreifen, die zu dem Ziel führen, das man gewählt und für das man sich entschieden hat. Denn, wenn man die Entscheidung aufrechterhalten will, muss man Dinge tun, um das Ziel zu erreichen oder auf andere Dinge verzichten, die mit dem Ziel konkurrieren würden. So muss man beispielsweise Dinge für die Reise kaufen und darauf achten, dass man nichts tut, was den Plan, nach Rom zu fliegen, vereiteln würde. Man kann beispielsweise nicht sein gesamtes Geld für etwas anderes ausgeben, weil man sich dann kein Flugticket mehr kaufen könnte und man kann keine andere Reise zur selben Zeit buchen. Nach Korsgaard gibt es daher wie auch nach Steward keine Lücke zwischen einer Entscheidung und einer Handlung, sondern die Handlung beginnt mit der Entscheidung (vgl. Korsgaard 2009, 125).

Die Mittel, die jedoch ergriffen werden, oder die exakten Bewegungen, die man macht, um zum Beispiel einen Berg hinabzukommen, können durchaus unterschiedlich sein. Es gibt hier also für den Handelnden einen gewissen Spielraum. Bewegt er sich ein bisschen anders, um den Berg hinabzusteigen, ändert das aber nichts an der Handlung im Gesamten: Sie kann immer noch als das Hinabsteigen von einem Berg, um vor Sonnenuntergang nach Hause zu kommen, beschrieben werden. Diesen Spielraum eines Handelnden bei der Ausführung seiner Handlung betonen nicht nur Steward und Korsgaard, sondern auch Anscombe.

4.2.3 Anscombe: Absicht, Mittel und Ziel

Obwohl eine absichtliche Handlung nach Anscombe nicht allein durch ihr Ziel beschrieben werden kann (es gibt schließlich mehrere Beschreibungen der Handlung), ist eine *Absicht* meist auf ein Ziel gerichtet, das eine Person erreichen möchte. Die Person schließt dann, welche Mittel zur Erreichung dieses Zieles ergriffen werden müssen. Nun kann es aber sein, dass es zur Erreichung eines Zieles unterschiedliche Mittel gibt. Wenn beispielsweise jemand ein Haus bauen will (sein Ziel), gibt es bis zur Fertigstellung dieses Hauses viele unterschiedliche Möglichkeiten, zwischen denen er sich entscheiden muss (Wandfarben, Böden, Fenster, etc.). „Er wählt *eine* Alternative, die paßt, obwohl diese nicht die einzige mögliche ist" (Anscombe 1986, § 44). Diese Auffassung Anscombes passt gut zur Position Helen Stewards. Denn auch bei ihr gibt es beim Erreichen eines Zieles (beim Ausführen einer beabsichtigten Handlung) unterschiedliche Möglichkeiten der Ausgestaltung. Nur weil manche Alternativen ausgeschlossen sind, weil sie in keinem Bezug zum Handelnden stehen, heißt das auch für Steward nicht, dass er nur eine angemessene Alternative hat (vgl. Anscombe 1986, § 44).

Sind Mittel, die zu einer Handlung gehören, aber Teile derselben oder einfach nur unterschiedliche Beschreibungen der Handlung? Wenn die Tätigkeit eines Mannes darin besteht, den Arm zu bewegen, die Pumpe zu betätigen und damit den Wasservorrat aufzufüllen, sind das dann unterschiedliche Handlungen, die er ausführt, oder sind es nur unterschiedliche Beschreibungen ein und derselben Handlung? Eine Lösung Anscombes ist es hier, sich die Frage zu stellen, ob Beschreibung A Beschreibung B *ist*. Man muss sich also fragen, ob das Bewegen des Armes die Betätigung der Pumpe und das Auffüllen des Wasservorrates ist. Ist dies der Fall, sind A, B und C nur unterschiedliche Beschreibungen einer Handlung. Die Beschreibungen hängen in diesem Fall über eine Mittel-Zweck-Relation zusammen: Das Bewegen des Armes ist das Mittel zum Betätigen der Pumpe und das wiederum ist das Mittel zum Auffüllen des Wasservorrates. Die Absicht ist aber das Ende dieser Reihe: das Auffüllen des Wasservorrates – sie gehört, wie auch Korsgaard sagen würde, wesentlich zur Handlung.[44] Sowohl die Bewegung des Armes, wie auch das Betätigen der Pumpe werden mit der Absicht getan, den Wasservorrat aufzufüllen. Jede Beschreibung wird absichtlich ausgeführt – mit der Absicht, die allen Beschreibungen zugrunde liegt und die alle vorherigen Absichten „verschluckt" (Anscombe 1986, § 26). Denn jedem Akt liegt eine Absicht zugrunde, der auf den nächsten Akt der Reihe verweist (der Arm wird mit der Absicht bewegt, die Pumpe zu betätigen). Allerdings sind all diese Absichten von der großen Handlungsabsicht (den Wasservorrat aufzufüllen) getrieben (vgl. Anscombe 1986, § 26).

Absichtlich wird eine Handlung also meist, wenn „ihren Beschreibungen ein ‚um…zu' oder ‚weil' […] angehängt wird" (Anscombe 1986, § 47). So werden Mittel mit einem Ziel verbunden. Zudem schreiben wir Absichten meist Lebendigem zu. So können auch Tiere etwas absichtlich tun, auch wenn sie ihre jeweilige Absicht nicht sprachlich ausdrücken können (vgl. Anscombe 1986, § 47). Dennoch kann auch eine Katze eine Bewegung machen, um damit einen Vogel zu fangen (vgl. Anscombe 1986, § 47). Ein Tier folgt zwar meist seinen Trieben und vor allem dem Drang, zu überleben. Doch auch wenn die typische Art der Handlung eines Tieres von seiner Natur bestimmt ist, müssen die *Besonderheiten oder Einzelheiten* der Handlung nicht determiniert sein. So kann es bestimmt sein, *dass* der Hund das Essen frisst. Aber *wie* genau er es frisst (mit welcher Geschwindigkeit, welche Bewegungen er

---

[44] Auch weil dieselbe Handlung, wie von Anscombe dargestellt, unterschiedlich beschrieben werden kann, hat der Handelnde in der genauen Ausgestaltung seiner Handlung einen Spielraum. Die Handlung im Ganzen kann beispielsweise immer noch als das Auffüllen des Wasservorrates beschrieben werden – auch, wenn der Mann sich dabei ein bisschen anders bewegt. Was gleich bleibt ist jedoch vielmehr der *Handlungstyp*, dessen Zustandekommen durch die Geschichte des Handelnden erklärt werden kann.

macht, was er zuerst frisst), sind auch hier *Sequenzen seiner Handlung, die er selbst setzt*. Wenn eine Katze hungrig genug ist, kann sie nicht anders, als das Futter vor ihr zu fressen. Allerdings ist sie durch diesen natürlichen *Zwang* nicht darin festgelegt, ob sie zuerst das Trockenfutter oder zuerst das nasse Futter frisst. Auch in ihren exakten Bewegungen ist sie nicht durch Naturgesetze festgelegt. Um von einer Handlung sprechen zu können, ist es ausreichend, dass die Katze nicht genau das tun *musste*, was sie tut (vgl. Steward 2017, 203–205).

Ein Handelnder wählt also unterschiedliche Mittel, führt unterschiedliche Details bei seinen Handlungen aus und hat dabei einen gewissen Spielraum. Dabei muss er als Ganzes auf seine Teile einwirken können, denn nur so kann er Details und Einzelheiten unter Kontrolle haben und für sie verantwortlich sein. Handlungen und Details von Handlungen können ihm zugeschrieben werden, weil und insofern er als integriertes Ganzes agiert. Um als integriertes Ganzes handeln zu können, muss sich der Handelnde aber andauernd selbst konstituieren.

4.3 Die Tätigkeit der Selbstkonstitution als andauernder Prozess

Doch kann es vor unseren Handlungen und Entscheidungen überhaupt ein integriertes Selbst geben, das sich dann in unseren Handlungen ausdrückt? Die Handlungen würden in diesem Fall durch das bereits eins gewordene Selbst ausgelöst werden. Korsgaard ist dagegen der Meinung, dass das einheitliche oder integrierte Selbst nicht vor der Wahl oder vor den Handlungen besteht, weil das Selbst und damit die eigene Identität erst *durch* die Entscheidungen und Handlungen einer Person konstituiert werden (vgl. Korsgaard 2009, 19).

Das *Paradox der Selbstkonstitution* besteht also darin, wie man sich selbst konstituieren kann, wenn man noch nicht da ist (vgl. Korsgaard 2009, 35–36). Betrachtet man Selbstkonstitution als Zustand, dann ist man selbst tatsächlich entweder schon konstituiert (und damit ein determiniertes und nicht freies Selbst) oder man ist noch nicht konstituiert (und damit ein leeres Selbst) (vgl. Korsgaard 2009, 43–44). Dagegen ist die Selbstkonstitution bei Korsgaard nicht ein Zustand, den man erreichen kann und aus dem sich dann Handlungen ergeben, sondern Handlung selbst (vgl. Korsgaard 2009, 43–44). Selbstkonstitution ist also ein andauernder Prozess und das Selbst ist dabei weder ganz leer und ohne *Commitments*, noch ist es determiniert und festgelegt. Genau das passt perfekt zu Steward. Denn auch hier ist das Selbst nicht auf bestimmte Handlungen festgelegt und doch kann es Handlungen geben, die ausgeschlossen sind, weil sie nicht zum Handelnden passen. Als integriertes Ganzes handelt ein Wesen dann, wenn es gemäß der eigenen Form tätig ist, wofür man Einheit mit sich selbst erst herstellen muss.

„For a movement to be my action, for it to be expressive of *myself* in the way that an action must be, it must result from my entire nature working as an integrated whole" (Korsgaard 2009, 19). Ein Lebewesen muss also gemäß seiner Natur und damit gemäß der eigenen Form tätig sein, um Einheit mit sich selbst herzustellen. Bei Aristoteles hat alles, was lebendig ist, eine spezielle Form und sein *Ergon* besteht darin, zu sein und zu bleiben, was es ist. So besteht der Zweck einer Giraffe beispielsweise darin, eine Giraffe zu sein. Denn ihre Handlungen werden durch ihr *Giraffesein* diktiert und andererseits erhält sie ihr *Giraffesein* auch durch Instinkte, die sich aus der Natur der Giraffe ergeben. So muss eine Giraffe beispielsweise andauernd Blätter fressen, um damit fortzufahren, eine Giraffe zu sein. Dadurch ist sie ein Ding, das sich ständig selbst zu einer Giraffe macht. Ihr Leben besteht also darin, sich darin zu betätigen, eine Giraffe zu sein. Auf diese Weise konstituiert sie sich andauernd selbst (vgl. Korsgaard 2009, 35–36).

Diese Selbstkonstitution ist ein Prozess, der für das Leben der Giraffe wesentlich ist. Beim Personsein verhält es sich nun nach Korsgaard genauso. Menschen sind rational tätig und diese Tätigkeit ist wesentlich eine Form der selbstbewussten Tätigkeit. Um eine Person zu sein, muss man sich daher selbst kontinuierlich zu einer Person im Sinne eines rational Handelnden machen und Einheit mit sich selbst herstellen – ebenso wie sich die Giraffe ständig selbst zu einer Giraffe machen muss (vgl. Korsgaard 2009, 42).

4.3.1 Handlungen als integriertes Ganzes (*Downward Causation*)

Wir können einem Lebewesen nach Korsgaard Bewegungen, Handlungen und Absichten zuschreiben, die gelingen oder fehlschlagen können, wenn man die Bewegungen der Form und Funktion des Lebewesens zuschreiben kann. Denn durch diese Form wird das Lebewesen zu einer Einheit und zu einem individuellen Objekt. Damit die Bewegungen eines Lebewesens als dessen Handlungen angesehen werden können, müssen sie aus der Natur des entsprechenden Lebewesens kommen, die als integriertes Ganzes funktioniert. Auch Korsgaard ist also eine Vertreterin der *Downward Causation* (vgl. Korsgaard 2009, 103).

Die Bewegungen eines Tieres sind dabei selbstdeterminiert, wenn sie von den Instinkten des Tieres geleitet werden, die darauf ausgerichtet sind, die Form des Lebewesens zu erhalten. Es gehört zur Natur eines Tieres, die Absicht zu haben, es selbst zu sein und es selbst zu bleiben. Es handelt autonom, wenn es nach eigenen Instinkten handelt. Dann sind es die eigenen Bewegungen des Lebewesens und es handelt gemäß der eigenen Natur und somit nach eigenen Gesetzen (vgl. Korsgaard 2009, 104).

Bewegungen müssen also vom Lebewesen als Ganzem kommen und geleitet werden, während dieses *top-down* Kontrolle über seine Teile hat. Dafür muss es eins mit sich selbst sein. Doch hier gibt es einen entscheidenden Unterschied zwischen handelnden Tieren und handelnden Menschen: Der Mensch muss sich immer wieder um Einheit mit sich selbst bemühen, da er im Gegensatz zum Tier erkennen kann, wie er von Antrieben in unterschiedliche Richtungen gezogen wird.

4.3.2 Der Unterschied zwischen Mensch und Tier

Die Intentionalität bei menschlichen Handlungen ist für Korsgaard ähnlich wie bei Steward das extreme Ende eines Kontinuums, an dessen anderem Ende intelligente Bewegungen stehen, die auch Pflanzen zugeschrieben werden können (vgl. Korsgaard 2009, 98–99). Denn unter einer intelligenten Bewegung versteht Korsgaard nach Aristoteles, dass ein Wesen mit seiner Bewegung auf etwas reagiert, das es in der Umgebung wahrgenommen hat. So würde sich ein Insekt beispielsweise unter einem Gegenstand verstecken, wenn man es erschlagen möchte (vgl. Korsgaard 2009, 94).

Eine intelligente und damit angemessene Bewegung könnte also als eine Bewegung beschrieben werden, die so auf das in der Umgebung Wahrgenommene reagiert, dass es der Selbsterhaltung und damit dem *Telos* des Tieres zuträglich ist. Diese Art der Bewegung ist aber etwas anderes als Stewards Details einer Handlung, die das Tier festsetzen kann. Denn die intelligente Bewegung wird hier beispielsweise durch das Ziel der Selbsterhaltung bestimmt. Doch obwohl die Handlung durch dieses Ziel ausgelöst und bestimmt sein kann, kann das Tier dennoch verschiedene Bewegungen ausführen, um dieses Ziel zu erreichen. Wie sich das Tier exakt bewegen wird, ist dabei auch nicht durch das Ziel der Selbsterhaltung vorgeschrieben. Bei solchen Bewegungen als Details einer Handlung handelt es sich also scheinbar nicht um *intelligente Bewegungen* im Sinne Korsgaards. Die Details können zwar zur Selbsterhaltung beitragen, sind durch diese aber nicht bestimmt, während die *intelligente Bewegung* eher den Prozess und die Handlung als Ganze meint, durch die sich das Tier beispielsweise vor einem Feind rettet.

Nach Korsgaard sind aber auch die exakten Bewegungen, die ein Tier dabei macht, dadurch bestimmt, wie es seine Umgebung wahrnimmt. „[H]is movements are guided by a representation of his environment, for the shape or course of his movement – where he looks, how he goes about looking – is determined by his conception of the world he is moving through" (Korsgaard 2009, 94). Wenn ein Tier beispielsweise jagen geht, dann bewegt es sich auf bestimmte Weise und dabei gibt es viele Details, die es damit festsetzt. So schaut es an unterschiedlichen Orten und geht auf unterschiedliche Weise herum, wenn es Beute sucht. Doch anders als bei

Steward sind das nicht Details einer Handlung, die das Tier *frei* setzt, sondern es handelt sich dabei um Details, die dadurch *bestimmt* werden, wie *genau* das Tier seine Umgebung wahrnimmt und repräsentiert. Folgt daraus, dass auch oder vor allem diese kleinen Details durch etwas bestimmt werden, das außerhalb des Tieres selbst liegt – nämlich durch dessen Umgebung und deren Wahrnehmung? Daraus würde folgen, dass jedes Tier eine bestimmte Tätigkeit – wie das Jagen einer Maus – individuell und durch all diese Details anders als jedes andere Tier ausführt, weil jedes Tier die Umgebung anders repräsentiert und eine Situation nie exakt einer anderen gleicht. Dadurch, dass jedes Tier anders agiert und sich anders bewegt, könnte es uns dann so erscheinen, als würde es dabei etwas festsetzen, während es eigentlich aber durch die Umgebung und durch seine Wahrnehmung völlig bestimmt ist. Die individuellen Details einer Handlung wären bei jedem Tier unterschiedlich, wodurch es *den Akt* des Maus-Jagens, der durch den Instinkt determiniert ist, nicht mehr geben kann. Auch wenn man Korsgaard so verstehen und einen Widerspruch zu Steward feststellen könnte, bin ich der Meinung, dass dieser Ansatz Stewards Argument sogar stärken kann.

Schon die Tatsache, dass jedes Tier auf individuelle Weise auf das antwortet, was ihm in der Umgebung begegnet, spricht dafür, dass ein genaues Bewegungsmuster bei bestimmten Handlungstypen (wie dem Jagen einer Maus) nicht festgelegt ist und durch jedes einzelne Tier im Moment der Handlung festgesetzt wird. Dass das Tier dabei auch auf das reagiert, was ihm in der Welt begegnet und dadurch einige Bewegungen ausgeschlossen sind, weil sie für diesen Handlungstypen nicht zielführend wären, muss nicht bedeuten, dass es nur eine genaue Abfolge von Bewegungen geben kann, mit der das Lebewesen auf die Umstände und seine Repräsentation derselben antworten kann. Ich denke, dass man hier wieder sehr vorsichtig sein muss, wenn es um die Bedeutung von *determine* geht. Ich interpretiere Korsgaard hier so, dass sie vielmehr meint, dass die genauen Bewegungen davon *geleitet* werden, wie das Lebewesen die Umgebung repräsentiert, als dass die Details der Bewegungen durch diese Repräsentation im Sinne von *Necessitation* erzwungen werden.

Außerdem könnte aus Korsgaards Konzept der *intelligenten Bewegung* sogar folgen, dass auch Pflanzen solche individuellen Details in Abhängigkeit von ihrer Umgebung und ihrer besonderen und individuellen Situation in geringem Maße setzen können. Das verdeutlicht den graduellen Charakter von Handlungen, wie sie durch Steward beschrieben werden. Handlungen werden hier in die Natur eingeordnet und auch Steward gibt zu bedenken, dass es hier keine klaren Grenzen geben kann. In sehr geringem Maß könnte man also auch schon Einzellern und Pflanzen zugestehen, sich auf intelligente Weise zu bewegen, wenn sie auf Umstände in ihrer Umgebung angemessen reagieren.

Der Übergang ist dabei fließend und graduell. Von Handlungen kann man allerdings erst bei einfachen Tieren sprechen, die von ihren Wahrnehmungen geleitet werden. Denn hier sind die Bewegungen unter der Kontrolle der Tiere, während die Bewegungen von Pflanzen bloße Reaktionen auf die Umwelt sind. In dem Maße, in dem aus einer bloßen Reaktion ein kontrolliertes Agieren eines Lebewesens wird, steigt also auch der Grad der Handlungsfähigkeit. Auf einer höheren Stufe gibt es dann Tiere, die auch eine Idee davon haben, was sie tun, und auf der höchsten Stufe befinden sich die Lebewesen, die sich der Prinzipien bewusst sind, nach denen sie handeln. Menschliche Handlungen werden also nicht, wie viele Philosophen argumentieren, durch die Intentionalität etwas grundlegend anderes als andere Bewegungen in der Welt (vgl. Korsgaard 2009, 98–99).

Auch wenn sich Menschen der Prinzipien ihrer Handlungen bewusst sein können, funktionieren auch unsere Instinkte noch und können uns Antworten vorschlagen. In gewisser Weise können wir wie bei Steward den Instinkten die Kontrolle überlassen, die Systeme automatisch laufen lassen und darauf vertrauen, dass wir so richtig handeln. Aber wir können auch eingreifen und uns anders entscheiden. Durch unsere Fähigkeit zur Reflexion können wir also einen Schritt zurücktreten und die Antworten betrachten, die uns durch die Instinkte vorgeschlagen werden. In dieser reflexiven Distanz können wir uns die Frage stellen, ob die Anreize oder Antriebe uns wirklich Gründe liefern. Menschen können nach Korsgaard im Gegensatz zu Tieren die Prinzipien der eigenen Verursachung also wählen, während Tiere den Inhalt ihrer Instinkte nicht selbst wählen können. „For once we are aware that we are inclined to act in a certain way on the ground of a certain incentive, we find ourselves faced with a decision, namely, whether we should do that" (Korsgaard 2009, 115). Im Gegensatz zu uns können sich Tiere weitgehend auf ihre Instinkte verlassen. Sie handeln einfach so, wie es ihnen ihr Instinkt vorgibt, ohne diese Handlung bewerten oder sich aktiv dafür entscheiden zu müssen. Dadurch, dass wir uns der Prinzipien und der Gründe unserer Handlungen bewusst sind, bleibt uns aber nichts anderes übrig, als zu wählen und Entscheidungen zu treffen (vgl. Korsgaard 2009, 108–116).

Auch nach Korsgaard kann man also Tiere als handelnde Wesen betrachten, die Absichten verfolgen. Dennoch können wir ihnen für ihre Handlungen keine moralische Verantwortung zuschreiben. Denn ihre Absichten richten sich darauf, sie selbst zu sein und zu bleiben, und sie handeln nur nach ihren Instinkten, ohne diese bewerten und sich für oder gegen eine entsprechende Handlung entscheiden zu können.[45] Menschen können die von den Instinkten vorgeschlagenen Antworten

---

45 Einige Tiere zeigen Empathie und man könnte ihnen eventuell ein gewisses moralisches Verhalten zuschreiben. Doch sie scheinen nicht die Art von moralischer Verantwortung zu besitzen, die

dagegen annehmen und danach handeln, oder diese auch ablehnen. „Self-consciousness opens up a space between the incentive and the response, a space of what I call reflective distance" (Korsgaard 2009, 116). Durch das Selbstbewusstsein haben Menschen also einen höheren Grad an Kontrolle und Handlungsfreiheit – Entscheidungen zu treffen und zu handeln wird gleichzeitig für uns dadurch aber schwieriger.

4.3.3 Der Grad der Freiheit steigt mit dem Grad der Integration

Dieses Selbstbewusstsein teilt die Seele in Teile. Denn man nimmt wahr, in welch unterschiedliche Richtungen man durch Antriebe gezogen wird. Man muss sich selbst also zu einer bestimmten Person machen, indem man etwas wählt, womit man sich identifiziert, indem man entsprechend handelt und ein bestimmtes Leben und damit Lebensziele wählt. Dadurch *macht man etwas aus sich* (vgl. Korsgaard 2009, 130) und ist j*emand.* Weil Menschen durch ihr Selbstbewusstsein wahrnehmen, wie sie durch verschiedene Antriebe in unterschiedliche Richtungen gezogen werden, ist es im Gegensatz zu Tieren eine wesentliche Aufgabe für uns, uns immer wieder mit uns selbst zu einigen und aus uns selbst eine Einheit zu machen (vgl. Korsgaard 2009, 130).

Wenn Personen miteinander interagieren, sollten sie sich nach Kant einig sein – ähnlich wie die Teile einer Seele und damit einer Person für eine gemeinsame Handlung einen gemeinsamen und vereinten Willen brauchen. Denn man muss bei Handlungsentscheidungen sowohl mit dem jetzigen, wie auch mit dem zukünftigen Ich integrieren. Man könnte sagen, dass man sich möglichst so entscheiden sollte, dass auch ein zukünftiges Ich die Entscheidung noch für gut halten kann. Handeln ist also immer ein Interagieren – sowohl mit anderen als auch mit sich selbst, wobei man die Gründe wählt, die man teilen kann – mit anderen, oder im Falle der Person, die sich selbst konstituiert, mit sich selbst. Dadurch, dass bei diesem Konzept die Person mit sich selbst ebenso wie mit anderen interagieren muss, wird deutlich, dass die innerlich gerechte und gute Person wie bei Platon auch äußerlich gerecht und gut ist. Das Verhältnis zu sich selbst ist also auch eine Voraussetzung für das Verhältnis zu anderen (vgl. Korsgaard 2009, 189–206).

Wie bei Platons Seele ist der Mensch also nur handlungsfähig, wenn die Teile zusammenarbeiten und *jeder das Seine tut*. Regieren soll die Seele der Teil, der das Wohl der ganzen Person im Blick hat. Bei Korsgaard soll daher die Vernunft die

---

wir meinen, wenn wir uns gegenseitig loben oder tadeln. Möglicherweise könnte man das Verhalten bei manchen Tieren als *vormoralisches* Verhalten betrachten.

Seele leiten und dabei das Gute für die ganze Person zum Ziel haben. Mit dieser Konstitution kann sich eine Person ihrer Meinung nach am besten identifizieren (vgl. Korsgaard 2009, 141).

> And the way to make yourself into a particular person, who can interact well with herself and others, is to be consistent and unified and whole – to have integrity. And if you constitute yourself well, if you are good at being a person, then you'll be a good person. (Korsgaard 2009, 214)

Je besser es uns also gelingt, unsere Funktion auszuführen und *einig* mit uns selbst zu sein oder ein integriertes Selbst zu werden, umso besser sind wir als Person. Bei Korsgaard ist also die Gutheit einer Person eng damit verbunden, eine Einheit mit sich selbst zu sein. Interessant ist dabei, dass mit dem Grad der Einheit und Integration, die wir erreichen, auch der Grad unserer Freiheit und Autonomie steigt. Zu einem ähnlichen Ergebnis kommen auch die Psychologen Quirin, Tops und Kuhl in ihrem Paper *Autonomous Motivation, Internalization, and the Self: A Functional Approach of Interacting Neuropsychological Systems.*

4.4 Integration und Freiheit – eine psychologische Perspektive

Nach Quirin, Tops und Kuhl sind bei der Integration Ziele und Werte zu Kerneigenschaften des Selbst geworden und man kann sich nicht mehr so leicht deidentifizieren. Werte und Ziele sind so stark integriert, dass sie stabile Eigenschaften des Selbst sind. Die Integration steigt kontinuierlich und mit ihr offenbar der Grad unserer Freiheit und Autonomie (vgl. Quirin et al. 2019, 393–413).

Hier steigt also ähnlich wie bei Korsgaard der Grad unserer Freiheit und Autonomie, je mehr wir in der Lage sind, in Übereinstimmung mit unseren eigenen Werten und Zielen zu handeln und in diesem Sinn wir selbst zu sein. Je mehr unsere Entscheidungen und Handlungen also aus uns selbst heraus kommen, umso freier können wir handeln. Das scheint auf den ersten Blick eine kompatibilistische Auffassung zu sein. Allerdings gehen auch Quirin, Tops und Kuhl davon aus, dass wir kontinuierlich an unserem integrierten Selbst arbeiten und daher einen Einfluss auf dessen Entwicklung haben.

4.4.1 Integriertes Selbst als Voraussetzung für freie Handlungen

Das *integrative Selbst* ist in diesem Ansatz ein Netzwerk integrierter Erfahrungen, Ziele, Werte und Präferenzen und ist als solches kein abgeschlossenes, sondern ein dynamisches System. Integriert heißt hier, dass für das Selbst relevante mentale Repräsentationen ursprünglich neuer Erfahrungen sich stark miteinander verbunden haben. Integrierte Ziele und Werte können aktiviert werden und Handlungsprozesse motivieren. Außerdem kann durch integrierte Werte und Ziele die Internalisierung neuer Erfahrungen ermöglicht werden. Dadurch ist das *integrative Selbst* ein sehr aktives System, wobei das Selbst als eines von vier kognitiven Systemen nicht als Synonym für die Person verwendet wird. Die Repräsentationen im *integrativen Selbst* sind außerdem nicht zwangsläufig bewusst, sondern implizit. Sie sind also nicht notwendig verbalisiert, auch wenn Teile des *integrativen Selbst* in explizite kognitive Systeme übertragen werden können (vgl. Quirin et al. 2019, 393–413).

Beim integrierten Selbst ist der höchste Grad der Internalisierung erreicht, wobei auch bei Quirin, Tops und Kuhl damit nicht gemeint ist, dass man diesen Zustand einmal erreichen und dann für immer behalten kann. Ähnlich wie bei Korsgaard muss man sich um diese Integration und einen hohen Grad der Internalisierung immer wieder bemühen. Denn ebenso wie der Grad der Internalisierung steigen kann, kann er auch abnehmen (vgl. Quirin et al. 2019, 393–413).

4.4.2 *PSI Theorie* und Steward

In der *Personality Systems Interactions Theory (PSI)* gibt es unterschiedliche Systeme, die miteinander interagieren und für das Zustandekommen einer Handlung eine Rolle spielen. Dabei ist das *integrative Selbst* für die Auswahl von Zielen nötig. Die Aufgabe des *Intention Memory* ist es, Handlungen, die zur Verfolgung eines Zieles nötig sind, im Bewusstsein zu behalten, bis sie umgesetzt werden können, und dabei impulsives Verhalten zu vermeiden. Hier ist analytisches Denken und Planung verortet. Das *Action System* ist für die Umsetzung von Absichten zuständig. Hier wird Verhalten *intuitiv kontrolliert*, die Aufmerksamkeit ist nicht zu stark auf Details gerichtet und automatische Reaktionen sind möglich. Das *Discrepancy System* ist dagegen auf Details fokussiert und wird als Reaktion auf unerwartete Ereignisse aktiviert. Es verengt die Aufmerksamkeit auf Neues und auf Gefahren oder Hindernisse. Dabei hat es die evolutionäre Funktion, sich in einer gefährlichen oder unvorhersehbaren Umgebung auf Diskrepanzen zu konzentrieren (vgl. Quirin et al. 2019, 393–413).

Nun scheinen gerade das *Action System* und das *Discrepancy System* zu Stewards Theorie zu passen. Denn nach Steward müssen bei unseren Handlungen viele Details und Bewegungen automatisch ablaufen, ohne dass wir uns auf jede einzelne unserer Bewegungen konzentrieren müssen. Das ist wie beim *Action System* notwendig, um Absichten umsetzen und überhaupt handeln zu können. Hier wird das

Verhalten nach Quirin, Tops und Kuhl *intuitiv kontrolliert* und der Fokus liegt nicht auf allen einzelnen Details. Steward ist aber der Meinung, dass man die Subsysteme, die solche automatisch ablaufenden Bewegungen hervorbringen, jederzeit zum Fokus seiner Aufmerksamkeit machen kann. Dadurch kann man bewusst und absichtlich in die Bewegungen eingreifen und seine Aufmerksamkeit auf bestimmte Aspekte der Bewegung lenken, wofür in der PSI Theorie das *Discrepancy System* zuständig ist. Dieses wird ähnlich wie bei Steward immer dann aktiviert, wenn unerwartete Ereignisse auftreten oder man auf Neues reagieren und dafür den Fokus auf die Details legen muss. Diese Fähigkeit ist, wie sich gezeigt hat, nach Steward für ein Lebewesen entscheidend, da Subsysteme nicht auf alles Spontane und Unerwartete in jeder konkreten Situation reagieren können.

Das *Intention Memory* (auch *Ego*) wird dagegen dann aktiviert, wenn die Teilschritte einer Handlung noch nicht ganz klar sind, ein Plan nötig ist, die Zeit für die Handlung nicht passend oder das Ziel gerade nicht zu erreichen ist. Durch das *Ego* wird also eher die Einleitung von für die Erreichung eines Zieles als Mittel nötigen Handlungen angestoßen (vgl. Quirin et al. 2019, 393–413).

Das lässt sich auch an Anscombes Beispiel des Hausbaus veranschaulichen. Hat man die Absicht und das Ziel, ein bestimmtes Haus zu bauen, können die Wege zur Erreichung dieses Zieles sehr unterschiedlich sein. Dennoch muss man in diesem ganzen Prozess, in dem man viele kleine Entscheidungen treffen muss, die ursprüngliche Intention im Gedächtnis behalten. Die Entscheidungen, die man trifft, müssen immer noch der Umsetzung des Zieles zuträglich sein, sonst hat sich in der Zwischenzeit die Intention verändert. Man muss also, obwohl man im Tagesgeschäft viele Dinge entscheiden muss, die zunächst nicht im direkten Zusammenhang mit der „großen Intention" stehen, diese im Gedächtnis behalten, da es sonst nicht gelingt, überhaupt irgendeine größere Intention umzusetzen. Das *Intention Memory* hat also eine wichtige Funktion, indem es bei allen automatischen Abläufen und der Aufmerksamkeit für Details und Unerwartetes das große Ganze und die eigentliche Absicht im Blick behält. Wenn es zu übermächtig wird, kann es erfolgreiches Handeln allerdings auch blockieren und zu Entscheidungsschwäche führen.

4.4.3 Entscheidungsschwäche und sich einen Ruck geben

Personen, die eine niedrige Entscheidungsorientierung zeigen, neigen zu andauerndem Grübeln und Zögern. Es fällt ihnen schwer, Alternativen auszublenden. Sie können sich nicht voll und ganz mit einem Ziel identifizieren. Handlungsorientierte Personen müssen dagegen in der Lage sein, vom *Intention Memory* (also vom Planen und Denken und dem Abwägen von rationalen Gründen) zum *Action System* zu wechseln. Dabei muss man scheinbar in der Lage sein, die Kontrolle teilweise auch an subpersonale Mechanismen und automatische Abläufe abzugeben, wie Steward es ausdrücken würde, um die beabsichtigte Handlung umsetzen zu können. Der Wechsel vom *Intention Memory* zum *Action System* gelingt nach Quirin, Tops und Kuhl durch positive Affekte, die eine große Rolle spielen, wenn es darum geht, Ziele verfolgen und umsetzen zu können (vgl. Quirin et al. 2019, 393–413).

Menschen mit Entscheidungsschwäche gelingt vermutlich durch einen Mangel an positivem emotionalem Involviertsein dieser Wechsel vom bloßen Überlegen zum Einleiten automatischer Abläufe, die für den Handlungsprozess nötig sind, nicht. Doch auch Personen, die normalerweise nicht unter Entscheidungsschwäche leiden, können in Situationen kommen, in denen sie rational nicht die beste Entscheidung treffen können. Das kann der Fall sein, weil die Alternativen entweder gleich gut oder gleich schlecht sind. In solchen Situation, in denen man mit schwierigen Entscheidungen konfrontiert ist, auf die im fünften Kapitel noch näher eingegangen wird, muss man sich manchmal einfach einen Ruck geben und das eine oder das andere tun. Dabei können offenbar positive Affekte und ein emotionales Hingezogensein helfen.

4.4.4 Positive Affekte und Emotionen als Entscheidungshilfe

Um eine Entscheidung zwischen Alternativen treffen und diese anschließend auch umsetzen zu können, sind also unsere vernünftigen Überlegungen und Gründe allein nicht immer ausreichend. Ohne positive Affekte und emotionales Hingezogensein zu einer Alternative würden wir oft beim Grübeln und Abwägen verharren. Vor allem bei schwierigen Entscheidungen liefert nach Quirin, Tops und Kuhl das *integrative Selbst* einen Überblick der unterschiedlichen Möglichkeiten. Dadurch kann man feststellen, wie und ob eine Option zu den persönlichen Werten passt. Durch diesen Vergleich von Alternativen entsteht normalerweise ein intuitives Bauchgefühl, das die beste Option aufzeigt. Man fühlt sich also zu einer Alternative *hingezogen* (vgl. Quirin et al. 2019, 393–413).

Dieser intuitive Vergleich hat im Gegensatz zu rationalem Abwägen einen großen Vorteil, denn ein Vergleichen vieler Alternativen kann kaum durch analytisches und bewusstes Denken geleistet werden, da hier nur jeweils kleine Mengen von Informationen im Fokus der Aufmerksamkeit stehen können. Durch die Aktivierung des *integrativen Selbst* können dagegen schneller adäquate Entscheidungen getroffen werden (vgl. Quirin et al. 2019, 393–413).

Allerdings kann es durchaus zu Konflikten und zu einem Fall von reduzierter Freiheit kommen, wenn der bewusste, rationale Wille (das *Ego*) etwas will, was der emotionale Wille (das Selbst) nicht will (vgl. Quirin et al. 2019, 393–413). Handelt man dann nach dem *Intention Memory* (*Ego*), bei dem das analytische Denken und der rationale Wille verortet sind und wo auch Kant mit seinem Ansatz einzuordnen wäre, dann handelt man weniger frei. Denn hier wird das Selbst durch Denken kontrolliert, was bei zu vielem Denken und Grübeln zur Entscheidungsschwäche führt. Jemand, der sein *integratives Selbst* aktivieren kann, wäre dagegen viel entscheidungsfreudiger. Wie bei Aristoteles kann sich offenbar derjenige, der ein gut integriertes Selbst und einen guten Zugang dazu hat, auf seine intuitiven Entscheidungen verlassen.

Das wäre wohl ein Fall, bei dem das *Ego* und das Selbst zusammenarbeiten. Das ist möglich, wenn ein rational gewähltes Ziel mit dem Selbst übereinstimmt (vgl. Quirin et al. 2019, 393–413). Auch diese Einsicht lässt sich aber auf das Konzept Stewards anwenden, denn auch hier gibt es ein Zusammenwirken zwischen intuitiven und rationalen Aspekten einer Handlung. Je mehr also beide Systeme zusammenarbeiten und je mehr es gelingt, *eins* und *einig* mit sich selbst zu sein (um es mit Korsgaard zu sagen), umso höher ist der Grad der Freiheit, die ein Lebewesen hat. An dieser Stelle können wir ein erstes Mal die bisher betrachteten Theorien miteinander verbinden, denn auch mit Aristoteles Auffassung und der Tugendethik passen diese psychologische Theorie und der Ansatz Stewards gut zusammen: Wie sich im zweiten Kapitel bei Foot gezeigt hat, muss eine gute Handlung in zweierlei Hinsicht gut sein: Ihre Intention und ihr Ziel müssen ebenso gut sein wie das Gefühl, das man bei ihrer Ausführung hat (vgl. Foot 2004, 90–100). Vielleicht verhält es sich nicht nur mit der guten, sondern auch mit der moralisch freien Handlung so. Sie muss in beiderlei Hinsicht frei sein, wenn es sich um einen höheren *Grad* von Freiheit handeln soll. Das bedeutet, dass der bewusste, rationale Wille und der emotionale Wille frei sein und übereinstimmen müssen. Damit zeichnet sich ein erster Lösungsansatz für die Frage ab, wann Moralität bei Stewards graduellem Konzept von Handlung ins Spiel kommt. Moralität könnte bei einem hohen Grad von Freiheit ins Spiel kommen, bei dem sich das Selbst ausdrückt und man sich mit dem Handeln nicht nur identifiziert, sondern es sich auch um integrierte Werte handelt, die man da umsetzt. Dieser Ansatz wird im folgenden fünften Kapitel noch näher betrachtet werden. An dieser Stelle reicht es, festzuhalten, dass ein emotionales Hingezogensein helfen kann, vor allem schwierige Entscheidungen zu treffen, die rational nicht lösbar sind.

Daraus könnte nun aber gefolgert werden, dass die Kompatibilisten doch Recht haben und wir zumindest bei unseren großen Entscheidungen, bei denen wir nachdenken, zögern und abwägen, immer durch unseren Willen, unser Selbst, unsere Werte, unsere Gründe oder eben durch unsere Emotionen, durch die wir uns zu einer Alternative intuitiv stärker hingezogen fühlen, bestimmt sind.[46] Völlig frei wären wir dagegen nur bei der *Gestaltung* unserer Handlungen. Doch sind diese Details und Einzelheiten nicht einfach zu unwichtig, als dass sie für den freien Willen oder moralische Verantwortung eine Rolle spielen könnten?

Wie können kleine Details und Setzungen der Ort unserer Freiheit sein? Nach Steward ist ein Handelnder nicht in der Wahl eines Handlungstypen, sondern in der Ausgestaltung der Handlung frei. Doch sind diese Details nicht einfach dem Glück oder Zufall zuzuschreiben? Die einzige Lösung besteht dann darin, dass der Handelnde diese Setzungen und Details kontrollieren kann oder *könnte*, weshalb sie für ihn nicht einfach Glück sind (vgl. Levy 2013a, 395).

Steward selbst betont, dass wir nicht hauptsächlich frei darin sein wollen, ob wir nach links oder rechts gehen, etwas schneller oder langsamer machen, oder bei einer Handlung bestimmte kleine Bewegungen ausführen. Wir wollen dagegen eine Wahl in unseren Lebensentscheidungen haben (vgl. Steward 2012a, 22).

Wenn es aber eine Voraussetzung für Handlung ist, dass der Indeterminismus wahr ist, dann hängen auch unsere größeren Entscheidungen und Lebensziele und unsere moralische Verantwortung von diesem Indeterminismus ab (vgl. Levy 2013a, 389). Unbedeutend sind die Einzelheiten unserer Handlungen also ganz und gar nicht, denn mit vielen solchen kleinen Details können wir festsetzen, wie wir uns durch die Welt bewegen. Dass wir das können, ist eine notwendige Voraussetzung dafür, dass wir auch etwas Größeres festlegen können. Unsere Fähigkeit, kleine Details unabhängig vom universalen Determinismus selbst festsetzen zu können, ist die Voraussetzung für moralische Verantwortung und Kreativität. Steward selbst beschäftigt sich aber nur mit dieser Voraussetzung und weniger mit den Phänomenen, die diese spezielle Fähigkeit voraussetzen (vgl. Steward 2012a, 22).

Daher muss noch einiges mehr betrachtet werden, wenn man sich mit moralischer Verantwortung beschäftigen will (vgl. Steward 2012a, 248–249). Doch das Konzept der Handlung ist die entscheidende Grundlage für jedes reichere Konzept von Freiheit (vgl. Steward 2012a, 248–249). Steward selbst schreibt dazu: „Much more of course, might also be required, and much more certainly *is* required in order for the related concept of moral responsibility to be applicable" (Steward 2012a, 248) und das soll im folgenden und letzten Kapitel der Fokus der Aufmerksamkeit sein.

---

[46] Das ist aber nicht problematisch, wenn wir diesen Willen, die Werte und unsere Emotionen beeinflussen können.

5 Libertarische Freiheit als Voraussetzung für Charakterbildung und moralisches Handeln

Auch wenn in vielen Fällen unsere Entscheidungen durch unseren Willen, unser Selbst, unsere Geschichte oder unsere Emotionen zustande kommen, hat der Kompatibilismus dennoch nicht Recht. Denn wir können neue Anfänge machen und dadurch diesen Willen, unser Selbst und unsere Emotionen beeinflussen. Wie wir bei Helen Stewards libertarischer Theorie aber gesehen haben, können wir neue Anfänge nur in und durch die Details unserer Handlungen machen. Daher stellt sich die Frage, wie wir für solche Details und Einzelheiten verantwortlich oder sogar moralisch verantwortlich sein können. Um diese Frage zu beantworten, werden im Folgenden zunächst die verschiedenen Dimensionen moralischer Verantwortung und die Möglichkeit von Indeterminismus im Entscheidungsprozess näher betrachtet, um anschließend herauszuarbeiten, ab wann in einem graduellen Konzept von Handlung und Freiheit moralische Verantwortung ins Spiel kommen und inwiefern man für Details einer Handlung moralisch verantwortlich sein kann.

5.1 Wie können wir für die Details unserer Handlungen moralisch verantwortlich sein?

Wie können wir für unsere Handlungen *moralisch* verantwortlich sein, wenn wir nur in den kleinen Bewegungen und Details unserer Handlungen frei sind? Wo liegt dann noch der Unterschied zwischen kleinen Kindern oder Tieren und uns? Denn Tiere und sehr kleine Kinder können ja nach dem bisher Gezeigten auf dieselbe Weise frei handeln wie wir und doch schreiben wir ihnen keine oder nur sehr begrenzt moralische Verantwortung für ihre Handlungen zu. Sind es letztlich nur unsere gesellschaftlichen Praktiken, durch die wir manche Lebewesen für verantwortlich halten und andere nicht?

In seinem Aufsatz *Moral Responsibility, Reactive Attitudes and Freedom of Will* setzt sich Robert Kane mit der Isolierungsthese Peter Strawsons in *Freedom and Resentment* auseinander (vgl. Kane 2016, 229–230). Peter Strawson argumentiert hier, dass unsere gesellschaftlichen Praktiken, jemanden verantwortlich zu machen, von metaphysischen Bedenken völlig isoliert werden können. Auch Haltungen (*reactive Attitudes*) wie Vorwurf, Empörung, Abneigung und moralische Anerkennung gehören seiner Meinung nach zu diesen Praktiken. Fragen nach dem freien Willen oder Determinismus sind deshalb für sie nicht relevant (vgl. Kane 2016, 230).

Einer der Kritiker dieser These ist Peter Strawsons eigener Sohn Galen Strawson, der in *Freedom and Belief* gegen die Isolierungsthese argumentiert. Er ist richtigerweise der Meinung, dass alltägliche Praktiken des Beschuldigens oder andere Haltungen von metaphysischen Überlegungen zum Determinismus nicht völlig getrennt werden können. Inkompatibilistische Intuitionen sind seiner Meinung nach tief in den *reactive Attitudes* verankert (vgl. Kane 2016, 230).

Allerdings können Freiheit und Verantwortung nicht so eindimensional gedacht werden. Verantwortung hat ein Handelnder nicht nur in und durch seine jeweilige Handlung, sondern auch dadurch, wie er seinen Charakter ausgebildet und auf seinen eigenen Willen in der Vergangenheit eingewirkt hat. Nach Kane sind daher zwei Dimensionen der Freiheit und auch beide damit verbundenen Formen der Verantwortung nötig, um unsere alltäglichen Praktiken, Personen als moralisch verantwortlich zu erachten, zu rechtfertigen (vgl. Kane 2016, 230). Das ist vor allem interessant, weil sich Kane hier besonders auf die moralische Verantwortung bezieht. Bei *moralischer* Verantwortung müssen beide Formen der Freiheit und der Verantwortung erfüllt sein. Während man Verantwortung auch nur auf eine der beiden Arten haben kann. Für moralische Verantwortung muss also auch die Verantwortung *für* den eigenen Charakter und für den eigenen Willen zur Verantwortung für die jeweilige Handlung hinzukommen.

5.1.1 Dimensionen moralischer Verantwortung (Robert Kane)

Robert Kane unterscheidet zwei Dimensionen der Verantwortung, die für ihn für das Verständnis der moralischen Verantwortung entscheidend und notwendig sind (vgl. Kane 2019, 115):

> The first dimension is responsibility for *expressing the will* (the character, motives, and purposes) *one has in action*, and doing so *voluntarily* (without being constrained or hindered or forced), and doing so *intentionally* (knowingly and purposefully). (Kane 2019, 115)
>
> The second dimension of responsibility is another matter. It is not *responsibility* for *expressing* the will one *has* in action, but rather *responsibility* for *having* the will one *expresses* in action. (Kane 2019, 115)

Bei der ersten Dimension der Verantwortung ist man dafür verantwortlich, den eigenen Willen, der durch Motive, Absichten und den Charakter zustande kommt, in Handlungen auszudrücken. Man kann hier den eigenen Willen freiwillig ausüben. Man wird nicht gezwungen oder an der Ausführung gehindert und man handelt absichtlich und wissentlich. Bei der zweiten Dimension der Verantwortung ist man dagegen *für den Willen verantwortlich*, den man dann in seinen Handlungen ausdrückt. Man ist also dafür verantwortlich, dass man den entsprechenden Willen überhaupt hat und dass man so geworden ist, wie man nun ist. Um solch eine Verantwortung für den eigenen Willen haben zu können, muss es nach Kane zumindest manchmal Momente in einem Leben geben, in denen man verantwortlich, freiwillig und absichtlich handeln kann. Es muss Momente geben, in denen es eine oder mehrere mögliche *andere* Handlungen gegeben hätte, mit denen sich *ebenso* der Wille und das Selbst der entsprechenden Person zu dieser Zeit ausgedrückt hätten (vgl. Kane 2019, 115).

Auf die erste Dimension der Verantwortung beziehen sich auch Kompatibilisten, während nur für Libertarier auch die zweite Dimension der Verantwortung wichtig ist. Nur beide Dimensionen der Verantwortung zusammen können moralische Verantwortung garantieren. Handlungen, in denen sich die Person selbst ausdrückt und die durch ihren Willen und Charakter zustande kommen, können nur frei sein, wenn der Wille der Person frei ist. Dieser kann wiederum nur frei sein, wenn ihn die entsprechende Person durch ihre Entscheidungen und Taten beeinflussen kann.

5.1.1.1 Handlungsfreiheit und Willensfreiheit

Die erste Dimension der Verantwortung bezieht sich historisch gesehen auf die Handlungsfreiheit, während sich die zweite Dimension der Verantwortung auf die Freiheit des Willens bezieht. Bei der Handlungsfreiheit ist man nach Kane in der Lage, den bereits bestehenden Willen frei in einer Handlung auszudrücken. Bei der Willensfreiheit ist man dagegen in der Lage, den eigenen Willen, der sich dann in einer Handlung ausdrückt, frei zu formen (vgl. Kane 2019, 116).

Diese Unterscheidung ist allerdings nicht unproblematisch, denn Steward argumentiert auf den ersten Blick genau andersherum. Bei ihr ist die Handlungsfreiheit gerade nicht die Freiheit, die darin besteht, den eigenen Willen in Handlungen auszudrücken. Die Handlungsfreiheit besteht dagegen in den Details der Handlung, die vom Willen nicht festgesetzt sein müssen, während der Wille aber durchaus die Handlung einleiten und diese somit durch den Willen einer Person bestimmt sein kann. Den eigenen Willen kann man wiederum in einer Handlung auch ausdrücken, wenn der Wille die Handlung bestimmt und der Wille wiederum durch die eigene Geschichte und die Umstände bestimmt ist. Doch wenn man genauer hinsieht, kommt es zwischen den beiden Konzepten zu keinem ernsthaften Widerspruch. Denn bei Kane wirken die beiden Dimensionen der Verantwortung aufeinander zurück, wie sich schon zeigte. Der Wille einer Person kann sich hier anders als bei den Kompatibilisten nur in einer Handlung ausdrücken oder diese einleiten, wenn er frei ist und von der Person durch Handlungen geformt werden konnte. Sonst wäre es nicht *ihr* Wille. Andererseits wird der Wille gerade durch die freien Handlungen der Person gestaltet und herausgebildet. Soll Kanes Theorie hier nicht zirkulär werden, muss es sich dabei um Handlungen handeln, die nicht selbst vom Willen der Person bestimmt sind. Das können Handlungen sein, bei denen zwei oder mehr Alternativen möglich und passend sind, wie es auch für Stewards Details von Handlungen zutreffend ist. Außerdem ist auch bei Steward ein *bestimmter Wille* als Ausgangspunkt einer Handlung nur deshalb nicht problematisch, weil sie als Libertarierin davon ausgeht, dass dieser Wille durch die handelnde Person beeinflusst werden kann.

Für Kane ist die Handlungsfreiheit, die für ihn ja darin besteht, freiwillig und ohne Zwang den eigenen Willen in einer Handlung auszudrücken, mit dem Determinismus kompatibel, während die Willensfreiheit und der Determinismus nicht kompatibel sind (vgl. Kane 2019, 117). Auch das ist bei Steward anders. Bei ihr ist die Freiheit des Willens offenbar mit dem (nicht universalen, sondern einem begrenzten) Determinismus kompatibel, während die Freiheit der Handlung oder die Handlung an sich nicht mit dem Determinismus kompatibel ist. Vielleicht liegt das Problem hier aber eher in der Definition und in einer gewissen Begriffsverwirrung. Denn Freiheit des Willens im Sinne von Verantwortung *für* den eigenen Willen kann tatsächlich mit dem Determinismus nicht kompatibel sein. Während das Ausdrücken eines Willens in einer Handlung auch möglich ist, wenn der Determinismus wahr ist. Das würde auch Steward so sehen. Der entscheidende Unterschied zum Kompatibilismus liegt also darin, dass man als Libertarier für den eigenen Charakter und Willen verantwortlich sein kann.

5.1.1.2 Verantwortung für den eigenen Charakter

Um die Verantwortung der zweiten Dimension besitzen zu können, kann man also nicht immer nur eine mögliche Handlungsalternative haben, die durch den bereits existierenden und herausgebildeten Willen bestimmt ist. Nach Kane muss es daher zumindest manchmal im Leben Entscheidungen geben, die nicht vom Willen festgesetzt sind, sondern *diesen erst festsetzen.* Diese Handlungen sind SFAs – „self-forming actions" (Kane 2019, 115), bei denen der Wille nicht die Handlung festlegt, sondern die Handlung den Willen formt (vgl. Kane 2019, 115).

Das Problem des Determinismus und auch des Kompatibilismus liegt nun aber gerade darin, dass es kausal nicht möglich gewesen wäre, im Laufe des eigenen Lebens irgendetwas anders zu machen (vgl. Kane 2019, 121). Es wäre daher auch unmöglich gewesen, sich selbst zu einer anderen Person oder zu einer anderen Art von Mensch zu machen (vgl. Kane 2019, 121). Wäre es für eine Person schon immer kausal unmöglich gewesen, etwas anders zu machen oder auch anders handeln zu können, dann müsste man sie für all ihre Taten entschuldigen können. Dagegen entschuldigen wir eine Person aber im Umkehrschluss nicht automatisch für ihr Verhalten, wenn sie in einer bestimmten Situation kausal nicht anders hätte handeln können. Für unsere moralische Verantwortung ist es also ausschlaggebend, dass wir für unseren Willen verantwortlich sein können, weil wir auf diesen durch

Handlungen Einfluss nehmen und ihn so verändern konnten. Doch das bedeutet nicht, dass wir automatisch keine moralische Verantwortung haben, wenn unsere Handlungen bestimmt sind oder wir sie nicht verhindern können.

Man stelle sich vor, dass ein betrunkener Fahrer in einer dunklen und regnerischen Nacht mit seinem Auto einen Fußgänger erfasst. Man könnte in solch einem Fall zeigen, dass es für den Fahrer kausal nicht möglich war, den Unfall zu verhindern. Dennoch wäre er aber für den Unfall verantwortlich. Denn der Handelnde ist hier für frühere Handlungen oder Unterlassungen verantwortlich, die nun für den Unfall relevant sind, indem sie zu den Umständen führten, durch die es dem Fahrer nun nicht möglich ist, den Unfall zu vermeiden. So kann man ihn zum Beispiel für seine Entscheidung verantwortlich machen, zu trinken und dann mit dem Auto zu fahren (vgl. Kane 2019, 122).

> The causal impossibility of doing otherwise now will not constitute an excuse, if some of the crucial circumstances which make it now causally impossible to do otherwise were the results of actions or omissions by the agent in the past, *which it was not causally impossible for the agent to have avoided when they occurred.* (Kane 2019, 122)

Es muss also Handlungen in der Geschichte einer Person geben, bei denen es für den Handelnden nicht kausal unmöglich war, diese Handlungen zu verhindern oder auch anders zu handeln. Nur dann kann eine Person für ihren Willen und damit auch für die Handlungen, die sie willentlich ausführt, verantwortlich sein (vgl. Kane 2019, 123).

> [I]t is necessary in order to be responsible in both dimensions that some acts performed in the course of one's life (self-forming actions, SFAs), by which one formed the will from which one later acts, be such that one had the power to do otherwise with respect them, in a manner not determined by one's pre-existing will plus background circumstances when they occurred. (Kane 2019, 125–126)

Nicht determinierte Handlungen sind also die Voraussetzung für Verantwortung und moralische Verantwortung. Schon seit der Antike und seit den Stoikern wurde aber immer wieder argumentiert, dass unbestimmte Ereignisse oder Handlungen spontan auftreten und der Handelnde sie daher nicht kontrollieren und somit nicht für sie verantwortlich sein kann. Es stellt sich also die Frage, ob solch ein inkompatibilistischer freier Wille überhaupt möglich ist.[47] Um diese Frage zu beantwor-

---

47 Dieser Frage wurde zwar im Kapitel 3.3.3 schon ausführlich nachgegangen. Da es sich bei Kanes *SFAs* aber um eine besondere Art von Entscheidungen handelt und er eine sehr interessante Lösung für die Frage aufzeigt, lohnt es sich, auf diesen Aspekt noch einmal einen Blick zu werfen.

ten, müssen wir uns die Verantwortung und die Entscheidung für diese besonderen Handlungen (Kanes *SFAs*) näher ansehen (vgl. Kane 2019, 127).

5.1.1.3 Verantwortung für die eigenen Handlungen

SFAs sind Handlungen, bei denen wir hin- und hergerissen sind. So kann man beispielsweise zwischen einer moralischen Handlung oder selbstsüchtigem Handeln oder zwischen starken Wünschen und Begierden und Langzeitzielen schwanken. Außerdem kann man durch Aufgaben, die eine Abneigung auslösen, ins Zögern geraten und abwägen, ob man die jeweilige Aufgabe erfüllen soll. In all diesen Fällen gibt es konkurrierende Motive, die eine Person in unterschiedliche Richtungen ziehen (vgl. Kane 2019, 128).

Bei *SFAs* ist man daher in einem Zwiespalt: „of two minds" (Kane 2014, 43). So kann man sich beispielsweise eine Geschäftsfrau vorstellen, die vor einer Wahl steht. Entweder sie hilft dem Opfer eines Überfalls und geht ihren moralischen Gründen nach. Oder sie entscheidet sich dafür, rechtzeitig zu einem Meeting zu kommen, das für ihre Karriere wichtig ist. Jemand wie die Geschäftsfrau ist nach Kane in solchen Momenten innerlich zerrissen durch unterschiedliche Vorstellungen von sich selbst und davon, wie sie sein und handeln soll (vgl. Kane 2014, 43–44).

Zu solchen Momenten, in denen wir uns selbst und unseren Willen formen und festlegen, gehören Spannung und Unsicherheit. Denn in solchen Situationen braucht man einen starken Willen, um der Versuchung zu widerstehen, die jeweils andere mögliche Entscheidung zu treffen. Aus diesem Grund kommt die Handlung nicht durch den Zufall, sondern durch die Mühe und die Anstrengung des Handelnden[48] zustande und dennoch steht die endgültige Entscheidung bis zum letzten Moment nicht fest. Deshalb ist sie jedoch keineswegs willkürlich, da sie auf der Grundlage von Gründen und Motiven getroffen wird (vgl. Kane 2019, 128–129).

Die Unsicherheit bei solchen schwierigen Entscheidungen ist nach Kane sogar im Gehirn der abwägenden Person zu finden und hat dort beispielsweise in nichtlinearen verstärkten Quantenschwankungen eine neuronale Entsprechung. Der zwiegespaltene Wille kann seiner Meinung nach solche Schwankungen auslösen. „The uncertainty and inner tension we feel at such moments of self-formation would thereby be realized in some indeterminacy in our neural processes themselves" (Kane 2019, 128). Durch den Indeterminismus auf der neuronalen Ebene könne sich dann ein Fenster öffnen, durch das der Handelnde zeitweise nicht durch die Vergangenheit oder Vorhergehendes determiniert ist. Was dann entschieden

---

[48] Man könnte sagen, dass die Handlung durch die Mühe, die es erfordert, sich einen Ruck zu geben und das eine oder das andere zu tun, hervorgebracht und damit verursacht wird.

5.1 Wie können wir für die Details unserer Handlungen moralisch verantwortlich sein? — 207

wird, kommt nicht durch bloßen Zufall, sondern durch die Mühe und Willenskraft des Handelnden zustande. Es ist daher nicht der Zufall, sondern der Handelnde selbst, der wählt und entscheidet. Auch der Indeterminismus in dem Prozess ist wiederum nicht auf bloßen Zufall zurückzuführen, sondern wird durch den Handelnden selbst verursacht (vgl. Kane 2019, 128–129):

> But recall that in the case of the businesswoman mentioned earlier (and SFAs generally), the indeterminism that is admittedly diminishing her control over one thing she is trying to do (the moral act of helping the victim of the assault) *is coming from her own will* – from her desire and effort to do the opposite (go on to her business meeting). (Kane 2014, 46–47)

Der Indeterminismus kommt durch den Wunsch, das Gegenteil zu tun (moralisch zu handeln), zustande. Dadurch wird die Kontrolle der Geschäftsfrau darüber, selbstsüchtig zu sein und zu ihrem Meeting zu gehen, verringert. Doch was die Geschäftsfrau letztlich wählen wird, ist durch vorherige Gründen nicht völlig bestimmt, weshalb man mit solchen *SFAs* neue Anfänge machen kann. Die Entscheidung wird in solchen Fällen nicht durch die Vergangenheit, sondern durch die Zukunft gerechtfertigt. Denn man entscheidet sich für einen neuen Weg, der durch Vergangenes nicht unausweichlich ist, obwohl er zum Handelnden passt. Ähnlich wie bei Korsgaard kann es auch bei Kane also keine vollständig geformte Person vor einer Entscheidung geben. Man befindet sich dagegen in einem fortdauernden Prozess, in dem man andauernd seinen Charakter durch Entscheidungen und Handlungen formt. Dieser Prozess kommt ein Leben lang nicht zu einem Abschluss (vgl. Kane 2014, 47–53).

Für die meisten *SFAs* in diesem lebenslangen Prozess ist man auf zweifache Weise verantwortlich. So ist man einerseits für die Entscheidung verantwortlich, die man in dem Moment trifft, in dem man durch unterschiedliche Motive hin- und hergerissen ist. Andererseits ist man aber auch für die Motive und Absichten verantwortlich, die einen in diesem Moment in unterschiedliche Richtungen ziehen. Viele dieser Motive haben ihren Ursprung in früheren *SFAs*. Denn durch diese Akte formt man zunehmend den eigenen Willen und Charakter. Die einzigen Ausnahmen sind sehr frühe *SFAs* in der Kindheit. Hier hat man noch keine Verantwortung für die Motive, für die man sich entscheidet, da diese in der Regel von außerhalb (von den Eltern, der Gesellschaft oder auch von den Genen) kommen. Auf fremden Einflüssen basierende frühe *SFAs* dienen den Kindern, um zu lernen oder Motive zu bestätigen. Der Charakter der Kinder entwickelt sich dann langsam durch die Antworten auf diese frühen Tests, indem sich Kinder zu bestimmten Absichten *committen* (vgl. Kane 2014, 49).

Erst zunehmend werden sie also für ihre Taten auch moralisch verantwortlich. Der Grad dieser Verantwortung steigt, je mehr sie einen eigenen Willen und damit eigene Motive ausbilden, die dann wiederum einen Einfluss auf ihre *SFAs* haben.

5.1.1.3.1 Duale und plurale rationale Kontrolle

Bei diesen späteren *SFAs* eines Erwachsenen kann der Handelnde für seine Entscheidung völlig verantwortlich sein und Kontrolle über seine Wahl haben, auch wenn diese durch nichts im Voraus bestimmt ist. Das bezeichnet Kane als „dual (or plural) rational control" (Doyle 2016, 297). Der Handelnde hat demnach eine *duale rationale Kontrolle*, wenn er sich zwischen *zwei* gleich guten Alternativen entscheidet. Und er hat eine *plurale rationale Kontrolle*, wenn er sich zwischen mehreren gleich guten Alternativen entscheidet (vgl. Doyle 2016, 297).

Man stelle sich einen Handelnden Mike vor, der sich entscheiden muss, ob er nach Hawaii zum Surfen oder nach Colorado zum Skifahren in den Urlaub fahren soll. Dabei ist er zwischen beiden Optionen hin- und hergerissen. Wenn er sich gerade vorstellt, wie er in Hawaii am Meer steht oder surfen geht, dann ist er eher geneigt, Hawaii zu wählen. Denkt er dagegen an das Skifahren und an die Pisten in Colorado, dann neigt er eher zu dieser Option. Nach einer Weile des Hin- und Herüberlegens beginnt eine der Seiten zu überwiegen und er entscheidet sich dafür. Doch manche solcher Entscheidungsprozesse können über einen längeren Zeitraum von mehreren Stunden oder Tagen anhalten und durch viele alltägliche Situationen und Handlungen unterbrochen werden. Durch diese Dauer und die Unterbrechungen – und durch das, was man sonst noch so in der Zwischenzeit erlebt – können sich bei Mike neue Gedanken, Erinnerungen oder Bilder entwickeln. Diese können seine Entscheidung beeinflussen (vgl. Doyle 2016, 306).

So kann sich Mike zum Beispiel spontan an einen Nachtclub auf Hawaii erinnern, der ihm gut gefallen hat und durch den er noch mehr geneigt ist, sich für die Reise nach Hawaii zu entscheiden. Er hat dann einen zusätzlichen Grund, Hawaii zu wählen. Ebenso können ihm aber auch spontan Gedanken in den Sinn kommen, die gegen Hawaii sprechen. Einige dieser Gedanken, Erinnerungen oder Bilder, die jemandem in den Sinn kommen, können unbestimmt sein und zufällig auftauchen. Manche dieser zufälligen Erwägungen können einen Einfluss darauf haben, wie sich die Person entscheidet, wodurch die Entscheidung unvorhersehbar und unbestimmt wird. Und doch entscheidet der Handelnde selbstdeterminiert und hat Kontrolle über seine Wahl (vgl. Doyle 2016, 306).

Denn bleiben bei der Überlegung wie bei Mike gleich gute Alternativen (Hawaii und Colorado) übrig, sind diese als Gruppe (von zwei oder mehr Optionen) selbstdeterminiert. Die übrigbleibende Gruppe von Alternativen ist dann als Ganze (und alle Alternativen darin) mit dem Charakter und den Werten des Handelnden, seinen Gründen und seinen Gefühlen konsistent. Man könnte auch sagen, dass die gleichwertigen Alternativen nach einer Vorauswahl durch den Willen des Handelnden bestehen bleiben, weil sie in gleichem Maße passend sind (vgl. Doyle 2016, 315).

Doch fraglich ist, ob Kanes Beispiele für *SFAs* wirklich in diesem Sinn bis zum Moment der Entscheidung unbestimmt sein können. Wie sich im vierten und auch im zweiten Kapitel zeigte, haben wir meist auch bei schwierigen Entscheidungen eine Neigung oder ein Bauchgefühl, das für eine Alternative spricht. Möglicherweise sind es doch nur Stewards spontane *Settlings* von kleinen Details einer Handlung oder Buridan-Fälle, auf die wir im Folgenden noch eingehen werden, die völlig unbestimmt sein können. Denn auch wenn bei Kane ein Prozess abläuft, bei dem Mühe aufgewendet wird und sich am Ende eine der Entscheidungen durchsetzt, müsste sich offenbar ab einem gewissen Punkt in diesem Prozess eine der beiden Alternativen deutlicher durchsetzen und *„führen"*. Dann könnte man aber nicht mehr davon sprechen, dass die Entscheidung bis zum Moment der Handlung unbestimmt war, denn sie zeichnete sich ja schon vorher ab und auch ein Kontrolleur im Sinne Frankfurts könnte solche Zeichen erkennen und rechtzeitig vor der Handlung eingreifen.

Aber nach Kane kann ein Handelnder bei den Frankfurt-Fällen generell keine *SFAs* ausführen und es ist nicht möglich, den eigenen Willen festzusetzen, wenn man von einer eingreifenden Person im Sinne Frankfurts kontrolliert wird (vgl. Kane 2016, 241). Allerdings ist fraglich, ob das in Kanes Konzept überhaupt problematisch wäre. Denn es wäre ja nur entscheidend, dass der Handelnde zuvor in manchen Momenten in seinem Leben *SFAs* ausführen konnte. War das möglich, dann kann er auch in solchen Frankfurt-Fällen und unter der Kontrolle einer potentiell eingreifenden Person für die getroffenen Entscheidungen moralisch verantwortlich gemacht werden, auch wenn er in dieser Situation nicht in der Lage war, anders zu handeln. Kanes Konzept scheint hier – zumindest auf den ersten Blick – nicht ganz konsistent zu sein, denn alternative Möglichkeiten sind bei ihm offenbar für Handlungen oder moralische Verantwortung nicht *grundsätzlich* nötig.

5.1.1.3.2 Alternative Möglichkeiten bei den *SFAs*

Nach Kane gab es in den letzten Jahrzehnten nur einen anderen Philosophen außer ihm selbst, der derart vehement Willensfreiheit und Handlungsfreiheit zu unterscheiden versuchte. Dieser andere Philosoph ist Harry Frankfurt, der dabei allerdings genau zum gegenteiligen Ergebnis wie Kane selbst kommt. Bei Frankfurt handelt man frei, wenn man sich mit seinem Willen identifiziert und mit ganzem Herzen und ohne Ambivalenz *committet* ist. Bei Kane handelt man dagegen frei, wenn der eigene Wille beeinflusst und vom Handelnden selbst festgesetzt werden konnte. Kanes umfassendere Bedingung der UR (*ultimate Responsibility*) erfordert nicht, dass man bei jeder seiner Handlungen auch anders hätte handeln können. Für die UR sind also keine alternativen Möglichkeiten in jeder einzelnen Handlung nötig, damit diese als frei angesehen werden und der Handelnde dafür verantwortlich sein kann. Für UR ist es nur nötig, dass man bei manchen Handlungen in der Vergangenheit auch anders hätte handeln können (vgl. Kane 2014, 37–40).

Kane betont im Gegensatz zu Harry Frankfurt, wie wichtig auch Ambivalenz und Konflikt, die überwunden werden müssen, für den freien Willen sind. Müsste man nie zwischen konkurrierenden Werten und Zielen entscheiden, dann könnte man nie eine Person sein, die den eigenen Willen formen und beeinflussen kann. Dennoch ist die Verantwortung durch den Indeterminismus in solchen Momenten nicht ausgeschlossen, wenn eine Tätigkeit trotzdem ihr Ziel erfolgreich erreicht. So kann nach Kane beispielsweise ein Ehemann im Streit auf die geliebte Glastischplatte seiner Frau schlagen, um sie zu zerbrechen. Es ist dabei möglich, dass es zu Indeterminismus in den Nerven seines Armes kommt, wodurch es unbestimmt ist, ob die Handlung gelingt und der Tisch tatsächlich zerbricht. Dennoch kann man den Mann für seine Handlung verantwortlich machen, *wenn* es ihm gelingt, den Tisch zu zerbrechen. Er könnte sich nicht auf den Zufall beziehen, der den Tisch zerbrach. Er hat seine Tat zu verantworten, auch wenn die Möglichkeit bestand, dass sein Vorhaben misslingen könnte (vgl. Kane 2014, 43–44).

In einem ähnlichen Beispiel will ein Mörder einen Beamten ermorden, indem er ihn erschießt. Nun kann aber die Kontrolle, die der Mörder darüber hat, ob der Beamte wirklich stirbt, durch unbestimmte Impulse in seinem Arm verringert werden. Dadurch verringert sich die Kontrolle des Mörders über seine Fähigkeit, sein Ziel zu erreichen. Doch aus verminderter Kontrolle folgt nicht verminderte Verantwortung für eine Handlung. Denn für die Verantwortung in solchen Fällen kommt es darauf an, ob das Vorhaben gelingt. Gelingt es dem Mörder, den Beamten zu ermorden, dann wird seine Verantwortung für den Mord also nicht dadurch verringert, dass es auch möglich gewesen wäre, dass sein Vorhaben nicht gelingt (vgl. Kane 2014, 46).

Auch nach Anscombe (in *Causality and Determinism*) kann jemand ein Ergebnis verursachen, das nicht unausweichlich ist. Ein Karate Meister kann beispielsweise versuchen, ein Brett mit seinem Arm zu zerbrechen. Ob das Brett zerbricht, ist dabei unbestimmt, da es Unbestimmtheiten in der Bewegung des Armes geben kann. Gelingt es dem Meister, das Brett zu zerschlagen, betrachten wir ihn als den Verursacher des Bruchs, auch wenn er dabei scheitern hätte können. Kane bezeichnet diese Art der Verursachung, die für Verantwortung meist ausreicht, als „probabilistic causation" (Kane 1996, 55). Die Kraft eines Handelnden, Veränderungen zu bewirken, kann durch Zufall verringert und die Verantwortung kann durch bestimmte Umstände eingeschränkt werden. Doch Verantwortung und Urheberschaft werden dadurch nicht aufgehoben. Daraus folgt, dass der Zufall, der zwischen unseren Absichten und unseren Handlungen auftritt, die Verantwortung für die Handlung (in der Regel) nicht auflösen kann. Kane schlussfolgert daher gegen Frankfurt und die Kompatibilisten, dass die Behauptung, für Verantwortung sei der Determinismus *nötig*, nicht haltbar ist. Doch das bedeutet nicht, dass Verantwortung und sogar *ultimative Verantwortung* (*UR*) nicht eingeschränkt sein können (vgl. Kane 1996, 55–56).

5.1.1.3.3 *Ultimative Verantwortung* in Graden

Denn die *ultimative Verantwortung* (*UR*) und auch die Freiheit des Willens sind immer in Graden gegeben und können durch prägende Umstände eingeschränkt werden. Man darf also auch als Libertarier nicht außer Acht lassen, dass es viele Möglichkeiten gibt, durch die der freie Wille und die Verantwortung durch Umstände der Geburt und der Erziehung beeinflusst werden. Dennoch sollte man daraus nicht schlussfolgern, dass alle Menschen hilflose Opfer dieser Umstände sind. Kane erwähnt als Beispiel dafür seinen eigenen Sohn, der an Schizophrenie litt und früh durch einen Unfall starb. Nach Kane waren die Freiheit des Willens und auch die Verantwortung seines Sohnes durch die Erkrankung *in manchen Situationen* eingeschränkt. Dennoch konnte sich sein Sohn bemühen, sein Verhalten zu kontrollieren, und bewusst und willentlich Dinge ändern. Kane ist überzeugt, dass er trotz seiner starken Einschränkung für sein Verhalten verantwortlich war und dass er seine Willenskraft nutzen und seine Handlungen kontrollieren konnte. Dennoch gab es Situationen (beispielsweise wenn er unter Stress stand), in denen er nicht mehr die volle Kontrolle über seine Handlungen hatte. Die Verantwortung (und damit bei Kane auch die Freiheit) ist also immer nur in Graden vorhanden (vgl. Kane 2019, 129–131).

Doch nicht nur Erkrankungen, sondern auch Geschehnisse der Vergangenheit (beispielsweise prägende oder traumatisierende Erlebnisse) können die Verantwortung für bestimmte Handlungen reduzieren. Jemand mit einer schwierigen Kindheit wäre dann, wie sich auch schon bei Aristoteles zeigte, nicht im selben Maße für sein schlechtes Verhalten verantwortlich, wie jemand, der gut aufgewachsen ist und gut erzogen wurde. Bedingungen aus der Vergangenheit, über die der Handelnde keine Kontrolle hat, können also die Verantwortung des Handelnden beeinflussen (vgl. Haji 2002, 219–220).

Moralische Verantwortung ist somit ein graduelles Konzept, da sie durch viele verschiedene Umstände eingeschränkt sein und manchmal mehr oder weniger zugeschrieben werden kann. Sie ist aber auch in dem Sinne graduell, dass moralische Verantwortung mit der Zeit wächst. Denn erwachsenen Personen schreiben wir mehr Verantwortung für ihr Tun zu als kleinen Kindern.

5.1.1.4 Moralische Verantwortung wächst mit der Zeit

Es gibt nach Kane zwei Quellen für die moralische Verantwortung, die man für *SFWs* (*Self-forming Willings*) hat. Zum einen ist man für das, was man momentan will, verantwortlich. Darüber hinaus hat man aber auch Verantwortung für den Charakter und die Motive, die sich durch frühere Entscheidungen entwickelt haben und nun auf weitere Handlungen einwirken. Der bereits geformte Charakter und die Motive können die momentanen *SFWs* zwar nicht völlig determinieren, aber durchaus beeinflussen. Der Grad dieses Einflusses hängt davon ab, welche Rolle Willensschwäche oder Willensstärke im früheren Verhalten gespielt haben und wie sehr sich eine Person in der Vergangenheit bemüht hat, Versuchungen zu widerstehen. Deshalb betont Kane, dass weder Heilige noch Monster in einem Tag geschaffen werden. Seiner Meinung nach wächst moralische Verantwortung über die Zeit hinweg. Moralische Verantwortung besitzen wir also immer nur in Graden (vgl. Kane 1996, 181).

Deshalb sind in der Regel Erwachsene verantwortlicher für ihr Handeln als Kinder. Denn sie hatten nach Kane mehr Zeit, ihren Charakter auszubilden und zu entwickeln (vgl. Kane 1996, 181). In der frühen Kindheit liegt demnach die Verantwortung noch ganz in den *SFWs* selbst, da sich noch nicht viel angesammelt hat, was den Charakter und die Motive bestimmt und damit einen Einfluss auf die *SFWs* hat, die ein kleines Kind ausführt (vgl. Kane 1996, 181). „This gradually changes over time as character and motives become the products of prior self-forming willings – and moral responsibility then accumulates for what we *are* as well as for what we *do*" (Kane 1996, 181). Weil wir unseren Charakter zunehmend entwickeln und zunehmend für ihn verantwortlich sind, steigt mit der Erfahrung (ähnlich wie bei Aristoteles) unsere moralische Verantwortung. Diese kann, wie sich zeigte, auch durch den von Libertariern vorausgesetzten Indeterminismus im Entscheidungsprozess nicht aufgehoben werden. Dennoch müssen wir, gerade wenn es um moralische Verantwortung geht, noch einmal auf diesen Indeterminismus und den Zufall zurückkommen.

5.1.2 Indeterminismus im Entscheidungsprozess

Denn bei der Verantwortung für eine Handlung spielt auch der Zeitpunkt eine Rolle, zu dem der Indeterminismus auftritt. Inkompatibilismus (im Sinne von Libertarismus) setzt Indeterminismus voraus. Doch nicht jede beliebige Art von Indeterminismus ist dafür ausreichend. Es würde beispielsweise nicht ausreichen, wenn es irgendwo im Universum ein unbestimmtes Materieteilchen gäbe, das mit einem rationalen Handelnden nicht in Verbindung steht. Wäre dann der Rest des Universums völlig determiniert, ist der Determinismus zwar falsch, aber das würde für den freien Willen aus Sicht eines Inkompatibilisten nach van Inwagen nicht helfen.[49] Nimmt man dagegen sogar an, dass in jedem menschlichen Körper in jedem Moment viele unbestimmte Ereignisse auftreten, die für das Handeln und für die Entscheidungen einer Person keine Rolle spielen, dann scheint auch dieser Zustand mit dem freien Willen nicht kompatibel zu sein. Ob es unbestimmte Ereignisse gibt, ist also nach van Inwagen nur relevant, wenn diese unbestimmten Ereignisse die Handlungen einer Person beeinflussen können. Doch sogar unbestimmte Ereignisse, die in der Vergangenheit das Verhalten einer Person beeinflusst haben, würden für den freien Willen nicht ausreichen. Man könnte in seiner frühen Kindheit und damit in einer zentralen Phase für die moralische Erziehung und die Entwicklung des Charakters in seinem Verhalten von unbestimmten Ereignissen bestimmt worden sein. Wenn dann allerdings alle weiteren Ereignisse bestimmt wären, ist auch dieser Zustand offenbar mit dem freien Willen nicht kompatibel. Daher ist nach van Inwagen der einzige Zeitpunkt, zu dem ein unbestimmtes Ereignis für den freien Willen relevant sein könnte, unmittelbar vor oder gemeinsam mit der Handlung. Denn wenn Handlungen und Überlegungen von früheren Ereignissen oder Zuständen bestimmt sind, über die der Handelnde zum Zeitpunkt der Handlung keine Kontrolle hat, kann er auch keine Kontrolle über seine Handlung haben (vgl. van Inwagen 1983, 126–127).

Im Gegensatz dazu hat beispielsweise Kane gezeigt, dass die Handlungen in der Vergangenheit durchaus einen Einfluss auf den Charakter haben können und dieser wiederum die Handlungen in der Gegenwart beeinflussen kann. Es ist also fraglich, ob für eine freie Handlung tatsächlich kurz vor oder während der Handlung unbestimmte Ereignisse auftreten müssen. Nicht jeder Libertarier würde diese Ansicht mit van Inwagen teilen. Außerdem kommen wir wieder zum *Mind Argument* und zum *Problem des Glücks* zurück, wenn ein unbestimmtes Ereignis eine Handlung verursacht.

Beide Probleme wurden in Kapitel 3.3.3 ausführlich betrachtet, auf das an dieser Stelle verwiesen sein soll. Entscheidend ist, dass sich das *Mind Argument* auf

---

49 Allerdings ist fraglich, ob der Rest des Universums überhaupt vollständig determiniert sein kann, wenn es ein Teilchen darin gibt, das unbestimmt ist. Denn dieses Teilchen würde auf den Rest dann auf unbestimmte Weise verändernd einwirken. Es ist also fraglich, ob der Rest des Universums dann vollständig bestimmt sein kann.

die Handlungsfreiheit und das *Problem des Glücks* auf die moralische Verantwortung beziehen und dieser Unterschied in der Debatte nicht immer deutlich wird. Es wurde argumentiert, dass sich ein Libertarier vor allem mit dem *Mind Argument* auseinandersetzen muss.[50] Zentral ist die Frage, ob *Glück* Zufall beinhaltet. Ist das (wie beim Libertarismus) der Fall, liegt der eigentliche Kern des Problems im bereits untersuchten *Mind Argument.*

Wie sich in Kapitel 3.3.3 gezeigt hat, kommt es häufig vor, dass das Glück bei moralischen Handlungen zu Hilfe kommt und sie gelingen lässt, oder dass das Pech dafür sorgt, dass wir unsere guten Absichten nicht umsetzen können. Viele Philosophen argumentieren gegen den Zufall im Handlungsprozess, weil sie der Meinung sind, dass es sich dann um reines Glück handelt, welche Handlungen eine Person ausführt. Doch auch Bob Doyle bemerkt, dass sich diese Denker darauf beziehen, ob man für eine Handlung *verantwortlich* sein kann, während die Fragen nach dem Glück oder dem Gelingen von Handlungen die *moralische Verantwortung* betreffen (vgl. Doyle 2016, 217).

Dass ein gewisser Zufall in einer Handlung die Zuschreibung von Verantwortung nicht auflösen muss, haben wir in den vorherigen Kapiteln schon gesehen. Doch könnte die *moralische* Verantwortung vom Zufall *im falschen Moment* betroffen sein? Bei der Verantwortung spielt offenbar der Zeitpunkt eine Rolle, zu dem der Indeterminismus auftritt. Aus diesem Grund müssen wir uns Theorien, die diesen Zeitpunkt explizit thematisieren, noch einmal genauer anschauen, um feststellen zu können, ob dieser tatsächlich für die Zuschreibung von moralischer Verantwortung eine Rolle spielen könnte. Auch wenn bereits untersucht wurde, inwiefern Zufall und Glück im Prozess einer Handlung beteiligt sein können und ob sie Freiheit und Verantwortung ausschließen, soll daher im Folgenden betrachtet werden, ob der *Moment* des Auftauchens von Zufall (oder des Glücks) dafür eine Rolle spielt.

5.1.2.1 Das Problem des Zeitpunktes, zu dem der Indeterminismus auftritt

Tritt der Indeterminismus unmittelbar vor der Handlung auf und leitet diese als Grund der Handlung ein, handelt es sich offenbar um bloßes Glück und nicht um eine freie Wahl. Aber wie weit darf der Indeterminismus dann zurückliegen, um eine Handlung so beeinflussen zu können, dass sie weder völlig determiniert noch völlig zufällig ist? Ein Libertarier setzt in der Regel eine Handlung als Akt der *Origination* in der Vergangenheit voraus, die den Handelnden für seine Handlungen

---

[50] Das *Problem des Glücks* stellt dagegen keine ernsthafte Herausforderung für die Theorie dar. Denn viele zeitgenössische Libertarier gestehen zu, dass moralische Verantwortung auch auf kompatibilistische Weise gedacht werden kann.

verantwortlich macht. Doch Honderich wirft die Frage auf, wie weit solche Akte der *Origination* zurückliegen dürfen und ob diese irgendwann ungültig werden. Sie müssten irgendwann (oder sogar regelmäßig) erneuert werden, wenn sie den Handelnden für sein Handeln verantwortlich machen sollen (vgl. Honderich 2002, 470).

Aus diesem Grund entwickeln Libertarier unterschiedliche Theorien, bei denen der Indeterminismus in verschiedenen Momenten im Entscheidungsprozess vorkommt. Auf den ersten Blick scheint Steward dafür die beste Theorie anbieten zu können, da bei ihr der Indeterminismus nicht vor der Handlung liegt und daher die Handlung nicht durch ein *unbestimmtes Ereignis als Grund* eingeleitet wird. Dagegen liegt der Indeterminismus in vielen kleinen Details der Handlung, die spontan festgesetzt werden, während der Grund für die Handlung durchaus bestimmt sein kann. Doch sie ist nicht die Einzige, die einen Mittelweg zwischen Bestimmtheit und Zufall zu finden versucht, um die genannten Probleme zu umgehen. Auch Doyle bietet mit seinem *Zwei-Stufen-Prozess* ein interessantes Modell dafür an, das es sich näher zu betrachten lohnt. Hat er eine noch bessere Theorie für das Zusammenspiel von Zufall und Determination als Steward?

Doyle geht von einer Bemerkung von William James aus. Dieser erwähnte in einer Vorlesung vor seinen Studenten, dass es für ihn unterschiedliche Möglichkeiten gibt, nach Hause zu gehen. Dabei ist die Wahl des genauen Weges unklar und eine Sache des Zufalls. So ist es entweder möglich, den Weg über die *Divinity Avenue* oder über die *Oxford Street* zu nehmen. Es gibt also zwei Möglichkeiten, zwischen denen James wählen kann (vgl. Doyle 2016, 161–162).

Seine Gefühle und Wünsche im Moment der Wahl bestimmen dann seine Entscheidung (vgl. Doyle 2016, 162–163). Obwohl James also alternative Möglichkeiten hat, wird seine Entscheidung in dem Moment, in dem er wählt, durch seine Gefühle und Wünsche bestimmt. Doch dieses Modell ist nicht unproblematisch. Wie kann man davon ausgehen, dass James eine klare Präferenz für eine der beiden Straßen hat, die durch seinen Charakter und durch seine Werte bestimmt ist? Es ist durchaus möglich, dass er immer unterschiedlich entscheidet und für seinen Heimweg mal die eine und mal die andere Straße wählt. Offensichtlich geht es James darum, dass die Wahl der einen Straße *in diesem Moment* durch seine Wünsche und Gefühle bestimmt ist – vielleicht hat er an diesem Tag einfach Lust, etwas Bestimmtes in dieser Straße zu sehen. Die Entscheidung kommt also nicht dadurch zustande, dass James immer eine klare Präferenz für diese Straße hat, die sich aus seinem Charakter und aus seinen Werten ergibt.

Eine für Doyle wichtige Erkenntnis aus diesem Beispiel ist, dass eine Entscheidung in einem Prozess stattfindet. Ausgehend von einem Text des Dichters Valéry stellt er fest, dass die Erfindung von etwas darin besteht, dass es aus vielen angebotenen Ideen und Möglichkeiten ausgewählt wird. Denn nach Valéry sind immer zwei nötig, wenn etwas erfunden werden soll. Während einer der beiden die Kombinationen machen und die Ideen entwickeln muss, muss der Zweite wählen. Dabei berücksichtigt er, was ihm bei der Wahl wichtig ist. Auch hier findet sich also die zeitliche Abfolge von Zufall und Wahl wieder, die schon bei William James festzustellen war. Der Zufall ist dabei frei und die Wahl ist durch den Willen bestimmt (vgl. Doyle 2016, 166).

Ausgehend von diesen Überlegungen konzipiert Doyle die Entscheidungsfindung als *Zwei-Stufen-Prozess*, in dem sowohl der Zufall als auch der bestimmte Wille vorkommen. Der Zufall bietet Möglichkeiten an und der Wille wählt die am besten passende Alternative aus.

5.1.2.2 Der *Zwei-Stufen-Prozess*

Nach Doyle sind wir für unsere Handlungen verantwortlich und haben diese unter Kontrolle (sie sind also frei), wenn sie ausreichend und angemessen bestimmt sind, was bei seinem *Zwei-Stufen-Entscheidungsprozess* der Fall ist (vgl. Doyle 2016, 29). Denn *Zwei-Phasen Modelle* beinhalten nach Doyle sowohl einen adäquaten Determinismus wie auch einen Indeterminismus. Bei solchen Modellen wird das *Vorherbestimmtsein* klar ausgeschlossen und der Indeterminismus besteht meistens nur darin, unterschiedliche Alternativen und Möglichkeiten für eine Handlung zu generieren. Auch Doyles eigenes *Cogito Modell* ist solch ein *Zwei-Phasen Modell* mit einem adäquaten Determinismus und einem Indeterminismus im Generieren von alternativen Möglichkeiten. Solche Modelle bestehen im Wesentlichen darin, dass sich frei Gedanken generieren und *zum* Entscheidenden kommen, während die Handlungen *vom* Entscheidenden und seinem Willen getroffen werden. Zuerst wirkt der Zufall, der die Möglichkeiten anbietet, und anschließend kommt die Wahl des Handelnden. Im ersten Teil dieser Modelle ist nach Doyle die Freiheit und im zweiten Teil der Wille des Handelnden zu finden (vgl. Doyle 2016, 67).

Der freie Wille ist hier also sowohl mit dem Determinismus wie auch mit dem Indeterminismus und damit mit Kompatibilismus und Libertarismus vereinbar (vgl. Doyle 2016, 67). Deshalb ist nach Doyle diese Theorie der Freiheit noch kompatibler als der normale Kompatibilismus, weshalb er sie *umfassenden Kompatibilismus* nennt (vgl. Doyle 2016, 67). Bei seinem *Cogito Modell* entsteht durch den Zufall in der ersten Phase der Entscheidungsfindung eine Vielzahl an alternativen Möglichkeiten, die jeweils einen möglichen Beginn einer neuen Kausalkette darstellen. Die Ideen und Alternativen können durch Quantenunbestimmtheiten im Gehirn in der ersten Phase des Prozesses zustande kommen. Der Handelnde kann anschließend selbst über die Alternativen urteilen und eine von ihnen auswählen, die mit seinem Charakter und seinen Werten übereinstimmt und aus diesem Grund auf angemessene Weise determiniert und nicht *rein zufällig* ist. Aus diesem Grund ist der Wille einer Person bei einer Entscheidung auf adäquate Weise determiniert und sie hat daher die Kontrolle über ihre Handlungen (vgl. Doyle 2016, 194).

Auch Alfred Mele argumentiert in *Autonomous Agents* (1995) dafür, dass die letzten Phasen eines Überlegungsprozesses bestimmt sein müssen, während in den frühen Phasen der Indeterminismus vorkommen kann (vgl. Doyle 2016, 125). Solch eine Verbindung von Determinismus und Indeterminismus ist nötig, da nach Doyle die Kompatibilisten und Deterministen Recht haben, was den Willen angeht (und dass dieser bestimmt und determiniert sein muss). Die Libertarier haben aber Recht, was die Freiheit angeht (und dass für Freiheit auch der Zufall wichtig ist). Die Kompatibilisten und Deterministen liegen dagegen falsch, was die Freiheit angeht, und die Libertarier liegen falsch, was den Willen angeht. Aus diesem Grund verbindet er die Konzepte. Im ersten Teil des Modells (in der ersten Phase) ist der Libertarismus zu finden, während der Kompatibilismus im zweiten Teil (in der zweiten Phase) des Prozesses zu verorten ist (vgl. Doyle 2016, 196).

Doyle geht darüber hinaus davon aus, dass das Bereitschaftspotential, das bei den Libetexperimenten sehr früh gemessen werden konnte, zur ersten Phase solch eines Prozesses gehört. Hier werden zunächst nur Möglichkeiten vorgeschlagen, die im Anschluss bewertet und umgesetzt oder verworfen werden können. Denn wie wir bereits gesehen haben, kann man sich auch nach Messung des Bereitschaftspotentials noch gegen die Umsetzung entscheiden und ein Veto einlegen. Interessanterweise schreibt Libet selbst in seinem späten Werk *Mind Time*, dass mehrere Initiativen zu einer Handlung führen können. Das Bereitschaftspotential trennt er hier von der Handlung. Denn er ist ähnlich wie Doyle der Meinung, dass in einem ersten Schritt unbewusste Entschlusskräfte im Gehirn generiert werden. Erst in einem zweiten Schritt entscheidet der bewusste Wille darüber, welche dieser Initiativen er in eine Handlung umsetzen will. An dieser Stelle kann sich der bewusste Wille aber auch gegen eine Initiative entscheiden, wodurch die Handlung nicht zustande kommt (vgl. Doyle 2016, 242–243).

Eine Frage, die sich hier allerdings stellt – und das bezieht sich ebenso auf Doyles Konzept – ist, wie der bewusste Wille über ihm unbewusste Möglichkeiten entscheiden und unter ihnen auswählen soll. Das scheint nicht möglich zu sein. Ein weiterer Einwand gegen das *Zwei-Phasen Modell* besteht darin, dass man von den vielen alternativen Möglichkeiten immer die stärkste Option wählen könnte, für die es die meisten Gründe gibt (vgl. Doyle 2016, 205). Dann wäre die Entscheidung zwischen den unterschiedlichen Alternativen immer determiniert (vgl. Doyle 2016, 205). Der Handelnde hätte dann keine freie Wahl und müsste immer die beste Alternative mit den stärksten Gründen und Motiven wählen (vgl. Doyle 2016, 205). Dann gibt es aber keinen großen Unterschied mehr zu Situationen, die sich *zeigen*, in die man gerät und auf die man reagieren muss. Betrachtet man die angebotenen Alternativen auf diese Weise, scheint von der Freiheit in der ersten Phase des

Modells nichts mehr übrig zu sein. Ist es dann einfach das Zeichen – oder das, was sich zeigt –, was eine Person und ihr Handeln bestimmt?

Darüber hinaus kann es auch in der zweiten Phase der Überlegung zu Entscheidungen kommen, bei denen man eine Münze werfen könnte, weil nach der Überlegung (immer noch) zwei (oder mehr) Alternativen übrig bleiben, für die es gleichermaßen gute Gründe gibt und die gleichermaßen zum Charakter und den Werten des Handelnden passen. Hier kann und will man zufällig entscheiden, welche der Alternativen man wählt, was bei den antiken Philosophen die *Freiheit der Indifferenz* (Doyle 2016, 194) ist. Doyle stellt fest, dass wir in solchen Fällen die Verantwortung für unser Handeln übernehmen, auch wenn hier der Zufall die Handlung bestimmt. Man ist deshalb verantwortlich, weil man nicht *völlig willkürlich* irgendeine Alternative wählt, sondern weil man sich zwischen Alternativen entscheidet, die zuvor durch gute Gründe *adäquat determiniert* sind. Doyle bezeichnet diese Entscheidungen als *unbestimmte Freiheiten* „undetermined liberties" (Doyle 2016, 194), zu denen auch die *SFAs* von Kane gehören. Hier entscheidet man sich zwischen Alternativen spontan im Moment der Wahl, weil man für alle Alternativen gute Gründe hat (vgl. Doyle 2016, 49). Es kann also in Doyles *Cogito Modell* auch spontane Entscheidungen zwischen zwei oder mehr gleich guten Alternativen geben, bei denen der Zufall nicht nur im Zustandekommen der alternativen Möglichkeiten, sondern auch in der Wahl selbst liegt. Hier bleibt die Entscheidung bis zum letzten Moment offen. Der Handelnde wählt zwar aus Gründen und überlegt, aber seine Wahl ist nicht durch die Gründe oder die Überlegung völlig bestimmt und auf eine Wahl oder Entscheidung festgelegt (vgl. Doyle 2016, 194–200).

Inzwischen gesteht Kane nach anfänglicher Skepsis selbst zu, dass das *Zwei-Phasen-Modell* die Alternativen für seine *SFAs* liefern kann. Der Handelnde kann auch dann libertarische Freiheit haben, wenn nach dem Durchlaufen der zwei Phasen nur noch eine Option übrig ist und der Handelnde in diesem Sinne selbstdeterminiert agiert. Dennoch gibt es Fälle, bei denen der *Zwei-Phasen-Prozess* nicht zu einer einzigen Alternative und einem Akt der Selbstdetermination führt, wenn gleich gute Alternativen bestehen bleiben. Bei solchen Entscheidungen können dann der Indeterminismus und der Zufall in der Entscheidung selbst liegen. Mit dieser Argumentation stimmt Doyle inzwischen, wie er selbst schreibt, überein, obwohl er zunächst skeptisch war und den Zufall im Moment der Entscheidung nicht zulassen wollte (vgl. Doyle 2016, 174).

Während Doyle am Punkt der Entscheidung zwei Möglichkeiten voneinander abspaltet – die undeterminierte Freiheit und die selbstdeterminierte Wahl – scheint es mir aber eher sinnvoll zu sein, die undeterminierte Entscheidung zwischen mehreren gleich guten Alternativen als weitere Stufe oder Phase noch hinter die selbstdeterminierte Wahl (und damit noch einen Schritt weiter) zu setzen. Denn offenbar kommt zuerst die selbstdeterminierte Wahl, bei der der Wille die Alternativen aussortiert. Kommt dieser dann zu einem eindeutigen Ergebnis, ist der Prozess des Überlegens zu Ende und der Handelnde handelt gemäß dieser Wahl seines Willens. Kann der Prozess an dieser Stelle nicht zum Ende kommen, weil mehrere gleich gute Alternativen übrig bleiben, geht der Prozess noch einen Schritt weiter und man muss nun wie bei Kanes *SFAs* oder wie bei Steward spontan zwischen den Alternativen entscheiden. Es stellt sich dann allerdings die Frage, ob Doyles freies und zufälliges Zustandekommen von alternativen Möglichkeiten für die Freiheit und für die Theorie überhaupt noch nötig ist.

Doyle hat durchaus einen wichtigen Punkt getroffen, wenn er feststellt, dass Freiheit und Determination nicht völlig voneinander getrennt werden dürfen. Dennoch gibt es, wie sich zeigte, Probleme mit seinem auf den ersten Blick sehr attraktiven Modell. Er kann weder erklären, wie der bewusste Wille unter unbewussten oder impliziten Alternativen wählen soll, noch kann er ausschließen, dass der Wille immer die am besten passende Alternative wählen wird, wodurch die Auswahl aus zufällig generierten Alternativen sich nicht mehr von einer Reaktion auf zufällige Begebenheiten im Umfeld des Handelnden unterscheidet. Damit soll explizit nicht behauptet werden, dass Doyles zwei Phasen des Entscheidungsprozesses falsch sind oder nicht so vorkommen können. Aber für die Frage nach Freiheit und Verantwortung sind sie nicht entscheidend. Was letztlich für die Handlungsfreiheit interessant und entscheidend bleibt, ist eine dritte Phase, in der der Handelnde spontan zwischen gleichwertigen Alternativen entscheiden muss und damit wirklich etwas festsetzen kann. Eine solche Wahl zwischen Alternativen können Kanes *SFAs* oder auch die vielen kleinen *Settlings* bei Steward sein, in denen man etwas festlegt, was ebenso auf eine andere Weise hätte festgelegt werden können. Beidem kann wie bei Doyle eine Entscheidung eines bestimmten Willens vorausgehen. Doch letztlich spitzen sich alle libertarischen Überlegungen auf die Frage nach solchen Entscheidungen zwischen gleich guten Alternativen zu, auf die wir daher im Folgenden noch einmal näher eingehen werden.

5.1.2.3 Entscheidungen zwischen gleich guten Alternativen

Neben den bereits intensiv untersuchten Alternativen bei Stewards *Settlings* gibt es noch weitere Arten von Entscheidungen zwischen gleich guten Alternativen wie Kanes *SFAs*, Lebensentscheidungen und Buridan-Fälle. Immer handelt es sich dabei um besondere Fälle von Handlungen, die im Folgenden näher betrachtet werden sollen.

5.1.2.3.1 Kanes *SFAs* und Lebensentscheidungen

Bei Kanes *SFAs* entscheidet man sich, wie sich zeigte, beispielsweise zwischen einer moralischen Handlung und einer Handlung, die der Handelnde im Moment ausführen will, weil sie ihm selbst einen Vorteil bringt. Ein Beispiel dafür war Kanes Businessfrau, die sich entscheiden muss, ob sie rechtzeitig zu einem Meeting kommt, oder einer verletzten Person hilft.

Watson bezieht sich auf dieses Beispiel und geht davon aus, dass sich die Frau dafür entscheidet, zu helfen, und dass sie damit eine SFA ausführt. Aber möglicherweise wurde ihr von der Mutter beigebracht, wie wichtig Altruismus ist. Es könnte sich dabei um etwas handeln, was die Wahrscheinlichkeit erhöht hat, dass sich die Tochter so und nicht anders entscheidet, obwohl die Entscheidung dadurch nicht erzwungen wurde. Auch bei dem, was die Mutter der Tochter beigebracht hat, könnte es sich wiederum um unbestimmte Tätigkeiten handeln, für die die Mutter ultimative Verantwortung (UR) hat. Doch dann wäre die Mutter – ebenso wie die Tochter – auch für die Entscheidung der Tochter ultimativ verantwortlich, was für Watson sehr problematisch ist (vgl. Watson 2000, 65).

Watson ist gegen einen *soften Libertarismus*, wie ihn Kane vertritt. „If you are going to be a libertarian, I think, you are going to have to pay the costs. It is hard libertarianism or nothing" (Watson 2000, 62). Denn nach Watson kann der *softe Libertarismus* die Wichtigkeit und Bedeutung der Unbestimmtheit und des Indeterminismus nicht angemessen erklären und in der Tat scheinen Kanes *SFAs* nicht ausreichend zu sein, wenn sie nur in selten vorkommenden Entscheidungen zwischen moralischem und selbstsüchtigem Verhalten bestehen (vgl. Watson 2000, 62). In den meisten unserer Handlungen wären wir dann trotzdem nicht frei.

Galen Strawson betont außerdem, dass ultimative Verantwortung, wie sie in Kanes Konzept vorausgesetzt wird, unmöglich ist, da es dafür einen Startpunkt in der Reihe von Handlungen geben müsste, die eine Person zu einer bestimmten Person machen. Es müsste also eine Handlung geben, bei der sich die Person ultimativ selbst schafft. Sonst kann man immer weiter fragen, welche Handlungen es sind, die eine Person zu *dieser* Person machen, womit man in einen infiniten Regress geraten würde. Auch zu einem späteren Zeitpunkt im Leben kann man nicht die ultimative Verantwortung dafür erlangen, wie man ist. Denn wenn man versucht, sich selbst zu ändern, dann strebt man diese Veränderungen nur an und unternimmt die entsprechenden Schritte, *weil* und als Ergebnis dessen, wie man (durch Vererbung und Erziehung) ist. Und dafür ist man nach Strawson nicht ultimativ verantwortlich. Trotzdem kann man es aber so *empfinden*, als wäre man völlig verantwortlich (vgl. Strawson 2002, 447–448).

Das verdeutlicht Strawson mit einem Beispiel. Eine Person kommt hier am Abend mit ihrem letzten Geldschein zu einem Bäcker, bei dem sie einen Kuchen kaufen will. Die Person ist so spät unterwegs, dass alle anderen Läden bereits schließen und auch in dem Bäcker gibt es nur noch einen letzten Kuchen, der genau so viel kostet, wie sie noch übrig hat. Allerdings steht vor dem Laden jemand, der mit einer Dose für eine Hilfsorganisation sammelt. In diesem Fall empfindet es die

Person so, als wäre es ihr völlig überlassen, wie sie sich nun entscheidet. Sie hat das Gefühl, für ihre Wahl völlig verantwortlich zu sein. Sie kann den Geldschein in die Dose werfen, den Kuchen kaufen oder gehen und keines von beidem tun. Eine Person ist in solch einer Situation nicht nur völlig frei, zu wählen, sondern sie muss sich sogar für eine der drei Alternativen entscheiden. Das Gefühl der völligen Verantwortung würde in solch einer Situation auch nicht vermindert werden, wenn man vom Determinismus überzeugt wäre. Doch Strawson gibt zu bedenken, dass wir diese Erfahrung der völligen Verantwortung vielleicht nur machen, weil wir nicht allumfassend intelligent sind. Ein Wesen mit einem wirklich intelligenten Geist würde möglicherweise die Dinge klarer sehen und müsste nicht mehr abwägen und entscheiden (vgl. Strawson 2002, 455–456).

Ob das zutreffend ist, kann hier nicht beantwortet werden. Für uns als Menschen ist (und da hat Strawson nicht Recht) das Erleben unserer Freiheit und Verantwortung jedoch nicht ein bloß subjektives Gefühl, das keine Entsprechung in der realen Welt hat. Gerade weil wir in vielen Momenten in unserem Leben unsere Freiheit und völlige Verantwortung unmittelbar *erfahren* können, scheint die Behauptung abwegig, dass es sich bei diesen grundlegenden Erfahrungen um bloße Illusion handelt. Aus dieser Perspektive ist es gerade das Hin- und Hergerissensein, durch das wir bei Entscheidungen zwischen moralischem und selbstsüchtigem Handeln oder auch bei Lebensentscheidungen unseren freien Willen erleben, da wir in solchen Situationen etwas wählen müssen, ohne zu wissen, was die bessere Alternative ist. Allerdings sind solche schwerwiegenderen Entscheidungen offenbar auch Entscheidungen, in denen wir oftmals nach langem Abwägen zu einem rationalen oder emotionalen Urteil kommen. Irgendwann überwiegt (wie sich auch bei Quirin, Tops und Kuhl zeigte) ein Bauchgefühl für eine Alternative. Solche größeren Entscheidungen sind also nie ganz frei von Bedingungen und können selbst nur frei sein, wenn man durch eine andere Art von Entscheidungen auf den eigenen Willen einwirken und etwas Neues festsetzen konnte. Daher scheinen sich Buridan-Fälle eher als wahre Entscheidungen zwischen gleich guten Alternativen zu qualifizieren, bei denen man durch nichts in seiner Wahl bestimmt ist. Solche Entscheidungen sind auch bei Kane nicht ausgeschlossen, wenngleich er ihnen keine besondere Bedeutung einräumt.

Es gibt bei Kane zwei Fälle von Entscheidungen im Moment, in dem ein Indeterminismus vorkommt. Zum einen kann es viele kleine (buridanähnliche) alltägliche und praktische Entscheidungen geben, bei denen der Handelnde im Prinzip eine Münze werfen könnte. Er hat hier die Wahl, aber die Entscheidung ist nicht wichtig für ihn. Im zweiten Fall geht es um schwierige moralische oder vernünftige Entscheidungen. Hier gibt es für den Handelnden einen Konflikt und er ist zwischen den Optionen hin- und hergerissen. In diesen Situationen kostet es den Handelnden Mühe, sich zu entscheiden – er muss *sich einen Ruck geben* (vgl. Doyle 2016, 317).

Aber zum einen ist es nicht richtig, dass Buridan-Fälle immer leicht und ohne Mühe zu entscheiden sind, und andererseits kann es auch bei solchen Fällen wichtigere und unwichtigere Entscheidungen geben. Van Inwagen geht davon aus, dass wir nur in sehr wenigen Momenten solche Entscheidungen treffen. Kane gesteht zu, dass solche Momente in unserem Alltag andauernd vorkommen – ohne jedoch für den Handelnden eine besondere Bedeutung zu haben. Steward räumt gerade diesen Details, die augenscheinlich wenig wichtig sind, eine große Bedeutung ein, weil wir dadurch festlegen, *wie* wir uns durch die Welt und unser Leben bewegen. Es gibt viele solche kleinen Details von Handlungen und Entscheidungen, in denen wir völlig frei sind, die wir in der Regel aber nicht moralisch bewerten und für die wir nicht vollumfänglich *moralisch verantwortlich* sind. Außerdem gibt es die schwierigen moralischen oder vernünftigen Entscheidungen (unter die ja auch Lebensentscheidungen fallen), zwischen denen man hin- und hergerissen ist und für die man moralisch durch die vorher gewählten Gründe durchaus verantwortlich gemacht werden kann. Bei beiden Arten von Entscheidungen kann der Indeterminismus eine Rolle spielen. Auch bei manchen schweren moralischen Dilemmata oder Lebensentscheidungen kann man im Prinzip eine Münze werfen, weil man anders zu keinem Ergebnis gelangen kann. Auch das sind dann Buridan-Fälle. Soll Kanes Theorie der *SFAs* aufgehen, muss es sich bei diesen Handlungen um Entscheidungen zwischen gleichwertigen Alternativen handeln, weshalb ich Buridan-Fälle als die wahren *SFAs* betrachte. Von den kleineren Details unterscheiden sich größere und schwerere Entscheidungen offenbar darin, dass wir für die einen nur verantwortlich und für die anderen darüber hinaus auch noch moralisch verantwortlich sind.[51] Kann man aber wirklich, wie bisher nahegelegt wurde, Stewards *Settlings* mit Buridan-Fällen gleichsetzen? Ist das von ihr beschriebene Wählen von links oder rechts ein Buridan-Fall und können solche Fälle die Frage beantworten, in welchem Moment der Indeterminismus im Entscheidungsprozess auftreten muss?

5.1.2.3.2 Buridan-Fälle

Bei Fällen wie denen von Buridans Esel, der sich zwischen zwei gleichen Heuhaufen entscheiden muss und schließlich in der Mitte verhungert, wird in der Regel im letzten Moment eine Entscheidung getroffen und damit eine Richtung für die Handlung festgelegt. Auch Steward beschreibt, wie der Handelnde Joe in einer Eisdiele zwischen Schokoladeneis und Vanilleeis wählen muss. Er hat keine bestimmte Vorliebe. Doch schließlich muss er sich entscheiden, weil die Verkäuferin vielleicht einfach nicht mehr länger warten will. Nach Steward ist es in solchen

---

51 Auf diesen Punkt werden wir noch einmal zurückkommen.

Fällen denkbar, dass dieselbe Vergangenheit zu einer unterschiedlichen Wahl führen kann (wie die klassischen Libertarier für das Prinzip alternativer Möglichkeiten fordern). Dennoch findet sie es schwer vorstellbar, dass auch in solchen Fällen im Moment kurz vor der Wahl nicht ein ausschlaggebendes Ereignis vorkommen sollte, das die Entscheidung in eine bestimmte Richtung lenkt. So könnten beispielsweise unbewusste Einflüsse eine Rolle spielen oder man entscheidet in solchen Fällen nach einem willkürlichen Prinzip wie der Ordnung nach dem Alphabet (vgl. Steward 2012a, 154–155).

Auch van Inwagen bezieht sich in *Thinking about Free Will* auf Buridan-Fälle. Diese unterteilt er in zwei Arten. Bei manchen Buridan-Fällen will jemand zwei Dinge, die inkompatibel und austauschbar sind. Bei anderen Buridan-Fällen sind die Alternativen dagegen nicht austauschbar. Hier kommt der Zwiespalt durch die Eigenschaften der beiden Möglichkeiten zustande. Der Handelnde muss sich zwischen zwei Alternativen entscheiden, die gleichermaßen verlockend sind. Diese Fälle nennt van Inwagen „vanilla/chocolate cases" (van Inwagen 2017, 75). In solch einem Fall will man wie bei Stewards Beispiel Schokolade und Vanille, während man nicht beides haben kann. Was man schließlich wählt, hat keine weitreichenderen Konsequenzen, als dass man Schokolade oder Vanille bekommt. Allen Buridan-Fällen gemeinsam ist ein Schwanken des Überlegenden. „One wavers between the alternatives until one inclination somehow gets the upper hand, and one ends up with a chocolate cone or the bale of hay on the left" (van Inwagen 2017, 75). Irgendwann entwickelt sich also eine Tendenz und man wählt eine der Alternativen (vgl. van Inwagen 2017, 75).

Doch nach van Inwagen ist fraglich, ob ein Handelnder bei diesen Fällen tatsächlich eine Wahl hat, da es zu so etwas wie einem inneren Werfen einer Münze kommt. Wenn man aber wirklich eine Münze werfen könnte, ist die Handlung offenbar nicht mehr unter der Kontrolle des Handelnden, da dieser auch keine Kontrolle darüber hat, ob die Münze auf Kopf oder Zahl landet. Außerdem ist für van Inwagen die Kraft, die darin besteht, eine Wahl zwischen indifferenten Alternativen zu haben, nicht wünschenswert (vgl. van Inwagen 2017, 77).

Diese Buridan-Fälle, die auch zur *Freiheit der Indifferenz* gehören, haben zwar eine lange Tradition und gehen nach Schopenhauer bis auf Aristoteles *De Caelo* zurück (vgl. Kane 1996, 109). Aber an diesen Fällen gab es immer wieder auch viel Kritik. Denn offenbar würde eine Person nicht wie Buridans Esel zwischen zwei Alternativen gleich verlockenden Essens verhungern. Problematisch ist nach Kane außerdem, dass die Wahl willkürlich wäre, wenn es gleich starke Gründe für zwei Alternativen gäbe. Der Überlegende kann in solchen Situationen nicht auf der Basis von Gründen zu einer Entscheidung für eine der beiden Alternativen gelangen, weshalb seine endgültige Wahl beliebig wäre. Daher ist die *Freiheit der Indifferenz* nach Kane für die libertarische Freiheit nicht hilfreich und für den inkompatibilistischen freien Willen nicht beispielhaft (vgl. Kane 1996, 109).

Aber entgegen dieser These besteht die libertarische Auffassung von Freiheit gerade darin, dass eine Person unter denselben Bedingungen (derselben Vorgeschichte und denselben Naturgesetzen) anders hätte handeln können (vgl. Keil 2019, 23). Dabei handelt es sich um eine *two-way Power* des Handelnden, die Geert Keil mit „Zwei-Wege-Vermögen[.]" (Keil 2019, 23) übersetzt, das in einer deterministischen Welt nicht existieren kann (vgl. Keil 2019, 23). Die Wahl ist gerade nicht beliebig, wie Kane und van Inwagen befürchten, da sie auf der Basis von Gründen getroffen wird. Entscheidend ist allerdings, dass die Gründe für eine der Alternativen nicht im Voraus überwiegen.

In Buridan-Situationen herrscht also eine Symmetrie, die *spontan* gebrochen werden kann. So kann man beispielsweise durch ein „innerliches Werfen einer Münze" (Keil 2019, 26) entscheiden, indem man so etwas wie einen „Zufallsgenerator simuliert" (Keil 2019, 26). Die Symmetrie wird zwar in dem Sinne willkürlich gebrochen, dass auch die andere Alternative ebenso gewählt hätte werden können, und dennoch ist die Entscheidung hier nicht irrational. Wie sich im dritten Kapitel und auch im vierten Kapitel zeigte, kann es durchaus einen *Moment des Zufälligen* (Brüntrup 2019, 129) in einer Handlung geben, ohne dass diese dadurch irrational oder beliebig wird. In manchen Momenten entscheiden wir uns für eine Alternative, die eindeutig überwiegt. Nach Keil sind in unserem Leben jedoch „buridan*ähnliche* Situationen, in denen ungleichartige oder sogar inkommensurable Gründe einander die Waage halten" (Keil 2019, 26) ungleich häufiger. Situationen, in denen es zwingende Gründe für eine Entscheidung gibt und jede Alternative nicht rational wäre, sind dagegen nicht so häufig. Zwischen diesen beiden Polen spannt sich ein Spektrum auf, in dem es eine „breite Mittelzone" (Keil 2019, 26) gibt, in der Steward die Handlungen verortet, bei denen wir unser Zwei-Wege-Vermögen ausüben (vgl. Keil 2019, 26).

Keil ordnet Stewards *Settlings*, bei denen ein Handelnder sein Zwei-Wege-Vermögen ausübt, also durchaus den buridanähnlichen Situationen zu. Damit hat er Recht, auch wenn Steward selbst ihre *Settlings* vermutlich nicht zu den Buridan-Fällen zählen würde, denen gegenüber sie gewisse Vorbehalte hat, wie sich bereits zeigte. Denn Steward vermutet, dass auch bei *vanilla/chocolate Cases* Gründe und Ereignisse kurz vor der Wahl auftreten, die die endgültige Entscheidung beeinflussen und bestimmen. Dafür kämen beispielsweise unbewusste Einflüsse in Frage. Doch wenn Steward damit tatsächlich Recht hat, dann richtet sich dieses Argument auch gegen ihre eigenen *Settlings*. Denn wenn die Entscheidung eines Handelnden zwischen zwei für ihn gleichwertigen Alternativen (wie Vanille und Schokolade) nicht spontan zustande kommen kann, sondern letztlich von unbewussten Einflüssen und Gründen gelenkt wird, müsste das zum Beispiel auch auf die spontane

Entscheidung zwischen links und rechts zutreffen. Steward könnte nun anmerken, dass es ihr weniger um die Entscheidung zwischen zwei gleichwertigen Alternativen, sondern um das genaue Muster der Bewegung und damit der Handlung geht. Doch daraus wird nur deutlich, dass buridanähnliche Fälle nicht auf die Wahl zwischen zwei identischen Heuhaufen beschränkt sein müssen. Es muss sich nicht um die Wahl zwischen zwei identischen Alternativen handeln, wenn man Buridan-Fälle etwas weiter fasst und mit Keil ein Spektrum annimmt, in dem auch die Wahl zwischen mehreren gleichwertigen und möglichen Alternativen zu buridanähnlichen Fällen gehört. Stewards *Settlings* fallen in diesen Bereich.

Doch auch bei der Wahl aus mehreren gleichwertigen Alternativen, durch die sich ein Muster einer Handlung ergibt, kann es unbewusste Einflüsse geben, die sich auf die Wahl auswirken könnten. Wie wir im vierten Kapitel gesehen haben, muss diese Tatsache jedoch nicht die Kontrolle des Handelnden über seine Handlung eliminieren, da er unbewusste Einflüsse und Abläufe zum Fokus seiner Aufmerksamkeit machen und verändernd eingreifen kann.[52] Nur weil manche unserer spontanen Entscheidungen auf unbewusste Einflüsse zurückzuführen sind, muss das außerdem nicht bedeuten, dass wir nie wirklich spontan entscheiden können. Diese radikalen Entscheidungen, die durch bloße Überlegung nicht entschieden werden können, treffen wir häufig in unserem Leben und sie sind wichtig für uns, da wir andernfalls wie Buridans Esel gelähmt im Angesicht der Alternativen wären (vgl. Wolf 1990, 54–55). „But here what we want is the ability to choose, not the ability to choose *on no basis*" (Wolf 1990, 55). Entscheidend ist, dass die Wahl nicht ohne Grundlage getroffen wird, was in Buridan-Situationen auch nicht der Fall ist, denn hier sind die Optionen bereits vorselektiert und übrig sind nur noch die Alternativen, für die es gleich starke Gründe gibt.

Oft fällt unsere endgültige Entscheidung also erst im letzten Moment, bis zu dem alles noch offen zu sein scheint. Zu diesen Momenten, in denen wir uns selbst und unseren Willen formen und festlegen, gehören Spannung und Unsicherheit. Denn in solchen Momenten braucht man einen starken Willen, um der Versuchung zu widerstehen, die jeweils andere mögliche und passende Entscheidung zu treffen. Das trifft nicht nur auf die großen moralischen Entscheidungen oder Lebensentscheidungen zu, sondern auch bei kleineren Entscheidungen (Buridan-Fällen) müssen wir uns einen Ruck geben und das eine oder andere tun. Weil es ein

---

52 Denker, die sich mit dem Unbewussten beschäftigten, tendieren meist zum Determinismus oder Kompatibilismus, da aus dem Unbewussten Wünsche und Ängste entstehen und Handlungen beeinflussen können. Andererseits kann man das Unbewusste aber auch als Quelle neuer Ideen und zufälliger Assoziationen betrachten. Das Unbewusste muss also den Handlungsspielraum und die Kontrolle des Handelnden nicht einschränken, sondern nach Kane kann es die kreativen Fähigkeiten sogar erweitern (vgl. Kane 1996, 160).

Spektrum zwischen solchen Fällen gibt, kann man nicht einfach nur den schweren Entscheidungen Mühe und Anstrengung zuschreiben. Aus diesem Grund kommt die Handlung also nicht allein durch den Zufall, sondern durch die Mühe und die Anstrengung des Handelnden[53] zustande und dennoch steht die endgültige Entscheidung bis zum letzten Moment nicht fest. Sie ist dabei keineswegs willkürlich, da sie auf der Grundlage von Gründen und Motiven getroffen wird (vgl. Kane 2019, 128–129).

„Die Aneignung und Bejahung der Gründe liegt also nicht *vor* der Entscheidung für eine Handlung, sondern die Gründe werden *gleichzeitig* mit der Entscheidung ergriffen und bejaht. Es ist eine Entscheidung für die im Moment als besser bewerteten Gründe" (Brüntrup 2017, 255). Welche Gründe in diesem Moment als besser erachtet werden, lässt sich nicht vollständig aus Vorherigem ableiten. Entscheidend ist, dass die Entscheidung nicht unvernünftig ist, weil sie aufgrund von Gründen getroffen wurde (vgl. Brüntrup 2017, 255–256). In einer freien Handlung setzt man also einen neuen Anfang, „der als spontane Selbstbestimmung charakterisiert werden könnte" (Brüntrup 2017, 256).[54] Solche freien Entscheidungen müssen nicht völlig durch die Vergangenheit erklärt werden können. Aber sie müssen eine *teleologische Intelligibilität* oder *narrative Kontinuität* aufweisen und damit in Abfolgen mit Bedeutung passen. Sie müssen also in ein kohärentes Narrativ passen, für das der Handelnde zumindest teilweise verantwortlich ist und in dem er die Verantwortung für neue Wege übernimmt, die er beginnt (vgl. Kane 1996, 146).

Für diesen Inkompatibilismus ist es dabei nicht nötig, dass alle Handlungen völlig unbestimmt und nicht determiniert sind (vgl. Kane 1996, 77–78). Demnach können Handelnde auch für determinierte Handlungen moralisch verantwortlich sein, wenn diese durch den Willen des Handelnden bestimmt sind und der Handelnde in der Lage war, diesen Willen durch Handlungen in der Vergangenheit zu formen (vgl. Kane 1996, 77–78). Nicht alle Handlungen, für die wir *moralisch* verantwortlich sind, müssen unbestimmt sein. Es muss nur möglich sein, *Handlungen* ausführen zu *können*, die nicht determiniert sind, damit der Libertarismus wahr ist und wir für unser Tun verantwortlich sein können. Oder noch präziser müsste man wohl mit Steward sagen, dass nicht alle Handlungen als Ganze und nicht die Handlungen, für die wir moralisch verantwortlich sind (nämlich die Handlung als

---

[53] Man könnte sagen, dass die Handlung durch die Mühe, die es erfordert, sich einen Ruck zu geben und das eine oder das andere zu tun, hervorgebracht und damit verursacht wird.
[54] Dieser Gedanke findet sich auch in meinem Artikel *Können Maschinen handeln? Über den Unterschied zwischen menschlichen Handlungen und Maschinenhandeln aus libertarischer Perspektive* (Rutzmoser 2022) wieder.

Ganze) unbestimmt sein müssen. Dennoch müssen zumindest Teile und Einzelheiten solcher Handlungen unbestimmt sein, wenn der Libertarismus wahr ist.

Jemand kann also durchaus für seine Handlung völlig verantwortlich sein, auch wenn diese von seinem Willen determiniert ist und er *nicht anders kann* (vgl. Kane 1996, 78). Denn dieser Wille kann ein Wille „*of his own making*" (Kane 1996, 78) und damit sein eigener Wille sein, wenn der universale Determinismus falsch ist (vgl. Kane 1996, 78). Nach Kane lösen wir uns nur durch manche unserer Handlungen (*SFAs*) von diesem Determinismus. Van Inwagen ist sogar der Meinung, dass wir nur in sehr wenigen Handlungen wirklich frei sind. Mit Steward kann man dagegen dafür argumentieren, dass solche Momente der Selbstbestimmung in unserem Alltag ständig vorkommen: immer wenn wir uns zwischen links oder rechts oder zwischen kleinen gleichwertigen Alternativen entscheiden müssen und damit Details unserer Handlung festsetzen und neue Kausalketten beginnen. Während Kane Recht damit hat, dass so etwas wie *self-forming Actions* die Voraussetzung für unsere moralische Verantwortung sind, hat er meiner Meinung nach aber nicht Recht damit, dass wir nur manchmal in unserem Leben auf diese Weise unseren Charakter beeinflussen. Denn wir schaffen durch sehr viele kleine Entscheidungen und Details unserer Handlungen ständig die Voraussetzungen dafür, selbst bestimmen zu können, wer wir sind, und auf diese Weise formen wir ständig unseren Charakter. Aber inwiefern können wir für diese Details nun auch moralisch verantwortlich sein und inwiefern ist unsere moralische Verantwortung von ihnen berührt?

5.1.3 Moralische Verantwortung für Details?

In und durch die Details unserer Handlungen können wir neue Anfänge machen. Es ist aber offenbar[55] die Handlung als Ganze, für die wir moralisch verantwortlich sind und die wir wählen. Die Details werden als Mittel zur Erreichung dieses Zieles gewählt und sind daher selbstdeterminiert. Der Beginn der Handlung und die Handlungsabsicht können also durchaus bestimmt sein. Doch eine gute Handlung ist nicht nur eine Handlung mit einer guten Absicht, sondern es kommt auch auf die Gestaltung der Handlung und auf die Ausführung an. Die Details spielen also deshalb auch moralisch eine Rolle, weil sie im Zuge der Handlung gewählt werden. Aber können alle Wesen, die in ihren Handlungen Handlungsfreiheit haben, auch auf diese Weise für die Handlung als Ganze moralisch verantwortlich sein?

---

55 Diese These wird am Ende der Arbeit noch einmal präzisiert werden.

5.1.3.1 Handlungsfreiheit als graduelles Konzept

Helen Steward vertritt ein graduelles Konzept von Handlung. Die Handlungsfreiheit kann hier in Graden höher oder niedriger sein, was teilweise auch vom Komplexitätsgrad des jeweiligen Lebewesens abhängt. Nun liegt die Vermutung nahe, dass die moralische Verantwortung einfach zusammen mit dem Grad der Handlungsfreiheit graduell steigt. Je mehr Handlungsfreiheit ein Lebewesen hat, umso eher wäre es dann in der Lage, moralisch verantwortlich zu handeln. Einem Schimpansen könnte man dann einen höheren Grad an moralischer Verantwortung zuschreiben als einem Vogel, während ein Mensch mehr moralische Verantwortung als ein Schimpanse hätte. Doch so einfach ist es nicht. Der Grad der moralischen Verantwortung steigt nicht einfach mit dem Grad der Handlungsfreiheit, wenngleich der Grad der Handlungsfreiheit bei den Wesen, denen wir moralische Verantwortung zuschreiben können, einen Einfluss auf den Grad dieser Verantwortung haben kann. Denn wie wir bereits gesehen haben, steigt auch die moralische Verantwortung graduell und kann beispielsweise einem Kind nicht in gleichem Maße zugeschrieben werden wie einem Erwachsenen. In unserer Praxis qualifizieren sich nur Menschen als Wesen, denen man moralische Verantwortung zuschreiben kann. Auch wenn die Freiheit und die Verantwortung für Handlungen also tief in der Natur verwurzelt sind, handelt es sich bei moralischer Verantwortung offenbar um ein ganz anderes Konzept, das möglicherweise nur auf den Menschen anwendbar ist. Im Folgenden wird nun untersucht werden, warum das der Fall ist und ab welcher Stufe die moralische Verantwortung ins Spiel kommt.

5.1.3.2 Warum wir Tieren keine moralische Verantwortung zuschreiben

Die Frage nach der Verantwortung ist für Doyle eine Frage nach der Kausalität und Verursachung einer Handlung, während moralische Fragen keine physischen, sondern ethische Fragen sind (vgl. Doyle 2016, 251–252). Es ist also durchaus gerechtfertigt, die Frage nach der Moralfähigkeit und der moralischen Verantwortung auf eine andere Ebene zu heben und anders zu beantworten als die Frage nach der Handlungsfreiheit. Es ist nicht einfach damit getan, die moralische Verantwortung an die mit dem Komplexitätsgrad des Lebewesens steigende Freiheit zu binden.

Dass nichtmenschliche Lebewesen die *two-way Power* besitzen, bedeutet nicht, dass sie deshalb auch automatisch moralisch verantwortlich sind, da diese Kraft nur eine notwendige und nicht hinreichende Bedingung für moralische Verantwortung ist. Daher ist auch Steward der Meinung, dass nur Menschen moralische Verantwortung haben können. Beim *Agency Incompatibilism* nimmt das Problem der moralischen Verantwortung aber durchaus eine etwas andere Form an. Denn normalerweise wird ein moralisch verantwortlicher Handelnder von Dingen unterschieden, die nicht der Grund für ihre Tätigkeiten sind (also nicht für diese verantwortlich sind). Diese Unterscheidung kann man im *Agency Incompatibilism* nicht so leicht machen. Denn Tiere sind nicht deshalb nicht für ihre Handlungen moralisch verantwortlich, weil sie nicht für ihre Handlungen verantwortlich sind. Verantwortung für ihr Tun haben sie durchaus, da sie Urheber ihrer Taten sind (vgl. Steward 2012c, 254).

Im Gegensatz dazu können wir Menschen aber moralische Emotionen wie moralische Verachtung und moralischen Ärger, moralische Bewunderung und Vergebung zuschreiben. Solche Eigenschaften, mit denen Personen reagieren, können wir Lebewesen wie Koalabären nicht so leicht zusprechen. Dennoch können wir ein Tier für kausal verantwortlich halten und als den Grund seiner Tätigkeit ansehen. So kann eine Katze kausal verantwortlich sein, indem sie eine kausale Rolle dabei spielt, dass der Goldfisch des Nachbarn getötet wird. Doch die Katze würden wir nicht auf dieselbe Weise beschuldigen, verantwortlich machen und bestrafen, wie ein Kind, das den Goldfisch absichtlich umbringt. Es gibt also etwas, was uns von anderen Lebewesen unterscheidet, wenn es um moralische Verantwortung geht (vgl. Steward 2012c, 254).

Denn nur Menschen scheinen *moralische Konzepte* und den Unterschied zwischen Richtig und Falsch als Teil einer Gemeinschaft, die dies für sich definiert hat, zu verstehen (vgl. Steward 2012c, 254). Über ein gewisses Wissen hinaus spielt aber ebenso eine Rolle, dass nur Menschen ihre Begierden und Instinkte zum Gegenstand einer Reflexion machen und grundsätzlich überschreiten können (vgl. Steward 2012c, 255). Führt das zu einem Bild, in dem Tiere und auch kleine Kinder und andere Menschen, die nicht über die erforderliche Vernunft verfügen, als Wesen betrachtet werden, die im Gegensatz zu rationalen Menschen durch ihre Begierden und Instinkte determiniert sind? Das ist nicht der Fall, denn beim *Agency Incompatibilism* gehören sowohl Menschen wie auch einige höhere Tiere zu einem Ende eines Spektrums, das uns von bloß mechanistischen Systemen trennt. Nichtmenschliche Lebewesen sind mehr als Menschen durch Instinkte eingeschränkt und dadurch weniger frei. Doch es gibt hier keinen grundlegenden, sondern nur einen graduellen Unterschied. Somit handeln weder nicht-menschliche Lebewesen noch Menschen völlig determiniert. Auch komplexere Tiere und Lebewesen verfügen über alternative Möglichkeiten und das für Handeln nötige eigene Ermessen, das schon darin liegt, Zeitpunkte und Anordnungen von Handlungen zu bestimmen und unterschiedliche Mittel zu wählen, um ein Ziel zu erreichen. Somit sind Tiere von moralischer Verantwortung nicht deshalb ausgeschlossen, weil sie im Gegensatz zu uns deterministische Systeme sind. Sie sind dagegen von moralischer Verantwortung ausgeschlossen, weil ihnen das nötige Verständnis und möglicherweise der nötige Grad an Freiheit von Instinkten fehlt (vgl. Steward 2012c, 255).

Muss für moralische Verantwortung nur dieser Grad an Freiheit von Instinkten steigen, könnte das bedeuten, dass auch Tiere in niedrigem Maße an moralischer

Verantwortung – oder eher einer *Vorstufe* davon – teilhaben. Tatsächlich machen wir einige komplexere Tiere eher für ihr Verhalten verantwortlich, als beispielsweise Fliegen oder Fische. Wenn wir eine Katze oder einen Hund als Haustier halten, dann neigen wir manchmal dazu, ihr Verhalten moralisch zu bewerten und wir bestrafen sie für Fehlverhalten. Das tun wir dagegen bei wilden Tieren nicht. Liegt das daran, dass wir unsere Haustiere erzogen und ihnen in geringem Maße beigebracht haben, was richtig und falsch ist? Haben sie dadurch von uns etwas über richtiges und falsches Verhalten gelernt und haben sie wirklich eine Vorstellung davon, was es bedeutet, falsch zu handeln? Vermutlich handelt es sich hier eher um Dressur und Prägung. Doch auch bei Affen konnten zum Beispiel Fairness und ein gewisser Gerechtigkeitssinn in Tests nachgewiesen werden. Unterstützt das doch die Theorie, dass moralische Verantwortung schon in niedrigeren Graden bei Tieren angelegt ist und sich abhängig vom Komplexitätsgrad des Lebewesens steigert? Die neuere Forschung im Bereich der *Human-Animal-Studies* legt zwar nahe, dass sich menschliche Vermögen und die Fähigkeiten anderer Lebewesen nur graduell unterscheiden – eine These, die hier nicht bestritten werden soll und die mit der Handlungstheorie Stewards übereinstimmt. Allerdings muss auch berücksichtigt werden, dass wir in unserer moralischen Praxis Tiere nicht als moralische Akteure betrachten und auf dieselbe Weise wie andere Menschen zur Verantwortung ziehen.[56]

---

[56] Die interdisziplinäre Forschung im Bereich der *Human-Animal-Studies* beschäftigt sich hauptsächlich mit der Mensch-Tier-Beziehung. Im Fokus steht, dass Tiere nicht aufgrund des potentiellen Mangels an bestimmten Fähigkeiten diskriminiert werden und einen niedrigeren moralischen Status haben sollen. Im Rahmen der Debatte wird erwähnt, dass es bei bestimmten traditionell als menschlich angesehenen Fähigkeiten keine klare Grenze, sondern fließende Übergänge in der Natur gibt. Im Folgenden soll explizit nicht behauptet werden, dass wir Tieren gegenüber keine moralischen Pflichten haben, weil sie bestimmte Fähigkeiten nicht mit uns teilen. Es soll vielmehr argumentiert werden, dass wir Tieren gegenüber keine moralischen Ansprüche stellen können, weil sie nicht Teil unserer moralischen Gemeinschaft sind und daher auch nicht die moralischen Gesetze befolgen, die wir uns als moralische Gemeinschaft selbst gegeben haben. Sogar innerhalb der Debatte wird die so genannte *Anthropomorphisierung* von Tieren (das Zuschreiben menschlicher Wünsche und Intentionen) durchaus kritisch betrachtet (vgl. Kompatscher et al. 2017, 16–47).

So könne man nach Meinung einiger Forscher bei Schimpansen und anderen Menschenaffen beobachten, dass sie anderen Akteuren mentale Zustände wie Überzeugungen zuschreiben können, was allerdings bisher empirisch noch nicht bewiesen ist. Zudem zeigt sich in ihrem Handeln so etwas wie Empathie (vgl. Lurz 2013, 147–168).

Kristin Andrews erwähnt daher, dass man bestimmten Tieren eventuell eine eigene Form von Moralität zuschreiben kann, die sich von der menschlichen Moralität unterscheidet. Bekoff und Pierce argumentieren in diese Richtung, wenn sie behaupten, dass man manchen Tierarten eine Form von Moralität (beispielsweise als Befolgen von Regeln einer Gemeinschaft) zuschreiben kann, die jedoch nicht als Vorläufer der menschlichen Moralität betrachtet werden sollte. Dem liegt die

Die These im Folgenden wird sein, dass moralische Verantwortung ein stärkeres Konzept ist, das von *Vorstufen* der Moral, die im Tierreich zweifelsfrei beobachtet werden können, unterschieden werden muss. Doch wann wird bloße Gestaltungsfreiheit zu Autonomie und wann wird eine bloße Vorstufe der moralischen Verantwortung zu moralischer Verantwortung? Ein bestimmtes an Sprache und Intersubjektivtität gebundenes Konzept von moralischer Verantwortung scheint für diesen Schritt nötig zu sein. Auch dies kann sich ausbilden oder wie bei Demenzkranken verlorengehen. Sie sind dann nicht mehr voll moralisch verantwortlich und dennoch können sie im Sinne Stewards freie Handlungen ausführen.

Der Mensch kann seine Freiheit in der Regel im Gegensatz zu Tieren anders nutzen, weil er als Mensch, wie Kant sagt, prinzipiell voll vernunft- und moralfähig ist (vgl. Höffe 2002, 64–66). Es handelt sich hier also um zwei Ebenen, die wir trennen müssen, auch wenn die eine Voraussetzung für die andere ist. Die metaphysische Freiheit besteht im Festsetzen von Neuem. Die Freiheit im Sinne von Autonomie und moralischer Verantwortung liegt darüber und ist vielleicht nur für den Menschen sinnvoll anwendbar – schon allein deshalb, weil Autonomie und Verantwortung für Tiere keine Bedeutung haben. Tieren schreiben wir also in der Regel keine moralische Verantwortung zu, weil sie bestimmte Voraussetzungen nicht in ausreichendem Maße erfüllen.

5.1.3.3 Voraussetzungen moralischer Verantwortung

Diese Voraussetzungen moralischer Verantwortung scheinen erstens die Fähigkeit, Ich zu sagen, und die damit verbundene Fähigkeit der Impuls- und Selbstkontrolle zu sein. Man ist moralisch verantwortlicher, je eher es gelingt, in Übereinstimmung mit eigenen Werten zu handeln und mit sich eins zu sein. Für Impulskontrolle ist reflexives Selbstbewusstsein nötig. Ein Wesen, das nicht Ich sagen kann, kann sich also nicht kontrollieren. Zweitens muss man sich selbst als moralischen Akteur wahrnehmen können, um absichtlich moralisch handeln zu können. Man muss dafür eine Vorstellung von Gut und Böse und von Richtig und Falsch haben. Be-

---

Annahme zugrunde, dass verschiedene Spezies je unterschiedliche Normen und damit unterschiedliche moralische Konzepte haben (vgl. Andrews 2013, 174).

Ein ähnlicher Ansatz scheint als Hintergrund für die folgenden Überlegungen vielversprechend zu sein. So scheinen manche Tiere einige der Voraussetzungen für moralische Verantwortung (wie Empathie und Selbstkontrolle) zumindest in Ansätzen zu erfüllen. Andere Voraussetzungen wie die sprachliche Artikulation von moralischen Konzepten, in denen Gut und Böse unterschieden werden, oder die Überzeugung, ein moralisches Wesen zu sein (Voraussetzungen, die im Folgenden erläutert werden), scheinen nur Teil der menschlichen Moral und als solches dem Menschen eigen zu sein.

trachten wir also im Folgenden[57], warum Tiere diese Voraussetzungen nicht (oder in zu geringem Maße) erfüllen.

5.1.3.3.1 Selbstbewusstsein bei Tieren?

Nach Korsgaard ist nicht ganz klar, ob nicht auch komplexere Tiere Formen von Selbstbewusstsein besitzen. Einem Tiger, der sich an seine Beute anschleicht, ist beispielsweise die Anwesenheit der Beute bewusst. Darüber hinaus ist er sich aber auch seines Standortes in Relation zur Beute und damit seiner selbst bewusst. Er weiß, wo er sich selbst im physischen Raum befindet, was nach Korsgaard schon eine rudimentäre Form von Selbstbewusstsein sein könnte. Darüber hinaus können auch Tiere, die in einer Gemeinschaft leben, ihren eigenen sozialen Rang wahrnehmen. Sie unterwerfen sich gegenüber dominanteren Tieren und erkennen damit ihren eigenen Platz in der Gemeinschaft an, was ebenfalls auf eine Form von Selbstbewusstsein hindeutet (vgl. Korsgaard 2009, 115).

Dagegen könnte man ein reflexives Bewusstsein der eigenen mentalen Zustände eher als die Form von Selbstbewusstsein betrachten, die nur Menschen zukommt. Doch es gibt auch Tiere, denen Sprache beigebracht wurde und die ausdrücken können, wenn sie etwas wollen. Als Beispiel dafür nennt Korsgaard den Gorilla Koko und den afrikanischen Graupapagei Alex. Ihrer Meinung nach ist nicht klar, ob diese beiden trainierten Tiere über ihre eigenen mentalen Zustände nachdenken und solch eine Form von Selbstbewusstsein haben können. Trotzdem kann man nach Korsgaard unser menschliches Selbstbewusstsein von dem der Tiere unterscheiden. Denn ihrer Meinung nach sind wir uns nicht nur unserer Wünsche und Ängste bewusst, sondern können auch auf unterschiedliche Weise darauf reagieren und auf Grundlage dieser Wünsche und Ängste handeln. Uns sind also auch die Prinzipien bewusst, die unsere Handlungen begründen (vgl. Korsgaard 2009, 115).

Da wir im Gegensatz zu Tieren diese Prinzipien erkennen und reflektierend zurücktreten können, scheinen wir auf ganz andere Weise in der Lage zu sein, unsere Handlungen und uns selbst zu kontrollieren.

5.1.3.3.2 Selbstkontrolle im Gegensatz zu Tieren

Ross betrachtet Kontrolle (ähnlich wie Steward) als eine *top-down* Regulierung automatischer Prozesse. Für Selbstkontrolle ist es dagegen nach Natalie Gold zudem

---

[57] Im Rahmen dieser Arbeit können verschiedene Voraussetzungen für moralische Verantwortung nur angerissen werden. Eine detaillierte Diskussion – auch in Auseinandersetzung mit aktueller empirischer Forschung – der verschiedenen Aspekte wäre ein interessanter Ansatzpunkt für eine weitere Arbeit.

nötig, dass das vorübergehende Selbst zum jetzigen Zeitpunkt Belohnungen oder Vorteile ausschlägt und verzichtet, damit ein zukünftiges Selbst einen größeren Vorteil erlangen kann. Die Ausübung der Selbstkontrolle steigt daher an, wenn es dem Handelnden gelingt, die eigenen Entscheidungen als relevant für sich selbst über die Zeit hinweg zu betrachten (vgl. Levy 2013b, 6).

Diese Selbstkontrolle ist nicht immer vollumfänglich und in gleichem Maße gegeben. So haben nach Sinnott-Armstrong auch Menschen nicht immer volle Kontrolle über ihre Handlungen (vgl. Sinnott-Armstrong 2013, 135–136). Während ein Mangel an Selbstkontrolle häufig mit dem Verlust der *absichtlichen* Kontrolle über Handlungen gleichgesetzt wird, kann sie im Gegensatz dazu auch im aristotelischen Sinn als Kontrolle über Versuchungen verstanden werden (vgl. Gold 2013, 48):

> It is conventional to analyze problems of dynamic choice as if, at each time t at which the person has to make a decision, that decision is made by a distinct *transient agent*, 'the person at time t.' Each transient agent is treated as an independent rational decision maker. In this framework, self-control is a problem of *diachronic consistency*, where the profile of choices that seems best from the point of view of an early transient agent relies on a choice by a later agent that will not seem best from the later agent's point of view. (Gold 2013, 49–50)

Das Problem dieser Sicht liegt darin, dass es bei all den vorübergehenden Handelnden, die sich nur fragen, was sie in ihrer jetzigen Situation tun sollen, kein Selbst gibt, das über die Zeit hinweg existiert. Dadurch kann es keine länger über die Zeit hinweg anhaltende Handlung (als Prozess) geben (vgl. Gold 2013, 50).

Bei Steward wird Handlung als Prozess verstanden, bei dem Ziele und Absichten über eine gewisse Zeitspanne hinweg im Blick behalten werden müssen, damit der Prozess zielgerichtet bleibt und nicht abgebrochen wird. Personen können dabei komplexere und länger andauernde Prozesse mit einem Ziel und einer Absicht ausführen, innerhalb derer sie dann viel spontan gestalten müssen. Auch bei Tieren scheint das mit steigendem Komplexitätsgrad möglich zu sein. So kann die Katze die Absicht haben, eine Maus zu fangen, und sich im Prozess dieser Handlung auf unterschiedliche Weisen bewegen. Doch auch wenn Tiere komplexe Handlungsstrategien verfolgen können, planen sie in der Regel nicht, welche Ziele und Wünsche sie selbst in der Zukunft umsetzen wollen. Daher ist es vielleicht auch nicht so wichtig für sie, dass sie ein Selbst haben, das über die Zeit hinweg existiert. Beim Verfolgen von Plänen und Absichten durch Menschen ist es dagegen nötig, dass sie nicht nur vorübergehende Handelnde sind, sondern ein Selbst haben, das über die Zeit hinweg andauert und durch das sie sich mit dem Ziel und der Absicht ihrer Handlungen *identifizieren*. Hier müssen vorübergehende Handelnde manchmal auch verzichten oder Nachteile für das große Ganze in Kauf nehmen.

Die Einigung zwischen vorübergehenden Handelnden zum Wohl der Person in der Zukunft ist dabei der Einigung zwischen verschiedenen Personen nicht unähnlich. Gold stellt daher eine Analogie zwischen Überlegungen in interpersonellen und intrapersonellen Fällen her. Sie versteht das Selbst als ein Team vorübergehender Handelnder, die gemeinsam einen Plan oder ein Ziel festlegen müssen. Hier stellt sich immer die Frage, welcher vorübergehende Handelnde den Anfang macht und die Hauptkosten für die Vorteile späterer vorübergehender Handelnder trägt (vgl. Gold 2013, 50–53).

Denn ein vorübergehender Handelnder hat immer die Wahl zwischen zwei miteinander in Konflikt stehenden Begründungsschemata. Er muss sich entscheiden, ob er das Begründungsschema als vorübergehender Handelnder oder als Team (als Person) vorzieht. Doch was lässt ihn eines der beiden Begründungsschemata bevorzugen? Um für das Team argumentieren zu können, muss er das Konzept von *wir* haben. Darüber hinaus muss er auch das Konzept von *ich* haben, um die individuell nötigen Handlungen für das Team ausführen zu können. Intrapersonell muss also das Problem als Problem für einen selbst *über die Zeit hinweg* betrachtet werden. Obwohl jede Person irgendwie weiß, dass sie ein Selbst ist, das sich über die Zeit hinweg ausdehnt, kann es jedoch vorkommen, dass dieses Wissen in der Entscheidung nicht genutzt wird (vgl. Gold 2013, 56–59).

Denn besonders angesichts von Versuchungen ist der Unterschied zwischen den Interessen des vorübergehenden Handelnden und Interessen der Person über die Zeit hinweg besonders groß. *Akrasia* könnte demnach mit mangelnder Identifikation mit dem eigenen Selbst über die Zeit hinweg zusammenhängen. Das Interesse des vorübergehenden Handelnden überwiegt dann im Vergleich zu den Interessen der Person über die Zeit, weil man sich mit der Person nicht so stark identifiziert. Die Selbstkontrolle steigt also, je mehr man sich mit dem Selbst über die Zeit hinweg identifiziert und je wichtiger die Langzeitziele einer Person sind (vgl. Gold 2013, 59).

Daraus lässt sich schlussfolgern, dass fehlende Identifikation mit dem eigenen Selbst über die Zeit hinweg zu einem Verlust der Selbstkontrolle führt oder führen kann (vgl. Levy 2013b, 7). Es sind also die Vorstellung von sich selbst in der Zukunft und das Bewusstsein nötig, dass es sich um dasselbe Selbst handeln wird, was wir Tieren gewöhnlich nicht zuschreiben. Allerdings benötigen Tiere dieses Bewusstsein und die Vorstellung von sich selbst in der Zukunft auch nicht, um sich im Hier und Jetzt nicht dauerhaft zu schaden. Es gehört zu ihrem Instinkt, dass sie sich selbst keinen Schaden zufügen und ihr Überleben sichern. Damit stellt sich die Frage, ob beispielsweise Sucht wirklich durch einen Mangel an Identifikation mit sich selbst zu erklären ist, da auch andere Lebewesen um ihr Wohlergehen bemüht sind, ohne dass sie sich mit sich selbst identifizieren oder eine Vorstellung von sich selbst in der Zukunft haben müssen. Handelt man bei Suchtverhalten also nicht eher gegen den eigenen Instinkt? Daher ist Sucht vielleicht nicht das beste Beispiel für einen Verlust von Selbstkontrolle im beschriebenen Sinn. Bei anderen Formen der fehlenden Selbstkontrolle (gerade wenn es um richtige oder falsche Entscheidungen in Bezug auf Lebenspläne geht) scheint die fehlende Identifikation mit sich selbst tatsächlich eine vielversprechende Antwort und Erklärung dafür zu sein, dass einer Person die Kontrolle über sich selbst entgleitet.

Auch Parfit argumentierte, dass personale Identität von der Verbundenheit mit dem zukünftigen Selbst abhängt. Sich mit sich selbst zu identifizieren und den Gesamtnutzen von Handlungen über die Zeit hinweg für die Erreichung der eigenen langfristigen Ziele und Pläne zu erkennen, sind also Voraussetzungen für Selbstkontrolle. Diese Verbundenheit mit sich selbst ist aber nicht immer in vollem Maße gegeben und kann erlernt und trainiert werden, wobei auch Vorbilder eine große Rolle spielen können (vgl. Gold 2013, 60–62).

Hier schließt sich daher ein Kreis zum zweiten Kapitel, in dem Vorbilder als entscheidend für die moralische Entwicklung und Erziehung betrachtet wurden. Von Vorbildern können wir im Hinblick auf einige Voraussetzungen moralischen Handelns etwas lernen. Eine dieser Voraussetzungen ist die Selbstkontrolle, für die wiederum die Verbundenheit mit sich selbst notwendig ist. Doch sich auf diese Weise mit sich selbst zu *identifizieren* und Nutzen von Handlungen in der Zukunft für das Erreichen langfristiger Pläne und Ziele zu erkennen, scheint Tieren nicht im eigentlichen Sinn möglich zu sein – wenngleich sie sich so weit kontrollieren können, dass sie sich selbst keinen Schaden zufügen und auf ihr Überleben bedacht sind. In Bezug auf die Selbstkontrolle scheinen also fließende Übergänge in der Natur nicht ausgeschlossen werden zu können. Können wir Tieren zudem eine Form von *Autonomie*, die als Selbstgesetzgebung der Selbstkontrolle nahesteht, zuschreiben? Um diese Frage beantworten zu können, muss zunächst deutlich gemacht werden, worin der Unterschied zwischen Freiheit und Autonomie besteht. Beide Begriffe werden oftmals äquivalent verwendet. Doch wenn man die Autonomie im klassischen Sinn als Selbstgesetzgebung versteht, hat diese im Gegensatz zur Freiheit bereits eine moralische Dimension, wodurch sie möglicherweise (ebenfalls im Gegensatz zur Freiheit) auch nur auf Menschen anwendbar ist.

5.1.3.3.3 Der Unterschied zwischen metaphysischer Freiheit und Autonomie
Ist die Autonomie eine Eigenschaft, die nur Handelnde haben, die sich moralisch verhalten können? Nach Mele kann man sich ein Universum vorstellen, in dem intellektuell tätige Bewohner nicht miteinander interagieren. Solche Wesen können sich nach Mele selbst Gesetze geben und dabei völlig amoralisch sein. Doch es könnte auch sein, dass solche Wesen ein gewisses moralisches Verhalten sich selbst gegenüber zeigen. Meles grundlegende Frage ist also, ob alle Wesen, die Autonomie

haben, auch Wesen sein müssen, die sich moralisch verhalten (können) (vgl. Mele 2002, 530).

Hier soll dafür argumentiert werden, dass Wesen, die sich selbst Gesetze geben, nicht völlig amoralisch sein können. Denn sich selbst ein Gesetz zu geben, impliziert, etwas als richtig, wünschenswert oder wertvoll zu erachten. Wie Mele selbst feststellt, muss das Ausrichten des Verhaltens nach gewissen Wertvorstellungen allerdings nicht immer in Bezug zu einer moralischen Gemeinschaft stehen. Denn moralisches Verhalten ist (wie auch schon im zweiten Kapitel argumentiert wurde) nicht ausschließlich eine gemeinschaftliche Praxis. Man kann sich auch sich selbst gegenüber moralisch verhalten und man hat auch sich selbst gegenüber gewisse moralische Pflichten. Man hat also auch eine gewisse Verantwortung für sich selbst und Autonomie hängt eng damit zusammen, dass man Verantwortung für etwas (das man als wünschenswert oder richtig erkannt hat) übernimmt. Ähnlich wie bei den Verwirrungen zwischen den Begriffen *Verantwortung* und *moralische Verantwortung* kommt es immer wieder auch zu einer unterschiedlichen Verwendung des Begriffes *Autonomie*. Wie sich im vierten Kapitel zeigte, schreibt Korsgaard Tieren zum Beispiel Autonomie zu, weil sie nach eigenen Gesetzen handeln, wenn sie gemäß ihrer Natur und ihrer Form agieren (vgl. Korsgaard 2009, 104). Doch was Korsgaard eigentlich meint, ist, dass Tiere für ihr Handeln als Urheber verantwortlich sein und selbst*determiniert* handeln können. Als Autonomie im Sinne von Selbstgesetzgebung kann man das jedoch nicht wirklich bezeichnen, weil sich diese Tiere die Gesetze, nach denen sie handeln, eben im Gegensatz zu Personen nicht *selbst* geben können. Denn (viele) Tiere haben keine Wahl und können sich nicht aussuchen, was sie zu einem inneren Gesetz machen und wonach sie handeln wollen. Autonomie sollte daher (um die Begriffsverwirrung zu vermeiden) von Selbstdetermination und Freiheit unterschieden werden. Ersteres steht in einem Zusammenhang mit der moralischen Verantwortung, während Letzteres im Zusammenhang mit der Verantwortung für eine Handlung steht.

Auch Susan Wolf, die gegen die Autonomie als Voraussetzung für moralische Verantwortung argumentiert, trägt in ihrem Buch *Freedom within Reason* zur Begriffsverwirrung bei, da sie sich hauptsächlich auf die moralische Verantwortung bezieht, wenn sie von Verantwortung spricht. Sie erwähnt allerdings auch weniger bedeutende Handlungen, wie das Aufbrühen einer Tasse Kaffee, das Gehen zu einem Supermarkt, das Anziehen eines Pullovers und viele ähnliche Handlungen, die wir die ganze Zeit ausführen und in denen sich nicht unsere tieferen Werte und Überzeugungen ausdrücken (vgl. Wolf 1990, 32–33). Wolf gesteht also ähnlich wie Steward zu, dass die überwiegende Mehrzahl unserer Handlungen aus vielen kleinen Dingen besteht, die wir den ganzen Tag – oft auch als Mittel zur Erreichung eines Zieles, oder einfach so – tun. Für diese Handlungen sind wir zwar in dem Sinne verantwortlich, dass man sie uns zuschreiben kann. Aber bei solchen

Handlungen würde die Rede von *moralischer Verantwortung* in der Regel keinen Sinn machen, da diese Handlungen normalerweise keine moralische Bedeutung und kein moralisches Gewicht haben.

Nach Wolf kann ein Handelnder zwar nur für Dinge moralisch verantwortlich sein, die er durch seinen Willen beeinflussen kann oder beeinflussen könnte. Doch ein wirksamer Wille allein ist für diese Verantwortung noch nicht ausreichend, da auch Hunde, Katzen und junge Kinder einen wirksamen Willen haben können, ohne dass wir ihnen deshalb auch moralische Verantwortung für ihr Handeln zuschreiben. Demnach würde man einen Hund nicht auf dieselbe Weise dafür verantwortlich machen, Kekse zu fressen, wie man einen Mitbewohner dafür zur Verantwortung ziehen würde. Hunde oder kleine Kinder sind aus Wolfs Perspektive nicht moralisch verantwortlich, weil sie durch einen Mangel an intellektuellen Kapazitäten keinen ausreichend *intelligenten* Willen haben (vgl. Wolf 1990, 7–8).

Ein hinreichend intelligenter Wille ist hier also eine Bedingung von moralischer Verantwortung, während Wolf gegen die Autonomie als Voraussetzung für Verantwortung argumentiert. Ihrer Meinung nach schreibt man demnach eher den Handelnden moralische Verantwortung zu, die ihr Verhalten auf intelligente Weise kontrollieren können. Denn bei der Autonomie als Voraussetzung moralischer Verantwortung würde man bei der Frage nach dem Beginn der Autonomie für eine Handlung in einen infiniten Regress geraten (vgl. Wolf 1990, 8).

„The idea of an autonomous agent appears to be the idea of a prime mover unmoved whose self can endlessly account for itself and for the behavior that it intentionally exhibits or allows. But this idea seems incoherent or, at any rate, logically impossible" (Wolf 1990, 14). Nach Wolf gibt es deshalb das *Dilemma der Autonomie*, das darin besteht, dass die Bedingung der Autonomie für Verantwortung gleichzeitig logisch unmöglich und notwendig ist (vgl. Wolf 1990, 14). Dagegen hängt die moralische Verantwortung für eine Handlung ihrer Meinung nach wesentlich damit zusammen, inwiefern sich das *wahre Selbst* in den entsprechenden Handlungen ausdrückt. Personen sind bei Fällen wie Hypnose, Zwang oder Kleptomanie stark eingeschränkt, wodurch die Handlungen, die sie ausführen, nicht auf ihr wahres Selbst zurückgeführt werden können. Wenn allerdings Handlungen wie in diesen Fällen nicht dem wahren Selbst des Handelnden zugeschrieben werden können, dann ist dieser Handelnde für seine Handlungen auch nicht verantwortlich. Kleine Kinder und Tiere zählen bei Wolf dann deshalb nicht zu den Wesen mit moralischer Verantwortung, weil sie kein solch ein wahres Selbst haben (vgl. Wolf 1990, 34).

> Moreover, the notion of a real self may be used to throw further light on our intuition that lower animals and young children are not responsible for their actions. For lower animals and young children do not seem to have real selves – they do not, or not yet, have valuational

systems, as distinguished from a mere set of desires, and so there is no possibility that their actions can be in accordance with them. (Wolf 1990, 34)

Vielleicht kann man in der Tat davon ausgehen, dass Tiere und kleine Kinder (noch) kein wahres Selbst ausgebildet und im Falle von Kindern *noch* keine eigenen Werte entwickelt haben, nach denen sie ihre Handlungen ausrichten könnten. Schließlich müssen auch kleine Kinder zunächst erkennen und erlernen, was Eigenes und was Fremdes ist, und so lernen sie erst mit der Zeit das eigene Selbst kennen und bilden es aus. Man könnte also vielleicht mit Aristoteles sagen, dass die *moralische Verantwortung* erst ins Spiel kommen kann, wenn es einen zu einem gewissen Grad ausgebildeten Charakter gibt, der eine Vorstellung von Richtig und Falsch hat und der seine Handlungen dementsprechend lenken und ausrichten kann.

Doch auch bei voll entwickelten und erwachsenen Menschen kann man sich manchmal die Frage stellen, ob sie für ihr Handeln wirklich die Verantwortung tragen, auch wenn die entsprechenden Handlungen dem wahren Selbst dieses erwachsenen Handelnden völlig zugeschrieben werden können (vgl. Wolf 1990, 37). Denn man kann sich die Frage stellen (und hier argumentiert Wolf in eine ähnliche Richtung wie beispielsweise Kane), inwiefern ein Handelnder überhaupt für sein wahres Selbst verantwortlich ist oder sein kann (vgl. Wolf 1990, 37). Entscheidend für Wolf ist hier, dass das wahre Selbst nicht nur Wünsche anbietet und Werte generiert, sondern dass die entsprechenden Wünsche und Werte auch von der Vernunft gewählt oder abgelehnt werden können. Der Handelnde hat also Kontrolle über sein wahres Selbst und kann daher auch für dieses verantwortlich sein, da die Vernunft Teil dieses Selbst ist:

Werte einer Person, die zum Handeln motivieren, kommen also aus dem wahren Selbst. Auf diese Werte kann eine Person Einfluss nehmen, während sie nichts an ihren Wünschen ändern kann. Daraus kann man folgern, dass die Werte in Übereinstimmung mit der Vernunft kontrolliert und gewählt werden können, während das bei den Wünschen nicht möglich ist. „Our valuing selves may then be identified with our rational selves" (Wolf 1990, 51). Weil die Werte von der Vernunft kontrolliert werden, stimmt das bewertende Selbst mit dem rationalen Selbst überein (vgl. Wolf 1990, 49–51).

Aber kann man überhaupt noch autonom handeln, wenn man nicht anders kann, als die vernünftige Alternative zu wählen (vgl. Wolf 1990, 53)? Ein Handelnder, der autonom ist, kann sich ebenso an seinen Wünschen wie auch an seiner Vernunft orientieren. Ist er wirklich autonom, kann ihn die Vernunft zu nichts zwingen. Auch jede denkbare andere oder höhere Fähigkeit als die Vernunft könnte den Handelnden dann zu nichts zwingen. Denn er wäre immer in der Lage, *nicht* in Übereinstimmung mit dieser Fähigkeit zu handeln. Allerdings kann es dann keine

Fähigkeit geben, die ihn zu einem autonomen Handelnden macht, worin das Dilemma der Autonomie besteht (vgl. Wolf 1990, 53).

Im Gegensatz dazu ist es nach Wolf für Verantwortung hinreichend, gemäß der eigenen Vernunft zu handeln (*Reason View*). Geht man zudem von einem normativen Pluralismus aus, können Handelnde, auch wenn sie von ihrer Vernunft geleitet werden, unterschiedliche Werte und damit einen Spielraum haben (vgl. Wolf 1990, 142). Sowohl die *Reason View* wie auch die *Autonomy View* setzen die *Fähigkeit, anders handeln zu können* voraus. Allerdings gibt es bei der *Reason View* eine Ausnahme: Man muss nicht in der Lage gewesen sein, anders handeln zu können, wenn man auf der Basis von Gründen das Richtige tut. In diesem Fall wäre also ein Bestimmtsein mit moralischer Verantwortung kompatibel. Moralische Verantwortung kann jemand dagegen nach Wolf nicht haben, der so determiniert ist, dass er Schlechtes tut. Durch Phrasen wie *er konnte nicht anders* entschuldigen wir Personen, während solche Phrasen in der Regel nicht das Lob für eine Handlung mindern. Denn im letzteren Fall zeigt sich eher die Stärke des eigenen (moralischen) Willens, dem man nicht widerstehen konnte. So würde man Steward zum Beispiel nicht weniger loben, wenn sie *nicht anders konnte, als in das brennende Haus zu laufen*. Bei der *Reason View* kommt es also zu einer Asymmetrie, die nach Wolf aber nicht problematisch ist, wenn man Verantwortung nicht als metaphysische Sache versteht (vgl. Wolf 1990, 61–80).

Der entscheidende Punkt scheint jedoch in der Unterscheidung von Freiheit und Autonomie zu liegen, die Wolf hier nicht durchführt. Sie beschäftigt sich zwar mit der Verantwortung für Handlungen, wobei sie aber nahezu immer die *moralische Verantwortung* für Handlungen meint. Zur Freiheit, die etwas anderes als die Autonomie ist, gehört die Verantwortung für Handlungen. Hier befindet man sich im Bereich der Metaphysik und es geht um die Frage, ob ein Handelnder mit seinen Handlungen etwas Neues beginnen und festsetzen und damit die Verantwortung für seine Handlungen tragen kann. Zur Autonomie, die sich auf einer anderen Ebene befindet, gehört dagegen die *moralische Verantwortung*. Hier befindet man sich im Bereich der Ethik und der Metaethik. Wolfs Argumentation für die *Reason View* ist daher nur auf diese Ebene anwendbar. Ihr Dilemma der Autonomie scheint nur deshalb zu entstehen, weil sie die Autonomie fälschlicherweise mit Freiheit und Unbestimmtheit gleichsetzt. Es muss ihrer Ansicht nach eine Fähigkeit eines autonomen Handelnden geben, die ihn autonom macht. Ist er aber wirklich autonom, kann er immer auch *nicht* in Übereinstimmung mit dieser Fähigkeit handeln, wodurch seiner Autonomie aber die Grundlage entzogen wird. Auf Freiheit übertragen bedeutet das, dass ein Handelnder durch eine bestimmte Fähigkeit frei handeln kann. Durch die in dieser Arbeit untersuchten Argumente können wir diese Fähigkeit als das Setzen neuer Anfänge identifizieren. Kann sich ein Handelnder nun bewusst gegen diese Fähigkeit entscheiden? Das ist nicht möglich, wodurch Wolfs

Dilemma nicht länger problematisch ist. Denn der Handelnde setzt die meisten neuen Anfänge nicht durch bewusste Entscheidungen, sondern durch viele kleine Details, die zum Prozess seiner Handlung gehören. Da eine Handlung immer irgendwie umgesetzt werden muss, muss es immer gewisse Details geben, die im Moment der Handlung auf die eine oder andere Weise festgelegt werden. Es ist also nicht sinnvoll, von einem Handelnden zu sprechen, der sich auch gegen diese metaphysische Freiheit entscheiden kann, die in allen Einzelheiten seiner Tätigkeiten gegeben ist. *Autonomie* lässt sich dagegen – was man gerade bei Kant sehen kann – eigentlich gut mit dem Handeln in Übereinstimmung mit der eigenen Vernunft vereinbaren, wodurch die *Reason* und die *Autonomy View* miteinander verbunden werden können. Hier handelt man nach eigenen Gesetzen, die in der Regel die Vernunft vorgibt. Man handelt also deshalb autonom, *weil* man eigenen Gründen folgt. Voraussetzung dafür ist, wie auch Wolf anmerkte, die Fähigkeit, anders handeln zu können, die in den *Settlings* des Handelnden realisiert wird.

Da wir neue Anfänge machen können, sind wir in unseren Handlungen nicht universal determiniert. Dennoch ist es für unsere *Autonomie* nötig, in Übereinstimmung mit unserem Selbst und unserem Charakter handeln zu können. In unseren autonomen Handlungen müssen sich also immer auch unsere Werturteile widerspiegeln. In diesem Sinne sind unsere autonomen Handlungen bestimmt. Tiere erfüllen zwar die notwendige Voraussetzung solcher autonomer Handlungen (die Fähigkeit, neue Anfänge machen zu können), obwohl sie offenbar nicht im Sinne einer starken Selbstgesetzgebung nach eigenen Gesetzen handeln können, die oftmals die Vernunft vorgibt. Sie können also frei, aber nicht wirklich autonom handeln. Im Gegensatz zu Wolfs Überbetonung der Vernunft besteht die Autonomie einer handelnden Person außerdem auch darin, dass sie manchmal bewusst gegen die Vernunft entscheiden und zum Beispiel stattdessen ihren Gefühlen folgen kann. Schließlich hängen Werturteile und auch moralische Intuitionen nicht ausschließlich mit der Vernunft zusammen.

5.1.3.3.4 Die Rolle von Emotionen für moralisches Verhalten

Hume vertrat im Gegensatz zu Wolf die Ansicht, dass die Vernunft unsere Überzeugungen nicht motivieren kann, da es sich dabei nur um ein bewertendes Hilfsmittel handelt. Er ist dagegen der Meinung, dass unsere natürlichen Überzeugungen und Handlungen durch Gefühle und Leidenschaften motiviert werden. Während viele Philosophen vor und auch nach Hume der Meinung waren, dass die Gefühle und die Leidenschaften der Vernunft gehorchen sollten, war Hume überzeugt davon, dass moralisches Verhalten auf Gefühle zurückzuführen ist. Demnach kommen viele unserer moralischen Überzeugungen von unseren Gefühlen und moralischen Empfindungen (vgl. Doyle 2016, 87).

Oft handeln wir also nicht aus bloßer Vernunft moralisch, sondern weil wir ein starkes Gefühl haben, was richtig und was falsch ist (vgl. Frankfurt 1999, 115). Diese Sicht vertritt auch Frankfurt, wenn er betont, dass sich Menschen durch den Vernunftgebrauch *und* die Fähigkeit zur Liebe von anderen Lebewesen unterscheiden (vgl. Frankfurt 1999, 115). Denn unser moralisches Verhalten kommt weder ausschließlich durch die Vernunft zustande (wie Wolf meint), noch ist es ausschließlich auf Emotionen und Leidenschaften zurückzuführen (wie Hume meint). In den meisten Fällen fallen wie bei Aristoteles Vernunft (im Sinne der *Phronesis*) und Emotion zusammen. Sowohl die Erkenntnis dessen, was *richtig* ist, als auch das richtige Gefühl dabei sind für die Motivation zu moralischem Handeln entscheidend. Wieder stellt sich dann allerdings die Frage, ob die so motivierte Wahl alternativlos ist.

Für eine Person, die sich beispielsweise zwischen einem Schachspiel oder einem Spaziergang entscheiden muss, könnte es keinen Unterschied machen, auf welche Weise sie sich entspannt und erholt (vgl. Frankfurt 1999, 169). Sie kann in diesem Fall sogar nach Frankfurt (und damit argumentiert er eigentlich gegen den Kompatibilismus) beide Alternativen wählen und es ist möglich, dass beide gleichwertig sind und es für beide gleich gute Gründe gibt (vgl. Frankfurt 1999, 169). Doch für eine Person, die liebt und der etwas am Herzen liegt, macht es einen Unterschied für ihre Entscheidungen, was sie liebt (vgl. Frankfurt 1999, 169). Hier kann es nach Frankfurt die Situation der zwei Alternativen, zwischen denen man spontan wählen kann, nicht geben. Ist man emotional zu einer Alternative hingezogen, dann hat man also keine Wahl. Die so verstandene *Liebe* gehört damit zu einer moralischen Wahl. Denn wie wir bereits im zweiten Kapitel bei Philippa Foot gesehen haben, muss man, um wahrhaft moralisch sein zu können, nicht nur die gute Handlung ausführen, sondern sie muss einem auch am Herzen liegen – man muss sie gerne ausführen. Doch kann man solch ein emotionales Hingezogensein und die Liebe (im Sinne von *Caring*) als Bestandteil einer moralischen Handlung wirklich nur Menschen zuschreiben? Auch Tiere können offenbar ihren Nachwuchs lieben, wodurch die Liebe keine Eigenschaft mehr sein kann, die uns (wie Frankfurt meint) grundlegend von anderen Lebewesen unterscheidet.

In der Tat können auch Tiere Emotionen haben. Es kann ihnen aus der Perspektive von Frankfurt aber nicht im Sinne von *Caring* etwas am Herzen liegen. Tiere können etwas wollen und es kann auch bei ihnen Hierarchien von Wünschen geben. Aber sie können sich nicht im Sinne von *Caring* um etwas sorgen, da sie dafür psychisch nicht komplex genug sind (vgl. Frankfurt 1999, 158).

Man könnte nun einwenden, dass sich auch Eltern im Tierreich um ihren Nachwuchs kümmern und dieser ihnen offenbar am Herzen liegt und wichtig ist. Doch für *Caring* ist solch eine emotionale Verbundenheit allein nicht ausreichend. Weil einem Tier das reflexive Bewusstsein darüber (und damit die rationale Dimension dessen), was ihm wichtig ist, fehlt, kann das Konzept des *Caring* nicht auf das Tierreich angewendet werden. Eine Person ist im Gegensatz zu einem Tier durch eine bestimmte Art von Notwendigkeit gebunden und eingeschränkt und *weiß auch darum* (vgl. Frankfurt 1999, 115–116). Ähnlich wie bei Kant gibt sich eine Person hier selbst Gesetze und *verpflichtet* sich selbst. Doch anders als bei Kant tut sie es hier nicht aus Vernunftgründen, sondern weil ihr etwas am Herzen liegt. Denn auch in moralischer Hinsicht ist eine Handlung wertvoller, die sich auch richtig *anfühlt* und nicht nur als richtig beurteilt wird.

Bei der Vernunft ist man durch kognitive Notwendigkeiten der Logik gebunden, bei der Liebe ist man dagegen durch volitionale Notwendigkeiten gebunden (vgl. Frankfurt 1999, 115–116). Während die Vernunft universal und alle bindend ist, ist die Liebe individuell und besonders, da jeder Person etwas anderes am Herzen liegen kann (vgl. Frankfurt 1999, 115–116). Hier verbindet Frankfurt auf interessante Weise das Allgemeine und das Besondere, worin sich auch aristotelische Überlegungen widerspiegeln. Aristoteles bezieht sich auf das Besondere, das jede Situation für jede bestimmte Person erfordert. Hier muss die praktische Vernunft abwägen und entscheiden. Gerade bei moralischen Entscheidungen, bei denen es um tugendhaftes Verhalten einer Person in einer konkreten Situation geht, spielt das, was der Person am Herzen liegt und was daher individuell ist, eine sehr große Rolle. Vielleicht liegt einer der Unterschiede zu Tieren also nicht darin, dass nur Menschen lieben können, sondern darin, dass nur Menschen handeln können, indem sie Vernunft und Liebe (oder Emotion) verbinden. Die Autonomie (als Selbstgesetzgebung) einer moralisch handelnden Person bestünde dann weder allein im Folgen der Vernunft, noch allein im Folgen des Gefühls, sondern in einer Verbindung dieser beiden Dimensionen. Damit können wir nun auch noch einmal auf die Frage zurückkommen, ob eine so motivierte Wahl alternativlos ist. Zum einen können sich Gefühl und Vernunft gegenseitig korrigieren, wodurch weder die Emotionen noch die Vernunft den Handelnden zu einer Handlung zwingen. Zum anderen ist die persönliche Wahl in einer bestimmten Situation durch das Zusammenwirken von Emotion und Vernunft individuell und folgt damit keinen allgemeinen Gesetzen. Die Einsicht der Vernunft und die entsprechende Emotion können natürlich für den Handelnden bindend sein. Doch wie wir bereits gesehen haben, ist das für seine Freiheit nicht problematisch, wenn er auf seinen Charakter, seine Vernunft und seine Emotionen einen Einfluss hat. An dieser Stelle wird auch deutlich, warum die libertarische Freiheit aufs Engste mit moralischen und *tugendhaften* Handlungen verbunden ist. Versteht man moralisches Handeln im Sinne Kants (oder auch im Sinne Wolfs) als reines Agieren gemäß der Vernunft, dann ist der Kompatibilismus weniger problematisch. Moralisches Handeln im Sinne der Tugendethik und ein damit verbundenes individuelles Zusammenwirken von Vernunft und Emotion in Entscheidungen ist dagegen nur möglich, wenn ein Handelnder libertarische Freiheit hat. Denn hier gibt es keine eindeutigen Gesetze und der Handelnde kann in Situationen kommen, in denen es einfach nicht *die richtige Entscheidung* gibt, wodurch er spontan das eine oder das andere wählen muss. Jemanden, der sich für eine moralische Handlung entscheidet, kann man allerdings nicht nur deshalb als moralisch bezeichnen, weil die Handlung von außenstehenden Personen als gut und richtig bewertet werden kann. Der moralische Akteur muss sich dagegen auch selbst als solcher und damit als ein Wesen wahrnehmen, das sein Verhalten nach Gut und Schlecht oder Richtig und Falsch ausrichten kann. Daher sind auch die Sprache und die Artikulation (sowie das Verständnis) des eigenen Willens wichtig für moralische Verantwortung.

5.1.3.3.5 Sprache und Artikulation des Willens als Voraussetzung für moralische Verantwortung

Bei einer schlechten oder falschen Handlung ist für die moralische Bewertung entscheidend, ob der Handelnde in der Lage war, anzuerkennen, dass er eine schlechte Handlung ausführt. Ebenso ist es auch bei einer bewundernswerten und guten Handlung wichtig, ob der Handelnde bei seiner Handlung hinreichend erkannte, was diese Handlung gut und richtig macht. Es spielt also die Fähigkeit eines Handelnden, moralisch reflektieren und sich selbst beobachten zu können, eine große Rolle. Dabei scheint eine gewisse Fähigkeit zur Artikulation gegeben sein zu müssen (vgl. Wolf 1990, 143).

Auch nach Bieri muss man den eigenen Willen *artikulieren* können, um ihn sich aneignen und damit zu einem freien Willen machen zu können. Ein Wille wird als frei empfunden, wenn man sich mit ihm identifizieren kann, was erst möglich ist, wenn der Wille als eigener erkannt (also artikuliert und verstanden) wurde. Je weiter die Erkenntnis des Willens und damit die Selbsterkenntnis fortgeschritten sind, umso mehr Freiheit hat eine Person. Bieri sieht genau in dieser rein menschlichen Fähigkeit, das eigene Wollen sprachlich zu artikulieren, den entscheidenden Unterschied zu anderen Lebewesen. Weil wir unsere Wünsche artikulieren und dadurch auf sie Einfluss nehmen können, haben wir im Gegensatz zu anderen Lebewesen einen *freien* Willen (vgl. Bieri 2001, 385–398).

Auch bei Frankfurt sind Artikulation und Sprache als besondere Fähigkeiten definiert. In *Necessity, Volition, and Love* bezieht er sich auf die Schöpfungsgeschichte im Buch Genesis und beschreibt dabei das Tohuwabohu, das vor der Schöpfung existierte. Nach Frankfurt war die Welt vor der Schöpfung unbestimmt. Solch eine wirkliche Unbestimmtheit betrachtet er als sprachlos, weil eine völlige Unbestimmtheit nicht beschrieben werden kann. Daher ist Frankfurt der Meinung, dass der Zustand der Welt vor dem Schöpfungsakt nicht fassbar ist und sprachlos macht, weil die Welt zu diesem Zeitpunkt noch keine bestimmte Natur oder ein bestimmtes Wesen besaß. Die Welt existierte also bevor Gott *sprach*. Doch die Welt hatte zuvor keine bestimmten und artikulierten Eigenschaften. Erst als Gott mit der Schöpfung begann, indem er *sprach... und es wurde*, bekam die Welt bestimmte Merkmale. Man könnte auch sagen, dass Gott die Dinge in der Welt schuf, indem er sie benannte und sie damit von unbestimmten zu bestimmten Dingen wurden (vgl. Frankfurt 1999, 120).

„This is the sense in which the earth is said to be 'unformed.' It is in a similar sense that the earth is said to be 'void.' It is void in the sense of being blank, with no identifiable character" (Frankfurt 1999, 120). Durch Sprechen und Denken als Formen der Artikulation kann etwas geschaffen werden (vgl. Frankfurt 1999, 123). Etwas kann also eine bestimmte Form erhalten, wenn es durch Artikulation von anderem unterschieden wird und dadurch seine Identität erhält (vgl. Frankfurt 1999, 123). Genau das könnte nötig sein, um Richtig und Falsch unterscheiden, definieren und damit moralisch verantwortlich handeln zu können. Frankfurt bindet Gottes Schaffen von etwas Bestimmtem an die Sprache und betont darüber hinaus, dass Gott alle Dinge in der Welt schuf, indem er *sprach... und es wurde*. Nur den Menschen schuf er auf andere Weise. Das könnte andeuten, dass der Mensch das Wesen ist, das sich sozusagen selbst bestimmen kann, weil es selbst etwas benennen und sprachlich artikulieren kann. Außerdem kann man diese Überlegungen Frankfurts auf sein Konzept des Willens und die Identifikation mit dem eigenen Willen übertragen. Nachdem Frankfurt Kompatibilist ist, ist für ihn nur ein bestimmter und gebundener Wille frei. Nur so hat der Träger des Willens eine eigene Identität und einen eigenen Charakter. Doch man muss nicht Kompatibilist sein, um sagen zu können, dass Handeln gemäß der eigenen Identität und dem eigenen Charakter und damit moralisch verantwortliches Handeln nur möglich ist, wenn der Wille und damit der Charakter bestimmt sind, was erst durch Sprache – in einem weiteren Sinn – möglich ist. In unserem moralischen Handeln zeigt sich immer unser Charakter, der auch aus libertarischer Perspektive ein bestimmter Charakter ist. In diesem Punkt kann also auch ein Libertarier mit Frankfurts und Bieris Überlegungen zum artikulierten Willen übereinstimmen. Da ein gewisses (an Sprache und Artikulation gebundenes) Verständnis der moralischen Dimension eigenen Handelns also Voraussetzung für moralische Verantwortung ist, scheinen wir Tiere vom Reich der moralisch verantwortlichen Wesen, die aneinander moralische Ansprüche stellen, ausschließen zu können. Über ein gewisses Verständnis hinaus kommt aber auch der Glaube an die eigene Moralfähigkeit oder die Überzeugung, selbst ein moralfähiges Wesen zu sein, in enger Verbindung zur Artikulation als Voraussetzung für moralische Verantwortung in Frage. Damit stellt sich die im Folgenden adressierte Frage, ob subjektive Voraussetzungen wie der Glaube an die eigene Freiheit notwendige Voraussetzungen für diese Freiheit sein können.

5.1.4 Eine subjektivistische Komponente

Objektivisten gehen davon aus, dass der Besitz von Freiheit objektiv ist. Subjektivisten gehen dagegen davon aus, dass der Glaube (*Belief*)[58], ein freier Handelnder zu sein, eine notwendige und konstitutive Bedingung von tatsächlicher Handlungsfreiheit ist. Subjektivisten wie Galen Strawson vertreten also eine Theorie der Haltung, da sie diesen Glauben einer Person als eine notwendige Bedingung für Freiheit ansehen (vgl. Strawson 2010, 12–13).

Doch die Behauptung der Subjektivisten ist doppeldeutig. Zum einen kann damit nämlich gemeint sein, dass jedes Individuum dann frei ist, wenn es sich selbst als frei handelnde Person betrachtet. Es kann aber auch gemeint sein, dass eine bestimmte Gemeinschaft (auch wir Menschen insgesamt) sich für frei handelnd erachtet. Es gibt Subjektivisten beider Theorien. Subjektivisten der ersten Sorte würden sogar so weit gehen, zu behaupten, dass kein Wesen frei sein kann, wenn es nicht davon überzeugt ist, frei zu sein, wobei diese Sicht nicht unproblematisch ist. Im Gegensatz dazu muss es aus Sicht der Objektivisten Eigenschaften eines Handelnden geben, die ihn frei machen. Der Glaube eines Handelnden daran, dass er frei ist, kann demnach nur dann wahr sein, wenn er über zusätzliche Eigenschaften verfügt, von denen der Glaube kein Bestandteil ist. Es muss also etwas geben, wodurch sich seine Überzeugung auf ihre Richtigkeit hin überprüfen lässt. Die entsprechenden objektiv feststellbaren Eigenschaften sind dann hinreichend für Handlungsfreiheit und für die Wahrheit seiner Überzeugung. Dass eine Überzeugung allein nicht ausreicht, um zu bestimmen, ob ein Handelnder frei ist, zeigt sich auch bei Fällen, in denen ein Handelnder fälschlicherweise davon überzeugt ist, dass ein Raum verschlossen ist und er daher nicht frei ist, ihn zu verlassen. Doch dass es solche Fälle gibt, muss nicht automatisch bedeuten, dass die Überzeugung des Handelnden bei der Freiheit keine Rolle spielen kann. Denn die Überzeugung, frei handeln zu können, kann auch als generelle Überzeugung angesehen werden, die dem Handelnden nicht in jedem Moment bewusst sein muss (vgl. Strawson 2010, 13–14).

Objektivisten binden Freiheit und Verantwortung statt an solche generellen Überzeugungen meist an die Fähigkeit zur Selbstdetermination eines Handelnden. Jemand kann demnach selbstdeterminiert sein und entsprechend handeln, wenn er völlig dadurch bestimmt ist, wie er ist, und daher *völlig* dafür, wie er ist, verantwortlich ist. Der Determinismus schließt diese völlige Verantwortung aus, weshalb für nahezu alle Kompatibilisten für Freiheit keine wahre und starke Verantwortung oder Selbstdetermination notwendig ist. Damit weicht der Begriff der

---

[58] Im Folgenden entweder Glaube oder Überzeugung.

Selbstdetermination auf, wenn sie bei Kompatibilisten nicht in einem wahren Sinn möglich ist. In diesem wahren Sinn kann jemand aber nicht dafür verantwortlich sein, wie er ist, wenn er nicht vor dieser Wahl schon existiert hat. Er muss also bereits mit bestimmten Prinzipien der Wahl ausgestattet sein, um wählen zu können, wie er sein will. Er braucht also bereits gewisse Präferenzen, Werte und Ideale, die seine Wahl ausmachen. Um für seine Wahl wirklich verantwortlich zu sein, muss er allerdings dafür verantwortlich sein, die konkreten Prinzipien zu haben, die seine Wahl bestimmen. Sie müssen also ihrerseits von ihm gewählt sein, was in einen infiniten Regress führt. Daher ist wahre Selbstdetermination nach Strawson logisch nicht möglich (vgl. Strawson 2010, 22–25).

Objektivistische Libertarier können also nach Strawson keine überzeugende Erklärung dafür liefern, wodurch ein Handelnder wirklich (in einem starken Sinne der wahren Verantwortung) frei wird. Auch objektivistischen Kompatibilisten gelingt das nicht, sofern sie eine wahre und starke Verantwortung erklären wollen. Allerdings kann auch nicht einfach ignoriert werden, dass wir von unserer wahren Verantwortung und unserer Fähigkeit, uns selbst zu bestimmen, überzeugt sind. Strawsons Argument befindet sich also in einem Spannungsfeld zwischen diesen beiden Polen. Seiner Meinung nach kann der Objektivismus keine befriedigende Theorie über die Freiheit liefern, weshalb er sich dem Subjektivismus zuwendet (vgl. Strawson 2010, 50–51).

Auch wenn wir zu Beginn dieses fünften Kapitels bereits gesehen haben, warum Strawson mit seiner Kritik an einer völligen Verantwortung und damit mit seiner Kritik an objektivistischen Theorien nicht Recht hat, lohnt es sich, diese subjektivistische Komponente zu betrachten. Kann sie möglicherweise zumindest im Hinblick auf moralische Verantwortung eine interessante Ergänzung sein?

5.1.4.1 Der Glaube an die eigene Freiheit als Voraussetzung für Freiheit?

Uns (den Menschen) bleibt nichts anderes übrig, als daran zu glauben, dass wir tatsächlich frei sind (vgl. Strawson 2010, 52–53). Weil wir gar nicht anders können, als daran zu glauben, handelt es sich dabei nach Strawson um eine *Commitment* Theorie (vgl. Strawson 2010, 52–53). Wir sind *committet* was diesen Glauben oder diese Überzeugung angeht (vgl. Strawson 2010, 52–53). Bei ihm ist unsere Freiheit also an eine subjektive Selbsterkenntnis gebunden, die für Tiere nicht möglich ist. Erst durch Selbstreflexion ist es möglich, davon überzeugt zu sein, frei handeln zu können, wodurch Strawsons Theorie der Theorie Stewards radikal widerspricht. Denn bei Steward können auch Tiere frei handeln, die sich darüber nicht bewusst sind und generell offenbar kein Verständnis von Freiheit haben.[59]

---

59 In einem *begrenzten Maß* kann man ihnen solch ein Verständnis möglicherweise aber zu-

Für Strawson ist natürlich die Überzeugung, frei zu sein, allein noch nicht hinreichend für tatsächliche Freiheit. Eine richtige *Commitment* Theorie muss daher zeigen, warum wir Erfahrungen machen, die uns zu der Annahme bringen, frei zu sein. Erst wenn ein Wesen also sowohl über Y (bestimmte Eigenschaften, die für freies Handeln nötig sind; beispielsweise Zielorientierung und Selbstbewusstsein) wie auch über den Glauben an die eigene Freiheit verfügt, ist es tatsächlich frei. Nach Strawson macht aber *jeder Mensch* besonders durch schwierige Entscheidungen Erfahrungen, die zu der Überzeugung führen, frei zu sein. Als Beispiel dafür stellt er eine Person vor, die 20 Minuten Zeit hat, um eine schwere Entscheidung zwischen zwei Alternativen zu treffen. Selbst wenn die Person den Determinismus für wahr hält, wird sie am Ende der 20 Minuten erfahren, dass sie völlig frei ist, sich zu entscheiden. Sie *muss* schließlich bis zum Ende der vorgegebenen Zeit eine Entscheidung treffen und kann der Wahl nicht entkommen (vgl. Strawson 2010, 52–60).

Auch wenn Strawson im Prinzip vom Determinismus ausgeht, hat dieser seiner Meinung nach auf unsere subjektive Freiheit keinerlei Auswirkung. Aber wenn der Determinismus wahr ist, dann sind auch unsere Gedanken, Gefühle und Überzeugungen bestimmt (vgl. Strawson 2010, 81–82). Diese Tatsache führt zu einem großen Problem für die *Commitment* Theorie. Denn wenn die Überzeugung, frei zu sein, determiniert ist, wie kann sie uns dann etwas über unsere tatsächliche Freiheit sagen? Man kann offenbar nicht aufgrund der Tatsache, dass jemand eine Überzeugung hat, beweisen, dass diese Überzeugung wahr ist (vgl. Strawson 2010, 107). Mit diesem *Prinzip der Unabhängigkeit* wird eine objektivistische Sicht vertreten und für die Objektivisten in der Freiheitsdebatte ist dieses Prinzip zentral (vgl. Strawson 2010, 107). Die Subjektivisten sind dagegen bereit, es zu verwerfen (vgl. Strawson 2010, 107). Dadurch kann Strawson unabhängig von der Frage, ob der Determinismus existiert, für Verantwortung und Freiheit argumentieren, was allerdings (ähnlich man den Kompatibilisten vorwerfen kann) eine Umdeutung von Begriffen zu sein scheint. Von metaphysischer Freiheit kann hier nicht mehr die Rede sein. Betrachten wir das Argument dennoch noch etwas genauer.

---

schreiben. Denn auch viele Tiere begreifen, wenn sie eingesperrt oder zu etwas gezwungen werden und damit ihr Handlungsspielraum eingeschränkt wird. Wie verhält es sich aber mit Menschen, die beispielsweise dement sind? Verlieren sie ihre Freiheit, weil sie nicht mehr in der Lage sind, diese wahrzunehmen oder reicht es für Strawsons Ansatz, dass es Freiheit dieser Art und die Überzeugung der eigenen Handlungsfreiheit unter Menschen überhaupt gibt, um zu zeigen, dass Handlungsfreiheit *grundsätzlich* existiert?

5.1.4.1.1 Selbstbewusstsein als Voraussetzung für Freiheit

Bestimmte für freies Handeln nötige Eigenschaften wie Zielorientierung allein machen aus einem Handelnden noch keinen *freien* Handelnden. Strawson unterscheidet also freie Handelnde von anderen Handelnden (vgl. Strawson 2010, 110–111). Das ist wiederum nach Steward nicht möglich, da der Begriff *Handlung*, wie sich gezeigt hat, mit Nicht-anders-handeln-können inkonsistent ist. Auch wenn Strawson Tieren so etwas wie Vorstufen freier Handlungen zuschreibt, besitzen für ihn nur Menschen die für freie Handlungen nötigen Eigenschaften. Doch auch bei Menschen gibt es hier noch Unterschiede, da auch Kinder in Strawsons Theorie noch keine freien Handelnden sind, sondern sich erst zunehmend zu solchen entwickeln (vgl. Strawson 2010, 111). Sie sind Handelnde, die *noch nicht* frei handeln können, wobei die Trennung zwischen freien und unfreien Handelnden keine absolute Trennung sein kann, sondern graduell zu denken ist (vgl. Strawson 2010, 111).

Welche Eigenschaften müssen also zur Zielorientierung hinzukommen, damit man von einem *freien* Handelnden sprechen kann? Um tatsächlich und in vollem Sinne frei handeln zu können, muss jemand bei objektivistischen Theorien in der Regel grundlegende Bedingungen erfüllen. Demnach muss jemand nach Strawson Wünsche und Überzeugungen haben, praktisch rational und in der Lage sein, praktische Gründe anzugeben. Außerdem muss er sich selbst bewegen und verändern können und über Selbstbewusstsein verfügen. Diese Bedingungen kann man so umformulieren, dass es sich nicht nur um Fähigkeiten, sondern um strukturelle Bedingungen handelt, die Strawson *S Bedingungen* (strukturelle Bedingungen) nennt. Damit kann man ein Wesen dann als frei ansehen, wenn es ein praktisch-rationales Wesen ist, das Wünsche und Überzeugungen hat, die Fähigkeit zur Selbstveränderung besitzt und zusätzlich über Selbstbewusstsein verfügt. Die ersten vier *S Bedingungen* können nach Strawson einen zielorientierten Handelnden beschreiben. Um von einem freien Handelnden sprechen zu können, muss dagegen das Selbstbewusstsein (und die damit einhergehende Überzeugung, ein freies Wesen zu sein) hinzukommen (vgl. Strawson 2010, 112).

Ebenso wie Strawson Handeln und freies Handeln unterscheidet, unterscheidet er auch Wählen und freies Wählen, wobei sich dasselbe Problem ergibt (vgl. Strawson 2010, 115). Denn eine *Wahl* schließt aus, dass diese Wahl nicht frei ist. Ebenso wie nach Steward *Handlung* mit Nicht-anders-handeln-können inkonsistent ist, ist auch *Wahl* mit Nicht-anders-wählen-können inkonsistent. Wenn man aber auch anders wählen kann, ist die Wahl frei, wofür für Strawson die Überzeugung, eine Wahl zu haben, ausreichend ist.

Ein Handelnder (B) kann demnach wählen, wenn er überzeugt ist, zwei Handlungsalternativen zu haben. B kann also wählen, wenn er zum Zeitpunkt der Wahl davon überzeugt ist, dass er entweder Handlung X oder Y ausführen kann. Die Überzeugung, eine Wahl zu haben, als Bedingung für die Fähigkeit, wählen zu können, beinhaltet bei Strawson einen *expliziten Glauben* daran, sich zwischen X und Y entscheiden zu können. Weil das Wort *explizit* aber sehr vage ist, gibt er diesem Wort einen speziellen Sinn, indem er es als *explizit⁺* bezeichnet. Dieses Wort wird bestimmt durch seinen Bezug zu einem weiteren Neologismus, den Strawson schafft: „is aware* that" (Strawson 2010, 117). *Jemand ist sich über etwas bewusst** bedeutet, dass sich jemand über etwas bewusst sein kann, ohne dass es wahr sein muss. So kann jemand „aware* of something" (Strawson 2010, 117) sein, auch wenn es nicht der Fall ist, während jemand nicht *aware of something* sein kann, das nicht der Fall ist. Es gibt also ein *Erfolgsverb*, das durch den Stern als Bedeutung wegfällt (vgl. Strawson 2010, 116–117).

„'Explicit⁺' may now be defined as follows: a being *b* explicitly⁺ believes that *p* if and only if *b* is *at present aware** that *p*" (Strawson 2010, 117). Eine explizite⁺ Überzeugung muss der Person dabei nicht dauerhaft bewusst sein. Denn sie ist auch präsent, wenn die Person ihre Aufmerksamkeit nicht auf diese Überzeugung richtet. Außerdem kann man keine Handlung verfolgen, von der man überzeugt ist, dass man sie nicht tun kann. Somit ist die Überzeugung, etwas umsetzen zu können, eine notwendige Bedingung dafür, sich dafür entscheiden oder entsprechend wählen zu können. Diese Überzeugung ist aber *keine* notwendige Bedingung dafür, dass man die entsprechende Handlung tatsächlich tun kann (nur dafür, dass man sie wählen kann). Schließlich kann man sich über das, was man tun kann, auch irren und sich dennoch dafür entscheiden. Dann stellt man bei der Umsetzung fest, dass man die entsprechenden Fähigkeiten oder nötigen Voraussetzungen doch nicht besitzt (vgl. Strawson 2010, 117–119).

Eine Wahl hat man nach Strawson also unabhängig davon, ob man tatsächlich verschiedene Handlungsalternativen hat. Genauso wie man demnach Handlungen von freien Handlungen unterscheiden kann, kann man auch eine Wahl von einer freien Wahl unterscheiden. Ebenso wie Tiere bei Strawson Handelnde sind, sind sie auch Wählende, obwohl sie in ihren Handlungen und in ihrer Wahl nicht frei sind. Strawson beschreibt dazu den Hund Fido, der zum Retten von Leben ausgebildet wurde. In Strawsons Beispiel steht Fido an einem Fluss und betrachtet sein Herrchen sowie auch sein Frauchen, die jeweils in einem Zweig des Flusses gleich weit entfernt davontreiben. Er zögert und taucht dann nach einem der beiden. Fido hat also eine Wahl. Er ist zwar kein selbstbewusstes Wesen, aber offenbar ist er sich im Moment des Zögerns explizit⁺ bewusst, dass er entweder Handlung X (Frauchen retten) oder Handlung Y (Herrchen retten) ausführen kann. Fido ist sich nicht nur bewusst, dass er zwei unterschiedliche Dinge tun kann, sondern er ist sich auch bewusst, dass er zwischen diesen beiden Optionen wählen muss. Dabei hat er zwei eigene Ziele, die zwar durch sein Training verstärkt werden, aber dennoch wird er nicht zu einer der beiden Optionen gezwungen.[60] Obwohl ein Tier wie Fido grundsätzlich wählen kann, kann es nach Strawson nicht *frei* wählen und vor allem für seine Wahl nicht verantwortlich sein. Daher gehören Tiere für ihn auch nicht zu den freien Handelnden. Ist es also wirklich allein das Selbstbewusstsein, das aus einem bloßen Handelnden einen freien Handelnden und aus einem bloßen Wählenden einen freien Wählenden machen kann? Man könnte argumentieren, dass man für eine freie Wahl eine artikulierte selbstbewusste Überzeugung braucht, die Fido nicht haben kann. Denn er wählt zwischen X und Y ohne dass er sich aufgrund des Mangels an Selbstbewusstsein darüber bewusst ist, dass dies Optionen *für ihn* sind. Er denkt eher *implizit*, dass X und Y Optionen sind (vgl. Strawson 2010, 122–123).

Im Gegensatz zu einem solchen bloß zielorientiert Handelnden kann sich ein selbstbewusster Handelnder als Planer und Entscheider betrachten und sich als für seine Handlungen verantwortlich erachten. Die Zuschreibung von Verantwortung (im Sinn der moralischen Verantwortung) könnte also davon abhängen, ob jemand sich selbst als für sein Handeln verantwortlich erachtet. Das können Hunde nicht. Was Tieren wie Fido fehlt, ist die Fähigkeit, sich explizit auf sich selbst zu beziehen, sich seiner Möglichkeiten bewusst zu sein und die Überzeugung zu haben, *selbst wählen* zu können. Das Bewusstsein, dass man selbst wählen kann, macht in dieser Theorie also aus der Wahl eine freie Wahl – auch dann, wenn jemand vom Determinismus überzeugt ist. Denn auch solch eine Person muss im Moment der Wahl *selbst* wählen und sie *selbst* ist es, die die Entscheidung trifft, worüber sie sich bewusst ist (vgl. Strawson 2010, 142–145).

Vermutlich unterscheidet auch Strawson also freie Handlungen und Handlungen, sowie eine freie Wahl und eine Wahl fälschlicherweise, weil er Freiheit und Verantwortung (im Sinne von moralischer Verantwortung) vermischt. Während eine Handlung nur eine freie Handlung und eine Wahl nur eine freie Wahl sein können, kann es aber durchaus freie Handlungen und eine freie Wahl geben, für die der Akteur keine (oder reduzierte) moralische Verantwortung hat. Hier könnte im Gegensatz zur metaphysischen Freiheit die Überzeugung des Handelnden, ein moralisch verantwortlich Handelnder zu sein, durchaus eine Rolle spielen. Für Handlungen, die moralisch bewertet werden können, kann es durchaus wichtig

---

60 Aber stimmt das wirklich? Vielleicht liebt Fido das Herrchen etwas mehr als das Frauchen und hat damit keine wirkliche Wahl. Ein besseres Beispiel für die Wahl eines Tieres ist hier Stewards Katze, die zwischen zwei Futterquellen wählen kann. Die Katze ist zwar durch ihre Instinkte dahingehend eingeschränkt, dass sie bei ausreichend großem Hunger fressen wird. Welches Futter sie aber zuerst fressen wird, kann sie wählen. Warum sollte diese Wahl dann nicht frei sein, wenn auch einer Katze eplizit* bewusst sein kann, dass sie eine Wahl zwischen zwei Optionen hat?

sein, ob der Handelnde sich selbst als jemanden erachtet, der moralisch verantwortlich handeln und seine Taten nach moralischen Kriterien ausrichten kann. Die Erfahrung, die jemand macht, der eine Wahl hat, ist also weniger für Freiheit als für moralische Verantwortung eine Voraussetzung.

5.1.4.1.2 Die Erfahrung der Wahl als Voraussetzung für Freiheit

Die Überzeugung, frei zu sein, muss nach Strawson andauernd sein, obwohl man nicht immer explizit und bewusst über sie nachdenken muss. Strawson bezeichnet diesen Glauben als *explizit*°. Die *explizite*° Überzeugung zu haben, frei zu sein, bedeutet, dass man sich grundsätzlich als jemanden versteht, der frei handeln kann. Das kann man ebenso auf Verantwortung übertragen. So kann niemand wirklich für sein Handeln verantwortlich sein, der nicht *explizit*° davon überzeugt ist, ein Handelnder zu sein, der für sein Handeln verantwortlich ist (vgl. Strawson 2010, 151–152).

Die Behauptung, dass die Überzeugung, frei zu sein, eine notwendige Bedingung der eigenen Freiheit ist, kann nun neu formuliert werden. Demnach ist die *Erfahrung*, die man von sich selbst als frei macht, eine notwendige Bedingung für die eigene Freiheit. Übertragen auf moralische Verantwortung bedeutet das, dass die Erfahrung, die man von sich selbst als moralisch verantwortlich macht, eine notwendige Bedingung dieser moralischen Verantwortung ist.[61] Strawson fügt also zu den *S Bedingungen* eine konstitutive Bedingung (den Glauben an die Freiheit) hinzu. Hätte jemand keine Erfahrung der Wahl, könnte er nicht wissen, was Freiheit ist, und hätte weder ein Gefühl noch eine Überzeugung davon. Dadurch würde nach Strawson aber auch sein Gefühl für sich selbst dünner werden (da wir unser Selbst gerade dadurch konstituieren, dass wir zögern und Entscheidungen treffen) (vgl. Strawson 2010, 197–224).

Die Selbsterfahrung eines Menschen hängt also wesentlich damit zusammen, sich als Handelnder zu *erfahren*, was für Tiere (und da hat Strawson Recht) offenbar nicht auf dieselbe Weise möglich ist. Ein menschliches Selbst besteht also wesentlich darin, Erfahrungen des Zögerns und des Wählens zu machen *und sich darüber bewusst zu sein*. Dabei erfährt man sich nicht nur als freies Wesen, sondern als ein Wesen, das wirklich für sein Handeln verantwortlich ist. Strawson untersucht also durchaus die Freiheit in diesem starken Sinn (man erfährt sich selbst als wirklich

---

61 Strawson variiert also das Wort *believe* (glauben, überzeugt sein). Denn auch inkompatibilistische Deterministen erfahren sich als freie und verantwortliche Handelnde, auch wenn sie nicht überzeugt sind, frei und verantwortlich handeln zu können. Man könnte also behaupten, dass es einen gewissen Sinn von *glauben* gibt, demnach auch diese Deterministen glauben, frei und verantwortlich zu sein. Sie erfahren sich nämlich selbst auf diese Weise (vgl. Strawson 2010, 197–198).

verantwortlich) (vgl. Strawson 2010, 230). Davon kann man seiner Meinung nach die Freiheit in einem schwachen Sinn unterscheiden, wodurch noch einmal deutlich wird, dass er Freiheit und Verantwortung (im Sinne von moralischer Verantwortung) vermischt und als starke Freiheit betrachtet, während eine schwache Form von Freiheit (ohne Verantwortung für die entsprechenden Taten) wohl auch schon Tieren zugeschrieben werden könnte.

Nach Strawson muss man also drei Ebenen unterscheiden: Die Fähigkeit, zu wählen (diese Fähigkeit haben auch Hunde), die volle und selbstbewusste Wahrnehmung, selbst wählen zu können, und die Erfahrung, selbst frei wählen zu können – damit ist die Erfahrung von sich selbst als frei und verantwortlich handelndes Wesen verbunden (vgl. Strawson 2010, 246). Während wir normalerweise alle drei Ebenen erfüllen, erfüllen Tiere nur die erste Ebene (vgl. Strawson 2010, 246). Doch wenn die eigene Überzeugung und Erfahrung von sich selbst eine Bedingung für Freiheit ist, dann hat die Freiheit keine Substanz und ist nichts objektiv Gegebenes mehr (vgl. Strawson 2010, 266–267). Man könnte sagen, dass es sich bei solchen subjektivistischen Theorien ähnlich wie bei Kompatibilisten um Begriffsverschiebungen handelt. Eine subjektivistische Theorie, wie sie Strawson entwickelt, ist über dieselben Argumente angreifbar, wie auch der Kompatibilismus. Vertreter dieser Theorien sprechen dann zwar von Freiheit, aber es gibt dafür keine objektive oder gar metaphysische Basis. Da dieses subjektivistische Element aber für Verantwortung und Moral relevant zu sein scheint, könnte man es meiner Meinung nach mit der libertarischen Theorie Stewards verbinden, die eine objektive und metaphysische Basis dafür liefern kann. Interessant wird die Theorie der Überzeugung dann in Bezug auf das menschliche Konzept der moralischen Verantwortung, die wir den Tieren (zumindest in unserer moralischen Praxis) nicht zuschreiben. Die Freiheit muss über eine metaphysische und objektivistische Theorie erklärt werden. So haben wir Freiheit und können uns durch *fresh Starts* von einer universalen Kausalkette lösen, ebenso wie das auch andere Lebewesen können. Das ist die Voraussetzung dafür, dass wir überhaupt moralisch und verantwortlich handeln können. Da es sich aber bei Moral und der damit verbundenen Art der Verantwortung um etwas handelt, das wir in der Regel nur auf den Bereich der Menschen beziehen, bewegen wir uns damit auf eine andere Ebene, auf der solch subjektivistische Überlegungen durchaus wieder relevant sein können – allerdings nur, wenn es eine metaphysische Basis für Freiheit als Voraussetzung gibt. Der Glaube an die eigene Freiheit ist also keine Voraussetzung für die Handlungsfreiheit. Analog dazu kann aber der Glaube an die eigene Moralität (oder die entsprechende Selbsterfahrung) eine Voraussetzung für moralisches Handeln sein.

5.1.4.2 Der Glaube an die eigene Moralität als Voraussetzung für moralisches Handeln

Die Erfahrung des Schwankens und Zögerns (und damit auch die Erfahrung des moralischen Dilemmas, die in der Tugendethik zentral ist) ist ein wichtiges Charakteristikum eines moralfähigen Wesens.[62] Moralisches Handeln wird also in der Regel dadurch ausgeschlossen, dass man keine Erfahrung von sich als moralisches Wesen hat, während es zu dieser Erfahrung gehört, dass man zögert, sich entscheiden muss, hadert, mit sich ringt, sich einen Ruck gibt und dann das Gute tut (vgl. Strawson 2010, 257).

In einem gewissen Sinn kann jemand daher nach Strawson nur moralisch richtig handeln, wenn er auch davon überzeugt ist (oder daran glaubt), moralisch richtig zu handeln (vgl. Strawson 2010, 262). Hier findet sich auch das tugendethische Argument Philippa Foots wieder: Eine moralisch gute Handlung muss sowohl im Hinblick auf ihre Intention als auch im Hinblick auf die Ausführung der Handlung gut und absichtlich sein. Jemand könnte daher nicht zufällig moralisch handeln, ohne das beabsichtigt zu haben, während jemand aber durchaus ohne entsprechende Absicht zufällig *richtig* handeln kann. Bei *moralisch gutem Handeln* müssen also eine bestimmte Absicht und eine bestimmte Überzeugung (nämlich moralisch handeln zu *wollen*) zur Tat hinzukommen. So ist ein Wissen darum und ein Glaube daran, moralisch zu handeln, offenbar für moralische Verantwortung eine notwendige Voraussetzung. Überzeugt zu sein, das Richtige zu tun, scheint zum moralischen Handeln zu gehören (vgl. Strawson 2010, 199). Sonst wäre die Handlung nur zufällig und nicht wirklich moralisch gut.

Bedeutet das allerdings auch, dass jemand nicht moralisch beurteilt werden kann, wenn er sich in einer bestimmten Handlung der moralischen Dimension seines Handelns nicht bewusst war? In der Tat gehört es zu unserer moralischen Praxis, dass wir Menschen weniger für ihre schlechten Taten tadeln und bestrafen, wenn sie sich nicht darüber im Klaren waren, was ihr Handeln schlecht macht. Dennoch verlieren sie damit in den meisten Fällen nicht gänzlich die Verantwortung für ihr Tun. Wie wir aber bereits bei Strawsons Überlegungen zur Freiheit gesehen haben, muss die Überzeugung, moralisch handeln zu können, als Voraussetzung für die Fähigkeit, moralisch handeln zu können, dem Handelnden nicht andauernd bewusst und präsent sein. Für die Zuschreibung moralischer Verantwortung ist es ausreichend, dass die entsprechende Person die notwendigen Voraussetzungen moralischer Verantwortung erfüllt.

---

[62] So kommt einem nach Strawson sogar ein fehler- und makelloser Heiliger, der immer automatisch alles richtig macht und nie unentschieden ist, nahezu wie ein nicht-moralisches Wesen vor (vgl. Strawson 2010, 257).

Es kann also niemand für sein Handeln moralisch verantwortlich sein, der nicht *explizit* davon überzeugt ist, ein Handelnder zu sein, der für sein Handeln verantwortlich ist (vgl. Strawson 2010, 151–152). Diese Überzeugung ist andauernd und bedeutet, dass man sich grundsätzlich als Handelnden erachtet, der unter moralischen Gesichtspunkten und für sein Tun verantwortlich agieren kann. Wie sich gezeigt hat (und da hat Strawson Recht), kann ein Tier keine solche Überzeugung von sich selbst haben. Das ist zum einen deshalb der Fall, weil einem Tier das dafür nötige reflexive Selbstbewusstsein fehlt. Andererseits fehlen einem Tier auch die entsprechenden moralischen Konzepte, die wir uns als menschliche Gemeinschaft(en) selbst gegeben haben. Der *Glaube* an die eigene Moralität muss dabei ebenso wie die anderen Voraussetzungen moralischer Verantwortung nicht andauernd realisiert und präsent sein. Bei Kant sind alle Angehörigen der Gattung Mensch grundsätzlich moral-*fähig*, auch wenn die entsprechende Fähigkeit nicht andauernd realisiert sein muss oder durch bestimmte Umstände reduziert sein kann (vgl. Höffe 2002, 64–66). Wie sich aus dem Untersuchten ergibt, gibt es gute Gründe, nur den Zugehörigen der Gattung Mensch volle *Moralfähigkeit* zuzuschreiben. Innerhalb der Gattung kann es dann aber wieder unterschiedlich stark ausgeprägte Moralfähigkeit und Grade der moralischen Verantwortung geben.

5.1.5 Moralische Verantwortung als graduelles Konzept

Thompson untersucht die Entstehung des moralischen Verständnisses und moralischer Gefühle bei Kindern. Dies könnte Aufschluss darüber geben, wie sich Moral und ein moralisches Selbstverständnis bei Menschen entwickelt. Bei Kindern entstehen demnach früh konzeptuelle und emotionale Fähigkeiten, die die Grundlage einer primitiven *vormoralischen Sensibilität* (Thompson 2015, 280) sein könnten. Demnach sind schon junge Kinder in der Lage, Gefühle und Ziele anderer Menschen zu erkennen, können das Verhalten anderer Menschen moralisch bewerten und erkennen kooperatives und soziales Verhalten. Das scheint die Basis des moralischen Selbst und des moralischen Charakters zu sein, der sich dann mit wachsendem Verständnis des Selbst und anderer (durch gelingende Beziehungen) entwickelt (vgl. Thompson 2015, 280).

Es gibt Studien, bei denen gezeigt werden konnte, dass schon sehr kleine Kinder in der Lage sind, die Intentionen von anderen Personen zu erkennen. In einer Studie saß beispielsweise ein 18 Monate altes Kind auf dem Schoß der Mutter und vor ihm versuchte eine Person, etwas mit unterschiedlichen Gegenständen zu tun. Die Person tat dabei so, als würde ihr die beabsichtigte Handlung nicht gelingen. So versuchte sie beispielsweise, eine Perlenkette in eine Schale zu werfen, und es gelang ihr mehrmals nicht. Stattdessen fiel die Kette dreimal neben die Schale auf den

Tisch. Nach den gescheiterten Versuchen wurde der jeweilige Gegenstand vor das kleine Kind gelegt, das den Gegenstand unmittelbar in die Hand nahm. Interessanterweise ahmten die Kinder dabei aber nicht das Verhalten der Person vor ihnen nach, sondern übten die Handlung aus, die die Person beabsichtigt hatte. Sie warfen beispielsweise die Perlen in die Schale und nicht neben die Schale. Eine Kontrollgruppe von Kindern ahmte dagegen die *erfolgreich* durchgeführte Handlung einer erwachsenen Person nach (hier warf die Person die Perlen in die Schale). Die Ergebnisse der beiden Gruppen (die Erfolgsraten beim Ausführen der Handlung) waren dabei vergleichbar. Das bedeutet, dass es der Gruppe, die die nicht erfolgreich ausgeführte Handlung beobachtete, ebenso gut gelang, die entsprechende Handlung erfolgreich auszuführen, wie der Gruppe, die die erfolgreiche Handlung beobachten und nachahmen konnte. Interessant ist dabei, dass die erste Gruppe im Gegensatz zur zweiten Gruppe die Absicht des Handelnden erkennen und umsetzen können musste (vgl. Thompson 2015, 282).

In einer Abwandlung der Studie führte man den Kindern Handlungen, die scheiterten, durch ein mechanisches Gerät mit Metallarmen vor. Das Ergebnis war, dass die Kinder mit sechs mal höherer Wahrscheinlichkeit die Handlung erfolgreich umsetzten (und damit die beabsichtigte Handlung erkannten und ausführten), wenn diese Handlung zuvor von einem Menschen nicht erfolgreich durchgeführt wurde, als wenn die Metallarme bei dieser Handlung scheiterten. Kinder scheinen also menschliche Absichten erkennen zu können, während sie Absichten bei mechanischen Geräten nicht so leicht identifizieren können (vgl. Thompson 2015, 282 – 283).

Kleine Kinder nehmen also schon sehr früh Ziele und Absichten *anderer Menschen* wahr und sind in der Lage, angemessen auf deren Emotionen zu reagieren. 18 Monate alte Kinder können bereits wahrnehmen, ob jemand glücklich ist, weil er etwas Ersehntes bekommen hat, oder ob jemand traurig ist, weil er etwas nicht erhalten hat. In einem Experiment zeigte eine Person beispielsweise Freude, wenn sie Brokkoli essen konnte. Dagegen war die Person nicht begeistert, wenn sie Cracker essen sollte. Kinder gaben daraufhin der Person etwas von ihrem eigenen Brokkoli ab. Sie waren also in der Lage, zu erkennen, dass die Person Brokkoli mag, auch wenn sie selbst den Brokkoli nicht mochten. Das könnte zwar ein Zeichen für frühe Formen von Empathie sein. Es wäre aber auch möglich, dass das Kind wie bei einer win-win Situation das loswerden wollte, was es selbst nicht mag, und das behalten wollte, was dem Kind selbst gut schmeckt. Nichtsdestotrotz könnte das beobachtbare soziale Verständnis nach Meinung einiger Vertreter der Entwicklungstheorie daher kommen, dass Kinder sich bereits selbst als absichtliche Handelnde wahrnehmen, daher vom eigenen Verhalten auf das Verhalten anderer schließen und dieses ausgehend von eigenen Absichten und Wünschen interpretieren. Durch das Beobachten von Absichten der Erwachsenen erkennen Kinder offensichtlich Muster. Sie können beobachten, dass jemand etwas tut, *um* etwas anderes zu erreichen. Dadurch lernen Kinder, Absichten zu erkennen (vgl. Thompson 2015, 283).

In einem weiteren Experiment dazu beobachteten die Kinder, wie einer erwachsenen Versuchsperson etwas zerstört oder weggenommen wurde, was dieser Person offenbar viel bedeutete. Danach wurden drei Luftballons in den Raum gebracht, von denen das Kind zwei und die erwachsene Person nur einen erhielt. Augenscheinlich aus Versehen glitt der Ballon der erwachsenen Person aus der Hand und außer Reichweite an die Decke. Die Kinder (im Vergleich zu einer Kontrollgruppe), die zuvor gesehen hatten, dass der Person etwas Unrechtes geschehen ist, neigten eher dazu, dieser Person einen Luftballon abzugeben und sie so oder anders zu trösten. Offensichtlich waren die Kinder also in der Lage, das Unrecht wahrzunehmen, und versuchten selbst, es durch eigenes Handeln auszugleichen und *wieder gut zu machen*. Kinder neigen also dazu, einem Opfer etwas Gutes zu tun und einem Täter etwas Gutes zu verweigern (vgl. Thompson 2015, 286).

In einer weiteren Studie mit Kindern im Alter von dreieinhalb Jahren konnte gezeigt werden, dass sich dieser Gerechtigkeitssinn mit zunehmendem Alter weiter ausprägt. Hier wurde den Kindern eine Geschichte mit Bildern gezeigt, in der zwei Mädchen zusammen Kekse backen. Eines der beiden Mädchen verliert aber die Lust und lässt das andere Mädchen die Arbeit allein weitermachen. Als die Kinder schließlich die Kekse den beiden Mädchen zuteilen sollten, teilten drei von vier Kindern dem Mädchen mehr Kekse zu, das die meiste Arbeit hatte. Im Alter von dreieinhalb Jahren können viele Kinder also schon richtig beurteilen, wer mehr Kekse *verdient* hat. Zu einem ähnlichen Ergebnis kommt eine weitere Studie mit Kindern im Alter von drei Jahren. Hier versuchte eine Person, die „wertvollen" Gegenstände einer anderen Person zu zerstören, und es gelang ihr nicht. Dennoch waren die Kinder im Anschluss weniger geneigt, dieser Person im Vergleich zu einer unbeteiligten weiteren Person zu helfen. Das zeigt, dass Kinder auch Personen mit schlechten Absichten etwas Gutes verweigern. Daraus kann man schlussfolgern, dass Kinder nicht nur konsequentialistisch agieren, sondern durchaus schon gute und schlechte Absichten erkennen und darauf reagieren können (vgl. Thompson 2015, 286–287).

Moralisches Verhalten entwickelt sich nach Thompson also früh und wird durch die Qualität der Beziehung zwischen Eltern und Kindern und deren Konversationen beeinflusst (vgl. Thompson 2015, 293). Wie sich das moralische Verständnis und Empfinden eines Kindes entwickelt, hängt also auch davon ab, ob die Eltern dem Kind erklären, was richtig und was falsch ist (vgl. Thompson 2015, 293). Auch hier finden sich also Sprache und Artikulation als Bedingungen der Moral wieder. Sameroff und Haith erkennen dann eine weitere bedeutende Veränderung in der Entwicklung zwischen dem Alter von fünf und sieben Jahren (vgl. McAdams

2015, 319). Während Kinder zuvor noch spontan sind, intuitiv handeln und ihre Aufmerksamkeit durch das gebunden ist, was gerade passiert, können sie später auch systematisch, rational und zielorientiert agieren und das moralische Verständnis daher differenzierter in Handlungen ausdrücken und umsetzen (vgl. McAdams 2015, 319).

Die moralische Verantwortung entwickelt sich also bei Kindern zunehmend. Genauso wie daher unterschiedliche Personen unterschiedliche Grade an Verantwortung haben können, können auch Taten unterschiedliche Grade an moralischer Verwerflichkeit aufweisen. So kann jemand mehr schuldig und zu tadeln sein, der einen Tod verursacht hat, als ein anderer, der eine Prellung verursacht hat, auch wenn beide gleich verantwortlich sind. Es kann unterschiedliche Schweregrade von Schaden und damit auch unterschiedliche Grade der Schwere der Schuld geben. Ebenso ist es auch graduell, in welchem Maße Handlungen lobenswert sind, je nachdem wie gut das ist, was man getan hat, und wie viel Mühe es erfordert hat (vgl. Sinnott-Armstrong 2013, 137).

Sinnott-Armstrong veranschaulicht solche Grade der moralischen Verantwortung durch den Unterschied zwischen Kindern und Erwachsenen. In einem Beispiel nimmt er an, dass Personen unterschiedlichen Alters (eine 5-, 10-, 15- und 20-jährige Person) einen Tod oder eine Prellung mit je denselben Motiven (beispielsweise Ärger oder Eifersucht) absichtlich verursachen. All diese Personen befinden sich durch ihr unterschiedliches Alter auf verschiedenen Ebenen was das Verständnis und die Impulsivität angeht. Obwohl sie alle exakt denselben Schaden anrichten, sind sie durch die Umstände in unterschiedlichen Graden moralisch verantwortlich (vgl. Sinnott-Armstrong 2013, 137–138).

Gleichermaßen sieht man, dass moralische Verantwortung in Graden existiert, wenn man unterschiedliche Grade geistiger Erkrankungen und die Auswirkungen auf die Verantwortung der betroffenen Personen betrachtet. Man kann nicht schuldig sein, wenn man bestimmte minimale Bedingungen nicht erfüllt. So kann ein Epileptiker, der während seines Anfalls aus Versehen einen Tod verursacht, nicht beschuldigt werden. Doch daraus, dass es solche minimalen Bedingungen für Verantwortung gibt, folgt nicht, dass es Verantwortung dann ab einem bestimmten minimalen Punkt nicht in Graden gibt. Der Grad der moralischen Verantwortung und der Grad der Kontrolle, die eine Person über ihre Handlungen hat, hängen dabei zusammen (vgl. Sinnott-Armstrong 2013, 138–139).

Es gibt also einen minimalen Punkt und minimale Bedingungen, von wo aus dann auch moralische Verantwortung in Graden vorhanden ist. Alles, was es davor gibt, sind vielleicht Vorstufen moralischer Verantwortung – aber hier *schreiben* wir keine moralische Verantwortung *zu* und stellen keine moralischen Ansprüche. Doch wo liegt nun dieser Punkt? Im Vorigen wurde die Grenze zwischen Menschen und anderen Lebewesen angedeutet und dafür argumentiert, dass Tiere die notwendigen Bedingungen für volle moralische Verantwortung nicht erfüllen. Die moralische Verantwortung scheint also nicht einfach graduell mit dem Grad der Handlungsfreiheit eines Lebewesens zu steigen, sondern kommt erst beim Menschen wesentlich ins Spiel. Eine Frage, die jedoch noch zu klären ist, ist, ob jeder Mensch moralische Verantwortung (zumindest in Graden) hat, so wie jeder Mensch zumindest grundsätzlich moral*fähig* ist. Oder ob es auch unter den Menschen Personen gibt, die die minimalen Bedingungen nicht ausreichend erfüllen und denen moralische Verantwortung daher auch nicht in Graden zugeschrieben werden kann.

Auch Sinnott-Armstrong stellt sich die Frage, wo man die Grenze auf dem Kontinuum von Graden der Kontrolle (beispielsweise zwischen Süchtigen und Nicht-süchtigen) ziehen kann. Auch wenn er diese Frage im Kontext der Frage nach Verantwortung bei Süchtigen stellt, lässt sie sich auch auf generelle Fragen der Grenzziehung übertragen. Er ist dabei der Meinung, dass es keine guten Gründe gibt, die Grenze an einer *bestimmten* Stelle zu ziehen. Die einzigen Gründe, die hier seiner Meinung nach eine Rolle spielen, sind *pragmatische Gründe.* Das beobachten wir auch immer wieder in der Praxis, denn das Gesetz *muss* solche Grenzen zu bestimmten Zwecken ziehen. So gibt es beispielsweise eine festgelegte Grenze, ab der man als so kurzsichtig gilt, dass man im Straßenverkehr eine Brille braucht. Das bedeutet allerdings nicht, dass man vor dieser Grenze nicht kurzsichtig war. Denn auch Kurzsichtigkeit ist nicht erst ab einem bestimmten Punkt vorhanden, sondern steigt graduell. Wie die Grenze gezogen wird, ist also auch stark von den Umständen, der Perspektive und von praktischen Gründen abhängig (vgl. Sinnott-Armstrong 2013, 136).

Das lässt sich auf die Frage übertragen, ab welchem minimalen Punkt die moralische Verantwortung ins Spiel kommt. Auch hier ist die Grenzziehung nicht so einfach, da die moralische Verantwortung graduell steigt (und auch fallen kann). Aus den bisher untersuchten Punkten und dargestellten Argumenten kann man aber schließen, dass eine Grenze bestenfalls zwischen Menschen und anderen Lebewesen, die nicht Teil unserer moralischen Gemeinschaft sind, gezogen werden kann. Alle Angehörigen der Gattung Mensch erfüllen zumindest grundsätzlich qua Mensch die notwendigen Voraussetzungen für moralische Verantwortung (Selbstbewusstsein, Selbstkontrolle, Autonomie, Sprache und Artikulation und eine gewisse Überzeugung der eigenen Moralfähigkeit). Diese Voraussetzungen müssen nicht von jedem Individuum oder in jedem Moment vollumfänglich erfüllt sein. Personen, bei denen diese Voraussetzungen aus unterschiedlichen Gründen eingeschränkt sind, *entschuldigen* wir und schreiben ihnen reduzierte moralische Verantwortung für ihr Handeln zu. Dennoch werden sie dadurch nicht aus einer moralischen Gemeinschaft ausgeschlossen. Auch wenn wir ihnen die moralische Verantwortung also nicht *völlig* absprechen können, müssen wir in vielen Fällen praktische Grenzen für die Zuschreibung der Verantwortung ziehen. So kann es in verschiedenen Kontexten Grenzen geben, ab denen wir von moralischer Verantwortung sprechen und diese auch praktisch nutzen können, indem wir Personen für ihr Tun verantwortlich *machen* und sie für ihre Taten loben oder anklagen. Wo genau diese Grenzen praktischerweise liegen müssten, muss immer wieder in Gesetzen festgelegt und von der Gesellschaft verhandelt werden. Denn bei der moralischen Verantwortung handelt es sich auch um etwas, das wir ganz praktisch für unser Zusammenleben und für den Umgang miteinander benötigen, weshalb wir hier auch (anders als bei metaphysischen Fragen) eine *praktische* und *praktikable* Grenze ziehen können und müssen.

Nachdem nun die Frage behandelt wurde, wer grundsätzlich moralische Verantwortung haben kann und ab wann die Moralfähigkeit in einem graduellen Konzept von Handlungsfreiheit ins Spiel kommt, bleibt nun nur noch die Frage offen, inwiefern ein grundsätzlich moralfähiges Wesen für die Details einer Handlung, in denen Steward die Freiheit verortet, moralisch verantwortlich sein kann. Diese Frage soll und kann nur noch im Hinblick auf menschliche Handelnde beantwortet werden. Da wir Tiere in der Regel nicht als moralisch Handelnde betrachten, macht es auch keinen Sinn, danach zu fragen, inwiefern sie für die Details ihrer Handlungen moralisch verantwortlich sind. Diese Frage ist nur in Bezug auf unsere (menschlichen) Handlungen interessant.

5.1.6 Inwiefern wir für die Details unserer Handlungen moralische Verantwortung haben

Noch einmal müssen wir also auf die Frage zurückkommen, welche Bedeutung die kleinen Details und *Settlings* haben, die Teil unserer Handlungen sind und durch die wir nach Steward frei sind. Müsste sich nicht herausstellen, dass sie im Prinzip völlig unbedeutend sind, wenn sie für unsere moralische Verantwortung keine Rolle spielen? Dass das nicht der Fall ist, wurde im Vorigen schon mehrfach angedeutet. Denn diese Details haben zumindest indirekt einen Einfluss auf unsere moralischen Handlungen und Entscheidungen, da sie die Bedingung der Möglichkeit von moralischer Verantwortung sind. Ist ihr Einfluss aber allein auf diese indirekte Verbindung begrenzt oder stehen sie noch auf andere Weise in Bezug zur moralischen Verantwortung?[63]

---

63 Spielen sie für unsere moralischen Handlungen keine größere Rolle, wird die Theorie angreifbar für kompatibilistische Argumente. Sind die Details einerseits die Voraussetzung für moralische Verantwortung und andererseits zufällig, dann ist möglicherweise der Zufall die Voraussetzung und der Ursprung unserer moralischen Entscheidungen oder spielt dafür eine Rolle.

Wir haben gesehen, dass eine Handlung als Prozess angesehen werden muss, der aus vielen Einzelheiten besteht. Nur der Prozess als Ganzer ist die Handlung. Bei den vielen Details der Handlung können wir neue Anfänge machen, wodurch wir metaphysisch frei sind (wir sind nicht durch eine universale Kausalkette determiniert). Moralisch verantwortlich sind wir meiner Meinung nach aber *in erster Linie* für die Handlung als Ganze. Es ist dieser Prozess als Ganzer einschließlich der Handlungsabsicht (also Korsgaards *Action*), den wir bewusst und explizit wählen. Die Details und Einzelheiten werden als Mittel zur Erreichung dieses Zieles gewählt und sind daher selbstdeterminiert. Doch viele solcher (vor allem kleineren) Mittel und Wege wählen wir nicht bewusst und explizit. Wir müssen hier nicht über jedes einzelne Detail nachdenken und eine bewusste Entscheidung treffen, ob wir es so oder anders machen. Wir agieren dagegen häufig intuitiv – vor allem, wenn wir bestimmte Dinge erlernt haben und auf die entsprechenden Abläufe zurückgreifen können. Dass wir dadurch nicht die Kontrolle über diese Details verlieren, haben wir gesehen. Entscheidend ist, dass diese Details *selbstdeterminiert* und damit weder rein willkürlich noch vorherbestimmt sind. Es handelt sich dabei also um Momente, in denen etwas festgesetzt wird, was ebenso anders hätte festgesetzt werden können, weil mehrere Optionen zur Umsetzung dieser Handlung gepasst hätten. Die Optionen sind also vom Handelnden gewissermaßen vorselektiert, ohne dass endgültig festgelegt ist, welche Option er im Moment der Handlung wählen wird. Der *Beginn* seiner Handlung und auch seine Handlungsabsicht können dabei durchaus determiniert und von seiner Geschichte abhängig sein. Doch die Einzelheiten sind durch nichts Vorhergehendes endgültig festgelegt.

Im zweiten Kapitel haben wir gesehen, dass eine moralisch gute Handlung eine im Ganzen gute Handlung ist. Eine gute Handlung ist also nicht nur eine Handlung mit einer guten Absicht, sondern es kommt auch auf die Gestaltung der Handlung und auf die Ausführung an. Aus diesem Grund ist die moralische Handlung nicht völlig bestimmt und alternativlos, nur weil die Absicht oder der Beginn der Handlung determiniert sein können. Die Details spielen also deshalb auch moralisch eine Rolle, weil sie *im Zuge der Handlung gewählt* werden (auch wenn wir nicht jedes einzelne Detail explizit wählen). Dieses Argument kann aber nur funktionieren, wenn moralische Handlungen nicht konsequentialistisch gedacht werden. Die Details und Einzelheiten einer Handlung können nur dann auch moralisch eine Rolle spielen, wenn man eine Ethik zugrunde legt, die sich nicht nur am Ergebnis einer Handlung, sondern am Prozess der Handlung orientiert. Aus diesem Grund scheint Stewards libertrarischer Ansatz durch die Tugendethik ergänzt werden zu müssen, wenn man die Frage beantworten will, in welcher Beziehung metaphysische Freiheit und moralische Verantwortung stehen.

5.1 Wie können wir für die Details unserer Handlungen moralisch verantwortlich sein?

Es ist zunächst einmal die Handlung als Ganze, die moralisch bewertet werden kann.[64] Unser Wille richtet sich offenbar immer auf solche Handlungen als Ganze mit einem Ziel und nicht auf die *Acts* oder Details unserer Handlungen. Um in Stewards brennendes Haus zu laufen, brauchen wir einen starken Willen, der natürlich durch unsere Wünsche und Überzeugungen und durch alles, was uns im Leben begegnet ist, bestimmt ist. Aber solch einen Willen brauchen wir vielleicht nicht, wenn es darum geht, uns für links oder rechts zu entscheiden. Unser Wille richtet sich nicht auf das Nach-links-laufen *an sich* (das ist es nicht, was wir wollen), sondern darauf, die Kinder zu retten.

Der *Beginn* einer Handlung und auch unser *Wille* bei einer Handlung können also durch Wünsche und Überzeugungen determiniert sein. Aber viele Details unserer Handlung (die dasselbe wie Korsgaards *Acts* und Anscombes *Mittel* bei einer Handlung sind), die wir der Absicht wegen und als Mittel zur Erreichung unserer Ziele ausführen, können wir spontan und im Moment der Handlung festsetzen. Sie sind trotzdem ganz uns zuzuschreiben, weil sie Teile unserer Handlung sind. Es ist vernünftig, sie im Zuge der Handlung zu wählen, und sie passen zu uns, obwohl wir hier nicht auf eine einzige Alternative festgelegt sind. Obwohl diese vielen kleinen *Settlings* die Bedingung der Möglichkeit von Autonomie und moralischer Verantwortung sind, sind sie nicht der Ort, an dem unsere moralische Verantwortung hauptsächlich zu finden ist. Sondern sie eröffnen vor allem ein Fenster für diese Art der Verantwortung, indem sie Freiheit auf einer metaphysischen Ebene ermöglichen. Autonomie und moralische Verantwortung befinden sich auf einer anderen Ebene. Hier könnten Kompatibilisten wie Bieri und Frankfurt tatsächlich Recht haben, wenn sie sagen, dass sich in unseren durch den Willen und die eigene Geschichte bestimmten moralischen Entscheidungen immer zeigt, wer wir sind und wer wir geworden sind. Entscheidend ist allerdings, dass wir für diesen Willen und für unseren Charakter verantwortlich sein können, wenn wir neue Anfänge machen und daher in der Vergangenheit unseren Charakter beeinflussen und formen konnten. Nicht die Tatsache, dass wir als Menschen nie determiniert oder durch Vergangenes bestimmt sind, sondern die Tatsache, dass wir *nicht immer* bestimmt sind, macht demnach unsere Freiheit aus. Deshalb ist es richtig, dass wir uns in unseren Handlungen selbst ausdrücken und das entfalten, was in uns steckt. Aber es ist ebenso richtig, dass wir uns in und durch unsere Handlungen selbst konstitu-

---

[64] Man steigt beispielsweise einen Berg hinab, um noch vor Sonnenuntergang nach Hause zu kommen. Die Bewegungen, die man ausführt, um den Berg hinabzukommen, zählen dann deshalb als gewollt und sind nicht zufällig, weil die Absicht und das Ziel determinieren, was man tut. Dadurch kann man die Bewegungen dem Handelnden zuschreiben (vgl. Korsgaard 2009, 68–69).

ieren und zu dem machen, der wir sind, indem wir immer wieder etwas Neues festsetzen. Unsere Handlungen sind also meist bestimmt und nicht willkürlich, weil wir in Übereinstimmung mit unserem Selbst und dem, der wir geworden sind, handeln und entscheiden können. In diesem Sinne ist unser Wille also immer ein *bestimmter* Wille. Das ist allerdings für unsere Freiheit und Verantwortung nicht problematisch, da wir auf unseren Charakter und auf unseren Willen einen Einfluss haben, wenn der Libertarismus wahr ist.[65]

An dieser Stelle müssen wir jedoch noch einmal auf ein wichtiges Argument aus dem vierten Kapitel zurückkommen, das zunächst ein Problem für die Theorie zu sein scheint, allerdings auch zu einer neuen Perspektive führen kann. Angenommen die moralische Handlung besteht wie bei Foots Beispiel (siehe Kapitel 2.4.1) darin, dass ein Widerstandskämpfer zur Zeit der Nazis lügt, um andere zu schützen. Ein Teil seiner im gesamten als gut anzusehenden Handlung ist hier die Lüge. Sie ist also ein Mittel zur Erreichung seines Ziels. Eine andere moralische Handlung wäre die Handlung Stewards, die in ein brennendes Haus läuft, um ihre Kinder zu retten. Ein Detail dieser Handlung ist, dass sie nach links und nicht nach rechts läuft, um ihre Kinder zu suchen. Auch dabei handelt es sich um ein Mittel. Entscheidend ist hier, dass im einen Fall das gewählte Mittel eine andere moralische Dimension hat als im anderen Fall. Außerdem scheint die Lüge als Mittel und Detail einer Handlung nicht die Art von *Settling* zu sein, die Steward als *fresh Start* bezeichnen würde. Dagegen könnte man vielmehr die Lüge als eigene Handlung (in der Handlung) ansehen, die wieder durch bestimmte Details realisiert wird. Argumentiert man auf diese Weise, könnte man aber auch Stewards Handlung (den Versuch, die Kinder zu retten) in weitere Handlungen unterteilen. Man könnte dann ähnlich wie bei der Lüge das Nach-links-laufen als eigene Handlung ansehen, die wiederum aus verschiedenen Details (Bewegungen) besteht. Was würde dann aber dagegen sprechen, auch in dieser Handlung weitere Handlungen zu identifizieren, die ebenfalls wieder weitere Details enthalten? So würde man also in einen infiniten Regress geraten oder man müsste sich die Frage stellen, was nun die kleinsten Details einer Handlung sind, bei denen kein weiteres Zerlegen mehr möglich ist. Landet man auf diese Weise doch wieder bei den Neuronen im Gehirn als kleinteiligste Veränderungen, die dann als Ursache für verschiedene Beschreibungen einer Handlung angesehen werden können? Das ist nicht der Fall, denn unsere Setzungen werden *top-down* verursacht und wirken damit natürlich immer von einer größeren auf eine kleinere Ebene. Bei der Frage, welche Details es nun sind, die der Handelnde

---

[65] Diese Überlegungen finden sich teilweise auch in meinem Artikel *Können Maschinen handeln? Über den Unterschied zwischen menschlichen Handlungen und Maschinenhandeln aus libertarischer Perspektive* (Rutzmoser 2022) wieder.

festsetzt, ist die Antwort also: sowohl die größeren wie *auch* die kleineren Details, die durch die größeren Details festgesetzt werden. Hier wird noch einmal deutlich, dass Handlungen als *Prozesse* mit fließenden Übergängen betrachtet werden müssen. Denn die beschriebenen Probleme entstehen vor allem, wenn man eine Handlung als reine Abfolge von *Acts* betrachtet. Details können bei der *top-down Verursachung* natürlich durch kleinere Einzelheiten und damit durch weitere Details realisiert werden. Entscheidend ist, dass sie durch eine Absicht miteinander verbunden werden. Solch ein Detail oder Mittel einer Handlung kann man dann selbst als Handlung *beschreiben*, wenn es aus weiteren über eine Absicht verbundenen Details besteht. Wie sich bei Anscombe (siehe Kapitel 4.1.10) bereits gezeigt hat, kann bei einer absichtlichen Handlung die Warumfrage auch damit beantwortet werden, dass man etwas einfach getan hat, weil man es tun wollte. Auch über solch eine Begründung kann man also eine Handlung als Ganze erklären. Die Details (Mittel, *Acts*) sind also die Einzelheiten und all die kleinen Körperbewegungen und Tätigkeiten, die man wählt, *um eine bestimmte Handlung auszuführen.*

Im vorigen Kapitel hat sich gezeigt, dass wir umso mehr Verantwortung für unsere Taten tragen, je komplexer unsere Handlungen sind und je mehr und umso stärker andere durch unser Handeln betroffen sind. Es steigt also auch hier der Grad der moralischen Verantwortung mit der Komplexität der Handlung. Daher bin ich der Meinung, dass auch die Rolle, die Details für moralische Verantwortung spielen, graduell zu verstehen ist. Manche Details von Handlungen haben demnach einfach mehr moralisches Gewicht und eine höhere Bedeutung als andere Details. Damit haben die Details unserer Handlungen aber immer auch eine moralische Dimension – manche mehr, manche weniger. Eine Lüge, die im Zuge einer Handlung gewählt wird, hätte daher natürlich eine höhere moralische Bedeutung als eine einzelne Bewegung, die wir im Laufe unserer Handlung machen. Manche Details unserer Handlungen (wie einzelne Bewegungen) werden von anderen nicht moralisch bewertet und wir werden dafür nicht zur Rechenschaft gezogen. Doch dass sie überhaupt keine moralische Dimension haben, ist nicht wahr. Denn unter manchen Umständen kann es auch moralisch eine Rolle spielen, wie wir uns bewegt haben. Natürlich würde man Steward für das Nach-links-laufen weniger verantwortlich machen oder gar tadeln als eine Person, die im Zuge einer Handlung gelogen hat – und doch bedeutet das nicht, dass Steward selbst sich nicht Vorwürfe machen würde, wenn sie im brennenden Haus nach links gelaufen ist und ihre Kinder daher nicht retten konnte. Wir ziehen Menschen zwar hauptsächlich für das Ergebnis ihrer Handlungen und die Handlung als Ganze zur Verantwortung. Doch für eine moralische Bewertung spielen auch die genauen Umstände, der Ablauf und die Einzelheiten der Handlung eine Rolle. Aus diesem Grund sind die Details unserer Handlungen in moralischer Hinsicht nicht unbedeutend, obwohl nicht alle Details in gleichem Maße moralisch ins Gewicht fallen.

Damit lässt sich auch eine andere schwierige Frage im Zusammenhang mit der moralischen Verantwortung klären: Können wir nur in kleinen Bewegungen etwas Neues festsetzen oder gibt es auch *fresh Starts* bei großen (moralischen) Entscheidungen? Es kann vorkommen, dass wir (wie bei Buridan-Fällen) wirklich zwischen zwei Alternativen hin- und hergerissen sind, die uns gleichwertig erscheinen. Oft wird am Ende die vernünftige Überlegung oder ein Bauchgefühl die Entscheidung beeinflussen. Aber in manchen Fällen gibt es tatsächlich kein Kriterium für die Wahl und diese ist damit völlig unbestimmt. Wir müssen im Moment der Entscheidung das eine oder das andere tun und können damit spontan einen neuen Weg beginnen. Auch in solchen Fällen handelt es sich um einen wirklichen *fresh Start*. Das „Problem" mit den Details von Handlungen ist, dass es auch von der Beschreibung der Handlung abhängt, was man als Detail ansieht. Auch solch eine große Entscheidung zwischen zwei Alternativen könnte in einen größeren Kontext eingebettet als Mittel und Detail einer Handlung mit bestimmter Absicht angesehen werden. Doch genau darin liegt auch die Stärke von Stewards Ansatz (wenngleich sie selbst auf diesen Aspekt nicht eingeht): Es könnte im Prinzip vieles auch als Mittel einer noch größeren Handlung[66] beschrieben werden. Das verdeutlicht den Prozesscharakter, den Handlungen haben. Eine klare Grenze zwischen den einzelnen *Acts* und zwischen den einzelnen Handlungen kann man gar nicht so leicht ziehen – vielmehr handelt es sich um fließende Übergänge – auch was die Frage angeht, in welchem Maße Details in moralischer Hinsicht eine Rolle spielen. Weil damit auch größere Entscheidungen als Details von Handlungen angesehen werden können, müssen sie von den *fresh Starts* nicht ausgeschlossen werden. Auch in solchen Entscheidungen kann man also spontan einen neuen Anfang machen. Der entscheidende Punkt ist jedoch, dass wirkliche *fresh Starts* auf dieser Ebene ungleich seltener vorkommen, während wir auf der Ebene unserer einzelnen Bewegungen viel mehr spontane Setzungen durchführen. Damit umgeht Steward (ohne das explizit so formuliert zu haben) ein Dilemma: Würden wir (wie van Inwagen befürchtet) nur in sehr wenigen Momenten im Leben bei größeren Entscheidungen zwischen gleichwertigen Alternativen wirklich etwas festsetzen, wären wir nur in sehr wenigen Momenten im Leben frei. Das ist bei Steward nicht der Fall. Wir sind durch all die kleinen Details und spontanen Setzungen durch unsere vielen Bewegungen andauernd frei und setzen etwas Neues fest. Andererseits wären wir auch in unseren größeren Entscheidungen nicht ganz frei, wenn wir *nur* in kleinen Bewegungen etwas festsetzen könnten und in unseren größeren Entscheidungen *immer determiniert* wären. Auch das muss man bei Steward nicht schlussfolgern. Denn wenn man keine klare Grenze zieht, wo Details und *Settlings*

---

66 Oder eines größeren Handlungskontextes.

beginnen und aufhören, können in manchen Fällen auch unsere größeren Entscheidungen wirkliche *Settlings* sein.

Weil Handlungen Prozesse sind, für die wir moralische Verantwortung haben können, haben auch die Teile und Ereignisse solcher Prozesse natürlich eine moralische Dimension und spielen für unsere moralische Verantwortung eine Rolle. Inwiefern einzelne Details allerdings in eine moralische *Bewertung* eingehen, hängt von der konkreten Situation und den Umständen ab. Manche Details spielen auch selbst eine größere moralische Rolle. Andere Einzelheiten einer Handlung fallen moralisch weniger ins Gewicht. Wollen wir eine Handlung moralisch *beurteilen*, betrachten wir allerdings nicht *nur* einzelne Ereignisse, sondern den Kontext und die Handlung als ganzen Prozess.

5.2 Charakterbildung als Prozess

Ebenso wie die Handlung ein Prozess ist, ist wiederum auch die Charakterbildung ein Prozess. Hier wirkt der bereits geformte Charakter auf die Entscheidungen ein. Die Entscheidungen beeinflussen aber auch die weitere Charakterbildung. Dafür ist es nötig, zumindest manchmal Akte der spontanen Selbstgestaltung ausführen zu können. Denn manchmal ist auch eine größere Entscheidung nicht nur der Ausdruck davon, wer man geworden ist, sondern auch eine Entscheidung darüber, wer man in Zukunft sein möchte. Durch solche Momente der Selbstgestaltung entwickeln und bilden wir unseren Charakter. Je besser es uns gelingt, diesen Charakter auszubilden, umso eher haben wir ein gelungenes Leben, was letztlich unsere tiefste Handlungsmotivation ist und so auf all unser Handeln wieder zurückwirkt.

5.2.1 Spontane Selbstgestaltung

Die moralische Entscheidung eines tugendethischen *Phronimos* ist meist zunächst offen (und muss es auch sein), weil es gerade ein Zeichen seiner angemessenen Haltung ist, ein Problem zunächst zu evaluieren und nicht mit starren Regeln auf eine konkrete Situation zu reagieren (vgl. Borchers 2001, 292–295). Die Tugendethik ist also eine ethische Theorie, die Raum für Dilemma und für Entscheidungen lässt, in denen man hin- und hergerissen ist. Solche schweren Entscheidungen werden aber nicht nur akzeptiert, sondern sogar als wesentlich für moralisches Handeln angesehen, da der Fokus in der Tugendethik nicht nur auf einer Handlung und ihrem Ergebnis, sondern auch auf dem Prozess der Handlung und der Entscheidungsfindung selbst liegt. Nach Hursthouse ist dieser *Prozess* der Entscheidungsfindung interessanter und sagt über die Tugendhaftigkeit des Handelnden mehr aus, als das Resultat (die endgültige Entscheidung) (vgl. Borchers 2001, 296). Denn letztlich ist es auch ein Merkmal eines *Phronimos*, nach bestem Wissen und Gewissen zu handeln – aber auch die volle *Verantwortung* für eine Handlung zu übernehmen, zu die er durch nichts (auch nicht durch die eigene Vernunft) *gezwungen* ist.

> Gerade der besonders kompetente moralische Akteur gesteht bereitwillig zu, dass er oft nicht weiß, wie zu entscheiden ist und dass bestimmte moralische Konflikte *unlösbar* erscheinen (alle in Frage kommenden Handlungsalternativen sind vom moralischen Standpunkt aus gleichwertig) oder gar als *tragisch* zu bezeichnen sind (es ist unmöglich, ohne schmutzige Hände aus der Situation herauszukommen). Er wird von Fall zu Fall nach einer Entscheidung suchen, die er zu begründen und verantworten zu können glaubt, wird aber nicht annehmen, diese Lösung ließe sich verallgemeinern oder sei die einzig richtige. Diese Entscheidung war *gut*, wenngleich nichts dazu berechtigt zu sagen, sie sei *richtig* gewesen. (Borchers 2001, 292)

Im Gegensatz dazu betrachten Kompatibilisten wie Frankfurt die Ambivalenz und das Hin- und Hergerissensein als Erkrankung des Willens (vgl. Frankfurt 1999, 100). Gesund ist ein Wille seiner Meinung nach nur dann, wenn er eins mit sich selbst und die Person *wholehearted* ist (vgl. Frankfurt 1999, 100). Ist man dagegen zwischen zwei (oder mehr) Zielen oder Wünschen hin- und hergerissen und kann keine Gründe finden, die eine Alternative der anderen vorzuziehen, zeigt sich nach Frankfurt die Schwäche des Willens. Allerdings gehören diese Entscheidungssituationen und auch die damit verbundene Ambivalenz zu unserem Alltag. Entscheidend und damit ein Zeichen von Charakter- und Willensstärke ist, ob es einer Person gelingt, das Hin- und Hergerissensein zu überwinden und sich trotz eines Mangels an eindeutigen Gründen für eine und damit gegen die andere Alternative zu entscheiden. Damit sind solche Situationen, in denen man mit der Ambivalenz konfrontiert wird, besonders interessant für die Konstitution des eigenen Willens und Charakters und für die Autonomie und Freiheit einer Person. Denn in solchen Momenten konstituiert man sich – wie auch Korsgaard sagen würde – erst selbst und macht sich zu einer Einheit, *indem* man eine Entscheidung trifft. Solche Momente der Selbstbestimmung und spontanen Selbstgestaltung sind nicht einfach, weil man sich einen Ruck geben und etwas tun muss, wobei man nicht weiß, ob sich die andere Alternative nicht als besser erwiesen hätte. Wie sich zeigte, kann es ein psychischer Defekt und ein Zeichen von Entscheidungsschwäche sein, wenn man in solchen Situationen keine Entscheidung treffen *kann*. Daher zeigt sich ein starker *Charakter* auch und gerade in solchen Momenten.

Eine solche schwere Entscheidung, die nicht abzusehen war, beschreibt Borchers in *Die neue Tugendethik – Schritt zurück im Zorn* und bezieht sich damit auf die Erfahrung R. Klügers in einem Konzentrationslager. Diese hat ihr Leben dem spontanen Eingreifen einer Verwaltungshilfe zu verdanken, die den Aufseher überzeugte, Klüger für den Arbeitsdienst einzusetzen. Dadurch, dass die Hilfe für die Frau selbst ein großes Risiko darstellte (Klüger wäre für den Arbeitsdienst eigentlich zu schwach und klein gewesen), war sie unerwartet, sie ließ sich nicht aus der Kenntnis der Person oder der Situation ableiten, sondern durchschnitt die „Kette der Ursachen" (Borchers 2001, 347). Borchers schreibt dazu (vgl. Borchers 2001, 347):

> Menschen entscheiden im letzten Moment, darum ist der letzte Moment, der die Handlung auslöst, nicht zu berechnen. Auch wenn man alles über einen Menschen wüßte, was es zu wissen gibt, und es im erdenklich komplexesten Computer speicherte, so wäre das Zusammenspiel, das ich beschrieben habe, immer noch nicht vorauszusagen gewesen. (Borchers 2001, 347)

Daher liegt auch für Borchers in diesem letzten, entscheidenden Moment vor einer Handlung große Freiheit. Sie sieht richtigerweise die Stärke der Tugendethik gerade darin, dass sie diesem Umstand Rechnung trägt. Alle moralischen Entscheidungen hängen nämlich auch damit zusammen, welche Art von Mensch wir sein *wollen*. Das Interessante an der im zweiten Kapitel beschriebenen Tugendethik (und damit ergänzt sie den Libertarismus) ist also, dass sie *„die Moral als Teil der Selbstgestaltung begreift"* (Borchers 2001, 348), zu der wir in jedem Moment unserer Entscheidungen beitragen (vgl. Borchers 2001, 347–348).

Damit kann und sollte man die Selbstgestaltung aber nicht, wie die Kompatibilisten meinen, als ein bloßes Entfalten dessen verstehen, was schon immer in uns steckte, sondern als ein Werden und einen Prozess, bei dem wir andere und uns selbst überraschen können und unser Selbst gerade dadurch formen, dass wir im entscheidenden Moment Haltung bewahren (oder eben nicht).

5.2.2 Spontaneität und Glück bei moralischen Handlungen

Durch den starken Fokus der Tugendethik auf dem Prozess einer Handlung und einer konkreten Person und Situation, ergänzen sich Tugendethik und Stewards Handlungstheorie. Letztere kann die metaphysische Basis für die Tugendethik schaffen, die dann wiederum die ethische und moralische Perspektive ergänzen kann. Wir können nur Akte der spontanen Selbstgestaltung durchführen und moralisch handeln, wenn wir metaphysisch frei sind. Unsere metaphysische Freiheit in Details kann aber auch nur eine Rolle für moralisches Handeln spielen, wenn es in der Ethik nicht nur um das Ergebnis einer Handlung geht.

Bei Steward haben wir gesehen, dass wir bei vielen Details von Handlungen automatischen Abläufen das Regime überlassen – vor allem, wenn wir bestimmte Handlungstypen erlernt haben. Auch bei der Tugendethik bildet man durch Lernen und Gewöhnung seinen Charakter so aus, dass man eine innere Haltung entwickelt, auf die man sich verlassen kann. Auch hier kann auf bereits Erlerntes automatisch zurückgegriffen werden. Hat man solch eine durch Gewöhnung erworbene Haltung, handelt man nach gewissen inneren Regeln. Dass Moral mit Regeln zusammenhängt, ist offensichtlich. Doch folgt daraus, dass es moralisches Handeln in einem konkreten Einzelfall nicht geben kann, weil der moralische Akteur immer nach Regeln der Form *immer wenn, dann* handelt? Das ist nicht der Fall, denn zum einen versteht die Tugendethik eine innere Regel oder Haltung nicht wie beispielsweise Kant als innere Pflicht, die durch die Einsicht der Vernunft zustande kommt und verallgemeinerbar ist. Außerdem muss die Einsicht eines *Phronimos* auf seine konkrete Situation und Person übertragen werden, wodurch es sich bei der tugendethischen Handlung immer um eine individuelle Interpretation dessen handelt, was gut und richtig ist. Schließlich muss der *Phronimos* erkennen und berücksichtigen, wie er das moralisch Richtige *mit seinen Mitteln* und in seiner konkreten Situation umsetzen kann. Auch hier kann daher der *Beginn* der Handlung oder ihre *Absicht* von einer moralischen Einsicht oder inneren Regel geleitet sein. Doch wie *genau* der *Phronimos* diese Handlung umsetzt, muss er in jeder individuellen Situation entscheiden und spontan festlegen. Bei den exakten Mitteln, die er in dieser konkreten Situation wählen muss, kann er sich nicht ausschließlich auf Erlerntes verlassen. Aus diesem Grund ist die libertarische Fähigkeit, etwas spontan festsetzen zu können, für den tugendethischen *Phronimos* entscheidend. Hat er seinen Charakter gut ausgebildet, ist die Wahrscheinlichkeit hoch, dass er mit seinen intuitiv und spontan getroffenen Entscheidungen richtig liegt.

Wir haben gesehen, dass ein Klavierspieler zunächst die Bewegung der Finger erlernen muss, bevor er ein komplexes Stück spielen kann. Es gelingt die Handlung im Ganzen umso eher, je weniger man sich auf Details fokussieren muss. Daher profitiert auch der *Phronimos* von vielen ähnlichen Situationen, in denen er tugendhaftes Handeln lernen konnte. Doch dafür muss er sich eine lange Zeit (wie der Klavierspieler) auf die Einzelheiten und Details einer Handlung konzentrieren, bis er sich in bestimmten Situationen intuitiv tugendhaft verhalten kann. Die Details von Handlungen, die wir irgendwann automatisch ausführen können, müssen wir zunächst *absichtlich* und *bewusst* ausführen, um das entsprechende Verhalten zu erlernen – so wie der *Phronimos* erst eine ganze Weile bewusst und absichtlich über die goldene Mitte nachdenken muss, bis er irgendwann in der Lage ist, sie intuitiv zu erkennen.

Doch auch bei einem *Phronimos* bedeutet das nicht, dass er nur richtig wählen *kann*, wenn man den *Phronimos* nicht als das aristotelische, praktisch unerreichbare Ideal betrachtet. Für einen moralischen *Menschen* gibt es trotz seines Wissens um die Tugenden viele Dinge, die er mit seiner Handlung festsetzen kann und auf die er sich individuell einstellen muss. Damit ist das moralische Vorbild vielleicht auch manchmal derjenige, der sich an die Umstände am besten anpassen kann. Denn ein solcher *Phronimos* muss, auch wenn er seinen Charakter gut ausgebildet hat und sich auf sein Urteil verlassen kann, viele kleine Details seiner als gut erkannten Handlung spontan festsetzen. Daher muss er in der Lage sein, Entscheidungen ohne vorherige Erfahrung zu treffen, weil er in eine identische Situation noch nie geraten ist. Das moralische Vorbild ist also auch manchmal derjenige, der auf Unerwartetes am besten reagieren und seine moralischen Ziele damit am besten umsetzen kann. Denn ähnlich wie es jemandem, der ein tolles Haus bauen will und im Prozess des Hausbaus viele kleine Fehlentscheidungen trifft, nie gelingen wird, das erträumte Haus fertigzustellen, so kann es auch einem *Phronimos* ergehen, der durch viele kleine Details seine moralischen Ziele nicht erreichen kann. Immer wieder gibt es solche Menschen, die zwar das Beste wollten (und gute moralische Ziele hatten) und denen es trotzdem nicht gelang, diese Ziele umzusetzen. Vielleicht haben sie viele kleine spontane Fehlentscheidungen getroffen und damit einfach Pech gehabt. Daher scheinen Glück und Pech und damit der Zufall durchaus auch bei moralischen Entscheidungen eine gewisse Rolle zu spielen. Nur derjenige wird am Ende ein moralisches Vorbild, der auch das Quäntchen Glück hatte, zur richtigen Zeit am richtigen Ort zu sein und sich in vielen kleinen Details spontan richtig zu entscheiden. Auch aus dieser Perspektive haben also kleine Details einen Einfluss auf moralisches Handeln, auch wenn wir in vielen Fällen niemanden dafür *verantwortlich machen* würden. Dem Retter im brennenden Haus würden wir nicht die Schuld geben, wenn er sich mit links falsch entschieden hat. Das ändert allerdings nichts daran, dass er selbst sich in der Regel durchaus zu einem gewissen Grad für den Tod der Kinder verantwortlich machen und vermutlich lange Zeit mit sich hadern würde, warum er links und nicht rechts gewählt hat und die Kinder daher nicht finden konnte. Trotz der Rolle, die also Details auch beim Verfolgen moralischer Ziele spielen, braucht es natürlich zusätzlich die richtige Absicht und die moralische Entscheidung (für die wir Menschen *verantwortlich machen*), die den Prozess in Gang setzen müssen. Ob er gelingt, liegt dann aber auch ein bisschen an Glück und Zufall. Dass Glück und Zufall bei moralischem Handeln keine Rolle spielen dürfen (wie es die Kompatibilisten fordern) ist also nicht richtig. Nicht nur eine spontane, sondern auch eine moralische Handlung darf einen *Moment des Zufälligen* (Brüntrup 2019, 129) enthalten.

All die Mittel, die wir zur Erreichung unserer Ziele wählen, tragen etwas zu unserem Glück und zu unserem gelungenen Leben bei. Diese Einsicht betont auch Harry Frankfurt, wenn er auf die wechselseitige Beziehung von Mitteln und Zwecken hinweist. Ein gelungenes Leben besteht bei ihm wesentlich im Sich-bemühen, um wünschenswerte Ziele zu erreichen. Über das Erreichen der Ziele hinaus ist auch die Mühe wertvoll, die wir uns beim Verfolgen unserer Ziele geben. Dadurch haben auch Ziele wiederum einen instrumentellen Wert (vgl. Frankfurt 1999, 90).

Wie sich zeigte, können wir Ziele und Mittel nicht so leicht voneinander trennen. Sie stehen in einer wechselseitigen Beziehung zueinander und können fließend ineinander übergehen. Eine Lebensgeschichte ist damit ein Prozess, in dem es wesentlich auf die Gestaltung ankommt: In all unseren Handlungen legen wir fest, *wie* wir uns durch die Welt bewegen und sind dadurch frei. In der Wahl und beim Verfolgen unserer Ziele entscheiden wir uns, *wie* wir leben wollen und übernehmen dadurch Verantwortung für unseren Charakter.

6 Fazit

In der Tugendethik kommt es auf das rechte Maß und auf eine realistische Selbsteinschätzung an, um beurteilen zu können, welche Handlung in einer konkreten Situation für eine bestimmte Person die richtige ist. Das angemessene Handeln (das Handeln, das in den eigenen Lebensplan und in die eigene Lebensgeschichte passt) ist eine wichtige Voraussetzung für ein gutes Leben. Die dafür nötige realistische Selbsteinschätzung muss man aber erst durch die Bildung des Charakters und über Erfahrung erlernen. Wie sich im zweiten Kapitel gezeigt hat, lernen wir gutes und richtiges Handeln auch und vor allem durch das Nachahmen von Vorbildern. Dadurch, dass wir die Handlungen „guter Menschen" imitieren, bilden wir durch Gewöhnung unseren Charakter aus. Wenn wir die Gutheit einer Person betrachten, geht in diese moralische Bewertung in der Regel nicht ein, was diese nicht freiwillig getan hat (vgl. Foot 2004, 90–100). Des Weiteren gehen nicht nur das Ergebnis, sondern auch das Wesen und der Prozess einer Handlung in eine moralische Bewertung ein. Die Handlung im Ganzen ist in den meisten Fällen nur moralisch gut, wenn sie in beiderlei Hinsicht gut ist. Daher ist ein moralisches Vorbild nicht bewundernswert, *weil* es *zufällig* das Richtige tut. Ein Vorbild ist bewundernswert, weil es eine Handlung absichtlich und freiwillig vollzogen hat, um ein bestimmtes Ziel zu erreichen. Das bedeutet jedoch nicht, dass dem moralisch guten Akteur der Zufall nicht zu Hilfe kommen darf. Um moralisch handeln und einen guten Charakter ausbilden zu können, brauchen wir also moralische Vorbilder, mit deren absichtlichen und freiwilligen Handlungen wir uns identifizieren können. Moralische Verantwortung und Verantwortung für den eigenen Charakter können wir also nur haben, wenn der universale Determinismus falsch ist.

In den Kapiteln drei und vier hat sich gezeigt, dass es gute Gründe für die Annahme gibt, dass der universale Determinismus falsch ist und von einer indeterministisch funktionierenden Welt ausgegangen werden kann. Der Libertarismus – vor allem das libertarische und graduelle Konzept Helen Stewards – ist detailliert analysiert und verteidigt worden. Die Stärke ihres Ansatzes liegt darin, dass eine angemessene Bestimmtheit von Handlungen (durch die Geschichte oder den eigenen Charakter) mit der Handlungsfreiheit, die andauernd und nicht nur in wenigen Momenten im Leben gegeben ist, verbunden werden kann. Dadurch lassen sich schließlich Handlungsfreiheit und moralische Verantwortung wieder miteinander vereinen, nachdem die unterschiedliche Bedeutung beider Begriffe in der vorliegenden Arbeit herausgearbeitet wurde. Menschen können ihren eigenen Charakter in Handlungen ausdrücken und diesen durch Handlungen bilden und ausbilden, weil sie im Gegensatz zu Tieren nicht nur Handlungsfreiheit, sondern auch volle moralische Verantwortung haben können. Weil sie also im Gegensatz zu

Tieren *für ihren eigenen Charakter* und *für ihr Selbst* moralisch verantwortlich sein können, können sie *sich selbst in Handlungen ausdrücken.*

Warum diese Fähigkeit und die moralische Verantwortung scheinbar nur Menschen zukommen können, wurde im fünften Kapitel diskutiert. Da sich herausgestellt hat, dass das Konzept der moralischen Verantwortung nur auf Zugehörige der Gattung Mensch sinnvoll anwendbar ist, stellt sich auch nur in Bezug auf menschliche Handlungen die von Steward nicht näher betrachtete Frage danach, inwiefern die Details von Handlungen auch moralisch eine Rolle spielen und ins Gewicht fallen können. Es wurde argumentiert, dass Details einer Handlung moralisch nur eine Rolle spielen können, wenn sich die moralische Bewertung einer Handlung nicht ausschließlich auf ihr Ergebnis bezieht. Details spielen dann deshalb eine Rolle, weil sie Teil des Prozesses sind, der insgesamt als gut oder schlecht bewertet werden kann. Sie spielen eine Rolle, weil sie im Zuge der Handlung als angemessene Mittel (absichtlich) gewählt werden, um ein bestimmtes Ziel zu erreichen, und weil sie zum Gelingen oder Misslingen einer Handlung beitragen. Daher haben sie immer auch eine moralische Dimension – obwohl Absicht und Ziel einer Handlung moralisch meist sehr viel mehr ins Gewicht fallen.

Es ist die Tugendethik, bei der dieser Prozesscharakter moralischer Handlungen und die spontane Selbstgestaltung im Fokus stehen. Daher scheinen wir die Tugendethik und den Libertarismus (Stewards) verbinden zu müssen, wenn wir wirklich in Bezug auf Handlungen und unseren Charakter etwas Neues schaffen können. Wahre Selbstgestaltung und Entwicklung sind demnach nur möglich, wenn wir sowohl in unseren Handlungen wie auch in moralischer Hinsicht (in Bezug auf unseren Charakter) neue Anfänge machen können. In diesem Sinne frei über das eigene Leben entscheiden zu können, gehört zu den Bedingungen eines gelungenen Lebens.

Es kann freilich einiges mehr betrachtet werden, wenn man das Gezeigte mit einer normativen Ethik verbinden will. Wie sich in Kapitel zwei zeigte, kann der Tugendethik durchaus vorgeworfen werden, dass sie keine inhaltlichen Kriterien für gutes oder richtiges Handeln benennen kann. Ein möglicher Lösungsansatz wäre hier, die Tugendethik um einige deontologische Regeln zu erweitern, wie es Borchers (2001) vorschlägt. Doch in der vorliegenden Arbeit ging es ausdrücklich nicht darum, inhaltliche Kriterien für richtiges oder falsches Handeln zu definieren, sondern der Fokus lag auf der Struktur und Analyse freier und moralischer Handlungen. Schließlich ist es auch gerade diese Offenheit der Tugendethik für eine inhaltlich individuelle Ausgestaltung, die gut in unsere pluralen Gesellschaften und Lebenswelten passt. Gerade weil keine Entscheidungssituation einer anderen völlig gleicht, kann es in der Ethik vielleicht auch keine völlig *unbedingten* Regeln geben. Immer können wir als moralische Akteure auch in Situationen geraten, in denen es zwei (oder mehr) gleich gute oder schlechte Alternativen und keine eindeutigen

Entscheidungskriterien gibt. Die Ethik muss also zugestehen, dass man in Situationen kommen kann, in denen es *den richtigen Weg* nicht gibt. Ein neuer Weg beginnt dann durch das Ermessen und den Mut der handelnden Person, Verantwortung für den gewählten Weg zu übernehmen – und gerade das ist an der Tugendethik vielleicht auch besonders tröstlich für die mit sich ringende und nach der besten Entscheidung suchende Handelnde: Es gibt nicht nur eine Möglichkeit, richtig zu handeln und das Gute zu tun.

7 Literaturverzeichnis

Andrews, Kristin (2013): Social Norms and Moral Agency in Other Species, in: *Animal Minds & Animal Ethics. Connecting Two Separate Fields*, Petrus, Klaus & Wild, Markus (Hrsg.), Bielefeld, transcript, 173–196.

Anscombe, Gertrude (1986): *Absicht*, Connolly, John & Keutner, Thomas (Übers. & Hrsg.), Freiburg (Breisgau)/München, Karl Alber.

Aristoteles (2015): *Nikomachische Ethik*, Wolf, Ursula (Übers. & Hrsg.), Reinbek bei Hamburg, 5. Auflage, Rowohlt. [NE]

Aristoteles (2010): *Poetik. Griechisch/Deutsch*, Fuhrmann, Manfred (Übers. & Hrsg.), Stuttgart, Reclam. [Poet.]

Aristoteles (2018): *Rhetorik. Griechisch/Deutsch*, Krapinger, Gernot (Übers. & Hrsg.), Stuttgart, Reclam. [Rhet.]

Betzler, Monika (2001): Bedingungen personaler Autonomie, in: *Freiheit und Selbstbestimmung. Ausgewählte Texte*, Betzler, Monika & Guckes, Barbara (Hrsg.), Berlin, Akademie Verlag, 17–46.

Bieri, Peter (2001): *Das Handwerk der Freiheit. Über die Entdeckung des eigenen Willens*, München/Wien, Carl Hanser.

Bishop, Robert (2002): Chaos, Indeterminism, and Free Will, in: *The Oxford Handbook of Free Will*, Kane, Robert (Hrsg.), New York, Oxford University Press, 111–124.

Borchers, Dagmar (2001): *Die neue Tugendethik – Schritt zurück im Zorn? Eine Kontroverse in der Analytischen Philosophie*, Paderborn, mentis.

Brüntrup, Godehard (2012a): *Das Leib-Seele-Problem. Eine Einführung*, Stuttgart, 4. Auflage, W. Kohlhammer.

Brüntrup, Godehard (2012b): Motivation und Verwirklichung des autonomen Selbst, in: *Warum wir handeln – Philosophie der Motivation*, Brüntrup, Godehard & Schwartz, Maria (Hrsg.), Stuttgart, Kohlhammer, 175–200.

Brüntrup, Godehard (2017): Die Freiheit des Willens – ein noch aktueller Begriff?, in: *RphZ Rechtsphilosophie, Zeitschrift für Grundlagen des Rechts* 3/3, 251–265.

Brüntrup, Godehard (2019): Der Ort der Freiheit in der Natur. Eine metaphysische Skizze, in: *Streit um die Freiheit. Philosophische und theologische Perspektiven*, von Stosch, Klaus; Wendel, Saskia; Breul, Martin; Langenfeld, Aaron (Hrsg.), Paderborn, Ferdinand Schöningh, 125–148.

Church, Ian & Hartman, Robert (2019): Luck: An Introduction, in: *The Routledge Handbook of the Philosophy and Psychology of Luck*, Church, Ian & Hartman, Robert (Hrsg.), New York/Oxon, Routledge, 1–10.

Davidson, Donald (2016a): Handeln, in: *Analytische Handlungstheorie. Bd. 1. Handlungsbeschreibungen*, Meggle, Georg (Hrsg.), Frankfurt am Main, 2. Auflage, Suhrkamp, 282–307.

Davidson, Donald (2016b): Die logische Form von Handlungssätzen, in: *Analytische Handlungstheorie. Bd. 1. Handlungsbeschreibungen*, Meggle, Georg (Hrsg.), Frankfurt am Main, 2. Auflage, Suhrkamp, 308–331.

Doyle, Bob (2016): *Free Will. The Scandal in Philosophy*, Cambridge/Mass, I-Phi Press.

Ekstrom, Laura (2019): Luck and Libertarianism, in: *The Routledge Handbook of the Philosophy and Psychology of Luck*, Church, Ian & Hartman, Robert (Hrsg.), New York/Oxon, Routledge, 239–247.

Finch, Alicia & Warfield, Ted (1998): The Mind Argument and Libertarianism, in: *Mind* 107/427, 515–528.

Fischer, John Martin (2000): Responsibility and Alternative Possibilities: The Frankfurt-Type Examples, in: *Autonomes Handeln. Beiträge zur Philosophie von Harry G. Frankfurt*, Betzler, Monika & Guckes, Barbara (Hrsg.), Berlin, Akademie Verlag, 9–24.
Fischer, John Martin (2002): Frankfurt-type Examples and Semi-Compatibilism, in: *The Oxford Handbook of Free Will*, Kane, Robert (Hrsg.), New York, Oxford University Press, 281–308.
Fischer, John Martin & Ravizza, Mark (1998): *Responsibility and Control: A Theory of Moral Responsibiliy*, Cambridge, Cambridge University Press.
Foot, Philippa (2004): *Die Natur des Guten*, Reuter, Michael (Übers.), Frankfurt, Suhrkamp.
Frankfurt, Harry G. (1999): *Necessity, Volition, and Love*, Cambridge, Cambridge University Press.
Frankfurt, Harry G. (2001a): Alternative Handlungsmöglichkeiten und moralische Verantwortung, in: *Freiheit und Selbstbestimmung. Ausgewählte Texte*, Betzler, Monika & Guckes, Barbara (Hrsg.), Berlin, Akademie Verlag, 53–64.
Frankfurt, Harry G. (2001b): Drei Konzepte freien Handelns, in: *Freiheit und Selbstbestimmung. Ausgewählte Texte*, Betzler, Monika & Guckes, Barbara (Hrsg.), Berlin, Akademie Verlag, 84–97.
Frankfurt, Harry G. (2001c): Identifikation und ungeteilter Wille, in: *Freiheit und Selbstbestimmung. Ausgewählte Texte*, Betzler, Monika & Guckes, Barbara (Hrsg.), Berlin, Akademie Verlag, 116–137.
Frankfurt, Harry G. (2001d): Über die Nützlichkeit letzter Zwecke, in: *Freiheit und Selbstbestimmung. Ausgewählte Texte*, Betzler, Monika & Guckes, Barbara (Hrsg.), Berlin, Akademie Verlag, 138–155.
Frankfurt, Harry G. (2015): Alternate Possibilities and Moral Responsibility, in: *Philosophy of Action: An Anthology*, Dancy, Jonathan & Sandis, Constantine (Hrsg.), Somerset, John Wiley & Sons, 353–359.
Ginet, Carl (2002): Reasons Explanations of Action: Causalist versus Noncausalist Accounts, in: *The Oxford Handbook of Free Will*, Kane, Robert (Hrsg.), New York, Oxford University Press, 386–405.
Gold, Natalie (2013): Team Reasoning, Framing, and Self-Control. An Aristotelian Account, in: *Addiction and Self-Control. Perspectives from Philosophy, Psychology, and Neuroscience*, Levy, Neil (Hrsg.), Oxford, Oxford University Press, 48–66.
Guckes, Barbara (2001): Willensfreiheit trotz Ermangelung einer Alternative? Harry G. Frankfurts hierarchisches Modell des Wünschens, in: *Freiheit und Selbstbestimmung. Ausgewählte Texte*, Betzler, Monika & Guckes, Barbara (Hrsg.), Berlin, Akademie Verlag, 1–17.
Habermas, Jürgen (2013): *Die Zukunft der menschlichen Natur. Auf dem Weg zu einer liberalen Eugenik?*, Frankfurt am Main, 4. Auflage, Suhrkamp.
Haji, Ishtiyaque (2002): Compatibilist Views of Freedom and Responsibility, in: *The Oxford Handbook of Free Will*, Kane, Robert (Hrsg.), New York, Oxford University Press, 202–228.
Höffe, Otfried (2002): *Medizin ohne Ethik?*, Frankfurt am Main, 2002, Suhrkamp.
Höffe, Otfried (2013): *Ethik. Eine Einführung*, München, 2013, C.H. Beck.
Honderich, Ted (2002): Determinism as True, Compatibilism and Incompatibilism as False, and the Real Problem, in: *The Oxford Handbook of Free Will*, Kane, Robert (Hrsg.), New York, Oxford University Press, 461–476.
Kane, Robert (1996): *The Significance of Free Will*, New York/Oxford, Oxford University Press.
Kane, Robert (2014): II – Acting 'of One's Own Free Will': Modern Reflections on an Ancient Philosophical Problem, in: *Proceedings of the Aristotelian Society* 114/1, 35–55.
Kane, Robert (2016): Moral Responsibility, Reactive Attitudes and Freedom of Will, in: *The Journal of Ethics* 20/1, 229–246.
Kane, Robert (2019): Dimensions of Responsibility: Freedom of Action and Freedom of Will, in: *Social Philosophy and Policy* 36/1, 114–131.

Keil, Geert (2019): Besteht libertarische Freiheit darin, beste Gründe in den Wind zu schlagen?, in: *Streit um die Freiheit. Philosophische und theologische Perspektiven*, von Stosch, Klaus; Wendel, Saskia; Breul, Martin; Langenfeld, Aaron (Hrsg.), Paderborn, Ferdinand Schöningh, 23–39.

Kompatscher, Gabriela; Spanning, Reingard; Schachinger, Karin (Hrsg.) (2017): *Human-Animal Studies. Eine Einführung für Studierende und Lehrende. Mit Beiträgen von Reinhard Heuberger und Reinhard Margreiter*, Münster/New York, Waxmann.

Korsgaard, Christine (2009): *Self-Constitution. Agency, Identity, and Integrity*, New York, Oxford University Press.

Latus, Andrew (2019): Thomas Nagel and Bernard Williams on Moral Luck, in: *The Routledge Handbook of the Philosophy and Psychology of Luck*, Church, Ian & Hartman, Robert (Hrsg.), New York/Oxon, Routledge, 105–112.

Leist, Anton (2010): Wie moralisch ist unsere menschliche Natur? Naturalismus bei Foot und Hursthouse, in: *Natürlich gut: Aufsätze zur Philosophie von Philippa Foot*, Hoffmann, Thomas & Reuter, Michael (Hrsg.), Frankfurt am Main, De Gruyter, 121–148.

Levy, Neil (2013a): Are We Agents at All? Helen Steward's Agency Incompatibilism, in: *Inquiry* 56/4, 386–399.

Levy, Neil (2013b): Introduction: Addiction and Self-Control. Perspectives from Philosophy, Psychology, and Neuroscience, in: *Addiction and Self-Control. Perspectives from Philosophy, Psychology, and Neuroscience*, Levy, Neil (Hrsg.), Oxford, Oxford University Press, 1–15.

Libet, Benjamin (2002): Do We Have Free Will? In: *The Oxford Handbook of Free Will*, Kane, Robert (Hrsg.), New York, Oxford University Press, 551–564.

Lurz, Robert (2013): The Question of Belief Attribution in Great Apes. Its Moral Significance and Epistemic Problems, in: *Animal Minds & Animal Ethics. Connecting Two Separate Fields*, Petrus, Klaus & Wild, Markus (Hrsg.), Bielefeld, transcript, 147–172.

MacIntyre, Alasdair (1977): Was dem Handeln vorhergeht, in: *Analytische Handlungstheorie. Bd.2. Handlungserklärungen*, Beckermann, Ansgar (Hrsg.), Frankfurt am Main, Suhrkamp, 168–194.

MacIntyre, Alasdair (1995): *Verlust der Tugend. Zur moralischen Krise der Gegenwart*, Riehl, Wolfgang (Übers.), Frankfurt, 6. Auflage, Suhrkamp.

Malcolm, Norman (2015): The Conceivability of Mechanism, in: *Philosophy of Action: An Anthology*, Dancy, Jonathan & Sandis, Constantine (Hrsg.), Somerset, John Wiley & Sons, 303–314.

Mayr, Erasmus (2011): *Understanding Human Agency*, New York, Oxford University Press.

McAdams, Dan (2015): Psychological Science and the *Nicomachean Ethics*. Virtuous Actors, Agents, and Authors, in: *Cultivating Virtue. Perspectives from Philosophy, Theology, and Psychology*, Snow, Nancy (Hrsg.), New York, Oxford University Press, 307–336.

Mele, Alfred (2000): Responsibility and Freedom: The Challenge of Frankfurt-Style Examples, in: *Autonomes Handeln. Beiträge zur Philosophie von Harry G. Frankfurt*, Betzler, Monika & Guckes, Barbara (Hrsg.), Berlin, Akademie Verlag, 25–37.

Mele, Alfred (2002): Autonomy, Self-Control, and Weakness of Will, in: *The Oxford Handbook of Free Will*, Kane, Robert (Hrsg.), New York, Oxford University Press, 529–548.

Mele, Alfred (2015): Free Will and Science, in: *Philosophy of Action: An Anthology*, Dancy, Jonathan & Sandis, Constantine (Hrsg.), Somerset, John Wiley & Sons, 393–405.

Nussbaum, Martha (1999): Nicht-relative Tugenden. Ein aristotelischer Ansatz, in: *Gerechtigkeit oder Das gute Leben*, Pauer-Studer, Herlinde (Hrsg.), Frankfurt, Suhrkamp, 227–315.

O'Connor, Timothy (2002): Libertarian Views: Dualist and Agent-Causal Theories, in: *The Oxford Handbook of Free Will*, Kane, Robert (Hrsg.), New York, Oxford University Press, 337–355.

Peels, Rik (2019): The Mixed Account of Luck, in: *The Routledge Handbook of the Philosophy and Psychology of Luck*, Church, Ian & Hartman, Robert (Hrsg.), New York/Oxon, Routledge, 148–159.

Pérez de Calleja, Mirja (2019): Luck and Compatibilism, in: *The Routledge Handbook of the Philosophy and Psychology of Luck*, Church, Ian & Hartman, Robert (Hrsg.), New York/Oxon, Routledge, 248–258.

Quirin, Markus; Tops, Mattie; Kuhl, Julius (2019): Autonomous Motivation, Internalization, and the Self: A Functional Approach of Interacting Neuropsychological Systems, in: *The Oxford Handbook of Human Motivation 2*, Ryan, Richard (Hrsg.), New York/Oxford, Oxford University Press, 393–413.

Riggs, Wayne (2019): The Lack of Control Account of Luck, in: *The Routledge Handbook of the Philosophy and Psychology of Luck*, Church, Ian & Hartman, Robert (Hrsg.), New York/Oxon, Routledge, 125–135.

Russell, Daniel (2015): Aristotle on Cultivating Virtue, in: *Cultivating Virtue. Perspectives from Philosophy, Theology, and Psychology*, Snow, Nancy (Hrsg.), New York, Oxford University Press, 17–48.

Rutzmoser, Carolin (2022): Können Maschinen handeln? Über den Unterschied zwischen menschlichen Handlungen und Maschinenhandeln aus libertarischer Perspektive, in: *Menschsein in einer technisierten Welt. Interdisziplinäre Perspektiven auf den Menschen im Zeichen der digitalen Transformation*, Endres, Eva-Maria; Puzio, Anna; Rutzmoser, Carolin (Hrsg.), Wiesbaden, Springer, 25–39.

Rutzmoser, Carolin (2023): Lebensentscheidungen und Berufswahl: Welche Rolle spielen Emotionen und Caring für unsere Ziele und Commitments? In: *Persönlichkeitsbildung interdisziplinär. Die Bedeutung von Anerkennung und das Spannungsverhältnis zur Professionalität*, Fritz, Alexis & Karl, Katharina (Hrsg.), im Druck, Nomos.

Ryle, Gilbert (2015): The Will, in: *Philosophy of Action: An Anthology*, Dancy, Jonathan & Sandis, Constantine (Hrsg.), Somerset, John Wiley & Sons, 76–82.

Sartorio, Carolina (2019): Kinds of Moral Luck, in: *The Routledge Handbook of the Philosophy and Psychology of Luck*, Church, Ian & Hartman, Robert (Hrsg.), New York/Oxon, Routledge, 206–215.

Schmidt, Jan Cornelius (2008): *Instabilität in Natur und Wissenschaft. Eine Wissenschaftsphilosophie der nachmodernen Physik*, Berlin/New York, Walter de Gruyter.

Shabo, Seth (2013): Free will and mystery: looking past the *Mind* Argument, in: *Philosophical Studies: An International Journal for Philosophy in the Analytic Tradition* 162/2, 291–307.

Sinnott-Armstrong, Walter (2013): Are Addicts Responsible? In: *Addiction and Self-Control. Perspectives from Philosophy, Psychology, and Neuroscience*, Levy, Neil (Hrsg.), Oxford, Oxford University Press, 122–143.

Steward, Helen (1997): *The Ontology of Mind. Events, Processes, and States*, Oxford/New York, Oxford University Press.

Steward, Helen (2012a): *A Metaphysics for Freedom*, Oxford, Oxford University Press.

Steward, Helen (2012b): Actions as Processes, in: *Philosophical Perspectives* 26/1, 373–388.

Steward, Helen (2012c): The Metaphysical Presuppositions of Moral Responsibility, in: *The Journal of Ethics* 16/2, 241–271.

Steward, Helen (2015): Moral Responsibility and the Concept of Agency, in: *Philosophy of Action: An Anthology*, Dancy, Jonathan & Sandis, Constantine (Hrsg.), Somerset, John Wiley & Sons, 382–392.

Steward, Helen (2016): Libertarianism as a Naturalistic Position, in: *Free Will and Theism. Connections, Contingencies, and Concerns*, Timpe, Kevin & Speak, Daniel (Hrsg.), Oxford, Oxford University Press, 158–171.

Steward, Helen (2017): Action as Downward Causation, in: *Royal Institute of Philosophy Supplement* 80, 195–215.

Steward, Helen (2018): Occurrent States, in: *Process, Action, and Experience*, Stout, Rowland (Hrsg.), New York, Oxford University Press, 102–119.

Strawson, Galen (2002): The Bounds of Freedom, in: *The Oxford Handbook of Free Will*, Kane, Robert (Hrsg.), New York, Oxford University Press, 441–460.

Strawson, Galen (2010): *Freedom and Belief. Revised Edition*, New York, Oxford University Press.

Thompson, Ross (2015): The Development of Virtue: A Perspective from Developmental Psychology, in: *Cultivating Virtue. Perspectives from Philosophy, Theology, and Psychology*, Snow, Nancy (Hrsg.), New York, Oxford University Press, 279–306.

Todd, Patrick (2011): A new approach to manipulation arguments, in: *Philosophical Studies: An International Journal for Philosophy in the Analytic Tradition* 152/1, 127–133.

Todd, Patrick (2019): The Replication Argument for Incompatibilism, in: *Erkenntnis* 84, 1341–1359.

van Inwagen, Peter (1983): *An Essay on Free Will*, Oxford, Oxford University Press.

van Inwagen, Peter (2017): *Thinking about Free Will*, Cambridge, Cambridge University Press.

Vargas, Manuel (2012): Why the Luck Problem isn't, in: *Philosophical Issues* 22/1, 419–436.

Watson, Gary (2000): Soft Libertarianism and Hard Compatibilism, in: *Autonomes Handeln. Beiträge zur Philosophie von Harry G. Frankfurt*, Betzler, Monika & Guckes, Barbara, Berlin, Akademie Verlag, 59–70.

Willaschek, Marcus (1992): *Praktische Vernunft. Handlungstheorie und Moralbegründung bei Kant*, Stuttgart/Weimar, Metzler.

Wolf, Susan (1990): *Freedom Within Reason*, New York, Oxford University Press.

Wolf, Ursula (1999): *Die Philosophie und die Frage nach dem guten Leben*, Reinbek bei Hamburg, Rowohlt Verlag.

Zagzebski, Linda (2004): *Divine Motivation Theory*, Cambridge, Cambridge University Press.

Zagzebski, Linda (2010): Exemplarist Virtue Theory, in: *Virtue and Vice. Moral and Epistemic*, Battaly, Heather (Hrsg.), Malden/Oxford, John Wiley & Sons, 39–56.

Personenregister

Andrews, Kristin 230 f.
Anscombe, Gertrude 11, 52, 68, 137, 158–160, 172, 186–188, 197, 210, 261, 263
Aristoteles 1, 6–8, 10–20, 23, 25, 29 f., 32–34, 37 f., 40 f., 43, 100, 159, 183–185, 190 f., 199, 211 f., 223, 238, 241 f.

Betzler, Monika 82–84
Bieri, Peter 5, 71, 87–95, 118 f., 243 f., 261
Bishop, Robert 153, 155
Borchers, Dagmar 9–11, 14, 17, 21, 24, 27 f., 31 f., 35, 39, 43, 265–267, 272
Brüntrup, Godehard 44, 47 f., 51, 68, 70 f., 150, 153–158, 174–178, 180, 224, 226, 269

Church, Ian 104

Davidson, Donald 50–59, 63 f., 68–70, 137, 164
Doyle, Bob 2, 75, 89, 96–100, 103, 117–119, 134, 144, 150, 152, 156 f., 208 f., 214–219, 221, 228, 240

Ekstrom, Laura 107, 111

Finch, Alicia 113–115
Fischer, John Martin 74–76, 78, 80, 108, 133
Foot, Philippa 14, 40–43, 199, 241, 253, 262, 271
Frankfurt, Harry G. 5, 26, 43, 60 f., 70–73, 75–85, 125, 132, 141, 145, 209–211, 241–244, 261, 266, 269

Ginet, Carl 63
Gold, Natalie 232–235
Guckes, Barbara 5, 74, 81 f., 85

Habermas, Jürgen 26 f., 44
Haji, Ishtiyaque 211
Hartman, Robert 104
Höffe, Otfried 14, 46, 96, 183, 231, 254
Honderich, Ted 215
Hume, David 47, 67 f., 101, 119, 240 f.

Kane, Robert 45, 95–98, 201–213, 218–227, 238
Kant, Immanuel 84, 89, 184, 194, 199, 231, 240, 242, 254, 268
Keil, Geert 224 f.
Kompatscher, Gabriela 230
Korsgaard, Christine 5, 43 f., 68, 95, 161, 176, 179, 183–196, 199, 207, 232, 236, 260 f., 266
Kuhl, Julius 195–198, 221

Latus, Andrew 104–106
Leist, Anton 14–16
Levy, Neil 105, 170–174, 200, 233 f.
Libet, Benjamin 176–179, 217
Lurz, Robert 230

MacIntyre, Alasdair 20–22, 64–67, 70, 165
Malcolm, Norman 49 f.
Mayr, Erasmus 47 f., 56–64, 67 f., 126, 136, 147, 166 f.
McAdams, Dan 21–23, 256 f.
Mele, Alfred 25 f., 75, 106, 109, 111, 128 f., 176, 217, 235 f.

Nussbaum, Martha 7–10

O'Connor, Timothy 50, 59, 63, 155

Peels, Rik 106 f., 109
Pérez de Calleja, Mirja 105, 109 f.

Quirin, Markus 195–199, 221

Riggs, Wayne 106 f.
Russell, Daniel 28–30, 35
Ryle Gilbert 64

Sartorio, Carolina 110
Schmidt, Jan Cornelius 52, 151, 155
Shabo, Seth 103, 111
Sinnott-Armstrong, Walter 233, 257 f.
Steward, Helen 2–4, 64 f., 68 f., 73, 80, 96–98, 118 f., 121–150, 152 f., 160–171, 173, 175–

183, 185–187, 189, 191–193, 196–201, 203 f., 209, 215, 219, 222–233, 236, 239, 246, 248, 250, 252, 259–264, 267, 271 f.
Strawson, Galen   220 f., 245–254
Strawson, Peter   67, 201

Thompson, Ross   254–256
Todd, Patrick   85 f., 88, 115–117
Tops, Mattie   195–198, 221

Van Inwagen, Peter   76, 99–101, 111, 113, 116, 130, 222, 227
Vargas, Manuel   107–109

Warfield, Ted   113–115
Watson, Gary   220
Willaschek, Marcus   21, 65
Wolf, Susan 225, 236–243
Wolf, Ursula 10 f., 15–19, 24 f., 37–39, 41

Zagzebski, Linda   20, 33, 35–37, 39

Sachregister

Absicht 18, 23, 30 f., 40 f., 44, 46 f., 49 f., 52 – 54, 56 f., 60, 62 f., 66 f., 69 – 71, 75, 80, 88, 96, 105, 133, 135, 137 – 139, 147 – 149, 158 – 161, 168 f., 171 – 176, 178 f., 182 – 188, 190, 193, 196 f., 202 f., 207, 211, 214, 227, 229, 231, 233, 253, 255 – 257, 260 f., 263 f., 268 f., 271 f.
Abwärtsverursachung 61, 155, 163, 167 – 170, 172, 185 f., 190 f., 232, 262 f.
Actions 57, 59, 62, 76, 114, 125, 132, 136, 145, 170, 176, 179, 183 – 186, 190, 202, 205, 237 f., 260
Action System 196 – 198
Acts 101, 127, 176, 178 f., 183 – 186, 193, 205, 207, 261, 263 f.
Affekte 24 f., 37 f., 84, 174, 198
Agency Incompatibilism 121 f., 228 f.
Akteursverursachung 57 – 59, 100, 110, 154, 156, 161 – 163, 166 f.
Alternative Möglichkeiten 2, 26, 46, 72 – 75, 78, 81, 92 – 95, 101 f., 117, 123, 125, 127 – 131, 133 f., 156 f., 174, 187, 197 f., 204, 208 – 210, 215 – 219, 221 – 225, 227, 229, 241, 247, 264, 272
Angemessene Bestimmtheit 97, 271
Artikulation 23, 231, 243 f., 256, 258
Automatisch 8, 28 – 30, 42, 52, 54, 67, 136 f., 139, 141, 160, 171, 173, 175, 179 f., 186, 193, 196 – 198, 204 f., 228, 232, 245, 253, 267 f.
– Automatismen 29 f.
Autonomie 3, 84, 195, 231, 235 – 237, 239 f., 242, 258, 261, 266

Bedingter Wille 88 f., 118
Belief 51, 113 f., 201, 245
Beta Regel 113
Blockage Cases 75, 80
Buridan-Fälle 209, 219, 221 – 225, 264

Caring 21, 33, 37, 81, 83 f., 91, 241 f.
Charakterbildung 3, 25 – 27, 33 f., 37, 45, 201, 265
Commitment 21, 24 – 26, 33, 37, 81, 91, 189, 207, 246 f.

Determination 117, 122, 155, 215, 219
– Determinismus 3, 45 f., 48 f., 64, 70 f., 86, 94, 97 – 103, 106 – 110, 114, 116 – 118, 121 – 125, 140 f., 152 f., 200 – 202, 204, 211, 213, 216 f., 221, 225, 227, 245, 247, 250, 271
– Determinismus Einwand 97, 101, 103
Discrepancy System 196 f.
Downward Causation 155, 167 f., 172, 190
Duale rationale Kontrolle 208

Einwand der Beliebigkeit 97 f., 103, 118
Emergenz 154 f.
Emotionen 16, 21, 24 – 26, 30, 33 f., 36 f., 39, 41, 45, 81, 84, 90 f., 198 – 201, 229, 240 – 242, 255
Ereignis 46 – 48, 50 f., 53 – 58, 62, 64, 66, 68, 77, 80, 92, 107, 112, 147, 159, 163 – 167, 177, 181 f., 213, 215, 223
– Ereignisverursachung 47, 57 – 60, 64, 110 f., 161 – 163
Eudaimonia 12, 14 – 18, 32

Flickers of Freedom 74 f., 80
– Aufflackern 74 f., 80
Frankfurt-Fälle 74 f., 77, 124, 132, 209
Freier Wille 5, 46, 59, 77, 97 f., 100 f., 103, 111, 114, 118 f., 122, 141, 152, 176, 179, 200 f., 205, 210, 213, 221, 224, 243
Freiheit 1 – 4, 26 f., 44, 66, 71, 73 – 75, 80, 84, 87, 89 f., 93 – 96, 98, 106, 108 – 110, 112, 115, 119, 121, 123 f., 128 – 130, 134, 141 f., 150, 153, 158, 174, 178, 180, 183, 194 f., 198 – 204, 211, 214, 216 – 219, 221, 223 f., 228 f., 231, 235 f., 239 f., 242 – 248, 250 – 253, 259 – 262, 266 f.

Gelungenes Leben 6, 9, 12, 15, 23 f., 265, 269
Glaube 53, 55, 93, 149, 244 – 247, 249, 251 – 254
Glück 12, 14 – 16, 34, 38, 78, 104 – 111, 128 – 130, 200, 214, 267, 269

Handlung 1 – 7, 11 – 13, 16 – 21, 23 – 37, 39 – 67, 69 – 73, 76, 78 – 81, 85 – 87, 89, 92 – 100, 103, 105 – 121, 123 – 128, 130 – 147, 150 f., 153 f.,

157–164, 166 f., 169–220, 222–229, 231–243, 248–250, 253–255, 257, 259–272
- Handlungsalternativen   31, 86, 124, 248 f., 266
- Handlungsfreiheit   1–3, 46, 66, 79, 82, 85 f., 89, 96, 108, 110, 118 f., 128, 180, 194, 203 f., 209, 214, 219, 227 f., 245, 247, 252, 258 f., 271
- Handlungsverursachung   155, 166
Hierarchie   81, 241

Indeterminismus   3, 97–100, 106–109, 111, 151–153, 157, 200 f., 206 f., 210, 212–218, 220–222
Inkompatibilismus   2 f., 45 f., 59, 97–100, 115, 124, 135, 202, 205, 212, 224, 226, 251
Instrumentelle Entscheidung   91, 94
Integration   43, 194–196
- Integratives Selbst   199
- Integriert   148, 189 f., 195 f., 199
- Integriertes Selbst   189, 195, 199
Intentional   50–52, 115–117, 137, 145–147
- Intention   20, 49 f., 62, 69, 73, 105, 125, 175, 197, 199, 230, 253 f.
- Intentionale Haltung   145 f.
- Intentionales System   145 f.
Intention Memory   196–198

Jones   52, 72–74, 78–80, 125, 140, 162 f.

Kausalität   28, 46–51, 53, 58–62, 64–70, 99, 103, 109–111, 115, 117, 119, 127, 135, 138, 146, 154–158, 162–169, 204 f., 228 f.
- Kausalketten   1, 61, 80, 100, 118, 123, 140 f., 178, 227
Kompatibilismus   2 f., 46, 70, 83–87, 89, 95, 97–99, 105, 108–110, 115–118, 121, 123, 128, 130, 135, 195, 201, 204, 214, 216 f., 225, 241 f., 252, 259
Konsequenzargument   17, 32, 100, 103, 106, 113 f., 138, 223
Kontrolle   19, 25, 30, 57–62, 67, 84, 97 f., 103–108, 110–112, 116 f., 128, 131, 133–135, 138 f., 150, 154, 161, 167 f., 170–174, 176, 178–180, 189, 191, 193 f., 197, 200, 205, 207–211, 213, 216 f., 223, 225, 231–233, 235, 237 f., 257 f., 260
Körperbewegung   18, 44, 46, 48–59, 62–67, 69, 85, 89, 112, 123–125, 132–137, 139 f.,

142 f., 145–148, 158–162, 164, 167 f., 171 f., 177–180, 182–193, 196 f., 200 f., 210, 225, 261–264, 268

Lebensentscheidungen   21, 33, 37, 81, 91, 95, 176, 200, 219, 221 f., 225
Leeway   135
Libertarier   1–5, 19, 45 f., 56, 67, 73–77, 79, 83, 96–100, 106–111, 114, 118 f., 121, 123, 128–130, 152, 170 f., 174, 201, 203 f., 211–220, 223 f., 226 f., 242–244, 246, 252, 262, 267 f., 271 f.
Libet   176–179, 217
- Libetexperiment   176, 179, 217

Manipulation   86, 113, 115, 117, 125, 177
- Manipulationsargumente   86, 115, 117
Mechanismus   48–50, 70, 108, 142, 147, 150, 229
Mind Argument   103, 108, 111–115, 117, 213 f.
Mittel   6, 11, 13, 18 f., 89–91, 147 f., 183, 185–189, 197, 227, 229, 236, 260–264, 268–270, 272
Mögliche Welten   101–103, 112, 128, 131
Moralische Verantwortung   1–3, 44, 59, 70, 74 f., 77–80, 84–89, 95, 99, 103 f., 106, 108–110, 115, 118 f., 121, 124 f., 133–135, 141, 175, 180, 193, 200–205, 209, 211 f., 214, 227–232, 236–239, 243 f., 246, 250–254, 257–261, 263–265, 271 f.
- Moral   22 f., 33, 74, 104, 134, 200 f., 207, 212, 231, 252, 254, 256, 267 f.
- Moralität   104 f., 199, 230, 252–254
Motion   56–58, 132
Movement   49, 56–58, 136, 145, 184, 190 f.

Neue Anfänge   1 f., 27, 44 f., 80, 99, 119, 135, 140 f., 153, 201, 207, 226 f., 239 f., 260 f., 264, 272
- Fresh starts   121, 140, 180, 252, 264

One-way Power   126

Panpsychismus   154 f.
Phantasie   91
Phronesis   13, 16 f., 21, 28, 241
Phronimos   16 f., 30–35, 39, 265 f., 268 f.

Plurale rationale Kontrolle 208
Poiesis 183
Power 22, 25, 38, 49, 67, 74, 77, 82 f., 123, 126, 130 f., 135, 137, 141, 146, 149, 154 f., 162 – 164, 166 f., 169 f., 205, 210, 223, 228
Powers 126, 166
Praxis 24, 36, 88, 104 f., 109, 183, 228, 230, 236, 252 f., 258
Prinzip alternativer Möglichkeiten 71 f., 79, 84, 86, 132, 134, 223
– PAP 71 – 73, 75 f., 78 – 81
Prior-Sign Cases 75
Problem des Glücks 103 f., 106, 108 – 111, 115, 213 f.
Prozess 1, 4, 18, 30, 48, 50, 56, 62, 66 – 68, 70 f., 76, 112, 126 f., 135 f., 139 f., 150, 160, 164, 167, 169, 173 – 186, 189 – 191, 197, 207, 209, 214 – 219, 232 f., 240, 260, 263, 265, 267, 269 – 272
PSI Theorie 196 f.
Psychologie 1, 11, 21 – 23, 29, 122, 127, 169, 195, 199

Quanten 97, 152, 157

Reflexe 60, 64, 66, 149, 158, 160 f.
Replication Argument 85

Selbst 1 – 3, 5, 8 f., 11 – 13, 15 f., 18 – 20, 22, 25 – 27, 32 – 35, 37, 39, 41 – 47, 50, 52, 55 – 61, 64, 66, 69, 72 – 80, 83 – 85, 87 – 89, 91, 93, 95 – 97, 100, 107 – 109, 111 – 113, 117, 121, 123 – 125, 127, 130, 133 – 136, 140 – 144, 153 – 157, 159, 161 f., 164, 166, 168, 173, 177, 182 – 186, 189 – 196, 198 – 201, 203 f., 206 f., 209 f., 212, 216 – 218, 220 f., 224 f., 227, 230 – 238, 240, 242 – 248, 250 – 252, 254 – 256, 261 – 267, 269, 272
Selbstbewusstsein 141, 194, 231 f., 247 f., 250, 254, 258
Selbstgestaltung 4, 265 – 267, 272
Selbstkonstitution 189 f.
Selbstkontrolle 25, 39, 60, 174, 231 – 235, 258
Self-moving Animals 143
Settling 93, 118, 121, 123, 135 – 142, 150, 171 – 173, 185, 200, 209, 219, 222, 224 f., 240, 259, 261 f., 264 f.
SFA 204 – 209, 218 – 220, 222, 227

Source 135, 144
Spontan 4, 28, 87, 91 – 95, 123, 127, 140, 142, 147 f., 150 f., 153, 157 f., 161, 170 f., 178 – 180, 197, 205, 208 f., 215, 218 f., 224 – 226, 233, 241, 243, 257, 261, 264 – 269, 272
Sprache 6, 231 f., 243 f., 256, 258
Standardmodell 58 – 64, 69 f., 141
Subjektivismus 85, 245 f., 252
Substantielle Entscheidung 90 f., 94
Substanzverursachung 162 f.
– Substanz 57 f., 67 f., 163 f., 166 f., 182, 252

Tugend 7 f., 10, 12 – 14, 16 f., 19 f., 23, 27 – 29, 31 – 37, 41, 43, 268
– Tugendethik 3 f., 11, 15, 17, 24, 26, 30 f., 33, 37, 41, 43, 45, 199, 242, 253, 260, 265 – 268, 271 – 273
Two-way Power 126 – 128, 131 – 133, 135, 224, 228

Überzeugung 1, 10, 28, 44, 51, 53, 58 f., 63, 69, 71, 102, 112, 122, 128 f., 137, 140 f., 145 f., 162, 184, 230 f., 236, 240, 244 – 254, 258, 261
Ultimative Verantwortung 210 f., 220
Unbewusst 84, 90, 96, 173 – 176, 178 f., 217, 219, 223 – 225
Ursache 12, 18, 46, 48, 50 f., 56, 63 – 70, 73 f., 97, 100, 107, 111, 115, 117, 123, 151, 158 f., 163 – 166, 168, 262, 267
– Verursachung 2, 48, 53, 57 – 60, 62, 64, 67 – 70, 108, 119, 136, 162 f., 165, 168, 193, 210, 228

Volition 82, 243
Vorbild 15, 20 – 22, 28, 31 – 37, 40, 235, 268 f., 271

Wahl 1, 5, 12, 18, 26, 71, 73 f., 80, 87, 91, 93 – 95, 102, 113 f., 123, 125, 128 – 132, 135, 138, 140, 148, 174, 183, 185 f., 189, 193, 200, 206 – 208, 214 – 219, 221 – 225, 227, 229, 234, 236, 238, 241 – 243, 246 – 252, 260 f., 264, 268 – 270
Wholeheartedness 26, 43, 82
Wille 5, 11 f., 18, 40 f., 43 – 45, 58, 61, 77, 81 – 85, 89 – 100, 103, 108 f., 111, 117 – 119, 123 f., 130, 140, 142, 152, 178, 180, 183 – 186, 194, 198 –

211, 216–219, 221, 225–227, 237, 243 f., 261 f., 266
– Willensakt   64
– Willensfreiheit   82, 85, 89, 119, 203 f., 209
Wünsche   5 f., 19, 28, 38, 49–51, 58, 61, 63, 66, 69, 71, 81–85, 89, 91, 108, 112, 115, 128 f., 137, 139–141, 145 f., 162, 178, 206 f., 215, 225, 230, 232 f., 238, 241, 243, 248, 255, 261, 266

Zufall   21, 46, 48, 70 f., 97, 100, 103–107, 110–112, 117, 128–130, 142, 150 f., 153, 158, 200, 206 f., 210–212, 214–218, 226, 259, 269, 271

Zuschreibung   8, 14, 29, 47, 52 f., 74, 78, 80 f., 89, 109, 119, 124, 135, 142, 145–147, 161, 168, 190, 193, 214, 226, 228–230, 234–237, 241, 247, 250, 252 f., 259, 261
Zustand   13, 15, 20, 28, 35, 41, 44, 48 f., 57–61, 65, 67–69, 72, 79, 82, 91, 96 f., 100, 103, 106, 110, 113, 115, 123 f., 127, 132, 136, 140, 145–147, 152 f., 156–158, 165, 168 f., 172–174, 180 f., 189, 196, 201–203, 206 f., 213, 215–217, 223 f., 226, 230, 232, 241, 243, 268
Zwei-Phasen-Modell   179, 215 f., 218

www.ingramcontent.com/pod-product-compliance
Lightning Source LLC
Chambersburg PA
CBHW020223170426
43201CB00007B/299